합격률 및 시험 일정 안내

2024년 합격률 알아보기 (발행일 현재 큐넷에서 2025년 합격률 미공지)

기계
- 기사: 필기 46.3%, 실기 24.2%
- 산업기사: 필기 38.8%, 실기 42.5%

전기
- 기사: 필기 46.6%, 실기 41.3%
- 산업기사: 필기 40.2%, 실기 30.2%

2026년 시험일정 <고용노동부 공고 제2025-387호>

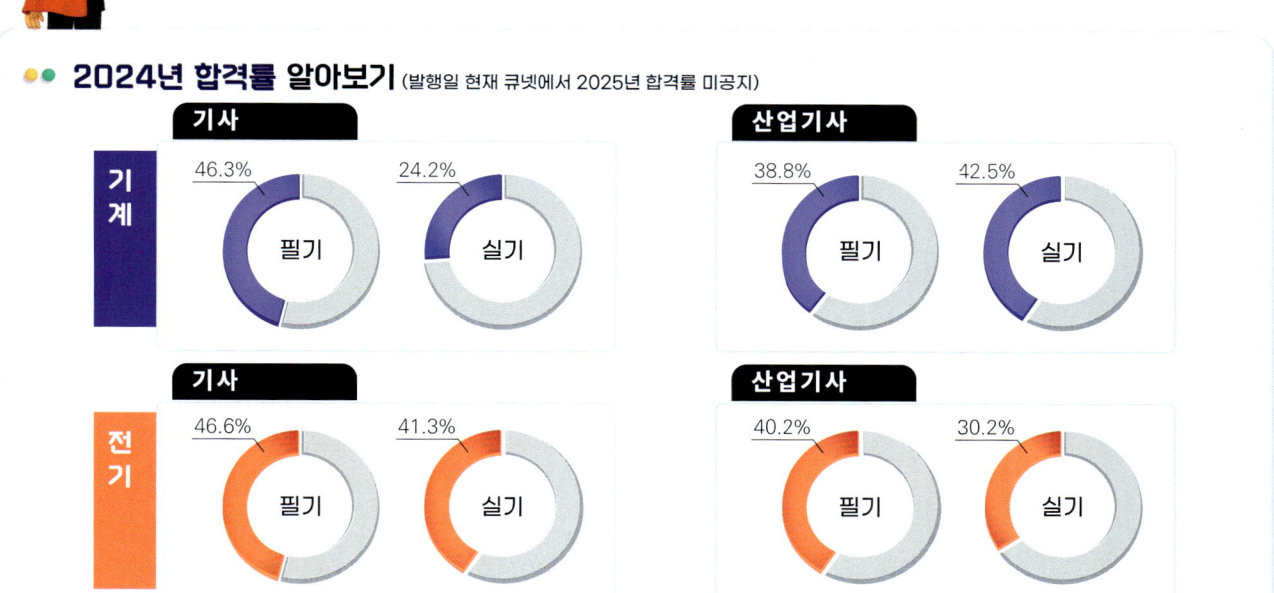

제1회
- 접수: 3월 23일(월) ~ 26일(목)
- 시험: 4월 18일(토) ~ 5월 6일(수)

제2회
- 접수: 6월 22일(월) ~ 25일(목)
- 시험: 7월 18일(토) ~ 8월 5일(수)

제3회
- 접수: 9월 21일(월) ~ 23일(수), 28일(월)
- 시험: 10월 24일(토) ~ 11월 13일(금)

※ 정확한 시험 일정과 관련된 정보는 한국산업인력공단(Q-Net)에서 확인하시길 바랍니다.

합격으로 입증할 오직 초격차만의 가치

3회독 시스템 | **1회독**

단계별 학습

목표 설정 및 전체적인 내용 이해

2026년 대비 7개년 출제경향 분석

2026년 시험 대비를 위해 최신출제경향을 분석하고 유형별 7개년 출제경향을 완벽 분석하였습니다.

학습 목표와 단원별 마인드맵

단원의 전체 내용을 한눈에 파악할 수 있습니다.

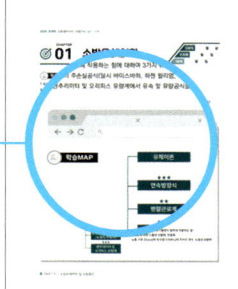

심화 학습 및 문제 적용

핵심 포인트로 초압축

표나 그림으로 표현한 핵심사항들을 쉽고 정확하게 이해할 수 있습니다.

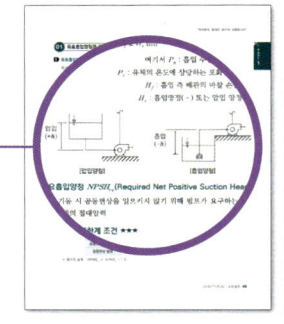 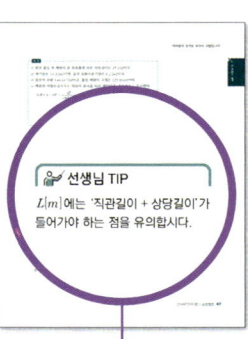

Upgrade!
이해를 돕는 보조단 구성

초격차가 제시하는 다양한 꿀팁을 본문과 함께 확인하여 효과적으로 학습할 수 있습니다.

암기 : 암기법 제시
선생님팁 : 학습 시 알아두면 좋은 선생님만의 팁
용어, 개념 설명 : 용어와 개념의 정의

2회독

3회독

심화 학습 및 문제 적용

OX 퀴즈와 연습문제
다양한 문제뿐만 아니라 풍부한 해설로 이론을 완벽하게 마스터할 수 있습니다.

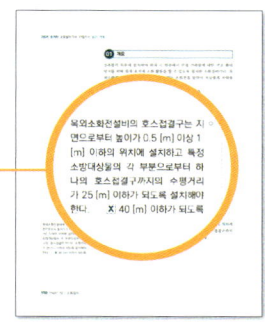
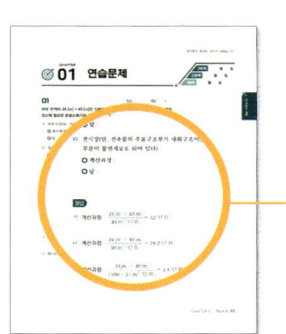

신유형 문제 & 문제별 배점
2025년 신유형 문제와 다양한 난이도의 문제에 적응하고 대비할 수 있습니다.

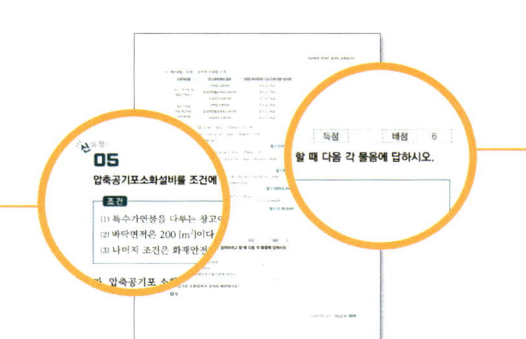

복습 및 강화

다회독으로 마스터하기
다회독에 최적화된 초격차만의 구성으로 편리한 반복학습이 가능합니다.

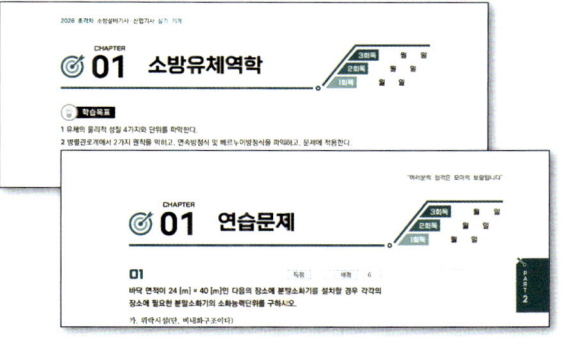

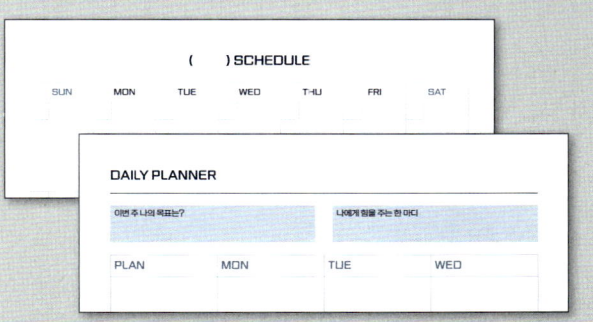

+ 초격차 스터디 플래너
QR코드를 스캔하면 스터디 플래너 PDF를 무료로 다운로드할 수 있습니다.

초격차로 압도적인 합격의 격차를 만들다!
- <초격차>로 공부했던 선배 합격생들의 리얼 합격 스토리 -

"비전공자도 이해할 수 있는 초격차!"

비전공자인 저한테는 다소 전기분야가 어려웠습니다. 하지만 외우는 꿀팁이나 노하우 등 상세한 설명 덕분에 자연스럽게 암기가 되었고, 사진과 함께 설명된 부분이 이해하는데 도움이 가장 많이 되었던 것 같습니다. 처음에 도전할 때는 소방에 대한 기본적인 지식도 모르고 막막했지만 모아의 체계적인 커리큘럼이 저에게 큰 힘이 되어 주었습니다. 비전공자인 저도 처음에 이해를 못하고 지루했지만 반복 끝에 점점 저의 지식이 쌓이는게 느껴졌고 약간의 흥미가 생기면서 그 결과 소방설비기사(전기분야) 필기/실기 한번에 합격이라는 좋은 결과를 얻을 수 있었습니다.

2025년 2회 합격자 조○○

2025년 2회 합격자 주○○

"이론-기출 다회독으로 끝내는 초격차!"

기계 전공이라서 전기 분야에 대한 두려움이 있었습니다. 강조한 핵심용어와 기준치들을 반복 암기하는 것부터 시작했습니다. 계산 문제는 빈출 문제로 단원별 정리가 잘 되어 있어 반복 풀이를 했습니다. 전체 틀을 이해하려고 이론 한번 쭉 학습하고, 두 번째 볼 때는 중요 개념과 계산 문제 부분은 먼저 문제를 풀고 이해 안되는 부분을 다시 학습하여 가성비를 높였습니다. 기출문제는 시험을 본다는 기분으로 먼저 문제를 풀다보니 반복 문제에서는 실수를 하지 않고 몸으로 이해가 되었습니다. 체득할 때까지 반복한 게 복이 되어 운좋게 합격할 수 있었습니다.

"체계적인 학습이 가능한 초격차!"

중요한 부분을 집중적으로 공부하고 반복학습한 것이 시험 중 기억을 끄집어내는 데 큰 도움이 되었습니다. 공부하기 좋은 모아 교재의 구성도 한몫 하였습니다. 요약 노트가 불필요하다고 느꼈고 시간도 아낄 수 있었습니다. 먼저 교재의 목차 순서를 외우고 그 각각의 내용을 연상하는 방법으로 공부하였습니다. 이로써 공식의 헷갈림을 방지할 수 있었습니다. 모아의 커리큘럼과 교재를 절대적으로 신뢰하면 합격은 자동적으로 따라 온다고 말씀 드리고 싶습니다.

2024년 2회 합격자 김○○

2024년 1회 합격자 장○○

"효율적인 학습이 가능한 초격차!"

저는 전기공학을 전공한 40대 직장인으로 소방설비 쌍기사를 목표로 소방설비기사 기계분야에 도전하였습니다. 처음엔 공식을 이해하는데 어려움이 있었습니다. 하지만 해당 공식이 어떻게 수식화 되었는지 쉽게 개념 정리가 되어 차근차근 이해할 수 있었습니다. 이전 기출문제를 폭 넓게 분석하여 가장 중요하고 핵심적인 문제들만 주제별로 담아놓은 과년도 7개년과 Plus N제 교재로 학습한 것이 가장 도움이 되었습니다. 초격차 과년도 7개년 교재로 계산기를 사용하여 직접 혼자 풀 수 있을 때까지 학습하고 그렇게 과년도 7개년을 5회독 하였습니다. 그 결과 시험에 합격하는 좋은 결과를 얻을 수 있었습니다.

소방설비기사·산업기사 실기 기계

2026 초격자
超 格 差

황모아 · 이지원

2019-2025 출제경향 분석

[소방설비기사(기계분야) 출제경향표]

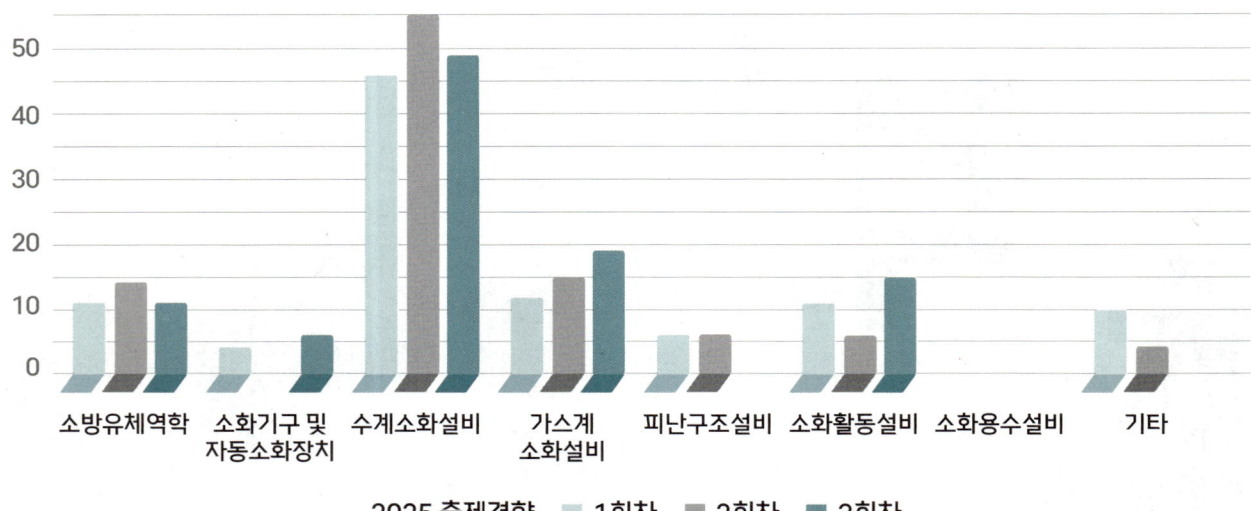

2025 출제경향 ■ 1회차 ■ 2회차 ■ 3회차

단위 : 배점

연도 및 회차 CHAPTER	2025년			2024년			2023년			2022년			2021년			2020년				2019년		
	1	2	3	1	2	3	1	2	4	1	2	4	1	2	4	1,2	3	4	5	1	2	4
소방유체역학	11	14	11	15	14	18	17	11	10	10	11	12	16	17	16	9	15	4	15	0	10	5
소화기구 및 자동소화장치	4	0	6	6	6	10	4	0	0	0	9	6	0	4	0	7	4	0	0	5	0	0
수계소화설비	46	55	49	43	49	36	26	57	41	36	44	34	40	33	39	40	22	55	43	58	48	33
가스계소화설비	12	15	19	13	17	9	26	22	31	17	28	29	17	23	18	31	31	18	24	19	19	45
피난구조설비	6	6	0	9	0	4	6	0	0	6	0	0	6	0	6	5	0	3	0	0	6	0
소화활동설비	11	6	15	14	14	5	21	10	15	19	8	13	17	23	21	8	18	20	18	18	17	11
소화용수설비	0	0	0	0	0	6	0	0	0	6	0	6	0	0	0	0	0	0	0	0	0	6
기타	10	4	0	0	0	12	0	0	3	6	0	0	4	0	0	0	10	0	0	0	0	0

[소방설비기사 실기 기계 학습방법]

소방유체역학 실기시험에 출제되는 소방유체역학 및 펌프 관련 문제는 주로 연속방정식, 베르누이방정식, 마찰손실 및 펌프의 이상현상과 관련된 문제가 대다수입니다. 따라서 초격차 이론서에 나와 있는 공식을 암기하고 문제의 풀이 순서를 이해하는 것이 중요합니다. 실기시험에 출제되는 유체역학 문제는 과년도 기출문제에서 수치값만 바뀌어 반복되는 유형이 많으므로 유형별로 학습한다면 쉽게 점수 향상이 가능합니다.

소화설비 소화설비 파트는 화재안전성능·기술기준에 명시된 설치기준을 암기하는 것이 중요합니다. 수계소화설비에서는 수원의 양, 펌프의 소요동력, 마찰손실 등과 관련된 문제가 자주 출제되는데, 방수량 및 방수압력 등을 반드시 암기해야 합니다. 특히 스프링클러설비는 거의 매회 출제가 되고 있으며 기출문제 중 대다수의 고난도 문제가 스프링클러설비에 집중되어 있습니다. 고난도 문제의 경우 맞추기 쉬운 소문항들을 섭렵하여 부분점수를 획득하는 것이 합격의 지름길입니다. 가스계소화설비는 상대적으로 고난도 문제가 많지 않고, 약제량[kg] 산정, 저장용기 병수 산정과 같은 유형의 문제가 반복되는 성격을 띠고 있습니다. 따라서 기출문제 중심으로 학습한다면 가스계소화설비는 어렵지 않게 점수 획득이 가능합니다.

소방활동설비 소화활동설비 중 가장 중요한 챕터는 단연 제연설비입니다. 거실제연설비에서 배출량을 산정하는 문제, 특별피난계단의 계단실 및 부속실 제연설비에서 누설틈새면적의 합계를 구하는 문제와 누설량 구하는 문제는 확실하게 학습해야 합니다. 아울러 연결송수관설비, 연결살수설비, 연소방지설비는 자주 출제되지 않으며, 계산문제보다는 주로 단답형 문제로 출제되기 때문에 키워드 위주의 암기가 필요합니다.

피난구조설비 피난구조설비의 기출문제는 주로 설치장소별 피난기구의 적응성과 관련한 파트에서 출제되었습니다. 기존에는 단답형 문제로 특정소방대상물의 해당 층에 어떤 피난기구를 설치해야 하는지를 묻는 문제가 많았지만, 최근에는 피난기구의 개수를 묻는 형태가 많아졌습니다. 따라서 층별 용도에 따른 피난기구의 설치개수 기준을 반드시 암기하고, 피난기구의 설치 감소에 관해 기출된 내용에 대해서는 반드시 암기해야 합니다.

소화용수설비 및 기타 소화용수설비에서 소화수조 및 저수조의 저수량을 구하는 문제와 그에 따른 채수구의 개수, 흡수관투입구의 개수를 묻는 문제가 주로 출제됩니다. 기출 유형이 크게 바뀌지 않으므로 기출 중심으로 학습한다면 점수 획득이 상대적으로 쉬운 파트입니다.

밸브 및 관 부속류와 소방시설 도시기호 실기시험에서 도시기호를 그리거나 도시기호에 해당하는 명칭을 쓰는 문제가 종종 출제됩니다. 도시기호 문제는 합격을 위해 반드시 맞혀야 하는 문제로, 초격차 이론서에 별(★)표시가 되어 있는 주요 도시기호를 암기하시기 바랍니다.

CONTENTS

PART 01 소방유체역학 및 소방펌프

- CHAPTER 01 소방유체역학 ······ 8
- CHAPTER 02 소방펌프 ······ 44

PART 02 소화설비

- CHAPTER 01 소화기구 및 자동소화장치 ······ 60
  연습문제 • 73
- CHAPTER 02 옥내소화전설비 ······ 77
  연습문제 • 97
- CHAPTER 03 옥외소화전설비 ······ 109
  연습문제 • 112
- CHAPTER 04 스프링클러설비 ······ 118
  연습문제 • 140
- CHAPTER 05 간이스프링클러설비 및
  화재조기진압용 스프링클러설비 ······ 170
  연습문제 • 176
- CHAPTER 06 물분무/미분무소화설비 ······ 177
  연습문제 • 184
- CHAPTER 07 포소화설비 ······ 188
  연습문제 • 205
- CHAPTER 08 이산화탄소소화설비 ······ 227
  연습문제 • 244
- CHAPTER 09 할론소화설비 ······ 262
  연습문제 • 271
- CHAPTER 10 할로겐화합물 및 불활성기체소화설비 ······ 281
  연습문제 • 289
- CHAPTER 11 분말소화설비 ······ 295
  연습문제 • 305
- CHAPTER 12 고체에어로졸소화설비 ······ 314

PART 03 소화활동설비

- CHAPTER 01 제연설비 ········· 320
  - 연습문제 • 338
- CHAPTER 02 연결송수관설비 ········· 353
  - 연습문제 • 358
- CHAPTER 03 연결살수설비 ········· 362
  - 연습문제 • 364
- CHAPTER 04 연소방지설비 ········· 365
  - 연습문제 • 368

PART 04 피난구조설비

- CHAPTER 01 피난기구 ········· 372
  - 연습문제 • 376
- CHAPTER 02 인명구조기구 ········· 380
  - 연습문제 • 382

PART 05 소화용수설비 및 기타

- CHAPTER 01 소화용수설비 ········· 386
  - 연습문제 • 391
- CHAPTER 02 공동주택의 화재안전기준 ········· 392
  - 연습문제 • 397
- CHAPTER 03 창고시설의 화재안전기준 ········· 400
  - 연습문제 • 405

PART 06 밸브 및 관 부속류와 소방시설 도시기호

- CHAPTER 01 배관 및 관 부속류 ········· 410
- CHAPTER 02 소방시설 도시기호 ········· 415

PART 01

소방유체역학 및 소방펌프

CHAPTER 01 　소방유체역학

CHAPTER 02 　소방펌프

격차를 뛰어넘어 압도적인 격차를 만들다

○ 학습전략

실기시험에 출제되는 소방유체역학 및 펌프 관련 문제와 내용은 필기시험의 소방유체역학보다 훨씬 범위가 좁다. 따라서 실기 책에 나와 있는 공식을 암기하고 기출문제의 풀이 과정을 익힌다면, 유체역학 문제가 더 이상 두렵지 않을 것이다. 또한 수계소화설비의 난도가 높은 문제들은 마찰손실과 연계된 문제가 많다. 그러므로 유체역학 파트에서 마찰손실과 관련된 내용을 집중적으로 공략해야 수계소화설비 문제에 대한 접근이 쉬워질 수 있다.

CHAPTER
01 소방유체역학

3회독	월	일
2회독	월	일
1회독	월	일

학습목표

1 유체의 물리적 성질 4가지와 단위를 파악한다.
2 병렬관로계에서 2가지 원칙을 익히고, 연속방정식 및 베르누이방정식을 파악하고, 문제에 적용한다.
3 플랜지볼트에 작용하는 힘에 대하여 3가지 유형의 문제를 파악한다.
4 배관의 주손실공식(달시 바이스바하, 하젠 윌리엄, 하겐 포아젤) 및 배관의 부차적 손실공식을 암기하고 문제에 적용한다.
5 벤추리미터 및 오리피스 유량계에서 유속 및 유량공식을 암기하고 문제에 적용한다.

학습MAP

- 유체이론
  - 단위접두어
  - 유체의 물리적 성질
- ★★★ 연속방정식
  - 질량유량
  - 중량유량
  - 체적유량
- ★★ 병렬관로계
- ★★★ 베르누이방정식
- ★★★ 달시-웨버방정식
- ★★★ 하젠-윌리엄방정식
- 부차적 손실
- ★ 운동량 방정식의 응용(노즐의 반발력)
  - 노즐의 반발력, 반동력(=플랜지 볼트에 작용하는 힘)
  - 운동량에 의한 노즐의 반발력, 반동력
  - 노즐 구경 D[mm]와 방수압 P[MPa]이 주어진 경우, 노즐의 반발력
- ★★★ 벤추리미터 및 오리피스 유량계

01 유체이론

1 단위 접두어 ★★★

10^9	10^6	10^3	10^{-2}	10^{-3}
G(Giga)	M(Mega)	k(kilo)	c(centi)	m(milli)

2 유체의 물리적 성질 ★★★

(1) 밀도(ρ)

① 단위체적당 질량

② 계산식

$$\text{밀도 } \rho\,[kg/m^3] = \frac{m}{V}$$

ρ : 밀도 [kg/m³, N·s²/m⁴]
m : 질량 [kg]
V : 체적 [m³]

$$\text{기체의 밀도 } \rho\,[kg/m^3] = \frac{PM}{RT}$$

P : 절대압력 [atm]
M : 분자량 [kg/kmol]
T : 절대온도 [K]
R : 기체상수 [atm·m³/kmol·K]

③ 물의 밀도 : 1000 [kg/m³] = 1000 [N·s²/m⁴]

(2) 비체적(V_s)

① 밀도의 역수로 단위질량당 체적

② 계산식

$$\text{비체적 } V_s\,[m^3/kg] = \frac{V}{m} = \frac{1}{\rho}$$

Vs : 비체적 [m³/kg]
ρ : 밀도 [kg/m³]
m : 질량 [kg]
V : 체적 [m³]

(3) 비중량(γ)

① 단위체적당 중량(= 무게 = 힘)

② 계산식

$$\text{비중량 } \gamma = \rho g = \frac{W}{V} = \frac{mg}{V}$$

γ : 비중량 [N/m³, kgf/m³]
ρ : 밀도 [kg/m³]
g : 중력가속도 [m/s²]
W : 중량 [N, kgf]
m : 질량 [kg]
V : 체적 [m³]

③ 물의 비중량 : 1000 [kgf/m³] = 9800 [N/m³]

(4) 비중(S)

① 비중

$$S = \frac{\text{어떤 물질의 비중량}(\gamma)}{4℃\text{에서 물의 비중량}(\gamma_w)} = \frac{\text{어떤 물질의 밀도}(\rho)}{4℃\text{에서 물의 밀도}(\rho_w)}$$

② 계산식

$$\text{비중 } S = \frac{\gamma}{\gamma_w} = \frac{\rho}{\rho_w}$$

S : 비중 [무차원수]
ρ : 어떤 물질의 밀도 [kg/m³]
ρ_w : 물의 밀도 [kg/m³]
γ : 어떤 물질의 비중량 [N/m³]
γ_w : 물의 비중량 [N/m³]

③ 물의 비중 : 1

보충 ▶ 비중(S)가 주어졌을 때 비중량(γ)과 밀도(ρ)
비중량 $\gamma = S \cdot \gamma_w$
밀도 $\rho = S \cdot \rho_w$

02 연속방정식

1. 관로나 수로와 같은 유동장에 흐르는 유체에 질량보존의 법칙을 적용시켜 얻은 방정식
2. 어느 위치에서나 유입질량과 유출질량이 같으므로 일정한 관 내에 축적된 질량은 유속과 무관하게 일정

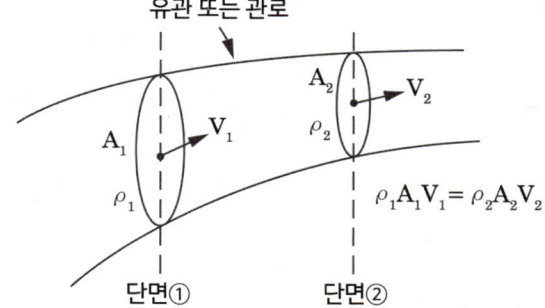

(1) 질량유량($\dot{M}$, $\dot{m}$) : 단위시간당 통과한 유체의 질량

$$\dot{M}[kg/s] = \rho A V = \rho \cdot \dot{Q}$$

$\dot{M}$, $\dot{m}$: 질량유량 [kg/s]
ρ : 밀도 [kg/m³]
A : 단면적 [m²]
V : 유속 [m/s]

여기서 ① ~ ② 단면에 적용 시 $\rho_1 A_1 V_1 = \rho_2 A_2 V_2$

(2) 중량유량($\dot{G}$) : 단위시간당 통과한 유체의 중량

$$\dot{G}[N/s, kg_f/s] = \gamma A V = \gamma \cdot \dot{Q}$$

$\dot{G}$: 중량유량 [N/s, kg_f/s]
γ : 비중량 [N/m³, kg_f/m³]
A : 단면적 [m²]
V : 유속 [m/s]

여기서 ① ~ ② 단면에 적용 시 $\gamma_1 A_1 V_1 = \gamma_2 A_2 V_2$

(3) 체적유량($\dot{Q}$) : 단위시간당 통과한 유체의 체적 ★★★

$$\dot{Q}[m^3/s] = A V$$

$\dot{Q}$: 체적유량 [m³/s]
A : 단면적 [m²]
V : 유속 [m/s]

여기서 비압축성 유동을 가정한다면, $\rho_1 = \rho_2$, $\gamma_1 = \gamma_2$이므로 ① ~ ② 단면에 적용 시

$A_1 V_1 = A_2 V_2$

보충 원형관일 때 관경(D)과 유속(V) ★★★

$Q[m^3/s] = AV$에서 관경이 D [m]인 원형관일 때,

$Q[m^3/s] = \dfrac{\pi D^2}{4}[m^2] \times V[m/s]$

이므로

(1) 관경 $D[m] = \sqrt{\dfrac{4Q}{\pi V}}$

(2) 유속 $V[m/s] = \dfrac{4Q}{\pi D^2}$

연습문제 | 연속방정식

01

그림을 참고하여 ② 지점의 밀도 ρ [g/cm³]를 구하시오.

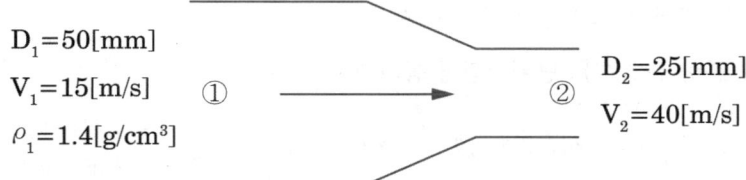

○ 계산과정 :

○ 답 :

정답

☑ 계산과정

$\dot{m}_1 = \dot{m}_2$ (질량보존의 법칙 : 연속방정식)

$\rho_1 A_1 V_1 = \rho_2 A_2 V_2$

$\rho_2 = \rho_1 \times \dfrac{A_1}{A_2} \times \dfrac{V_1}{V_2}$

$= \rho_1 [g/cm^3] \times \dfrac{\dfrac{\pi}{4}(D_1[mm])^2}{\dfrac{\pi}{4}(D_2[mm])^2} \times \dfrac{V_1[m/s]}{V_2[m/s]}$

$= 1.4 \times \left(\dfrac{50}{25}\right)^2 \times \dfrac{15}{40} = 2.1$ [g/cm³]

답 | 2.1 [g/cm³]

02

| 득점 | 배점 | 5 |

지름 200 [mm]인 원형관 속에 0.15 [kg/s]의 유량으로 공기가 흐르고 있다. 관 속 공기의 압력은 0.2 [MPa], 온도는 20 [℃]일 때 관 속에 흐르는 공기의 평균속도는 몇 [m/s]인가? (단, 공기의 기체상수는 0.287 [kJ/kg·K]이다)

◯ 계산과정 :

◯ 답 :

정답

☑ 계산과정

질량유량 $\dot{m}[kg/s] = \rho[kg/m^3] \times A[m^2] \times V[m/s]$

① 기체의 밀도 ρ

$PV = W\bar{R}T$

$\dfrac{W}{V} = \dfrac{P}{\bar{R}T}$ (여기서 $\dfrac{W[kg]}{V[m^3]} = \rho[kg/m^3]$)

$\therefore \rho = \dfrac{P}{\bar{R}T} = \dfrac{0.2 \times 10^3 [kPa]}{0.287 [kJ/kg \cdot K] \times (273+20)[K]} = 2.378 [kg/m^3]$

② 공기의 평균속도 V

$\dot{m}[kg/s] = \rho[kg/m^3] \times A[m^2] \times V[m/s]$

$0.15 [kg/s] = 2.378 [kg/m^3] \times \dfrac{\pi \times 0.2^2}{4}[m^2] \times V[m/s]$

$\therefore V = 2.007 ≒ 2.01 [m/s]$

답 | 2.01 [m/s]

📖 참고 이상기체 상태방정식

$$PV = W\bar{R}T$$
$$PV = nRT = \dfrac{W}{M}RT = W\left(\dfrac{R}{M}\right)T = W\bar{R}T$$

P : 절대압력 [kPa]
W : 질량 [kg]
T : 절대온도 [K]
R : 일반기체상수 [kPa·m³/kmol·K] = [kJ/kmol·K]
$\bar{R}$: 특정기체상수 [kPa·m³/kg·K] = [kJ/kg·K]

V : 부피 [m³]
n : 몰수 [kmol]
M : 분자량 [kg/kmol]

암기 ▶ 일반기체상수 R
= 0.082 [atm·m³/kmol·K]
= 8.314 [kPa·m³/kmol·K]

03   배점 5

소화배관을 통하여 물이 3000 [N/s]의 유량으로 흐르고 있다. 단, 소화배관의 직경은 300 [mm]이며 각 물음에 답하시오.

가. 소화배관 내에서의 물의 평균 유속(V [m/s])을 구하시오.
- 계산과정 :
- 답 :

나. 소화배관 내 물의 평균 유속이 9.74 [m/s]일 때 배관의 직경(D [m])을 구하시오.
- 계산과정 :
- 답 :

정답

가. 계산과정

$\dot{G} = \gamma A V$

$3000 [N/s] = 9800 [N/m^3] \times \dfrac{\pi \times 0.3^2}{4} \times V [m/s]$

$\therefore V = 4.33 [m/s]$

답 | 4.33 [m/s]

나. 계산과정

$\dot{G} = \gamma A V$

$\dot{G} = \gamma \times \dfrac{\pi D^2}{4} \times V$

$3000 [N/s] = 9800 [N/m^3] \times \dfrac{\pi D^2}{4} \times 9.74 [m/s]$

$\therefore D = 0.2 [m]$

답 | 0.2 [m]

03 병렬관로계

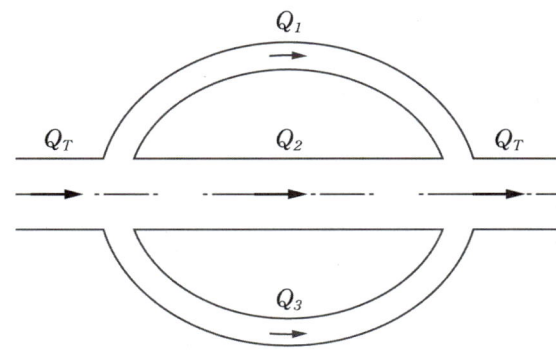

1. 계의 총 유량(Q_T)은 각 관에서 유량의 합과 같다. ($Q_T = Q_1 + Q_2 + Q_3$)
2. 각 관로에서의 손실수두는 경로에 관계없이 항상 같아야 한다.
   ($\triangle P_1 = \triangle P_2 = \triangle P_3$)

연습문제 | 병렬관로계

01　　　　　　　　　　　　　　　　　　득점　　배점　5

다음 그림을 보고 Q_2 [m³/s] 및 V_2 [m/s]를 구하시오.

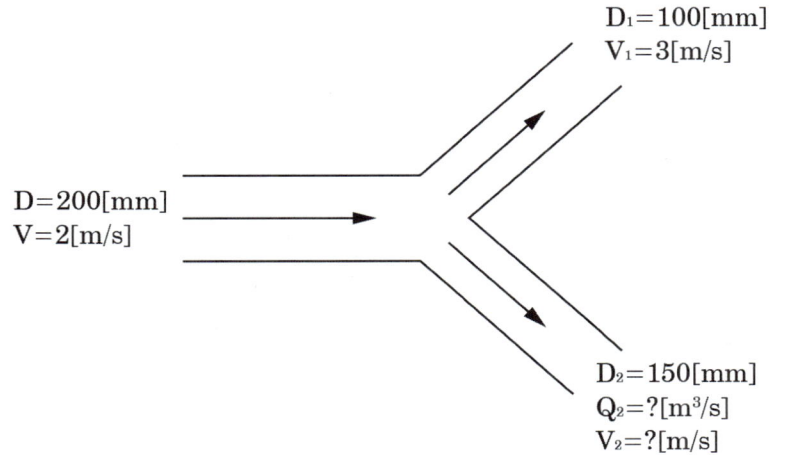

○ 계산과정 :

○ 답 :

> **선생님 TIP**
> '계의 총 유량(Q_T)은 각 관에서 유량의 합과 같다'만 이용해도 풀리는 문제입니다.

정답

✓ 계산과정

전체 유량 $Q_T = Q_1 + Q_2$이므로 $Q_2 = Q_T - Q_1$이다.

① 전체 유량 Q_T

$$Q_T = AV = \frac{\pi \times 0.2^2}{4}[m^2] \times 2[m/s] = 0.063[m^3/s]$$

② 1경로에서의 유량 Q_1

$$Q_1 = A_1 V_1 = \frac{\pi \times 0.1^2}{4}[m^2] \times 3[m/s] = 0.024[m^3/s]$$

③ 2경로에서의 유량 Q_2

$$Q_2 = Q_T - Q_1 = 0.063 - 0.024 = 0.039 \fallingdotseq 0.04[m^3/s]$$

$$\therefore Q_2 = 0.04[m^3/s]$$

④ 2경로에서의 유속 V_2

$$V_2 = \frac{4Q_2}{\pi D_2^2} = \frac{4 \times 0.04}{\pi \times 0.15^2} = 2.263 \fallingdotseq 2.26[m/s]$$

$$\therefore V_2 = 2.26[m/s]$$

답 | $Q_2 = 0.04\ [m^3/s]$, $V_2 = 2.26\ [m/s]$

02

배점 7

그림은 어느 배관 평면도이며 화살표의 방향으로 물이 흐르고 있다. 단, 주어진 조건을 참조하여 배관 ABCD 및 AEFD에 흐르는 유량 Q_1 [L/min], Q_2 [L/min]를 각각 계산하시오.

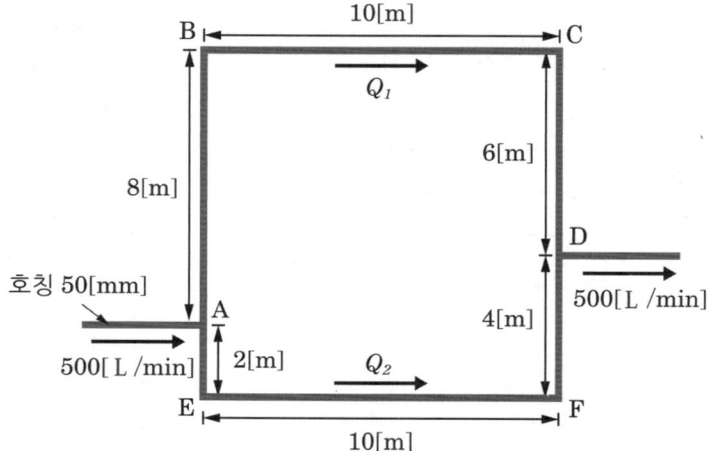

> **조건**
>
> (1) 하젠-윌리엄공식은 다음과 같다.
>
> $$\Delta P_m = 6.05 \times 10^4 \times \frac{Q^{1.85}}{100^{1.85} \times D^{4.87}}$$
>
> 단, ΔP_m : 배관 1 [m]당 마찰손실압력 [MPa]
>
> Q : 유량 [L/min], D : 배관의 내경 [mm]
>
> (2) 루프배관의 호칭구경은 50 [mm]이다.
> (3) 호칭 50 [mm] 배관의 안지름은 54 [mm]이다.
> (4) 호칭 50 [mm] 90°엘보의 등가길이는 1개당 1.6 [m]으로 한다.
> (5) A 및 D점에 있는 티의 마찰손실은 무시한다.

○ 계산과정 :   ○ 답 :

정답

☑ 계산과정

$Q_{ABCD} = Q_1$, $Q_{AEFD} = Q_2$

$Q_T = 500 [L/min] = Q_1 + Q_2$ ············· (1)식

$\Delta P_1 = \Delta P_2$ ···································· (2)식

$\Delta P_1 = 6.05 \times 10^4 \times \dfrac{Q_1^{1.85}}{100^{1.85} \times 54^{4.87}} \times (\underbrace{8+10+6}_{\text{직관길이}} + \underbrace{1.6 \times 2}_{\text{90°엘보 2개 (B, C)}})$

$\Delta P_2 = 6.05 \times 10^4 \times \dfrac{Q_2^{1.85}}{100^{1.85} \times 54^{4.87}} \times (\underbrace{2+10+4}_{\text{직관길이}} + \underbrace{1.6 \times 2}_{\text{90°엘보 2개 (E, F)}})$

$\Delta P_1 = \Delta P_2$ 이므로

$Q_1^{1.85} \times (8+10+6+1.6 \times 2) = Q_2^{1.85} \times (2+10+4+1.6 \times 2)$

$27.2 \times Q_1^{1.85} = 19.2 \times Q_2^{1.85}$

$Q_1^{1.85} = \dfrac{19.2}{27.2} \times Q_2^{1.85}$

$\left(Q_1^{1.85}\right)^{\frac{1}{1.85}} = \left(\dfrac{19.2}{27.2}\right)^{\frac{1}{1.85}} \times \left(Q_2^{1.85}\right)^{\frac{1}{1.85}}$

∴ $Q_1 = 0.828 \times Q_2$ ········ (1)식에 대입

$500 [L/min] = Q_1 + Q_2$

$= (0.828 \times Q_2) + 1 \times Q_2$

$= 1.828 Q_2$

∴ $Q_2 = 273.52 [L/min]$

∴ $Q_1 = 500 - 273.52 = 226.48 [L/min]$

답 | Q_1 = 226.48 [L/min], Q_2 = 273.52 [L/min]

선생님 TIP

$\Delta P_1 = \Delta P_2$ 에서 Q_1과 Q_2와의 관계식을 도출해야 합니다.

03 배점 6

아래 그림과 같이 소화배관에 0.2 [m³/s]의 유량이 흐르다가 배관 A 및 배관 B로 분기되어 흐르고, 다시 하나의 소화배관으로 합쳐져 물이 흐르게 된다. 배관 A 및 배관 B에 흐르는 유량[m³/s]을 각각 구하시오. (단, 손실은 Darcy-Weisbach식을 이용하며 관마찰계수는 0.0022로 한다)

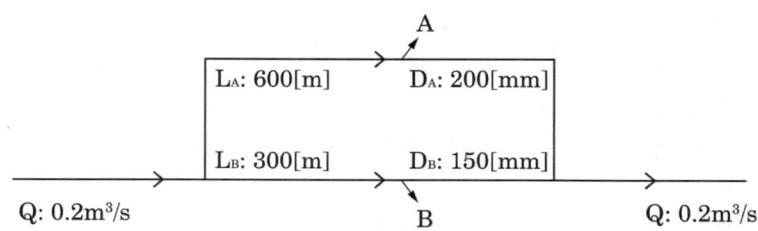

가. A의 유량[m³/s]

　○ 계산과정 :

　○ 답 :

나. B의 유량[m³/s]

　○ 계산과정 :

　○ 답 :

정답

☑ 계산과정

가. A의 유량[m³/s]

$Q_T = Q_A + Q_B$ ·············· (1)식

$\Delta h_A = \Delta h_B$ ·············· (2)식

Darcy-Weisbach방정식 : $h_L[m] = f \times \dfrac{L[m]}{D[m]} \times \dfrac{(V[m/s])^2}{2g[m/s^2]}$

(2)식에 Darcy-Weisbach방정식을 대입하면

$f \times \dfrac{L_A}{D_A} \times \dfrac{V_A^2}{2g} = f \times \dfrac{L_B}{D_B} \times \dfrac{V_B^2}{2g}$

$\cancel{f} \times \dfrac{L_A}{D_A} \times \dfrac{V_A^2}{\cancel{2g}} = \cancel{f} \times \dfrac{L_B}{D_B} \times \dfrac{V_B^2}{\cancel{2g}}$

$\dfrac{L_A}{D_A} \times V_A^2 = \dfrac{L_B}{D_B} \times V_B^2$

$V_B^2 = \dfrac{L_A \times D_B}{L_B \times D_A} \times V_A^2$

$$V_B = \sqrt{\frac{L_A \times D_B}{L_B \times D_A}} \times V_A = \sqrt{\frac{600 \times 150}{300 \times 200}} \times V_A = 1.225 \times V_A$$

$\therefore V_B = 1.225 \times V_A$ ············ (1)식에 대입

$Q_T = Q_A + Q_B$

$\quad = A_A V_A + A_B V_B$

$\quad = \left(\dfrac{\pi}{4} \times 0.2^2 \times V_A\right) + \left(\dfrac{\pi}{4} \times 0.15^2 \times V_B\right)$

$\quad = \left(\dfrac{\pi}{4} \times 0.2^2 \times V_A\right) + \left\{\dfrac{\pi}{4} \times 0.15^2 \times (1.225\,V_A)\right\}$

$\quad = 0.053\,V_A$

$Q_T = 0.053\,V_A$이므로

$0.2\,[m^3/s] = 0.053\,V_A$

$\therefore V_A = 3.77\,[m/s]$

따라서

$Q_A = A_A V_A = \left(\dfrac{\pi}{4} \times 0.2^2\right) \times 3.77 = 0.1184 ≒ 0.12\,[m^3/s]$

답 | Q_A = 0.12 [m³/s]

나. B의 유량[m³/s]

$\quad Q_B = Q_T - Q_A = 0.2 - 0.12 = 0.08\,[m^3/s]$

답 | Q_B = 0.08 [m³/s]

04 베르누이방정식

베르누이방정식은 "기계적 에너지 보존법칙"에 대한 관계식이다.
비점성, 비압축성, 정상유동에서 유선을 따라 흐르는 유체입자의 압력수두, 속도수두, 위치수두의 합은 일정하다.

1 베르누이방정식 ★★★

$$\frac{P_1}{\gamma}+\frac{V_1^2}{2g}+Z_1 = \frac{P_2}{\gamma}+\frac{V_2^2}{2g}+Z_2$$

$$즉,\ H = \frac{P}{\gamma}+\frac{V^2}{2g}+Z = const$$

P_1, P_2 : 압력 [N/m^2]
γ : 비중량 [N/m^3]
V_1, V_2 : 유속 [m/s]
g : 중력가속도 [m/s^2]
Z_1, Z_2 : 위치수두 [m]
H : 전수두 [m]

2 펌프의 전양정과 마찰손실을 고려한 수정베르누이방정식 ★★★

$$\frac{P_1}{\gamma}+\frac{V_1^2}{2g}+Z_1+h_P = \frac{P_2}{\gamma}+\frac{V_2^2}{2g}+Z_2+h_L$$

h_P : 펌프의 전양정 [m]
h_L : 배관의 마찰손실수두 [m]

> **선생님 TIP**
> 수정베르누이방정식에서 펌프의 전양정(h_P)와 배관의 마찰손실수두(h_L)의 위치를 잘 기억합시다.

연습문제 | 베르누이방정식

01
| 득점 | | 배점 | 8 |

아래 그림과 같이 물이 흐르는 배관의 A점은 직경 50 [mm], 압력 12 [kPa], B점은 직경 50 [mm], 압력 11.5 [kPa], C점은 직경 30 [mm], 압력 10.5 [kPa]이며, 유량은 5 [L/s]이다. 각 물음에 답하시오.

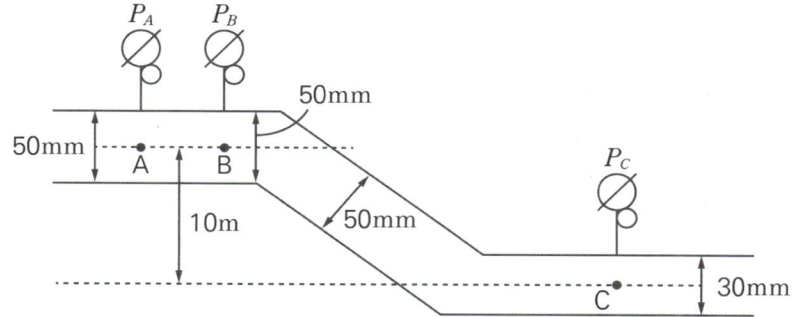

가. A 지점에서 유속[m/s]을 구하시오.
- 계산과정 :
- 답 :

나. C 지점에서 유속[m/s]을 구하시오.
- 계산과정 :
- 답 :

다. A 지점과 B 지점 간의 마찰손실[m]을 구하시오.
- 계산과정 :
- 답 :

라. A 지점과 C 지점 간의 마찰손실[m]을 구하시오.
- 계산과정 :
- 답 :

> **선생님 TIP**
> A지점과 B지점의 유량이 서로 같고 관경도 같기 때문에 유속 또한 서로 같습니다. ($Q=AV$)

정답

가. 계산과정 : $V_A = \dfrac{4Q}{\pi D_A^2} = \dfrac{4 \times 5 \times 10^{-3}[m^3/s]}{\pi \times 0.05^2[m^2]} = 2.546 ≒ 2.55[m/s]$

답 | 2.55 [m/s]

나. 계산과정 : $V_C = \dfrac{4Q}{\pi D_C^2} = \dfrac{4 \times 5 \times 10^{-3}[m^3/s]}{\pi \times 0.03^2[m^2]} = 7.074 ≒ 7.07[m/s]$

답 | 7.07 [m/s]

다. 계산과정

$$\dfrac{P_A}{\gamma} + \dfrac{V_A^2}{2g} + Z_A = \dfrac{P_B}{\gamma} + \dfrac{V_B^2}{2g} + Z_B + h_L$$

여기서 $V_A = V_B$ (∵ A점과 B점의 배관 구경이 동일하므로), $Z_A = Z_B$

$$h_L = \dfrac{P_A - P_B}{\gamma} = \dfrac{12 - 11.5[kPa]}{9.8[kN/m^3]} = 0.051 ≒ 0.05[m]$$

답 | 0.05 [m]

라. 계산과정

$$\dfrac{P_A}{\gamma} + \dfrac{V_A^2}{2g} + Z_A = \dfrac{P_C}{\gamma} + \dfrac{V_C^2}{2g} + Z_C + h_L$$

$$\dfrac{12[kPa]}{9.8[kN/m^3]} + \dfrac{(2.55[m/s])^2}{2 \times 9.8[m/s^2]} + 10[m]$$

$$= \dfrac{10.5[kPa]}{9.8[kN/m^3]} + \dfrac{(7.07[m/s])^2}{2 \times 9.8[m/s^2]} + 0[m] + h_L$$

∴ $h_L ≒ 7.93[m]$

답 | 7.93 [m]

02

운전 중인 펌프의 압력계를 측정하였더니 흡입 측 진공계의 눈금이 150 [mmHg], 토출 측 압력계는 0.294 [MPa]이었다. 펌프의 전양정[m]을 구하시오. (단, 토출 측 압력계는 흡입 측 진공계보다 50 [cm] 높은 곳에 있고, 직경은 동일하다)

○ 계산과정 :

○ 답 :

정답

✓ 계산과정

[풀이 1] 펌프의 전양정 = 흡입 측 전양정 + 토출 측 전양정 + 실양정

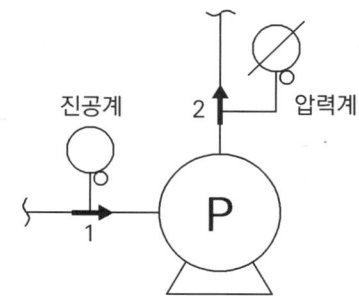

① 흡입 측 전양정 : $150[mmHg] \times \dfrac{10.332[m]}{760[mmHg]} = 2.039[m]$

② 토출 측 전양정 : $0.294[MPa] \times \dfrac{10.332[m]}{0.101325[MPa]} = 29.978[m]$

③ 실양정 : $0.5[m]$

∴ $H_P = 2.039 + 29.978 + 0.5 = 32.517[m] ≒ 32.52[m]$

[풀이 2] 베르누이방정식

$$\dfrac{P_1}{\gamma} + \dfrac{V_1^2}{2g} + Z_1 + H_P = \dfrac{P_2}{\gamma} + \dfrac{V_2^2}{2g} + Z_2$$

여기서 흡입 측 직경과 토출 측 직경이 같으므로 $V_1 = V_2$

① $\dfrac{P_1}{\gamma}[m]$: $-150[mmHg] \times \dfrac{10.332[m]}{760[mmHg]} = -2.039[m]$

（※ 유의 : 진공압을 게이지압으로 변환하여 계산해야 한다）

② $Z_1[m]$: $0\,[m]$

③ $\dfrac{P_2}{\gamma}[m]$: $0.294[MPa] \times \dfrac{10.332[m]}{0.101325[MPa]} = 29.978[m]$

④ $Z_2[m]$: $0.5\,[m]$

따라서 베르누이방정식에 적용하면

$-2.039[m] + 0[m] + 0[m] + H_P = 29.978 + 0[m] + 0.5[m]$

∴ $H_P = 2.039 + 29.978 + 0.5 = 32.517[m] ≒ 32.52[m]$

답 | 32.52 [m]

> **선생님 TIP**
>
> 이 식의 $\dfrac{P_1}{\gamma}$는 압력수두[m]를 의미합니다. 문제의 단위가 [mmHg]이므로 이를 수두[m]로 변환하기 위해서는 <u>표준대기압을 이용한 단위환산</u>이 가능하고, 또한 <u>$P = \gamma H$를 이용한 단위환산</u>도 가능합니다. 이 문제에서는 압력이 [mmHg]로 주어졌기 때문에, 계산과정이 더 간편한 <u>표준대기압을 이용한 단위환산</u> 방식으로 풀이하였습니다.

> **참고**

1) 베르누이방정식으로 펌프의 전수두를 구할 때 압력

베르누이방정식에서 펌프 흡입 측 압력과 토출 측 압력을 모두 게이지압을 대입하여 펌프의 전수두를 구할 때 펌프 흡입 측의 진공압을 (−)부호로 넣는 이유는 펌프 토출 측의 게이지압력과의 압력 차이를 반영하기 위함이다.
(※ 베르누이방정식에서 펌프 흡입 측 압력과 토출 측 압력을 모두 절대압력으로 반영해도 무방하다)

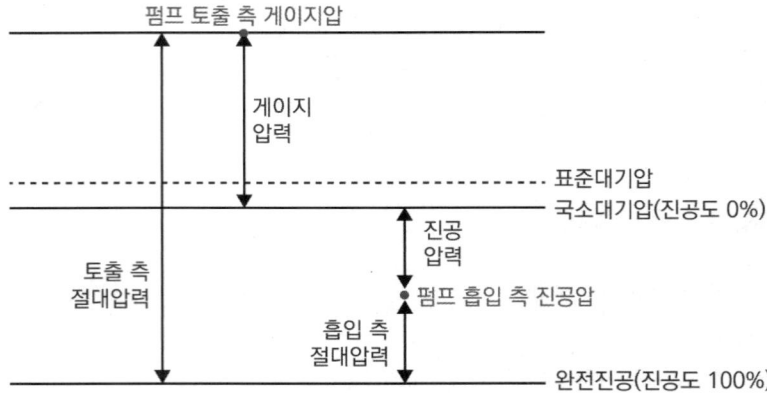

[절대압력과 게이지압력]

2) 게이지압력, 진공압, 절대압력
  (1) 게이지압력(= 계기압력) : 압력계로 측정한 압력으로 대기압을 기준으로 그 이상의 압력
  (2) 진공압(= 진공게이지압) : 진공계로 측정한 압력으로 대기압을 기준으로 그 이하의 압력
  (3) 절대압력 : 완전진공을 기준으로 측정한 압력
    ① 절대압력 = 대기압 + 게이지압력
    ② 절대압력 = 대기압 − 진공압

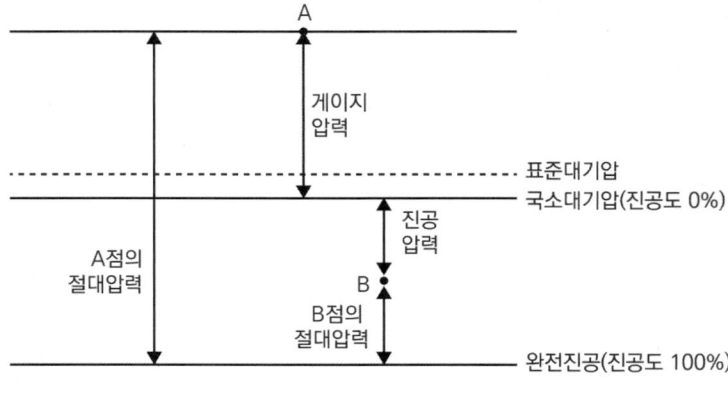

[절대압력과 게이지압력]

03

펌프의 토출 측 압력계는 0.2 [MPa], 흡입 측 진공계는 300 [mmHg]을 지시하고 있다. 펌프의 전동기 효율[%]을 구하시오. (단, 토출 측 배관의 직경은 50 [mm]이고, 흡입 측 배관의 직경은 65 [mm]이다. 토출 측 압력계는 펌프로부터 50 [cm] 높은 곳에 설치되어 있다. 펌프의 출력은 5.86 [kW], 펌프의 토출량은 1 [m³/min]이다)

선생님 TIP
02번 문제와 03번 문제는 흡입 측과 토출 측 배관 직경이 같은 경우와 다른 경우로 구분됩니다. 이 차이에 따라 풀이방법이 달라지므로 각각의 계산과정을 이해하는 것이 중요합니다.

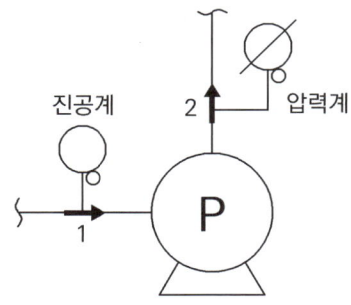

◯ 계산과정 :

◯ 답 :

정답

☑ 계산과정 [베르누이방정식]

$$\frac{P_1}{\gamma} + \frac{V_1^2}{2g} + Z_1 + H_P = \frac{P_2}{\gamma} + \frac{V_2^2}{2g} + Z_2$$

1) 흡입 측 유속(V_1)과 토출 측 유속(V_2)

$$V = \frac{4Q}{\pi D^2} \quad (\because Q = AV)$$

① $V_1 = \dfrac{4Q}{\pi D_1^2} = \dfrac{4 \times \dfrac{1}{60}[m^3/s]}{\pi \times (0.065[m])^2} = 5.0226 \fallingdotseq 5.023[m/s]$

② $V_2 = \dfrac{4Q}{\pi D_2^2} = \dfrac{4 \times \dfrac{1}{60}[m^3/s]}{\pi \times (0.05[m])^2} = 8.4882 \fallingdotseq 8.488[m/s]$

선생님 TIP

이 식의 $\frac{P_1}{\gamma}$는 압력수두[m]를 의미합니다. 문제의 단위가 [mmHg]이므로 이를 수두[m]로 변환하기 위해서는 <u>표준대기압을 이용한 단위환산</u>이 가능하고, 또한 <u>$P=\gamma H$</u>를 이용한 단위환산도 가능합니다. 이 문제에서는 압력이 [mmHg]로 주어졌기 때문에, 계산과정이 더 간편한 표준대기압을 이용한 단위환산 방식으로 풀이하였습니다.

2) 펌프의 전양정 H_P[m]

① $\frac{P_1}{\gamma}$[m] : $=-300[mmHg] \times \frac{10.332[mAq]}{760[mmHg]} = -4.078[m]$

(※ 유의 : 진공압을 게이지압으로 변환하여 계산해야 한다)

② $\frac{V_1^2}{2g}[m] = \frac{(5.023)^2}{2 \times 9.8}[m]$

③ Z_1[m] : 0 [m]

④ $\frac{P_2}{\gamma}[m] : \frac{200[kPa]}{9.8[kN/m^3]}$

⑤ $\frac{V_2^2}{2g}[m] = \frac{(8.488)^2}{2 \times 9.8}[m]$

⑥ Z_2[m] : 0.5 [m]

따라서 베르누이방정식에 적용하면

$-4.078[m] + \frac{5.023^2}{2 \times 9.8}[m] + 0[m] + H_P$

$= \frac{200[kPa]}{9.8[kN/m^3]} + \frac{8.488^2}{2 \times 9.8}[m] + 0.5[m]$

∴ $H_P = 27.374 ≒ 27.37[m]$

3) 전동기의 효율

$P = \frac{\gamma Q H_P}{\eta}$

$5.86[kW] = \frac{9.8[kN/m^3] \times \frac{1}{60}[m^3/s] \times 27.37[m]}{\eta}$

∴ $\eta = 0.7629$

따라서 $\eta[\%] = 0.7629 \times 100 = 76.29[\%]$

답 | 76.29 [%]

> **중요** 이 문제는 토출 측 배관과 흡입 측 배관의 직경이 다르기 때문에 토출 측과 흡입 측 배관 내 유속이 서로 다르다. 따라서 "펌프의 전양정 = 토출 측 전양정 + 흡입 측 전양정"으로 풀 수 없다. 왜냐하면 "펌프의 전양정 = 토출 측 전양정 + 흡입 측 전양정"으로 풀이하면 토출 측과 흡입 측의 속도 차가 값에 반영되지 않기 때문이다.

05 달시 – 웨버방정식

$$h_L[m] = f \times \frac{L}{D} \times \frac{V^2}{2g}$$ ★★★

h_L : 마찰손실 [m]
f : 마찰손실계수
L : 길이 [m]
D : 직경 [m]
V : 유속 [m/s]
g : 중력가속도 [m/s²]

연습문제 | 달시 – 웨버방정식

01 득점 | 배점 4

수평으로 곧게 설치되어 있는 40 [m] 길이의 파이프를 유량 600 [L/min]의 물이 흐를 때 다음 물음에 답하시오. (단, 레이놀즈수는 1200, 관의 직경은 65 [mm]이며 배관의 인입 측 수압계는 0.8 [MPa]을 가리키고 있다)

가. 달시 - 웨버방정식을 이용하여 손실수두[m]를 구하시오.
　○ 계산과정 :　　　○ 답 :

나. 배관 출구에서의 수압[MPa]을 구하시오.
　○ 계산과정 :　　　○ 답 :

정답

가. 계산과정

달시 - 웨버방정식 $h_L[m] = f \times \dfrac{L[m]}{D[m]} \times \dfrac{(V[m/s])^2}{2g[m/s^2]}$

레이놀즈수 Re가 2100보다 작으므로 층류유동이고,
따라서 마찰손실계수 $f = \dfrac{64}{Re}$ 이다.

마찰손실계수 $f = \dfrac{64}{Re} = \dfrac{64}{1200} = 0.0533$

$\therefore V = \dfrac{4Q}{\pi D^2} = \dfrac{4 \times \frac{0.6}{60}[m^3/s]}{\pi \times 0.065^2[m^2]} = 3.014[m/s]$

$\therefore h_L = 0.0533 \times \dfrac{40[m]}{0.065[m]} \times \dfrac{(3.014[m/s])^2}{2 \times 9.8[m/s^2]} = 15.20[m]$

답 | 15.2 [m]

> **레이놀즈수**
> 층류와 난류를 구분하는 기준으로 Darcy의 법칙이 적용되는 흐름의 한계를 결정하는 데 사용된다.

나. 계산과정

배관의 출구 압력 = 배관의 입구 압력 - 마찰손실압력

① 마찰손실압력 $P = \gamma \times h = 9800[N/m^3] \times 15.2[m]$
    $= 148960[Pa] = 0.14896[MPa]$

② 배관의 출구 압력 = 배관의 입구 압력 - 마찰손실압력
    $= 0.8[MPa] - 0.14896[MPa] = 0.65104 ≒ 0.65[MPa]$

답 | 0.65 [MPa]

참고 레이놀즈수(Reynold's Number)

1) 레이놀즈수 계산식

레이놀즈수 $Re = \dfrac{\rho VD}{\mu} = \dfrac{VD}{\nu}$

ρ : 밀도 [kg/m³]
V : 유속 [m/s]
D : 직경 [m]
μ : 점성계수 [N·s/m²]
ν : 동점성계수 [m²/s]

2) 레이놀즈수에 의한 유체의 분류

구분	층류	천이류(임계영역)	난류
Re수 범위	Re < 2100	2100 < Re < 4000	Re > 4000

하임계레이놀즈수 : 난류에서 층류로 바뀌는 임계값(Re = 2100)
상임계레이놀즈수 : 층류에서 난류로 바뀌는 임계값(Re = 4000)

(1) 층류 : 유체가 규칙적으로 층상을 이루며 흐르는 유동

(※ 층류유동일 때 관마찰계수 : $f = \dfrac{64}{Re}$)

(2) 천이류(임계영역) : 층류와 난류가 상호 전환되는 유동
(3) 난류 : 유체가 불규칙적으로 난동을 이루며 흐르는 유동

06 하젠 – 윌리엄방정식

$\Delta P[MPa/m]$
$= 6.053 \times 10^4 \times \dfrac{Q^{1.85}}{C^{1.85} \times D^{4.87}}$ ★★★

ΔP : 1 [m]당 마찰손실압력 [MPa/m]
Q : 유량 [L/min]
C : 조도
D : 직경 [mm]

연습문제 하젠 – 윌리엄방정식

01 배점 4

어느 물분무소화설비의 배관에 물이 흐르고 있다. 두 지점에 흐르는 물의 압력은 각각 0.5 [MPa], 0.42 [MPa]이었다. 만약 유량을 2배로 송수한다면 두 지점 간의 압력 차[MPa]는 얼마인가? (단, 배관의 마찰손실압력은 하젠 – 윌리엄공식을 이용하시오)

○ 계산과정 :

○ 답 :

정답

✓ 계산과정

하젠 – 윌리엄공식에 의해 배관의 마찰손실

$$\triangle P[MPa] = 6.053 \times 10^4 \times \frac{Q^{1.85}}{C^{1.85} \times D^{4.87}} \times L$$

여기서 $\triangle P$: 단위길이당 마찰손실압력 [MPa]
Q : 유량 [L/min], C : 관의 조도계수
D : 관의 내경 [mm], L : 관의 길이 [m]

따라서 $\triangle P \propto Q^{1.85}$ 이므로

$\triangle P_Q : Q^{1.85} = \triangle P_{2Q} : (2Q)^{1.85}$

$(0.5 - 0.42)[MPa] : Q^{1.85} = \triangle P : (2Q)^{1.85}$

$Q^{1.85} \times \triangle P = (2Q)^{1.85} \times (0.5 - 0.42)$

$Q^{1.85} \times \triangle P = 2^{1.85} \times Q^{1.85} \times (0.5 - 0.42)$

$\cancel{Q^{1.85}} \times \triangle P = 2^{1.85} \times \cancel{Q^{1.85}} \times (0.5 - 0.42)$

$\triangle P = 2^{1.85} \times (0.5 - 0.42)$

$\triangle P = 0.288 ≒ 0.29 [MPa]$

답 | 0.29 [MPa]

02

배관의 관마찰계수가 0.016인 관 내에 유체가 3 [m/s]로 흐르고 있다. 관의 길이가 1000 [m], 내경이 100 [mm]인 배관 내의 거칠기(조도) C값을 소수점을 절상하여 정수로 구하시오. (단, 배관 마찰은 달시-웨버식과 하젠-윌리엄식을 이용한다)

○ 계산과정 :

○ 답 :

정답

☑ 계산과정

하젠-윌리엄식 $\Delta P = 6.053 \times 10^4 \times \dfrac{Q^{1.85}}{C^{1.85} \times D^{4.87}} \times L$

① 마찰손실압력 $\Delta P [MPa]$

달시-웨버방정식 $h_L[m] = f \times \dfrac{L[m]}{D[m]} \times \dfrac{(V[m/s])^2}{2g[m/s^2]}$

$= 0.016 \times \dfrac{1000}{0.1} \times \dfrac{3^2}{2 \times 9.8} = 73.469 [m]$

$\Delta P = 73.469 [m] \times \dfrac{0.101325 [MPa]}{10.332 [m]} = 0.721 [MPa]$

② 유량 $Q[L/min]$

$Q = A \times V = \dfrac{\pi \times 0.1^2}{4} [m^2] \times 3 [m/s]$

$= 0.0235619 [m^3/s] = 1413.714 [L/min]$

③ 조도 C

$\Delta P = 6.053 \times 10^4 \times \dfrac{Q^{1.85}}{C^{1.85} \times D^{4.87}} \times L$

$0.721 [MPa] = 6.053 \times 10^4 \times \dfrac{1413.714^{1.85}}{C^{1.85} \times 100^{4.87}} \times 1000$

∴ C = 147.49 ≒ 148(절상)

답 | 148

TIP ▶ 문제의 식에서 계산기 Solve 기능 사용 시, 식이 복잡하므로 오래 기다려야 답이 도출된다.

07 부차적 손실

연습문제 | 부차적 손실

01

안지름이 각각 300 [mm]와 450 [mm]의 원관이 직접 연결되어 있다. 안지름이 작은 관에서 큰 관 방향으로 매초 230 [L]의 물이 흐르고 있을 때 돌연확대부분에서의 손실[m]을 구하시오. (단, 중력가속도는 9.8 [m/s²]이다)

○ 계산과정 :

○ 답 :

정답

☑ 계산과정

돌연 확대관 손실수두

$$h_L = \frac{(V_1 - V_2)^2}{2g} = K \frac{V_1^2}{2g}$$

h_L : 부차적 손실수두 [m]

K : 손실계수 $\left[K = \left(1 - \frac{A_1}{A_2}\right)^2 \right]$

V : 유속 [m/s]

g : 중력가속도 [m/s²]

① 유속 $V_1 = \dfrac{Q}{A_1} = \dfrac{0.23[m^3/s]}{\dfrac{\pi \times 0.3^2}{4}[m^2]} = 3.254 [m/s]$

② 유속 $V_2 = \dfrac{Q}{A_2} = \dfrac{0.23[m^3/s]}{\dfrac{\pi \times 0.45^2}{4}[m^2]} = 1.446 [m/s]$

③ 손실수두 $H = \dfrac{(V_1 - V_2)^2}{2g} = \dfrac{(3.254 - 1.446)^2}{2 \times 9.8} = 0.17 [m]$

답 | 0.17 [m]

선생님 TIP

돌연확대관 손실수두 $K\dfrac{V_1^2}{2g}$ 에서 분자가 V_1^2 이라는 것을 유의합시다.

02

500 [mm] 배관에 300 [L/min]의 물이 흐르고, 그 끝에 25 [mm] 노즐을 달아 공기 중으로 방출할 때 노즐에서의 손실 압력[kPa]은? (단, 부차적 손실계수는 5.5이다)

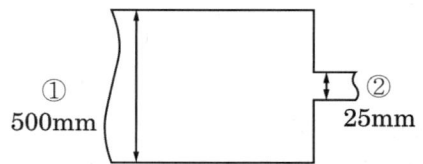

○ 계산과정 :   ○ 답 :

정답

☑ 계산과정

돌연 축소관 손실수두
$$h = \frac{(V_0 - V_2)^2}{2g} = K\frac{V_2^2}{2g}$$

h_L : 부차적 손실수두 [m]
K : 손실계수
$$\left[K = \left(\frac{A_2}{A_0} - 1\right)^2 = \left(\frac{1}{C_c} - 1\right)^2\right]$$
C_c : 수축계수 $\left[C_c = \frac{A_0}{A_2}\right]$
V : 유속 [m/s]
g : 중력가속도 [m/s²]

$$h_L[m] = K \times \frac{V_2^2}{2g}$$

① V_2 [m/s]

$$V_2 = \frac{4Q}{\pi D^2} = \frac{4 \times \frac{0.3}{60}[m^3/s]}{\pi \times 0.025^2[m^2]} = 10.185 \fallingdotseq 10.19[m/s]$$

∴ $V_2 = 10.19$ [m/s]

② h_L [m]

$$h_L = K \times \frac{V_2^2}{2g} = 5.5 \times \frac{10.19^2}{2 \times 9.8} = 29.137 [m]$$

$$\triangle P = \gamma h = 9.8[kN/m^3] \times 29.137[m] = 285.542 \fallingdotseq 285.54[kPa]$$

답 | 285.54 [kPa]

선생님 TIP

돌연확대관 손실수두 $K\frac{V_1^2}{2g}$에서 분자가 V_1^2이라는 것을 유의합시다.

08 운동량방정식의 응용(노즐의 반발력)

1 노즐의 반발력, 반동력(= 플랜지 볼트에 작용하는 힘) ★★

$$F[N] = P_1 \times A_1 - \rho \times Q \times \triangle V = \frac{\gamma \times A_1 \times Q^2}{2g} \left(\frac{A_1 - A_2}{A_1 A_2} \right)^2$$

F : 노즐의 반발력, 반동력 [N]
P_1 : 호스에서 압력 [Pa]
A_1 : 호스의 단면적 [m^2]
A_2 : 노즐의 단면적 [m^2]
ρ : 유체의 밀도 [kg/m^3] (물 : 1000 [kg/m^3])
γ : 유체의 비중량 [N/m^3] (물 : 9800 [N/m^3])
Q : 방수량 [m^3/s]
$\triangle V$: 호스와 노즐의 유속 차 [m/s]

2 운동량에 의한 노즐의 반발력, 반동력 ★

$$F[N] = \rho \times Q \times \triangle V$$

F : 운동량에 의한 노즐의 반발력, 반동력 [N]
ρ : 유체의 밀도 [kg/m^3] (물 : 1000 [kg/m^3])
Q : 방수량 [m^3/s]
$\triangle V$: 호스와 노즐의 유속 차 [m/s]

3 노즐 구경 D [mm]와 방수압 P [MPa]이 주어진 경우 노즐의 반발력

$$F[N] = 1.57 \times D^2 [mm^2] \times P[MPa]$$

F : 노즐의 반발력, 반동력 [N]
D : 노즐 구경 [mm]
P : 방수압 [MPa]

Q 심화 플랜지볼트에 작용하는 힘

※ $F = \frac{\gamma A_1 Q^2}{2g} \left(\frac{A_1 - A_2}{A_1 A_2} \right)^2$ 공식 유도과정

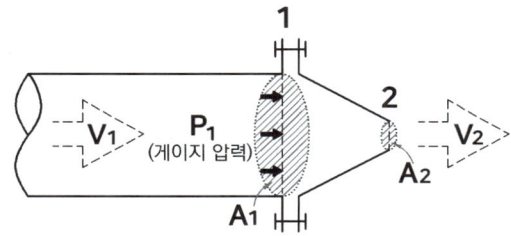

선생님 TIP

플랜지 볼트에 작용하는 힘에 대한 심화내용은 유도과정 자체보다는 최종 결과식에 초점을 두고 학습합시다.

$$\frac{P_1}{\gamma} + \frac{V_1^2}{2g} + Z_1 = \frac{P_2}{\gamma} + \frac{V_2^2}{2g} + Z_2$$

여기서 $Z_1 = Z_2$, $P_2 = 0$(대기압)이므로 $\dfrac{P_1}{\gamma} + \dfrac{V_1^2}{2g} = \dfrac{V_2^2}{2g}$

$P_1 = \gamma\dfrac{(V_2^2 - V_1^2)}{2g}$ ·············· (1)식

$F = P_1 \times A_1 - \rho \times Q \times \triangle V$에 (1)식을 대입하고, $\rho = \dfrac{\gamma}{g}(\gamma = \rho g$이므로)를 대입한다.

$$F = \frac{\gamma(V_2^2 - V_1^2)}{2g} \times A_1 - \frac{\gamma}{g} \times Q \times (V_2 - V_1)$$

여기서 $V_1 = \dfrac{Q}{A_1}$, $V_2 = \dfrac{Q}{A_2}$를 대입하면

$$F = \frac{\gamma}{2g}\left\{\left(\frac{Q}{A_2}\right)^2 - \left(\frac{Q}{A_1}\right)^2\right\}A_1 - \frac{\gamma}{g}Q\left(\frac{Q}{A_2} - \frac{Q}{A_1}\right)$$

$$= \frac{\gamma A_1 Q^2}{2g}\left\{\left(\frac{1}{A_2}\right)^2 - \left(\frac{1}{A_1}\right)^2\right\} - \frac{\gamma}{g}Q^2\left(\frac{1}{A_2} - \frac{1}{A_1}\right)$$

$$= \frac{\gamma A_1 Q^2}{2g}\left\{\left(\frac{1}{A_2}\right)^2 - \left(\frac{1}{A_1}\right)^2\right\} - \frac{\gamma A_1 Q^2}{2g}\left(\frac{2}{A_1 A_2} - \frac{2}{A_1^2}\right)$$

$$= \frac{\gamma A_1 Q^2}{2g}\left\{\left(\frac{1}{A_2}\right)^2 - \left(\frac{1}{A_1}\right)^2 - \frac{2}{A_1 A_2} + \frac{2}{A_1^2}\right\}$$

$$= \frac{\gamma A_1 Q^2}{2g}\left\{\frac{A_1^2}{A_1^2 A_2^2} - \frac{A_2^2}{A_1^2 A_2^2} - \frac{2A_1 A_2}{A_1^2 A_2^2} + \frac{2A_2^2}{A_1^2 A_2^2}\right\}$$

$$= \frac{\gamma A_1 Q^2}{2g}\left(\frac{A_1^2 - 2A_1 A_2 + A_2^2}{A_1^2 A_2^2}\right)$$

$$= \frac{\gamma A_1 Q^2}{2g}\left(\frac{A_1 - A_2}{A_1 A_2}\right)^2$$

$$\therefore F = \frac{\gamma A_1 Q^2}{2g}\left(\frac{A_1 - A_2}{A_1 A_2}\right)^2$$

연습문제 | 운동량방정식의 응용(노즐의 반발력)

01 득점 ☐ 배점 9

내경이 10 [cm]인 소방용 호스에 내경이 3 [cm]인 노즐이 부착되어 있다. 1.5 [m³/min]의 방수량으로 대기 중에 방사할 경우 아래 조건에 따라 각 물음에 답하시오. (단, 마찰손실은 무시한다)

가. 소방용 호스의 평균유속[m/s]을 계산하시오.
　○ 계산과정 :　　　　○ 답 :

나. 소방용 호스에 부착된 노즐의 유속[m/s]을 계산하시오.
　○ 계산과정 :　　　　○ 답 :

다. 소방용 노즐의 반동력[N]을 계산하시오.
　○ 계산과정 :　　　　○ 답 :

정답

가. 계산과정 : $V = \dfrac{4Q}{\pi D^2} = \dfrac{4 \times \dfrac{1.5}{60}}{\pi \times 0.1^2} = 3.183 ≒ 3.18 [m/s]$

답 | 3.18 [m/s]

나. 계산과정 : $V = \dfrac{4Q}{\pi D^2} = \dfrac{4 \times \dfrac{1.5}{60}}{\pi \times 0.03^2} = 35.367 ≒ 35.37 [m/s]$

답 | 35.37 [m/s]

다. 계산과정

$F_x [N] = P_1[Pa] \times A_1[m^2] - \rho[kg/m^3] \times Q[m^3/s] \times \Delta V[m/s]$

여기서 P_1은 베르누이방정식으로부터 도출한다.

$\dfrac{P_1}{\gamma} + \dfrac{V_1^2}{2g} + Z_1 = \dfrac{P_2}{\gamma} + \dfrac{V_2^2}{2g} + Z_2$ ($Z_1 = Z_2$, $P_2 = 0$[대기압])

$\dfrac{P_1[Pa]}{9800[N/m^3]} + \dfrac{(3.18[m/s])^2}{2 \times 9.8[m/s^2]} = \dfrac{(35.37[m/s])^2}{2 \times 9.8[m/s^2]}$

∴ $P_1 = 620462.25 [Pa]$

$F_x[N] = P_1[Pa] \times A_1[m^2] - \rho[kg/m^3] \times Q[m^3/s] \times \Delta V[m/s]$

$= (620462.25 \times \dfrac{\pi \times 0.1^2}{4}) - \left\{ 1000 \times \dfrac{1.5}{60} \times (35.37 - 3.18) \right\}$

$= 4068.35 [N]$

답 | 4068.35 [N]

선생님 TIP

다 항은 $F = \dfrac{\gamma A_1 Q^2}{2g} \left(\dfrac{A_1 - A_2}{A_1 A_2} \right)^2$
이 식으로 풀이해도 무방합니다.

02

배점 7

지름 40 [mm]인 소방호스 끝에 부착된 선단구경이 20 [mm]인 노즐로부터 100 [L/min]로 도달될 때 다음 각 항에 답하시오.

가. 소방호스에서의 유속[m/s]을 구하시오.
  ○ 계산과정 :
  ○ 답 :

나. 노즐선단에서의 유속[m/s]을 구하시오.
  ○ 계산과정 :
  ○ 답 :

다. 방사 시 노즐의 운동량에 의한 반발력[N]을 구하시오.
  ○ 계산과정 :
  ○ 답 :

정답

가. 계산과정

$$V = \frac{4Q}{\pi D^2} = \frac{4 \times \frac{0.1}{60}}{\pi \times 0.04^2} = 1.326 ≒ 1.33 [m/s]$$

답 | 1.33 [m/s]

나. 계산과정

$$V = \frac{4Q}{\pi D^2} = \frac{4 \times \frac{0.1}{60}}{\pi \times 0.02^2} = 5.305 ≒ 5.31 [m/s]$$

답 | 5.31 [m/s]

다. 계산과정

$$F[N] = \rho[kg/m^3] \times Q[m^3/s] \times \Delta V[m/s]$$
$$= 1000 \times \frac{0.1}{60} \times (5.31 - 1.33) = 6.633 ≒ 6.63 [N]$$

답 | 6.63 [N]

03

옥외소화전 1개를 개방하여 피토게이지로 방수압을 측정한 결과 0.6 [MPa]이었다. 호스 구경 65 [mm], 노즐 구경 20 [mm]일 경우 노즐의 반발력[N]을 구하시오.

○ 계산과정 :

○ 답 :

정답

☑ 계산과정

$$F[\text{N}] = 1.57 \times D^2[\text{mm}^2] \times P[\text{MPa}]$$
$$= 1.57 \times 20^2 \times 0.6 = 376.8[\text{N}]$$

답 | 376.8 [N]

09 벤추리미터 및 오리피스 유량계

연습문제 벤추리미터 및 오리피스 유량계

01

그림과 같은 벤추리미터(Venturi meter)에서 관 속에 흐르는 물의 유량[L/s]을 구하시오. (단, 수은의 비중은 13.6, 유량계수 C는 0.97이며, 수은주의 높이 차 $\triangle h$는 500 [mm], 중력가속도 g는 9.8 [m/s^2]이다)

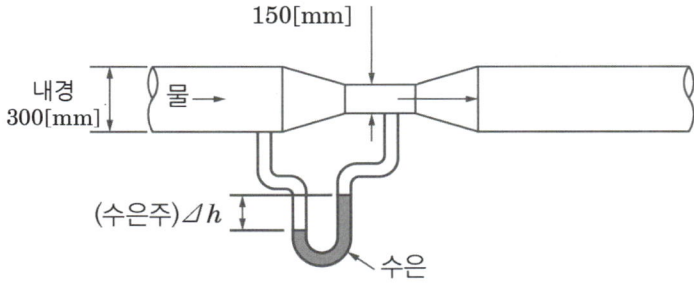

정답

✓ 계산과정

벤추리미터의 유량공식 ★★★

$$Q = C_d \frac{A_2}{\sqrt{1-\left(\frac{A_2}{A_1}\right)^2}} \sqrt{2gh\left(\frac{S_0}{S}-1\right)}$$

Q : 유량 [m³/s], C_d : 유량계수
A_1 : 배관 단면적 [m²], A_2 : 벤추리관 단면적 [m²], $\frac{A_2}{A_1}$: 개구비
h : 마노미터 높이차 [m], S : 배관유체 비중, S_0 : U자관 액주계유체 비중

$$Q = C \frac{A_2}{\sqrt{1-\left(\frac{A_2}{A_1}\right)^2}} \sqrt{2gh\left(\frac{S_0}{S}-1\right)}$$

$$= 0.97 \times \frac{\pi \times 0.15^2}{4} \times \frac{1}{\sqrt{1-\left(\frac{0.15^2}{0.3^2}\right)^2}} \times \sqrt{2 \times 9.8 \times 0.5 \times \left(\frac{13.6}{1}-1\right)}$$

$$= 0.196723 [\text{m}^3/\text{s}] = 196.72 [\text{L/s}]$$

답 | 196.72 [L/s]

---

02   배점 5

스프링클러설비의 가압송수장치에 대한 성능시험을 위하여 오리피스로 시험한 결과, 그림과 같이 수은주의 높이차가 500 [mm]로 측정되었다. 이 오리피스를 통과하는 유량[m³/s]을 주어진 조건에 따라 구하시오. (단, 수은의 비중은 13.6, 중력가속도 g = 9.8 [m/s²]이다)

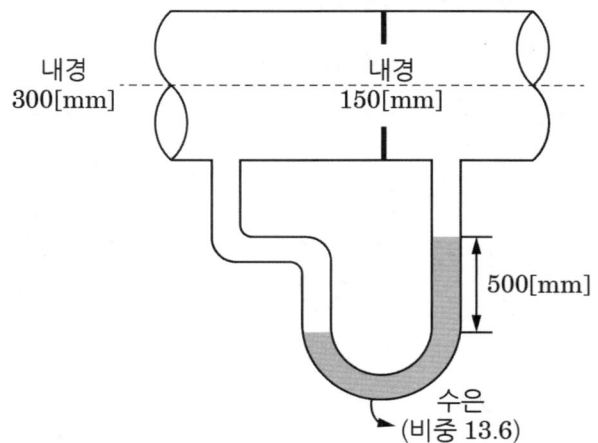

선생님 TIP

벤추리미터의 유량공식과 오리피스 유량계의 유량공식 차이를 꼭 알아둡시다. (2번 문제 해설의 심화내용을 꼭 확인하시기 바랍니다)

가. 속도계수 C_v = 0.97일 때, 이 오리피스를 통과하는 실제 유량[m³/s]을 구하시오.
- 계산과정 :
- 답 :

나. 유량계수 K = 0.61일 때, 이 오리피스를 통과하는 실제 유량[m³/s]을 구하시오.
- 계산과정 :
- 답 :

정답

가. 계산과정

$$Q = C_v \frac{A_2}{\sqrt{1-\left(\frac{D_2}{D_1}\right)^4}} \sqrt{2gh\left(\frac{S_0}{S}-1\right)}$$

$$= 0.97 \times \frac{\pi \times 0.15^2}{4} \times \frac{1}{\sqrt{1-\left(\frac{0.15}{0.3}\right)^4}} \times \sqrt{2 \times 9.8 \times 0.5 \times \left(\frac{13.6}{1}-1\right)}$$

$$= 0.196 \,[\text{m}^3/\text{s}] = 0.2 \,[\text{m}^3/\text{s}]$$

답 | 0.2 [m³/s]

나. 계산과정

$$Q = K \times A_2 \sqrt{2gh\left(\frac{S_0}{S}-1\right)}$$

$$= 0.61 \times \frac{\pi \times 0.15^2}{4} \times \sqrt{2 \times 9.8 \times 0.5 \times \left(\frac{13.6}{1}-1\right)}$$

$$= 0.119 \,[\text{m}^3/\text{s}] = 0.12 \,[\text{m}^3/\text{s}]$$

답 | 0.12 [m³/s]

심화 1 벤추리미터 유량계의 유량공식

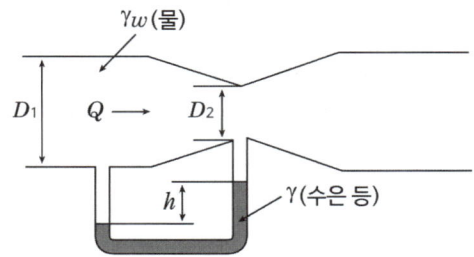

1) 벤추리미터의 이론 유속

$$\text{이론 } V_2 = \frac{1}{\sqrt{1-\left(\frac{D_2}{D_1}\right)^4}}\sqrt{2gh\left(\frac{\gamma}{\gamma_w}-1\right)}$$

이론 V_2 : 이론 유속 [m/s]　　D_2 : 교축부 직경 [m]
D_1 : 배관의 직경 [m]　　g : 중력가속도 [m/s²]
γ : 유체 비중량 [N/m³]　　γ_w : 물의 비중량 [N/m³]
h : 높이 [m]

2) 벤추리미터의 실제 유속

$$\text{실제 } V_2 = C_V\frac{1}{\sqrt{1-\left(\frac{D_2}{D_1}\right)^4}}\sqrt{2gh\left(\frac{\gamma}{\gamma_w}-1\right)}$$

실제 V_2 : 실제 유속 [m/s]　　C_V : 속도계수
D_2 : 교축부 직경 [m]　　D_1 : 배관의 직경 [m]
g : 중력가속도 [m/s²]　　γ : 유체 비중량 [N/m³]
γ_w : 물의 비중량 [N/m³]　　h : 높이 [m]

3) 벤추리미터의 이론 유량

$$\text{이론 } Q = \frac{A_2}{\sqrt{1-\left(\frac{D_2}{D_1}\right)^4}}\sqrt{2gh\left(\frac{\gamma}{\gamma_w}-1\right)}$$

이론 Q : 이론 유량 [m³/s]　　A_2 : 교축부 단면적 [m²]
D_2 : 교축부 직경 [m]　　D_1 : 배관의 직경 [m]
g : 중력가속도 [m/s²]　　γ : 유체 비중량 [N/m³]
γ_w : 물의 비중량 [N/m³]　　h : 높이 [m]

4) 벤추리미터의 실제 유량

실제 유체의 흐름에서는 관로의 형상변화, 마찰 저항 등에 따른 손실로 인하여 유량이 이론값보다 작아진다. 이러한 손실들을 실험적으로 얻어지는 보정계수를 곱하여 실제 유량을 구할 수 있다.

$$\text{실제 } Q = C_V\cdot\frac{A_2}{\sqrt{1-\left(\frac{D_2}{D_1}\right)^4}}\sqrt{2gh\left(\frac{\gamma}{\gamma_w}-1\right)} = C_d\cdot\frac{A_2}{\sqrt{1-\left(\frac{D_2}{D_1}\right)^4}}\sqrt{2gh\left(\frac{\gamma}{\gamma_w}-1\right)}$$

실제 Q : 실제 유량 [m³/s]　　C_V : 속도계수
C_d : 방출계수(= 유량계수)　　A_2 : 교축부 단면적 [m²]
D_2 : 교축부 직경 [m]　　D_1 : 배관의 직경 [m]
g : 중력가속도 [m/s²]　　γ : 유체 비중량 [N/m³]
γ_w : 물의 비중량 [N/m³]　　h : 높이 [m]

5) C_d 방출계수(= 유량계수), Discharge Coeffcient
   ① 이론 유량(Ideal Flow)에 대한 실제 유량(Actual Flow)의 비
   ② 방출계수(C_d) = 속도계수(C_V) × 수축계수(C_C)
   ③ 방출계수 C_d는 1보다 작음
   ④ 벤추리 유량계 C_d : 0.95 ~ 0.99로 매우 큼(Re가 클수록 C_d도 커짐)
      오리피스 유량계 C_d : 0.61로 일정한 값(Re가 큰[Re > 30000] 유동에 대해)

6) 벤추리미터의 이론 유속 유도과정
   관로의 ①지점과 ②지점에 대하여 베르누이방정식을 적용하면

   $$\frac{P_1}{\gamma_w} + \frac{V_1^2}{2g} + Z_1 = \frac{P_2}{\gamma_w} + \frac{V_2^2}{2g} + Z_2, \text{ 여기서 } Z_1 = Z_2 \text{이므로}$$

   $$\frac{P_1}{\gamma_w} + \frac{V_1^2}{2g} = \frac{P_2}{\gamma_w} + \frac{V_2^2}{2g}$$

   $$\frac{P_1 - P_2}{\gamma_w} = \frac{V_2^2 - V_1^2}{2g}$$

   $$= \frac{1}{2g}(V_2^2 - V_1^2)$$

   $$= \frac{V_2^2}{2g}\left(1 - \frac{V_1^2}{V_2^2}\right)$$

   연속방정식 $A_1 V_1 = A_2 V_2$에서 $\dfrac{V_1}{V_2} = \dfrac{A_2}{A_1}$ 이므로

   $$\frac{P_1 - P_2}{\gamma_w} = \frac{V_2^2}{2g}\left\{1 - \left(\frac{A_2}{A_1}\right)^2\right\}$$

   위 식을 V_2에 대해 정리하면,

   $$V_2^2 = \frac{1}{1 - \left(\dfrac{A_2}{A_1}\right)^2}\left\{2g \times \frac{(P_1 - P_2)}{\gamma_w}\right\}$$

   $$\therefore V_2 = \frac{1}{\sqrt{1 - \left(\dfrac{A_2}{A_1}\right)^2}}\sqrt{2g \times \frac{(P_1 - P_2)}{\gamma_w}}$$

   시차액주계에서 $P_1 - P_2 = (\gamma - \gamma_w)h$ 이고, $\left(\dfrac{A_2}{A_1}\right)^2 = \left(\dfrac{\frac{\pi}{4}D_2^2}{\frac{\pi}{4}D_1^2}\right)^2 = \left(\dfrac{D_2}{D_1}\right)^4$ 이므로

   $$V_2 = \frac{1}{\sqrt{1 - \left(\dfrac{A_2}{A_1}\right)^2}}\sqrt{2g \times \frac{(\gamma - \gamma_w)h}{\gamma_w}} = \frac{1}{\sqrt{1 - \left(\dfrac{D_2}{D_1}\right)^4}}\sqrt{2gh\left(\frac{\gamma}{\gamma_w} - 1\right)}$$

Q 심화 2 | 오리피스 유량계의 유량공식

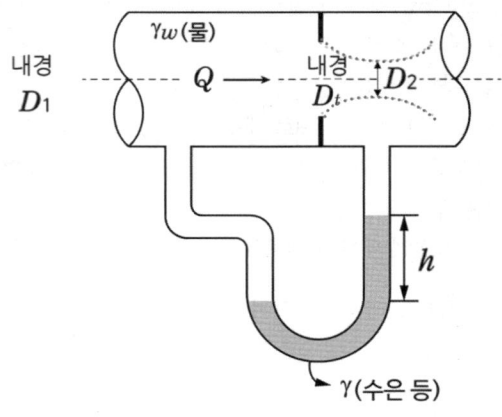

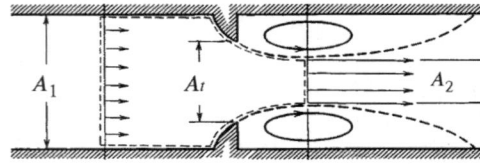

1) 오리피스 유량계의 이론 유속

$$\text{이론 } V_2 = \frac{1}{\sqrt{1-\left(\frac{D_2}{D_1}\right)^4}} \sqrt{2gh\left(\frac{\gamma}{\gamma_w}-1\right)}$$

이론 V_2 : 이론 유속 [m/s]　　　　D_2 : 분류 수축부 직경 [m]
D_1 : 배관의 직경 [m]　　　　　　g : 중력가속도 [m/s²]
γ : 유체 비중량 [N/m³]　　　　　γ_w : 물의 비중량 [N/m³]
h : 높이 [m]

2) 오리피스 유량계의 이론 유량

$$\text{이론 } Q = \frac{A_2}{\sqrt{1-\left(\frac{D_2}{D_1}\right)^4}} \sqrt{2gh\left(\frac{\gamma}{\gamma_w}-1\right)}$$

이론 Q : 이론 유량 [m³/s]　　　　A_2 : 분류 수축부 단면적 [m²]
D_2 : 분류 수축부 직경 [m]　　　 D_1 : 배관의 직경 [m]
g : 중력가속도 [m/s²]　　　　　　γ : 유체 비중량 [N/m³]
γ_w : 물의 비중량 [N/m³]　　　　h : 높이 [m]

※ 오리피스 유량계에서 분류 수축부의 직경 D_2, 분류 수축부의 단면적 A_2를 정확하게 측정할 수 없기 때문에 유동계수 K가 주어져야 실제 유량을 구할 수 있다.

3) 오리피스 유량계의 실제 유량

$$\text{실제 } Q = C_d \cdot \frac{A_t}{\sqrt{1-\left(\frac{D_2}{D_1}\right)^4}} \sqrt{2gh\left(\frac{\gamma}{\gamma_w}-1\right)} = K \cdot A_t \cdot \sqrt{2gh\left(\frac{\gamma}{\gamma_w}-1\right)}$$

실제 Q : 실제 유량 [m³/s]　　　C_d : 방출계수

K : 유동계수(= 유량계수) $\left(K = \dfrac{C_d}{\sqrt{1-\left(\dfrac{D_2}{D_1}\right)^4}}\right)$

A_t : 교축부 단면적 [m²]　　　D_t : 교축부 직경 [m]
D_2 : 분류 수축부 직경 [m]　　D_1 : 배관의 직경 [m]
g : 중력가속도 [m/s²]　　　　γ : 유체 비중량 [N/m³]
γ_w : 물의 비중량 [N/m³]　　h : 높이 [m]

4) K 유동계수(= 유량계수), Flow Coefficient

$$K = \frac{C_d}{\sqrt{1-\left(\frac{D_2}{D_1}\right)^4}}$$

CHAPTER

02 소방펌프

3회독	월	일
2회독	월	일
1회독	월	일

학습목표

1 유효흡입양정, 필요흡입양정, 공동현상 발생 한계 조건을 익히고, 문제에서 유효흡입양정을 구할 수 있다.

2 펌프의 직·병렬 운전 특성을 익히고, 비속도 및 압축비공식을 암기한다.

3 펌프 및 송풍기의 동력을 구하는 공식을 파악하고 상사의 법칙을 익힌다.

4 펌프의 이상현상에 대한 발생원인과 방지대책을 이해한다.

학습MAP

- ★★★ 유효흡입양정과 필요흡입양정
  - 유효흡입양정
  - 필요흡입양정
  - 공동현상 발생한계 조건
- ★★★ 펌프의 상사법칙
  - 유량
  - 양정
  - 동력
- 비속도 및 압축비
  - 비속도
  - 압축비
- ★★ 펌프의 직·병렬 운전 및 특성
- ★★★ 펌프의 이상현상
  - 공동현상
  - 수격작용
  - 맥동현상

01 유효흡입양정과 필요흡입양정

1 유효흡입양정 $NPSH_{av}$(Available Net Positive Suction Head) ★★★

펌프 기동 시 펌프 내로 유입되는 유체의 절대압력

$$NPSH_{av} = \frac{P_a}{\gamma} - \frac{P_v}{\gamma} - H_f \pm H_s \, [m]$$

여기서 P_a : 흡입 수면의 대기압 [N/m²]
P_v : 유체의 온도에 상당하는 포화증기압 [N/m²]
H_f : 흡입 측 배관의 마찰 손실 수두 [m]
H_s : 흡입양정(-) 또는 압입 양정(+) [m]

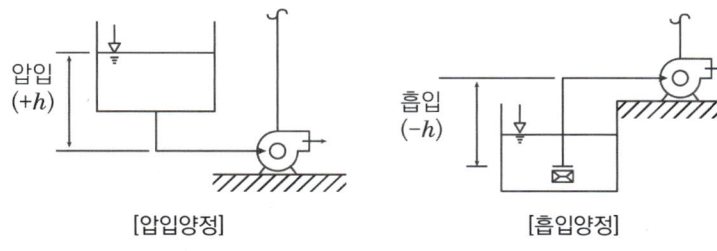

[압입양정]   [흡입양정]

2 필요흡입양정 $NPSH_{re}$(Required Net Positive Suction Head)

펌프 기동 시 공동현상을 일으키지 않기 위해 펌프가 요구하는 최소한의 흡입유체의 절대압력

3 공동현상 발생한계 조건 ★★★

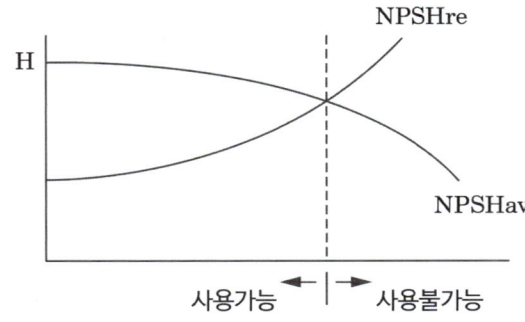

공동현상 발생 안함	$NPSH_{av} > NPSH_{re}$
공동현상 발생한계	$NPSH_{av} = NPSH_{re}$
공동현상 발생	$NPSH_{av} < NPSH_{re}$

※ 펌프의 설계 : $NPSH_{av} \geq NPSH_{re} \times 1.3$

연습문제 | 유효흡입양정과 필요흡입양정

01 배점 5

수면이 펌프보다 1 [m] 낮은 지하수조에서 0.3 [m³/min]의 물을 이송하는 원심펌프가 있다. 흡입관과 송출관의 구경이 각각 100 [mm], 송출구 압력계가 0.1 [MPa]일 때 이 펌프에 공동현상이 발생하는지 여부를 판별하시오. (단, 흡입 측의 손실수두는 0.5 [m]이고, 흡입관의 속도수두는 무시한다. 대기압은 표준대기압, 물의 온도는 20 [℃]이고, 이때의 포화수증기압은 2340 [Pa], 비중량은 9789 [N/m³]이며, 필요흡입양정은 4 [m]이다)

○ 계산과정 :

○ 답 :

정답

☑ 계산과정

공동현상을 방지하고 펌프를 사용할 수 있는 범위 $NPSH_{av} > NPSH_{re}$

유효흡입양정 $NPSH_{av} = \dfrac{P_a}{\gamma} - \dfrac{P_v}{\gamma} - H_f \pm H_s$

$= \dfrac{101325[\text{Pa}]}{9789[\text{N/m}^3]} - \dfrac{2340[\text{Pa}]}{9789[\text{N/m}^3]} - 0.5[\text{m}] - 1[\text{m}]$

$= 8.612[m]$

답 | $NPSH_{av}(8.612[\text{m}]) > NPSH_{re}(4[\text{m}])$이므로 공동현상은 발생하지 않는다.

02 배점 6

아래의 그림과 조건을 참조하여 다음 물음에 답하시오.

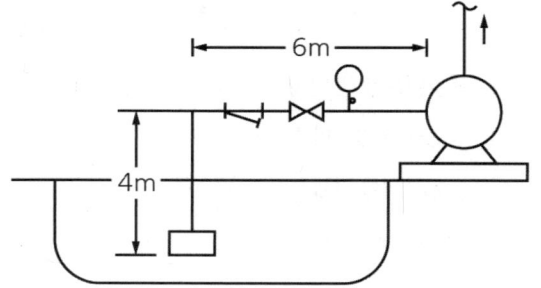

> **조건**
>
> (1) 펌프 흡입 측 배관의 관 부속품에 따른 상당길이는 15 [m]이다.
> (2) 대기압은 10.3 [m]이며, 물의 포화수증기압은 0.2 [m]이다.
> (3) 펌프의 유량 144 [m³/h]이고, 흡입 배관의 구경은 125 [mm]이다.
> (4) 배관의 마찰손실수두는 다음의 공식을 따라 계산하며, 속도수두는 무시한다.
>
> $$\triangle H = 6 \times 10^6 \times \frac{Q^2}{120^2 \times d^5} \times L$$
>
> 여기서 $\triangle H$: 배관의 마찰손실수두 [m]
> Q : 배관 내의 유량 [L/min]
> d : 관의 내경 [mm]
> L : 배관의 길이 [m]

가. 조건에 주어진 공식을 이용하여 흡입 배관의 마찰손실수두[m]를 구하시오.
　　◯ 계산과정 :
　　◯ 답 :

나. 유효흡입양정[m]을 구하시오.
　　◯ 계산과정 :
　　◯ 답 :

다. 펌프의 필요흡입수두가 4.5 [m]인 경우 펌프의 사용 가능 여부를 판정하시오.
　　◯ 답 :

라. 펌프가 흡입이 안 될 경우 개선방법 2가지를 쓰시오.
　　◯ 답 :

정답

가. 계산과정

$$\triangle H = 6 \times 10^6 \times \frac{Q[L/\min]^2}{120^2 \times d[mm]^5} \times L[m]$$

$$= 6 \times 10^6 \times \frac{2400^2}{120^2 \times 125^5} \times \boxed{(10+15)} = 1.97 [m]$$

→ 직관길이 10 [m] + 상당길이 15 [m]

(유량을 단위변환 하면
$Q = 144 [m^3/hr] \times \frac{1[hr]}{60[\min]} \times \frac{1000[L]}{1[m^3]} = 2400 [L/\min]$)

답 | 1.97 [m]

> **선생님 TIP**
>
> $L[m]$에는 '직관길이 + 상당길이'가 들어가야 하는 점을 유의합시다.

나. 계산과정

$$NPSH_{av} = \frac{P_a}{\gamma} - \frac{P_v}{\gamma} - H_f \pm H_s$$
$$= 10.3 \,[m] - 0.2 \,[m] - 1.97 \,[m] - 4 \,[m]$$
$$= 4.13 \,[m]$$

답 | 4.13 [m]

다. $NPSH_{av} < NPSH_{re}$ 이므로 공동현상이 발생하여 사용이 불가능하다.

라. ① 펌프의 설치 높이를 될 수 있는 대로 낮추어 흡입양정을 짧게 한다.
② 흡입배관의 관경을 크게 하여 유속을 낮춘다.
③ 회전속도를 낮추어 흡입속도를 줄인다.
④ 양흡입펌프를 사용한다.
⑤ 2대 이상의 펌프를 사용한다.
⑥ 흡입손실수두를 줄인다(흡입관의 관경을 크게 하고, 흡입관을 단순 직관화하여 마찰 손실을 줄인다).

02 펌프의 상사법칙 ★★★

서로 기하학적(形狀)으로 상사(비례)인 펌프라면 펌프성능(유량 Q, 양정 H, 동력 L)과 회전수(N), 임펠러 지름(D) 사이에는 다음과 같은 식이 성립한다.

1 유량 [m³/s]

$$Q_2 = \left(\frac{N_2}{N_1}\right)^1 \times \left(\frac{D_2}{D_1}\right)^3 \times Q_1$$

2 양정(압력) [m]

$$H_2 = \left(\frac{N_2}{N_1}\right)^2 \times \left(\frac{D_2}{D_1}\right)^2 \times H_1$$

3 동력 [kW]

$$L_2 = \left(\frac{N_2}{N_1}\right)^3 \times \left(\frac{D_2}{D_1}\right)^5 \times L_1$$

연습문제 — 펌프의 상사법칙

01
| 득점 | | 배점 | 5 |

소화펌프는 상사의 법칙에 의하면 펌프의 임펠러 회전속도에 따라 유량, 양정, 축동력이 변화한다. 어느 소화펌프의 전양정이 150 [m]이고 토출량이 30 [m³/min]로 운전하다가 소화펌프의 회전수를 증가시켜 토출량이 40 [m³/min]로 변화되었을 때의 전양정은 몇 [m]인지 계산하시오.

○ 계산과정 :   ○ 답 :

정답

☑ 계산과정 - "상사의 법칙"

유량[m³/min] $Q_2 = \dfrac{N_2}{N_1} \times Q_1$, 즉 $\dfrac{N_2}{N_1} = \dfrac{Q_2}{Q_1}$ (회전수 비 = 유량 비)

양정(압력)[m] $H_2 = \left(\dfrac{N_2}{N_1}\right)^2 \times H_1 = \left(\dfrac{Q_2}{Q_1}\right)^2 \times H_1$

$H_2 = \left(\dfrac{40[\mathrm{m^3/min}]}{30[\mathrm{m^3/min}]}\right)^2 \times 150[\mathrm{m}] = 266.67[\mathrm{m}]$

답 | 266.67 [m]

02
| 득점 | | 배점 | 3 |

소화펌프의 유량 240 [m³/h], 양정 80 [m], 회전수 1565 [rpm]로 가압송수하고 있다. 해당 소화펌프의 시험 결과 최상층의 법정 토출압력에 적합하기에 양정이 20 [m] 부족하다. 펌프의 양정을 20 [m] 올리기 위해 필요한 회전수[rpm]를 구하시오.

○ 계산과정 :   ○ 답 :

정답

☑ 계산과정

H_1 = 80 [m], N_1 = 1565 [rpm], H_2 = 80 + 20 [m] = 100 [m], N_2 = ? [rpm]

양정(압력)[m] $H_2 = \left(\dfrac{N_2}{N_1}\right)^2 \times H_1$ 이므로 $100 = \left(\dfrac{N_2}{1565}\right)^2 \times 80$ 이다.

N_2 = 1749.723 ≒ 1749.72 [rpm]

답 | 1749.72 [rpm]

TIP 이 문제를 풀 때 유량 조건은 쓰이지 않는다

03 비속도 및 압축비

1 비속도 ★

펌프의 형식·구조·성능을 일정한 표준으로 고쳐 비교 검사하는 경우에 사용되는 것으로 어떤 펌프에서 단위배출유량[1 m³/min]을 단위양정[1 m]만큼 양수하는 데 필요한 분당 회전수

$$N_s = \frac{N\sqrt{Q}}{\left(\dfrac{H}{n}\right)^{\frac{3}{4}}} \ [\text{m}^3/\text{min} \cdot \text{m} \cdot \text{rpm}]$$

N : 회전수 [rpm], Q : 유량 [m³/min]
H : 전양정 [m], n : 단수

2 압축비

$$\gamma = \sqrt[n]{\frac{P_2}{P_1}} = \left(\frac{P_2}{P_1}\right)^{\frac{1}{n}}$$

n : 단수, P_1 : 흡입압력, P_2 : 토출압력

연습문제 | 비속도 및 압축비

01 배점 5

회전수가 3600 [rpm], 전양정 128 [m]에 대하여 1.228 [m³/min]의 유량을 토출하는 펌프가 필요하다. 비속도가 N_S = 200 ~ 260 [m³/min · m · rpm]의 범위에 속하는 펌프로 설정할 때 몇 단의 펌프를 해야 하는지 구하시오.

○ 계산과정 :

○ 답 :

> 정답

☑ 계산과정

$$N_S(\text{비속도}) = \frac{N\sqrt{Q}}{\left(\dfrac{H}{n}\right)^{\frac{3}{4}}}$$

① N_S가 200일 때 단수 n

$$200 = \frac{3600\sqrt{1.228}}{\left(\dfrac{128}{n}\right)^{\frac{3}{4}}} \qquad \therefore \text{단수 } n = 2.37 \text{ [단]}$$

② N_S가 260일 때 단수 n

$$260 = \frac{3600\sqrt{1.228}}{\left(\dfrac{128}{n}\right)^{\frac{3}{4}}} \qquad \therefore \text{단수 } n = 3.36 \text{ [단]}$$

따라서 2.37 [단] ≤ 단수 n ≤ 3.36 [단]이므로 3 [단]이다.

답 | 3 [단]

TIP ▶ 단수는 정수이다.

02

득점 / 배점 3

펌프의 압축비를 구하여라. (단수는 4단, 흡입압력 0.4 [MPa], 토출압력 1.6 [MPa]이다)

○ 계산과정 :

○ 답 :

> 정답

☑ 계산과정

$$\text{압축비 } \gamma = \sqrt[n]{\frac{P_2}{P_1}} = \left(\frac{P_2}{P_1}\right)^{\frac{1}{n}} = \left(\frac{1.6}{0.4}\right)^{\frac{1}{4}} = 1.41$$

답 | 1.41

04 펌프의 직·병렬 운전 및 특성

연습문제 | 펌프의 직·병렬 운전 및 특성

01 　　　　　　　　　　　　　　　　　　　　　　득점 ／ 배점 4

펌프 1대의 정격토출량이 130 [L.P.M], 정격양정이 65 [m]라고 할 때 동일한 펌프 3대를 직렬 및 병렬로 설치하는 경우 토출량과 토출양정을 계산하여 빈칸을 채우시오.

구분	직렬설치	병렬설치
토출량		
토출양정		

정답

구분	직렬설치	병렬설치
토출량	130 × 1 = 130 [L/min]	130 × 3 = 390 [L/min]
토출양정	65 [m] × 3 = 195 [m]	65 [m] × 1 = 65 [m]

보충 펌프 2대의 직렬 및 병렬 운전 ★★★

1) 동일 성능의 펌프 2대를 직렬로 연결하여 운전하는 경우
   유량은 거의 변화 없고, <u>양정만 2배</u> 정도 증가
2) 동일 성능의 펌프 2대를 병렬로 연결하여 운전하는 경우
   양정은 거의 변화 없고, <u>유량만 2배</u> 정도 증가

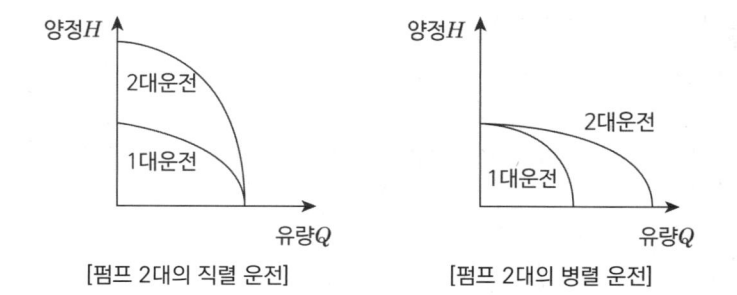

[펌프 2대의 직렬 운전] 　　　　[펌프 2대의 병렬 운전]

02

| 득점 | 배점 | 6 |

소방시설의 가압송수장치에서 주로 사용하는 펌프로 터빈펌프와 볼류트펌프가 있다. 이들 펌프의 특징을 비교하여 다음 표의 빈칸에 유, 무, 대, 소, 고, 저 등으로 작성하시오.

구분	볼류트펌프	터빈펌프
임펠러의 안내날개(유, 무)		
송출유량(대, 소)		
송수압력(고, 저)		

보충
1) 볼류트펌프 : 임펠러와 케이싱 사이에 안내날개가 없는 원심펌프이다.
2) 터빈펌프 : 임펠러와 케이싱 사이에 안내날개가 있어 속도에너지를 압력에너지로 변환하는 원심펌프이다.

정답

구분	볼류트펌프	터빈펌프
임펠러의 안내날개(유, 무)	무	유
송출유량(대, 소)	대	소
송수압력(고, 저)	저	고

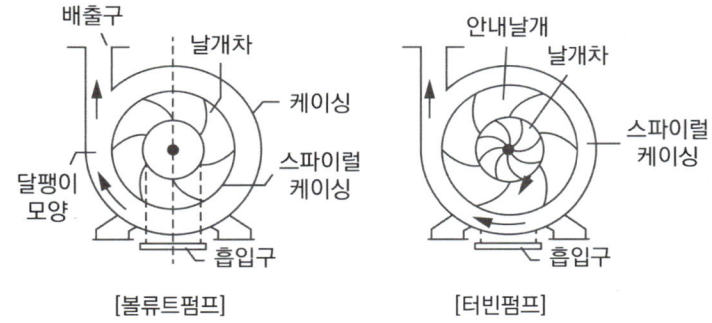

[볼류트펌프]   [터빈펌프]

05 펌프의 이상현상

1 공동현상(캐비테이션, Cavitation) ★★★

(1) 정의

흡입양정이 높거나 유속이 급변 또는 와류의 발생 등으로 인하여 유체의 압력이 국부적으로 포화증기압 이하로 내려가면 기포가 발생하는 현상이다. 공동현상으로 인해 펌프의 성능이 저하되고, 임펠러의 침식, 진동·소음이 발생하며 심하면 양수 불능상태가 된다.

(2) 방지책

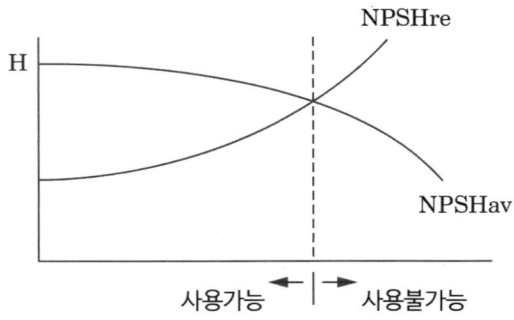

① 펌프의 설치 높이를 될 수 있는 대로 낮추어 흡입양정을 짧게 한다.
② 흡입배관의 관경을 크게 하여 유속을 낮춘다.
③ 회전속도를 낮추어 흡입속도를 줄인다.
④ 양흡입펌프를 사용한다.
⑤ 2대 이상의 펌프를 사용한다.
⑥ 흡입손실수두를 줄인다(흡입관의 관경을 크게 하고 흡입관을 단순 직관화하여 마찰 손실을 줄인다).
⑦ 회전차를 수중에 완전히 잠기게 한다(수직펌프를 사용한다).

공동현상에 의해 손상된 프로펠러

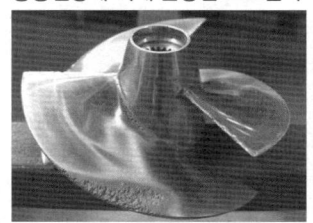

2 수격 작용(Water Hammering) ★★

(1) 정의

관로 내의 유체의 유속이 급변하는 경우 발생하는 이상 압력으로 배관 내의 유체의 운동에너지가 압력에너지로 변하여 고압이 발생한다. 이때 급격한 압력 변화가 관 속에 바로 전달되어 진동과 충격음을 일으킨다.

(2) 방지책
① 관경을 크게 하여 유속을 낮춘다.
② 급격한 밸브 폐쇄를 하지 않는다.
③ 플라이휠(Fly Wheel)을 부착하여 관성 모멘트(Moment)를 증가시켜 회전수와 관로 내 유속을 천천히 변화시킨다.
④ 토출 측에 서지 탱크(Surge Tank) 또는 수격방지기를 설치한다.
⑤ 밸브를 가능한 펌프 송출구 가까이 달고 밸브 조작을 적절히 한다.

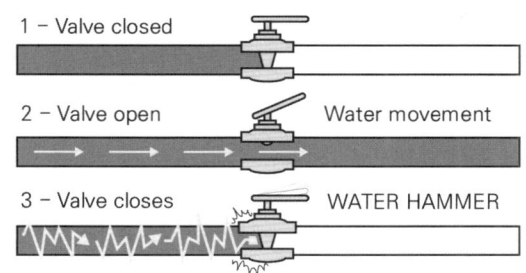

○ 수격방지기
배관 내에서 유체의 흐름이 급격히 변할 때 발생하는 수격 작용(워터해머)현상을 완화하거나 방지하기 위한 기계적 장치

3 맥동현상(서징현상, Surging) ★★

(1) 정의
펌프 운전 중에 한숨을 쉬는 것과 같은 상태가 되어, 펌프의 흡입 측 진공계와 토출 측 압력계의 눈금이 흔들리고 동시에 송출 유량이 변하는 현상이다.

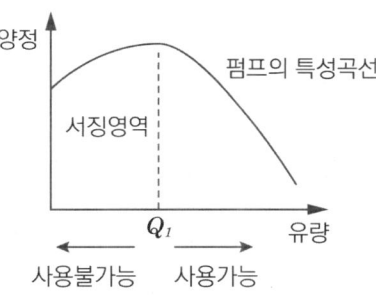

(2) 방지책
① 펌프의 유량-양정곡선이 우하향 특성인 것을 사용한다.
② By-pass관을 사용하여 서징범위를 벗어난 범위에서 운전한다.
③ 펌프의 유량을 제어할 때 펌프에 근접해서 행한다.
④ 토출배관은 공기가 고이지 않도록 한다.
⑤ 관로에 있어서 불필요한 공기탱크 등을 제거한다.
⑥ 펌프의 양수량을 증가시키거나 임펠러 회전수 등을 변화시킨다.

연습문제 | 펌프의 이상현상

01
배점 5

다음 그림과 같이 관에 유량이 100 [L/s]로 40 [℃]의 물이 흐르고 있다. ②점에서 공동현상이 발생하지 않는 ①점에서의 최소압력[kPa]을 절대압으로 구하시오. (단, 관의 손실은 무시하고 40 [℃] 물의 증기압은 55.32 [mmHg_abs]이다)

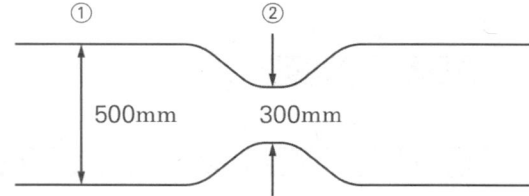

○ 계산과정 :
○ 답 :

정답

☑ 계산과정

공동현상이 발생하지 않을 조건 : P_2(②점에서의 압력) ≥ P_v(40 [℃] 물의 증기압)

$$\frac{P_1}{\gamma} + \frac{V_1^2}{2g} + Z_1 = \frac{P_2}{\gamma} + \frac{V_2^2}{2g} + Z_2$$

여기서 ②점에서 공동현상이 발생하지 않는 ①점에서의 최소압력은 "$P_2 = P_v$ 일 때의 P_1"이 된다.

또한 관이 수평하므로 $Z_1 = Z_2$이다.

$$\frac{P_1}{\gamma} + \frac{V_1^2}{2g} = \frac{P_v}{\gamma} + \frac{V_2^2}{2g}$$

① V_1[m/s], V_2[m/s]

$Q = A \cdot V$

$$V_1 = \frac{4Q}{\pi D_1^2} = \frac{4 \times 0.1 [m^3/s]}{\pi \times 0.5^2 [m^2]} = 0.509 [m/s]$$

$$V_2 = \frac{4Q}{\pi D_2^2} = \frac{4 \times 0.1 [m^3/s]}{\pi \times 0.3^2 [m^2]} = 1.415 [m/s]$$

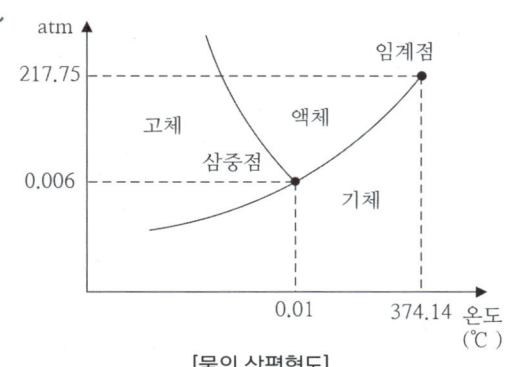

[물의 상평형도]

② $\dfrac{P_v}{\gamma}[mAq]$

$H[mAq] = \dfrac{P}{\gamma}$ 이므로

$\dfrac{P_v}{\gamma} = 55.32\,[\text{mmHg}] \times \dfrac{10.332\,[mAq]}{760\,[\text{mmHg}]} = 0.752\,[mAq]$

③ $P_1[\text{kPa}]$

$\dfrac{P_1}{\gamma} + \dfrac{V_1^2}{2g} = \dfrac{P_v}{\gamma} + \dfrac{V_2^2}{2g}$

$\dfrac{P_1}{9.8[\text{kN/m}^3]} + \dfrac{(0.509[\text{m/s}])^2}{2 \times 9.8[\text{m/s}^2]} = 0.752[mAq] + \dfrac{(1.415[\text{m/s}])^2}{2 \times 9.8[\text{m/s}^2]}$

$\therefore P_1 = 8.241 ≒ 8.24[\text{kPa}_{\text{abs}}]$

답 | 8.24 [kPa]

선생님 TIP

이 식의 $\dfrac{P_1}{\gamma}$는 압력수두[m]를 의미합니다. 문제의 단위가 [mmHg]이므로 이를 수두[m]로 변환하기 위해서는 표준대기압을 이용한 단위환산이 가능하고, 또한 $P = \gamma H$를 이용한 단위환산도 가능합니다. 이 문제에서는 압력이 [mmHg]로 주어졌기 때문에, 계산과정이 더 간편한 표준대기압을 이용한 단위환산 방식으로 풀이하였습니다.

PART 02
소화설비

CHAPTER 01	소화기구 및 자동소화장치
CHAPTER 02	옥내소화전설비
CHAPTER 03	옥외소화전설비
CHAPTER 04	스프링클러설비
CHAPTER 05	간이스프링클러설비 및 화재조기진압용 스프링클러설비
CHAPTER 06	물분무/미분무소화설비
CHAPTER 07	포소화설비
CHAPTER 08	이산화탄소소화설비
CHAPTER 09	할론소화설비
CHAPTER 10	할로겐화합물 및 불활성기체소화설비
CHAPTER 11	분말소화설비
CHAPTER 12	고체에어로졸소화설비

격차를 뛰어넘어 압도적인 격차를 만들다

학습전략

소화설비 파트는 실기시험의 출제 비중이 가장 높다. 먼저 수계소화설비에서는 수원의 양, 펌프의 소요동력, 마찰손실 등과 관련된 문제가 자주 출제된다. 특히 수계소화설비 중 스프링클러설비는 거의 매회 출제가 되고 있으며 기출문제 중 대다수의 고난도 문제가 스프링클러설비에 집중되어 있다. 첫 회독 시 기본적인 계산문제부터 차근차근 학습하고, 고난도 문제는 단번에 이해하려 하기보다 회독 수를 늘려나가면서 이해도를 높이는 것이 효율적인 접근방식이다. 다음으로 가스계소화설비는 상대적으로 고난도 문제가 많지 않다. 따라서 기출문제 중심으로 학습한다면, 가스계소화설비 관련 문제는 어렵지 않게 점수 획득이 가능하다.

CHAPTER

01 소화기구 및 자동소화장치

3회독 월 일
2회독 월 일
1회독 월 일

학습목표

1 소화기의 능력단위에 의한 분류를 파악한다.
2 특정소방대상물에 따른 소화기구의 능력단위기준을 암기한다.
3 부속용도별 추가해야 할 소화기구 및 자동소화장치를 암기한다.

학습MAP

- 설치대상
- 용어의 정의
- 소화기구 및 자동소화장치의 종류
  - 소화기구의 종류
    - 소화기
    - 자동확산소화기
    - 간이소화용구
  - 자동소화장치의 정의 및 종류 ★
    - 주거용 주방자동소화장치
    - 상업용 주방자동소화장치
    - 캐비닛형 자동소화장치
    - 가스자동소화장치
    - 고체에어로졸자동소화장치
    - 분말자동소화장치
- 소화기구
  - 소화기의 능력단위에 의한 분류
  - 소화기의 가압방식에 의한 분류
    - 축압식
    - 가압식
  - 소화기의 설치기준
  - 이산화탄소 또는 할로겐화합물을 방사하는 소화기구 설치가 불가능한 장소
  - 특정소방대상물에 따른 소화기구의 능력단위 ★★★
  - 부속용도별 추가해야 할 소화기구 및 자동소화장치 ★★★
  - 소화기구의 소화약제별 적응성
- 자동소화장치

01 설치대상

1. 화재안전기준에 따라 **소화기구**를 설치해야 하는 특정소방대상물은 다음의 어느 하나에 해당하는 것으로 한다.
   (1) 연면적 33 [m^2] 이상인 것. 다만 노유자시설의 경우에는 투척용 소화용구 등을 화재안전기준에 따라 산정된 소화기 수량의 2분의 1 이상으로 설치할 수 있다.
   (2) (1)에 해당하지 않는 시설로서 가스시설, 발전시설 중 전기저장시설 및 국가유산
   (3) 터널
   (4) 지하구
2. **자동소화장치**를 설치해야 하는 특정소방대상물은 다음의 어느 하나에 해당하는 특정소방대상물 중 **후드** 및 덕트가 설치되어 있는 주방이 있는 특정소방대상물로 한다. 이 경우 해당 주방에 자동소화장치를 설치해야 한다.
   (1) 주거용 주방자동소화장치를 설치해야 하는 것 : 아파트등 및 오피스텔의 모든 층
   (2) 상업용 주방자동소화장치를 설치해야 하는 것
      ① 판매시설 중 「유통산업발전법」 제2조 제3호에 해당하는 대규모점포에 입점해 있는 일반음식점
      ② 「식품위생법」 제2조 제12호에 따른 집단급식소
   (3) 캐비닛형 자동소화장치, 가스자동소화장치, 분말자동소화장치 또는 고체에어로졸자동소화장치를 설치해야 하는 것 : 화재안전기준에서 정하는 장소

02 용어의 정의

1. "**소화약제**"란 소화기구 및 자동소화장치에 사용되는 소화성능이 있는 고체·액체 및 기체의 물질을 말한다.
2. "**소화기**"란 소화약제를 압력에 따라 방사하는 기구로서 사람이 수동으로 조작하여 소화하는 다음의 것을 말한다.
   (1) "**소형소화기**"란 능력단위가 1단위 이상이고, 대형소화기의 능력단위 미만인 소화기를 말한다.
   (2) "**대형소화기**"란 화재 시 사람이 운반할 수 있도록 운반대와 바퀴가 설치되어 있고, 능력단위가 A급 10단위 이상, B급 20단위 이상인 소화기를 말한다.

3. "자동확산소화기"란 화재를 감지하여 자동으로 소화약제를 방출 확산시켜 국소적으로 소화하는 다음 각 소화기를 말한다.
   (1) "일반화재용 자동확산소화기"란 보일러실, 건조실, 세탁소, 대량화기취급소 등에 설치되는 자동확산소화기를 말한다.
   (2) "주방화재용 자동확산소화기"란 음식점, 다중이용업소, 호텔, 기숙사, 의료시설, 업무시설, 공장 등의 주방에 설치되는 자동확산소화기를 말한다.
   (3) "전기설비용 자동확산소화기"란 변전실, 송전실, 변압기실, 배전반실, 제어반, 분전반 등에 설치되는 자동확산소화기를 말한다.

4. "자동소화장치"란 소화약제를 자동으로 방사하는 고정된 소화장치로서 법 제37조 또는 제40조에 따라 형식승인이나 성능인증을 받은 유효설치 범위(설계방호체적, 최대설치높이, 방호면적 등을 말한다) 이내에 설치하여 소화하는 다음 각 소화장치를 말한다.
   (1) "<u>주</u>거용 주방자동소화장치"란 주거용 주방에 설치된 열발생 조리기구의 사용으로 인한 화재발생 시 열원(전기 또는 가스)을 자동으로 차단하며 소화약제를 방출하는 소화장치를 말한다.
   (2) "<u>상</u>업용 주방자동소화장치"란 상업용 주방에 설치된 열 발생 조리기구의 사용으로 인한 화재발생 시 열원(전기 또는 가스)을 자동으로 차단하며 소화약제를 방출하는 소화장치를 말한다.
   (3) "<u>캐</u>비닛형 자동소화장치"란 열, 연기 또는 불꽃 등을 감지하여 소화약제를 방사하여 소화하는 캐비닛 형태의 소화장치를 말한다.
   (4) "<u>가</u>스자동소화장치"란 열, 연기 또는 불꽃 등을 감지하여 가스계소화약제를 방사하여 소화하는 소화장치를 말한다.
   (5) "<u>분</u>말자동소화장치"란 열, 연기 또는 불꽃 등을 감지하여 분말의 소화약제를 방사하여 소화하는 소화장치를 말한다.
   (6) "<u>고</u>체에어로졸자동소화장치"란 열, 연기 또는 불꽃 등을 감지하여 에어로졸의 소화약제를 방사하여 소화하는 소화장치를 말한다.

5. "거실"이란 거주·집무·작업·집회·오락 그 밖에 이와 유사한 목적을 위하여 사용하는 방을 말한다.

6. "능력단위"란 소화기 및 소화약제에 따른 간이소화용구에 있어서는 법 제37조 제1항에 따라 형식승인된 수치를 말하며, 소화약제 외의 것을 이용한 간이소화용구에 있어서는 다음 표에 따른 수치를 말한다.

간이소화용구		능력단위
1. 마른모래	삽을 상비한 50 [L] 이상의 것 1포	0.5단위
2. 팽창질석 또는 팽창진주암	삽을 상비한 80 [L] 이상의 것 1포	

선생님 TIP

자동소화장치의 종류를 쓰는 문제가 종종 실기시험에서 출제되었으므로 종류는 반드시 암기합시다.

암기 주상께(캐)가고픈(분)

7. "일반화재(A급 화재)"란 나무, 섬유, 종이, 고무, 플라스틱류와 같은 일반 가연물이 타고 나서 재가 남는 화재를 말한다. 일반화재에 대한 소화기의 적응 화재별 표시는 'A'로 표시한다.
8. "유류화재(B급 화재)"란 인화성 액체, 가연성 액체, 석유 그리스, 타르, 오일, 유성도료, 솔벤트, 래커, 알코올 및 인화성 가스와 같은 유류가 타고 나서 재가 남지 않는 화재를 말한다. 유류화재에 대한 소화기의 적응 화재별 표시는 'B'로 표시한다.
9. "전기화재(C급 화재)"란 전류가 흐르고 있는 전기기기, 배선과 관련된 화재를 말한다. 전기화재에 대한 소화기의 적응 화재별 표시는 'C'로 표시한다.
10. "주방화재(K급 화재)"란 주방에서 동식물유를 취급하는 조리기구에서 일어나는 화재를 말한다. 주방화재에 대한 소화기의 적응 화재별 표시는 'K'로 표시한다.
11. "금속화재(D급화재)"란 마그네슘 합금 등 가연성 금속에서 일어나는 화재를 말한다. 금속화재에 대한 소화기의 적응 화재별 표시는 'D'로 표시한다.

03 소화기구 및 자동소화장치의 종류

1 소화기구의 종류

(1) 소화기 : 소화약제를 압력에 따라 방사하는 기구로서 사람이 수동으로 조작하여 소화하는 것(소형소화기, 대형소화기)
(2) 자동확산소화기 : 화재를 감지하여 자동으로 소화약제를 방출 확산시켜 국소적으로 소화하는 다음 각 소화기를 말한다.
   ① 일반화재용 자동확산소화기 : 보일러실, 건조실, 세탁소, 대량화기 취급소 등에 설치되는 자동확산소화기
   ② 주방화재용 자동확산소화기 : 음식점, 다중이용업소, 호텔, 기숙사, 의료시설, 업무시설, 공장 등의 주방에 설치되는 자동확산소화기
   ③ 전기설비용 자동확산소화기 : 변전실, 송전실, 변압기실, 배전반실, 제어반, 분전반 등에 설치되는 자동확산소화기

[자동확산소화기]

(3) 간이소화용구
　① 에어로졸식 소화용구
　② 투척용 소화용구
　③ 소공간용 소화용구
　④ 소화약제 외의 것을 이용한 간이소화용구

간이소화용구		능력단위
1. 마른모래	삽을 상비한 50 [L] 이상의 것 1포	0.5단위
2. 팽창질석 또는 팽창진주암	삽을 상비한 80 [L] 이상의 것 1포	

[에어로졸식 소화용구]　　[투척용 소화용구]

[소공간용 소화용구]

2 자동소화장치의 정의 및 종류

(1) 자동소화장치 : 소화약제를 자동으로 방사하는 고정된 소화장치
(2) 자동소화장치의 종류
　① 주거용 주방자동소화장치　② 상업용 주방자동소화장치
　③ 캐비닛형 자동소화장치　　④ 가스자동소화장치
　⑤ 고체에어로졸자동소화장치　⑥ 분말자동소화장치

[암기] 주상께(캐)가고픈(분)

04 소화기구

1 소화기 능력단위에 의한 분류

(1) 소형소화기 : 능력단위가 1단위 이상이고, 대형소화기의 능력단위 미만인 소화기
(2) 대형소화기 : 화재 시 사람이 운반할 수 있도록 운반대와 바퀴가 설치되어 있고, 능력단위가 A급 10단위 이상, B급 20단위 이상인 소화기

구분	능력단위	보행거리
소형소화기	• 1단위 이상이고 대형소화기의 능력단위 미만	20 [m] 이내
대형소화기	• A급 : 10단위 이상 • B급 : 20단위 이상	30 [m] 이내

[소형소화기]　　　　[대형소화기]

❷ 소화기의 가압방식에 의한 분류

구분	축압식 소화기	가압식 소화기
정의	본체 용기 내에 소화약제와 함께 축압가스(질소 등)를 가압한 방식의 소화기	본체 용기와는 별도의 용기에 가압가스를 충전한 방식의 소화기
압력계	설치	불필요
구조		

3 소화기의 설치기준

(1) 특정소방대상물의 각 층마다 설치하되, 각 층이 2 이상의 거실로 구획된 경우에는 각 층마다 설치하는 것 외에 바닥면적이 33 [m²] 이상으로 구획된 각 거실에도 배치할 것
(2) 특정소방대상물의 각 부분으로부터 1개의 소화기까지의 보행거리가 소형소화기의 경우에는 20 [m] 이내, 대형소화기의 경우에는 30 [m] 이내가 되도록 배치할 것. 다만 가연성 물질이 없는 작업장의 경우에는 작업장의 실정에 맞게 보행거리를 완화하여 배치할 수 있다.

4 간이소화용구의 능력단위

능력단위가 2단위 이상이 되도록 소화기를 설치해야 할 특정소방대상물 또는 그 부분에 있어서는 간이소화용구의 능력단위가 전체 능력단위의 2분의 1을 초과하지 않게 할 것. 다만 노유자시설의 경우에는 그렇지 않다.

5 소화기구(자동확산소화기 제외) 설치높이 및 표지

설치높이	바닥으로부터 높이 1.5 [m] 이하
"다음"을 표시한 표지를 보기 쉬운 곳에 부착	① 소화기 : "소화기" ② 투척용 소화용구 : "투척용 소화용구" ③ 마른모래 : "소화용 모래" ④ 팽창질석 및 팽창진주암 : "소화질석" ※ 소화기 및 투척용 소화용구의 표지 : 축광식 표지로 설치 　 주차장의 경우 표지 : 바닥으로부터 1.5 [m] 이상의 높이에 설치

6 소화기의 감소

(1) 소형소화기의 감소기준

해당 설비(또는 소화기)를 설치한 경우	감소기준
① 옥내소화전설비 ② 옥외소화전설비 ③ 스프링클러설비 ④ 물분무등소화설비	소형소화기의 $\frac{2}{3}$ 감소
대형 소화기	소형소화기의 $\frac{1}{2}$ 감소

※ 소화기의 감소 제외
　 층수가 11층 이상인 부분, 근린생활시설, 위락시설, 문화 및 집회시설, 운동시설, 판매시설, 운수시설, 숙박시설, 노유자시설, 의료시설, 아파트, 업무시설(무인변전소 제외), 방송통신시설, 교육연구시설, 항공기 및 자동차 관련 시설, 관광 휴게시설

(2) 대형소화기 면제기준

해당 설비를 설치한 경우	면제기준
① 옥내소화전설비 ② 옥외소화전설비 ③ 스프링클러설비 ④ 물분무등소화설비	대형소화기 면제 (해당 설비의 유효범위 안의 부분에 대하여)

7 이산화탄소 또는 할로겐화합물을 방사하는 소화기구(자동확산소화기 제외)를 설치할 수 없는 장소

(1) 지하층으로 그 바닥면적이 20 [m²] 미만의 장소
(2) 무창층으로 그 바닥면적이 20 [m²] 미만의 장소
(3) 밀폐된 거실로서 그 바닥면적이 20 [m²] 미만의 장소

8 특정소방대상물별 소화기구의 능력단위 ★★★

특정소방대상물	소화기구의 능력단위
1. 위락시설	해당용도의 바닥면적 30 [m²]마다 능력단위 1단위 이상
2. 공연장, 집회장, 관람장, 문화재, 장례식장 및 의료시설	해당용도의 바닥면적 50 [m²]마다 능력단위 1단위 이상
3. 근린생활시설, 판매시설, 운수시설, 숙박시설, 노유자시설, 전시장, 공동주택, 업무시설, 방송통신시설, 공장, 창고시설, 항공기 및 자동차 관련 시설 및 관광휴게시설	해당용도의 바닥면적 100 [m²]마다 능력단위 1단위 이상
4. 그 밖의 것	해당용도의 바닥면적 200 [m²]마다 능력단위 1단위 이상

[비고] 소화기구의 능력단위를 산출함에 있어서 주요구조부가 내화구조이고, 벽 및 반자의 실내에 면하는 부분이 불연재료·준불연재료 또는 난연재료로 된 특정대상물에 있어서는 위 표의 바닥면적의 2배를 해당 특정소방대상물의 기준면적으로 한다.

선생님 TIP

'[8] 특정소방대상물별 소화기구의 능력단위'와 '[9] 부속용도별로 추가해야 할 소화기구 및 자동소화장치'에서 시험문제가 자주 출제되니 꼭 표를 암기합시다.

9 부속용도별로 추가해야 할 소화기구 및 자동소화장치 ★★★

용도별	소화기구의 능력단위
1. 다음 각 목의 시설(다만 스프링클러설비·간이스프링클러설비·물분무등소화설비 또는 상업용 주방자동소화장치가 설치된 경우에는 자동확산소화기를 설치하지 않을 수 있다) 가. 보일러실·건조실·세탁소·대량화기취급소 나. 음식점(지하가의 음식점을 포함)·다중이용업소·호텔·기숙사·노유자시설·의료시설·업무시설·공장·장례식장·교육연구시설·교정 및 군사시설의 주방(다만 의료시설·업무시설 및 공장의 주방은 공동취사를 위한 것에 한함) 다. 관리자의 출입이 곤란한 변전실·송전실·변압기실 및 배전반실(불연재료로 된 상자 안에 장치된 것을 제외함)	1. 해당용도의 바닥면적 25 [m²]마다 능력단위 1단위 이상의 소화기로 할 것. 이 경우 나목의 주방에 설치하는 소화기 중 1개 이상은 주방화재용 소화기(K급)로 설치해야 한다. 2. 자동확산소화기는 해당용도의 바닥면적을 기준으로 10 [m²] 이하는 1개, 10 [m²] 초과는 2개 이상 설치하되, 보일러, 조리기구, 변전설비 등 방호대상에 유효하게 분사될 수 있는 위치에 배치될 수 있는 수량으로 설치할 것
2. 발전실·변전실·송전실·변압기실·배전반실·통신기기실·전산기기실·기타 이와 유사한 시설이 있는 장소(다만 제1호 다목의 장소를 제외한다)	해당 용도의 바닥면적 50 [m²]마다 적응성이 있는 소화기 1개 이상 또는 유효설치방호체적 이내의 가스·분말·고체에어로졸 자동소화장치, 캐비닛형 자동소화장치
3. 마그네슘 합금 칩을 저장 또는 취급하는 장소	금속화재용 소화기(D급) 1개 이상을 금속재료로부터 보행거리 20 [m] 이내로 설치할 것

10 특정소방대상물의 설치장소에 따른 소화기구의 소화약제별 적응성

소화약제 구분 / 적응대상	가스		분말		액체				기타		
	이산화탄소 소화약제	할론 소화약제	할로겐화합물 및 불활성기체 소화약제	인산염류 소화약제	중탄산염류 소화약제	산알칼리 소화약제	강화액 소화약제	포 소화약제	물·침윤 소화약제	고체에어로졸 화합물	마른모래	팽창질석·팽창진주암	그 밖의 것
일반화재 (A급 화재)	-	○	○	○	-	○	○	○	○	○	○	○	-
유류화재 (B급 화재)	○	○	○	○	○	○	○	○	○	○	○	○	-
전기화재 (C급 화재)	○	○	○	○	○	*	*	*	*	○	-	-	-
주방화재 (K급 화재)	-	-	-	-	*	-	*	*	*	-	-	-	*
금속화재 (D급 화재)	-	-	-	-	*	-	-	-	-	-	○	○	*

[비고] "*"의 소화약제별 적응성은 「소방시설 설치 및 관리에 관한 법률」 제37조에 의한 형식승인 및 제품검사의 기술기준에 따라 화재 종류별 적응성에 적합한 것으로 인정되는 경우에 한한다.

05 자동소화장치

1 주거용 주방자동소화장치 설치기준

(1) 주거용 주방에 설치된 열발생 조리기구의 사용으로 인한 화재발생 시 열원(전기 또는 가스)을 자동으로 차단하며 소화약제를 방출하는 소화장치

(2) 설치기준

구분	설치기준
감지부	• 형식승인을 받은 유효높이 이내로 설치할 것
차단장치	• 상시 확인 및 점검이 가능하도록 설치할 것
탐지부	• 가스용 주방자동소화장치는 수신부와 분리하여 설치할 것 • 공기보다 가벼운 가스 : 천장 면으로부터 30 [cm] 이하의 위치 • 공기보다 무거운 가스 : 바닥 면으로부터 30 [cm] 이하의 위치
수신부	• 주위의 열 기류, 습기, 주위온도에 영향을 받지 않는 장소에 설치할 것 • 사용자가 상시 볼 수 있는 장소에 설치할 것
방출구	환기구(주방에서 발생하는 열기류 등을 밖으로 배출하는 장치를 말한다. 이하 같다)의 청소부분과 분리되어 있어야 하며, 형식승인을 받은 유효설치 높이 및 방호면적에 따라 설치할 것

> **선생님 TIP**
> 설치기준의 밑줄 친 내용은 실기시험에서 빈칸 채우기로 출제된 적 있으니 꼭 암기합시다.

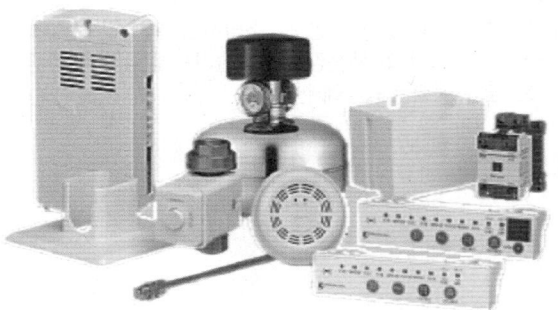

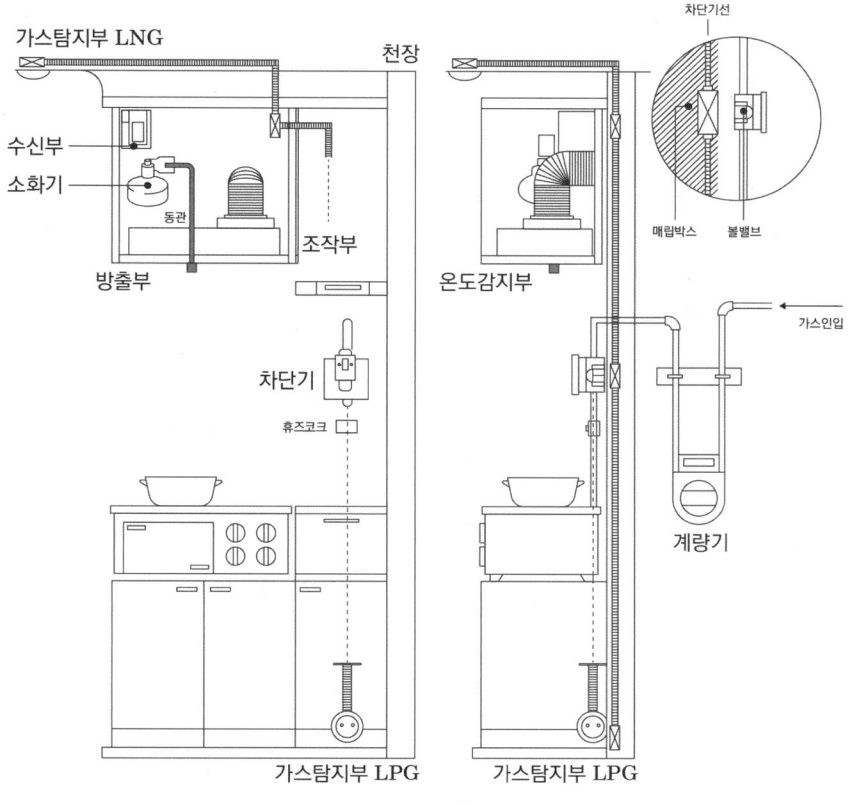

2 상업용 주방자동소화장치

(1) 상업용 주방에 설치된 열발생 조리기구의 사용으로 인한 화재발생 시 열원(전기 또는 가스)을 자동으로 차단하며 소화약제를 방출하는 소화장치

(2) 설치기준

구분	설치기준
감지부	• 형식승인을 받은 유효높이 이내로 설치할 것
차단장치	• 상시 확인 및 점검이 가능하도록 설치할 것
분사헤드	• 후드에 방출되는 분사헤드는 후드의 가장 긴 변의 길이까지 방출될 수 있도록 설치할 것 • 덕트에 방출되는 분사헤드는 성능인증 받은 길이 이내로 설치할 것

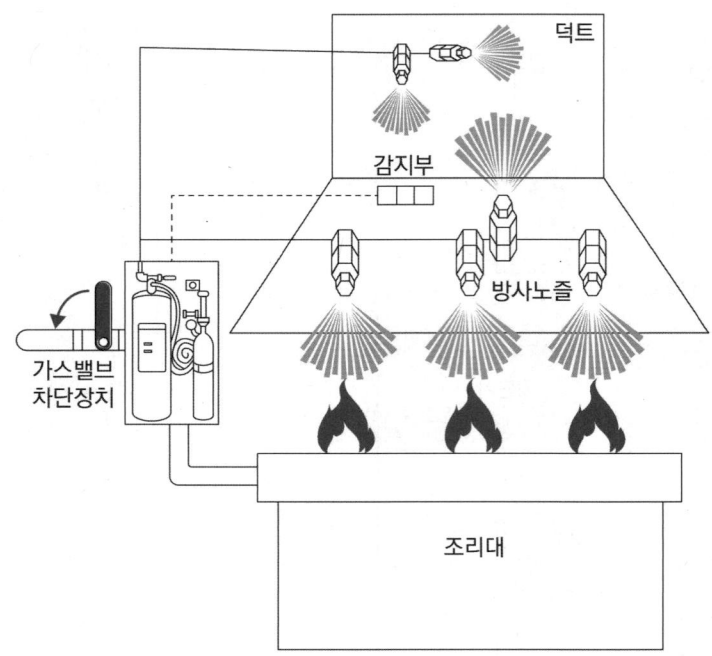

CHAPTER 01 연습문제

01

바닥 면적이 24 [m] × 40 [m]인 다음의 장소에 분말소화기를 설치할 경우 각각의 장소에 필요한 분말소화기의 소화능력단위를 구하시오.

가. 위락시설(단, 비내화구조이다)
- 계산과정 :
- 답 :

나. 집회장(단, 비내화구조이다)
- 계산과정 :
- 답 :

다. 전시장(단, 건축물의 주요구조부가 내화구조이고, 벽 및 반자의 실내에 면하는 부분이 불연재료로 되어 있다)
- 계산과정 :
- 답 :

정답

가. 계산과정 : $\dfrac{24[m] \times 40[m]}{30[m^2/단위]} = 32[단위]$

답 | 32 [단위]

나. 계산과정 : $\dfrac{24[m] \times 40[m]}{50[m^2/단위]} = 19.2[단위]$

답 | 19.2 [단위]

다. 계산과정 : $\dfrac{24[m] \times 40[m]}{(100 \times 2)[m^2/단위]} = 4.8[단위]$

답 | 4.8 [단위]

참고 특정소방대상물별 소화기구의 능력단위기준

특정소방대상물	소화기구의 능력단위
1. 위락시설	해당용도의 바닥면적 30 [m²]마다 능력단위 1단위 이상
2. 공연장, 집회장, 관람장, 문화재, 장례식장 및 의료시설	해당용도의 바닥면적 50 [m²]마다 능력단위 1단위 이상
3. 근린생활시설, 판매시설, 운수시설, 숙박시설, 노유자시설, 전시장, 공동주택, 업무시설, 방송통신시설, 공장, 창고시설, 항공기 및 자동차 관련 시설 및 관광휴게시설	해당용도의 바닥면적 100 [m²]마다 능력단위 1단위 이상
4. 그 밖의 것	해당용도의 바닥면적 200 [m²]마다 능력단위 1단위 이상

[비고] 소화기구의 능력단위를 산출함에 있어서 주요구조부가 내화구조이고, 벽 및 반자의 실내에 면하는 부분이 불연재료·준불연재료 또는 난연재료로 된 특정대상물에 있어서는 위 표의 바닥면적의 2배를 해당 특정소방대상물의 기준면적으로 한다.

02

배점 4

지하 2층, 지상 1층인 특정소방대상물의 각 층에 소형소화기를 설치하고자 한다. 아래 [조건]을 참고하여 설치해야 할 소화기의 최소 개수를 산정하시오.

조건
(1) 지하 2층과 지하 1층은 주차장 용도이고, 지상 1층은 업무시설이다.
(2) 각 층의 바닥면적은 2000 [m²]이다.
(3) 지하 2층에는 150 [m²]의 보일러실이 포함되어 있다.
(4) 해당 특정소방대상물은 비내화구조이며, 전 층에 소화설비가 없는 것으로 가정한다.
(5) A급 3단위 소화기로 설치하며, 자동확산소화기는 소화기 개수 산정에서 제외한다.

가. 지하 2층에 설치해야 할 소화기의 개수
  O 계산과정 :
  O 답 :

나. 지하 1층에 설치해야 할 소화기의 개수
  O 계산과정 :
  O 답 :

선생님 TIP
보일러실을 유의하여 풀이합시다.

다. 지상 1층에 설치해야 할 소화기의 개수
  ○ 계산과정 :
  ○ 답 :

정답

가. **계산과정** : 지하 2층에 설치해야 할 소화기의 개수
 소화기 개수 = 특정소방대상물별 설치해야 할 소화기 + 부속용도별로 추가해야 할 소화기
 ① 특정소방대상물별 설치해야 할 소화기의 개수(주차장)
  • 능력단위 = $\dfrac{2000[m^2]}{100[m^2/단위]} = 20[단위]$
  • 소화기의 개수 = $\dfrac{20[단위]}{3[단위/개]} = 6.67 ≒ 7[개]$
 ② 부속용도별로 추가해야 할 소화기 개수(보일러실)
  • 능력단위 : $\dfrac{150[m^2]}{25[m^2/단위]} = 6[단위]$
  • 소화기의 개수 = $\dfrac{6[단위]}{3[단위/개]} = 2[개]$
 따라서 총 소화기의 개수 = 7 + 2 = 9개

답 | 9 [개]

나. **계산과정** : 지하 1층에 주차장에 설치해야 할 소화기의 개수
  • 능력단위 = $\dfrac{2000[m^2]}{100[m^2/단위]} = 20[단위]$
  • 소화기의 개수 = $\dfrac{20[단위]}{3[단위/개]} = 6.67 ≒ 7[개]$

답 | 7 [개]

다. **계산과정** : 지상 1층에 업무시설에 설치해야 할 소화기의 개수
  • 능력단위 = $\dfrac{2000[m^2]}{100[m^2/단위]} = 20[단위]$
  • 소화기의 개수 = $\dfrac{20[단위]}{3[단위/개]} = 6.67 ≒ 7[개]$

답 | 7 [개]

핵심이론 1 특정소방대상물별 소화기구의 능력단위기준

특정소방대상물	소화기구의 능력단위
1. 위락시설	해당용도의 바닥면적 30 [m²]마다 능력단위 1단위 이상
2. 공연장, 집회장, 관람장, 문화재, 장례식장 및 의료시설	해당용도의 바닥면적 50 [m²]마다 능력단위 1단위 이상
3. 근린생활시설, 판매시설, 운수시설, 숙박시설, 노유자시설, 전시장, 공동주택, 업무시설, 방송통신시설, 공장, 창고시설, 항공기 및 자동차 관련 시설 및 관광휴게시설	해당용도의 바닥면적 100 [m²]마다 능력단위 1단위 이상
4. 그 밖의 것	해당용도의 바닥면적 200 [m²]마다 능력단위 1단위 이상

[비고] 소화기구의 능력단위를 산출함에 있어서 주요구조부가 내화구조이고, 벽 및 반자의 실내에 면하는 부분이 불연재료·준불연재료 또는 난연재료로 된 특정대상물에 있어서는 위 표의 바닥면적의 2배를 해당 특정소방대상물의 기준면적으로 한다.

핵심이론 2 부속용도별로 추가해야 할 소화기구 및 자동소화장치

용도별	소화기구의 능력단위
1. 다음 각 목의 시설. 다만 스프링클러설비·간이스프링클러설비·물분무등소화설비 또는 상업용 주방자동소화장치가 설치된 경우에는 자동확산소화기를 설치하지 않을 수 있다. 가. 보일러실(아파트의 경우 방화구획된 것을 제외)·건조실·세탁·대량화기취급소 나. 음식점(지하가의 음식점을 포함)·다중이용업소·호텔·기숙사·노유자시설·의료시설·업무시설·공장·장례식장·교육연구시설·교정 및 군사시설의 주방. 다만 의료시설·업무시설 및 공장의 주방은 공동취사를 위한 것에 한한다. 다. 관리자의 출입이 곤란한 변전실·송전실·변압기실 및 배전반실(불연재료로 된 상자 안에 장치된 것을 제외)	1. 해당 용도의 바닥면적 25 [m²]마다 능력단위 1단위 이상의 소화기로 할 것. 이 경우 나목의 주방에 설치하는 소화기 중 1개 이상은 주방화재용 소화기(K급)로 설치해야 한다. 2. 자동확산소화기는 해당 용도의 바닥면적을 기준으로 10 [m²] 이하는 1개, 10 [m²] 초과는 2개 이상을 설치하되, 보일러, 조리기구, 변전설비 등 방호대상에 유효하게 분사될 수 있는 위치에 배치될 수 있는 수량으로 설치할 것
2. 발전실·변전실·송전실·변압기실·배전반실·통신기기실·전산기기실 기타 이와 유사한 시설이 있는 장소. 다만 제1호 다목의 장소를 제외한다.	해당 용도의 바닥면적 50 [m²]마다 적응성이 있는 소화기 1개 이상 또는 유효설치방호체적 이내의 가스·분말·고체에어로졸 자동소화장치, 캐비닛형 자동소화장치
3. 마그네슘 합금 칩을 저장 또는 취급하는 장소	금속화재용 소화기(D급) 1개 이상을 금속재료로부터 보행거리 20 [m] 이내로 설치할 것

CHAPTER

02 옥내소화전설비

3회독 월 일
2회독 월 일
1회독 월 일

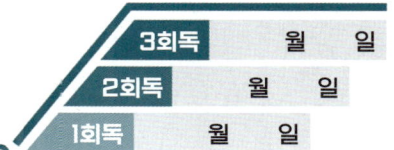

학습목표

1 옥내소화전의 계통도를 이해한다.
2 옥내소화전의 수원에 대해 파악한다.
3 가압송수장치에 따른 설치기준을 이해하고 암기한다.
4 배관의 설치기준을 암기한다.
5 함 및 방수구의 설치기준을 암기하고, 방수구의 설치 제외를 익힌다.

학습MAP

- ★★★ 옥내소화전설비의 계통도(펌프방식)
- ★★★ 수원
  - 옥내소화전설비의 수원의 양(유효수량)
  - 옥상수조 수원의 양
- 기동용 수압개폐장치 및 가압송수장치
  - 기동용 수압개폐장치
  - 펌프에 의한 가압송수장치 ★★★
  - 고가수조에 의한 가압송수장치
  - 압력수조에 의한 가압송수장치
  - 가압수조에 의한 가압송수장치
  - 소방펌프
  - 펌프의 동력 ★★★
- 배관
  - 사용압력에 따른 배관
  - 배관의 설치기준 ★★★
    - 펌프 흡입 측 배관
    - 배관의 구경 기준
    - 성능시험배관
    - 순환배관
    - 그 밖의 배관
- 송수구
- 방수구
  - 방수구 설치기준
  - 방수량 공식
  - 방수구의 설치제외
- 수조
  - 수조의 설치기준
  - 물올림장치의 설치기준 ★
- 전원
  - 상용전원과 비상전원
  - 비상전원 설치대상
- 제어반
  - 감시제어반
  - 동력제어반

01 개요

건축물 내의 화재발생 시 관계인 및 자체소방대원이 화재발생 초기에 소화할 수 있도록 건축물 내에 설치하는 초기 소화설비로서 수원, 가압송수장치, 배관, 방수구, 호스, 노즐 등으로 구성되어 있다.

1 옥내소화전설비의 계통도(펌프방식) ★★★

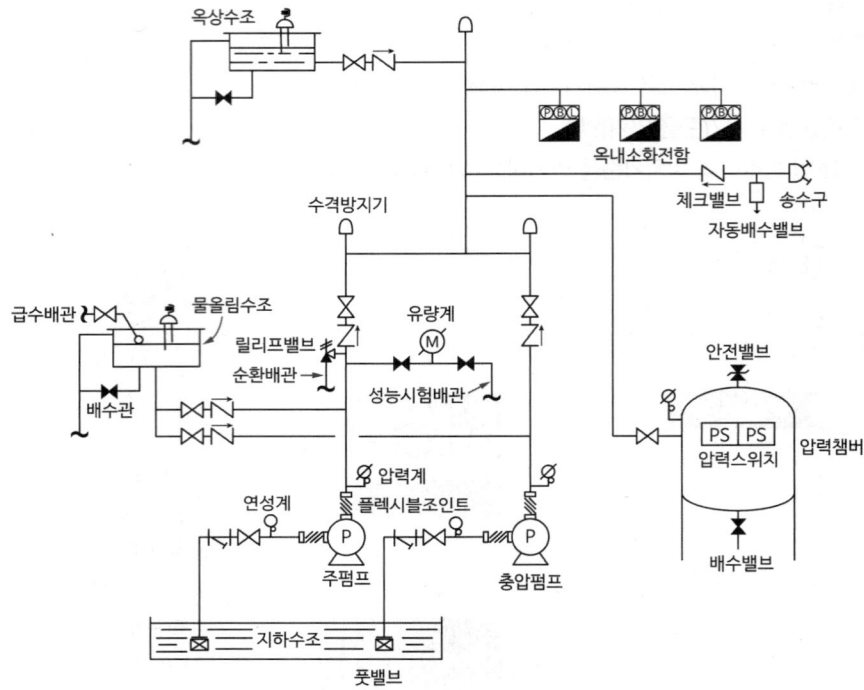

> **선생님 TIP**
> 옥내소화전의 계통도를 잘 학습해 두면 전반적인 수계소화설비의 이해가 쉬워집니다.

2 밸브 및 관 부속품

풋밸브	(그림)	• 여과기능 • 역류방지기능
Y형 스트레이너	(그림)	여과기능

플렉시블 조인트			펌프의 진동 및 충격 흡수
개폐 표시형 밸브	게이트 밸브 (OS & Y 타입*)		• 스템(봉)이 보이지 않을 경우 : 폐쇄상태 • 스템(봉)이 보일 경우 : 개방상태
	버터 플라이 밸브		원반형태의 디스크가 회전함에 따라 밸브를 개폐시킴 (디스크로 인해 유수에 따른 저항이 커서 공동현상 우려가 있음)

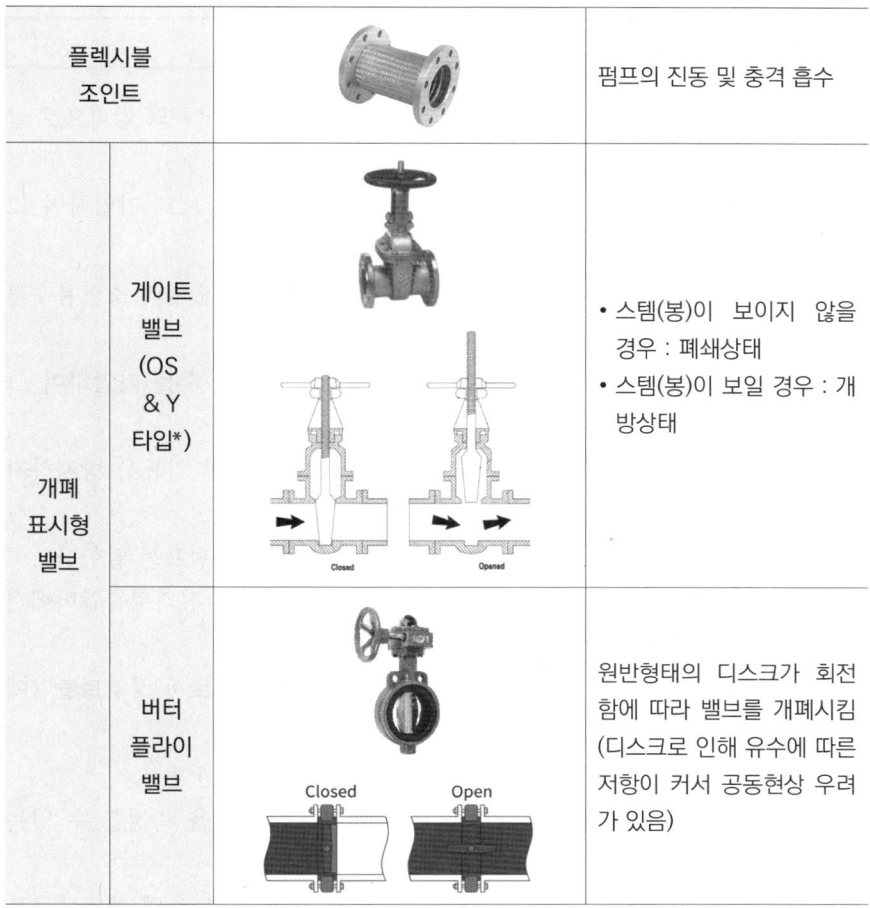

* Outside Screw & Yoke Type Gate Valve : 바깥나사 게이트밸브

3 수조방식

(1) 부압흡입방식 : 수조의 위치가 펌프의 위치보다 낮은 경우
(2) 정압흡입방식 : 수조의 위치가 펌프의 위치보다 높은 경우

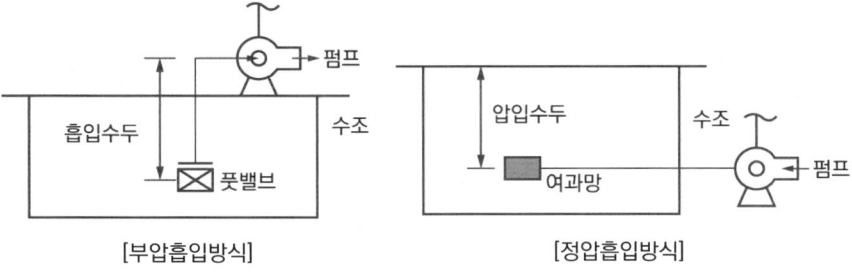

[부압흡입방식]   [정압흡입방식]

02 용어의 정의

1. "고가수조"란 구조물 또는 지형지물 등에 설치하여 자연낙차의 압력으로 급수하는 수조를 말한다.
2. "압력수조"란 소화용수와 공기를 채우고 일정압력 이상으로 가압하여 그 압력으로 급수하는 수조를 말한다.
3. "가압수조"란 가압원인 압축공기 또는 불연성 고압기체에 따라 소방용수를 가압시키는 수조를 말한다.
4. "주펌프"란 구동장치의 회전 또는 왕복운동으로 소화용수를 가압하여 그 압력으로 급수하는 주된 펌프를 말한다.
5. "충압펌프"란 배관 내 압력손실에 따른 주펌프의 빈번한 기동을 방지하기 위하여 충압역할을 하는 펌프를 말한다.
6. "예비펌프"란 주펌프와 동등 이상의 성능이 있는 별도의 펌프를 말한다.
7. "정격토출량"이란 펌프의 정격부하운전 시 토출량으로서 정격토출압력에서의 펌프의 토출량을 말한다.
8. "정격토출압력"이란 펌프의 정격부하운전 시 토출압력으로서 정격토출량에서의 펌프의 토출 측 압력을 말한다.
9. "진공계"란 대기압 이하의 압력을 측정하는 계측기를 말한다.
10. "연성계"란 대기압 이상의 압력과 대기압 이하의 압력을 측정할 수 있는 계측기를 말한다.
11. "체절운전"이란 펌프의 성능시험을 목적으로 펌프 토출 측의 개폐밸브를 닫은 상태에서 펌프를 운전하는 것을 말한다.
12. "기동용 수압개폐장치"란 소화설비의 배관 내 압력변동을 검지하여 자동적으로 펌프를 기동 및 정지시키는 것으로서 압력챔버 또는 기동용 압력스위치 등을 말한다.
13. "급수배관"이란 수원 및 옥외송수구로부터 옥내소화전방수구에 급수하는 배관을 말한다.
14. "분기배관"이란 배관 측면에 구멍을 뚫어 둘 이상의 관로가 생기도록 가공한 배관으로서 확관형 분기배관과 비확관형 분기배관을 말한다.
15. "개폐표시형 밸브"란 밸브의 개폐 여부를 외부에서 식별이 가능한 밸브를 말한다.

03 옥내소화전설비 수원

1 수원의 양(전용 수원, 지하 수원) ★★★

층수	수원의 양
29층 이하	N(최대 2개) × 130 [L/min] × 20 [min](= N × 2.6 [m³])
30층 이상 49층 이하	N(최대 5개) × 130 [L/min] × 40 [min](= N × 5.2 [m³])
50층 이상	N(최대 5개) × 130 [L/min] × 60 [min](= N × 7.8 [m³])

※ N : 옥내소화전의 설치개수가 가장 많은 층의 설치개수
(최대 2개, 30층 이상은 최대 5개)

(1) 방수압력 : 0.17 [MPa] 이상 0.7 [MPa] 이하(0.7 [MPa] 초과 시 감압)

> **[감압방법]**
> 1. 중계펌프에 의한 방법 : 고층부와 저층부로 구역을 설정한 후 중계펌프를 건물 중간에 설치하는 방식으로 기존 방식보다 설치비가 많이 들고 소화펌프의 설치대수가 증가한다.
> 2. 고가수조에 의한 방법 : 고가수조를 고층부와 저층부로 구역을 설정한 후 낙차의 압력을 이용한 방식이다. 별도로 소화펌프가 필요 없으며, 비교적 안정적인 방수압력을 얻을 수 있다.
> 3. 감압밸브에 의한 방법 : 호스접결구 인입 측에 감압밸브 또는 오리피스를 설치하여 방사압력을 낮추거나 또는 펌프의 토출 측에 압력조절밸브를 설치하여 토출압력을 낮추는 방식으로 가장 많이 사용하는 방식이다.
> 4. 전용배관에 의한 방법 : 고층부와 저층부로 구분하여 펌프와 배관을 분리하여 설치하는 방식으로 저층부는 저양정의 펌프를 설치하여 비교적 안전하지만 고층부는 고양정의 펌프를 설치해야 한다.

○ **중계펌프**
수원(水源)에서 채수한 물을 도수, 송수, 배수관을 이용하여 보낼 때, 압력이 낮거나 양수량이 적을 경우 이를 보완하고자 관로의 중간에 설치하는 펌프

(2) 방수량 : 130 [L/min] 이상

2 옥상수조 수원의 양 ★★★

$$옥상수조\ 수원의\ 양 = 유효수량[m^3] \times \frac{1}{3}\ 이상$$

옥내소화전설비의 수원은 유효수량 외에 유효수량의 1/3 이상을 옥상에 설치해야 한다.
다만 다음의 어느 하나에 해당하는 경우에는 그렇지 않다.

[옥상수조 설치 제외기준]
(1) 지하층만 있는 건축물
(2) 고가수조를 가압송수장치로 설치한 경우
(3) 수원이 건축물의 최상층에 설치된 방수구보다 높은 위치에 설치된 경우

TIP ▶ 옥상수조를 반드시 설치해야 하는 설비 ★
① 옥내소화전설비
② 스프링클러설비
③ 화재조기진압용 스프링클러설비

(4) 건축물의 높이가 지표면으로부터 10 [m] 이하인 경우
(5) 주펌프와 동등 이상의 성능이 있는 별도의 펌프로서 내연기관의 기동과 연동하여 작동되거나 비상전원을 연결하여 설치한 경우
(6) 학교·공장·창고시설로서 동결의 우려가 있는 장소에 있어서는 기동스위치에 보호판을 부착하여 옥내소화전함 내에 설치한 경우
(7) 가압수조를 가압송수장치로 설치한 경우

04 기동용 수압개폐장치 및 가압송수장치

1 기동용 수압개폐장치

(1) 설치목적
　① 배관 내 압력 변동을 검지하여 자동적으로 펌프를 기동 및 정지(단, 주펌프는 자동 정지되어서는 아니 됨)
　② 완충작용 : 압력챔버 상부의 공기가 완충작용을 하여 급격한 압력변화를 방지(수격방지)

(2) 구성 : 압력챔버 또는 기동용 압력스위치 등

(3) 작동순서(자동기동의 경우)
　소화전 방수구 개방 → 배관 내 수압 저하 → 압력챔버 내 압력 저하 → 압력스위치 작동 → 펌프 기동

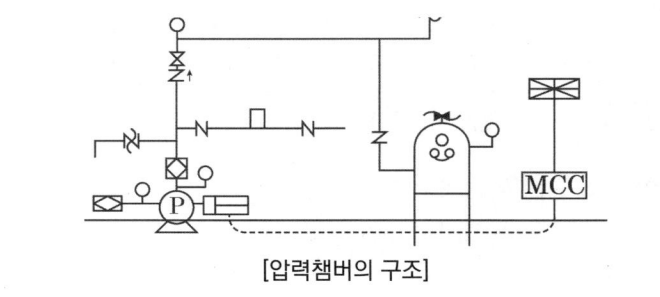

[압력챔버의 구조]

1. 용적 : 100 [L] 이상 ★
2. 안전밸브 : 과압 방출
3. 압력스위치 : 압력의 증감을 전기적 신호로 변환
4. 배수밸브 : 압력챔버의 물 배수
5. 개폐밸브 : 점검 및 보수 시 급수 차단
6. 압력계 : 압력챔버 내의 압력 표시

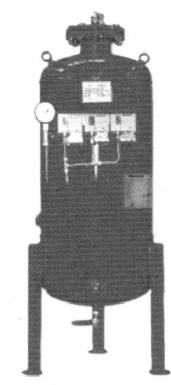
[압력챔버]
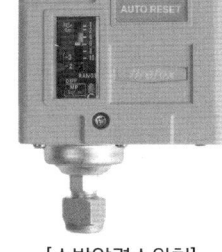
[소방압력스위치]

[전자식 기동용 압력스위치]

[부르동관 기동용 압력스위치]

2 펌프에 의한 가압송수장치 ★★★

$$H = h_1 + h_2 + h_3 + 17[\mathrm{m}]$$
$$(0.17[\mathrm{MPa}] = 17[\mathrm{m}])$$

H : 전 양정 [m]
h_1 : 배관 및 관 부속품의 마찰손실수두 [m]
h_2 : 호스의 마찰손실수두 [m]
h_3 : 낙차 [m]
※ 호스릴옥내소화전설비 포함

(1) 펌프에 의해 가압되는 방식으로, 일반적으로 가장 많이 사용하는 방식이다.
(2) 별도의 전원공급원이 필요한 방식이다.

> 🖐 선생님 TIP
>
> 펌프의 전양정은 단독 문제로도 출제되지만, 동력을 구할 때 전양정을 구해야 하므로 매우 중요한 공식입니다. 반드시 체크하시기 바랍니다.

3 고가수조의 자연낙차에 의한 가압송수장치 ★★

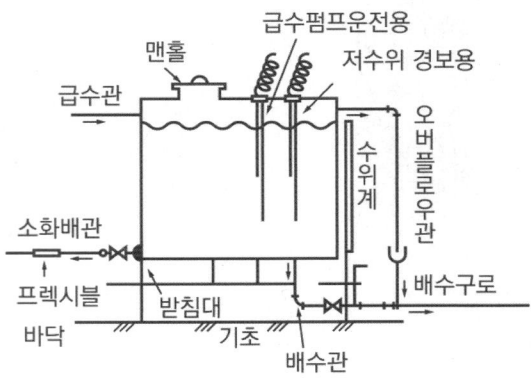

> **선생님 TIP**
> 그림과 함께 고가수조의 필요 낙차 공식을 보면 이해가 쉬워집니다.

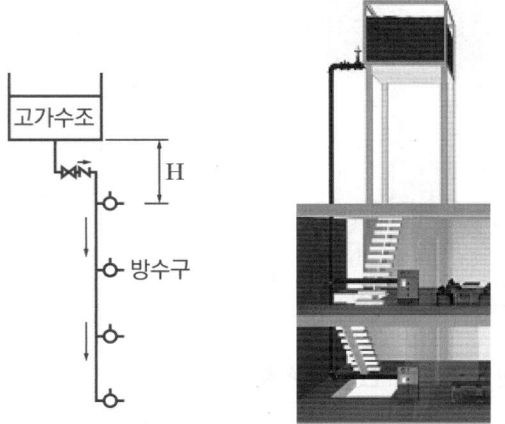

$$H = h_1 + h_2 + 17m$$

H : 필요한 낙차 [m]
h_1 : 호스의 마찰손실수두 [m]
h_2 : 배관의 마찰손실수두 [m]
※ 호스릴옥내소화전설비 포함

(1) 낙차를 이용하여 규정된 방사조건으로 물을 공급하는 방식이다.
(2) 전원이 불필요한 신뢰도가 가장 높은 방식이다.

4 압력수조에 의한 가압송수장치 ★★

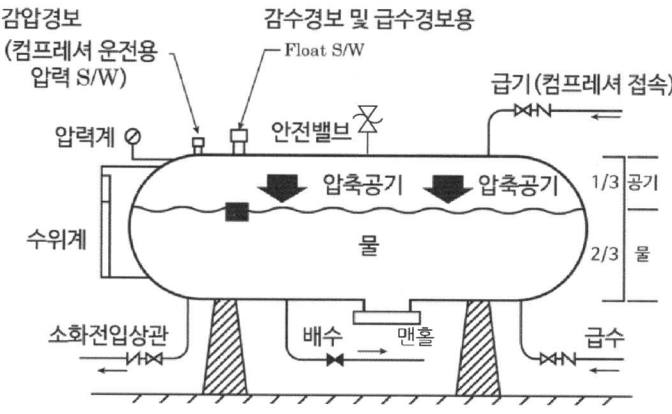

$$P = P_1 + P_2 + P_3 + 0.17 [\text{MPa}]$$

P : 필요한 압력 [MPa]
P_1 : 호스의 마찰손실수두압 [MPa]
P_2 : 배관의 마찰손실수두압 [MPa]
P_3 : 낙차의 환산수두압 [MPa]
※ 호스릴옥내소화전설비 포함

압력탱크 내에 물을 압입하고, 압력탱크 내의 압축된 공기압력에 의하여 송수하는 방식이다.

5 가압수조에 의한 가압송수장치

(1) 가압원인 압축공기 또는 불연성 기체의 압력으로 소화용수를 가압하여 그 압력으로 급수하는 수조를 사용한다.
(2) 전원이 필요 없는 방식으로 신뢰도가 우수한 방식이다.
(3) 가압수조 및 가압원은 별도의 방화 구획된 장소에 설치한다.

6 소방펌프

(1) 펌프의 종류
   ① 볼류트펌프 : 안내깃이 없으며, 임펠러가 직접 물을 케이싱으로 유도하는 펌프
   ② 터빈펌프 : 안내깃이 있어 임펠러 회전 시 물을 일정하게 유도하여 속도에너지를 효과적으로 압력에너지로 변환시킬 수 있는 펌프

종류	특징
터빈펌프(Turbin Pump)	안내깃이 있다, 고양정, 소유량
볼류트펌프(Volute Pump)	안내깃이 없다, 저양정, 대유량

[가압수조]

(2) 소방펌프의 성능 : 체절 운전 시 정격토출압력의 140 [%]를 초과하지 않고, 정격토출량의 150 [%]로 운전 시 정격토출압력의 65 [%] 이상이 될 것 ★★★

① 체절운전 : 토출량이 0인 상태로 운전 시 압력은 정격토출압력의 140 [%]를 초과하지 않을 것
② 정격(설계)운전 : 정격토출량으로 운전 시 압력은 정격토출압력 이상일 것
③ 최대운전 : 정격토출량의 150 [%]로 운전 시 압력은 정격토출압력의 65 [%] 이상일 것

(3) 성능시험곡선

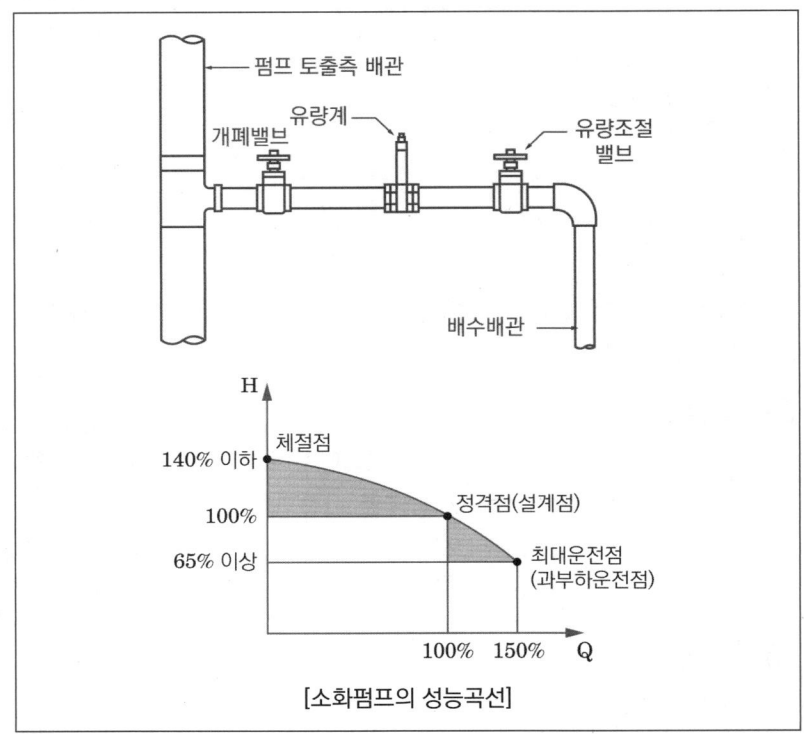

[소화펌프의 성능곡선]

TIP ▶ 예비펌프
주펌프의 고장, 수리 등에 대비하여 주펌프와 동등 이상의 성능을 가진 펌프로 추가 설치

(4) 주펌프와 충압펌프

구분	주펌프	충압펌프(보조펌프)
설치목적	화재 시 규정 방수압과 유량의 소화수 공급	주펌프의 빈번한 기동을 방지하기 위해 배관의 압력 보충
성능시험배관, 순환배관 설치	필요	불필요

(5) 충압펌프의 설치기준

기동용 수압개폐장치를 기동장치로 사용할 경우에는 다음의 기준에 따른 충압펌프를 설치할 것

① 펌프의 토출압력은 그 설비의 최고위 호스접결구의 자연압보다 적어도 0.2 [MPa]이 더 크도록 하거나 가압송수장치의 정격토출압력과 같게 할 것

② 펌프의 정격토출량은 정상적인 누설량보다 적어서는 안 되며, 옥내소화전설비가 자동적으로 작동할 수 있도록 충분한 토출량을 유지할 것

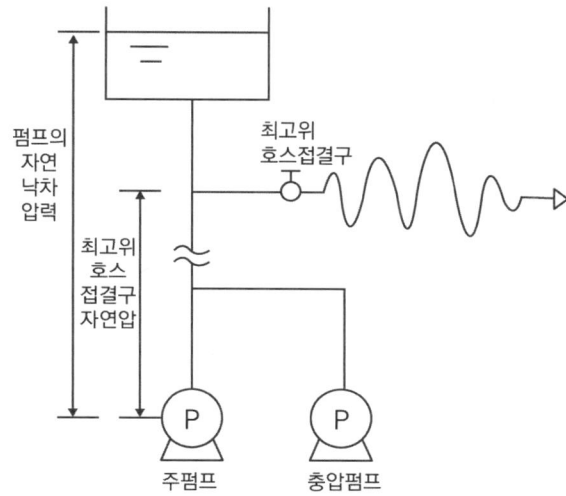

(6) 가압송수장치는 부식 등으로 인한 펌프의 고착을 방지할 수 있도록 다음의 기준에 적합한 것으로 할 것. 다만 충압펌프는 제외한다.

① 임펠러는 청동 또는 스테인리스 등 부식에 강한 재질을 사용할 것

② 펌프 축은 스테인리스 등 부식에 강한 재질을 사용할 것

7 펌프의 동력 ★★★

(1) 수동력 : 펌프에 의해 유체에 주어지는 동력

$$\text{수동력}\, P[kW] = \gamma Q H$$

γ : 물의 비중량 (9.8 [kN/m^3])
Q : 유량 [m^3/s]
H : 전양정 [m]

(2) 축동력 : 전동기에 의해 펌프에 주어지는 동력

$$축동력\ P[kW] = \frac{\gamma QH}{\eta}$$

γ : 물의 비중량 (9.8 [kN/m³])
Q : 유량 [m³/s]
H : 전양정 [m]
η : 효율

※ 펌프의 효율
전효율 $\eta = \eta_h \times \eta_v \times \eta_m$ (η_h : 수력효율, η_v : 체적효율, η_m : 기계효율)

(3) 전동기동력(= 전달동력, 소요동력) : 실제 운전에 필요한 소요 동력
펌프로 전달되는 과정에서 발생하는 저항 값인 전달계수(K)를 고려한 것으로 실제 사용되는 동력

$$전동기동력\ P[kW] = \frac{\gamma QH}{\eta} \times K$$

γ : 물의 비중량 (9.8 [kN/m³])
Q : 유량 [m³/s]
H : 전양정 [m]
η : 효율
K : 전달계수

05 배관

1 사용압력에 따른 배관의 종류 ★

사용압력	배관의 종류
1.2 [MPa] 미만	• 배관용 탄소강관(KS D 3507) • 이음매 없는 구리 및 구리합금관(KS D 5301) (단, 습식의 배관에 한함) • 배관용 스테인리스강관(KS D 3576) 또는 일반 배관용 스테인리스강관(KS D 3595) • 덕타일 주철관(KS D 4311)
1.2 [MPa] 이상	• 압력 배관용 탄소강관(KS D 3562) • 배관용 아크 용접 탄소강강관(KS D 3583)

> **보충** 소방용 합성수지배관으로 설치할 수 있는 경우 ★
>
> (1) 배관을 지하에 매설하는 경우
> (2) 다른 부분과 내화구조로 구획된 덕트 또는 피트의 내부에 설치하는 경우
> (3) 천장과 반자를 불연재료 또는 준불연재료로 설치하고, 소화배관 내부에 항상 소화수가 채워진 상태로 설치하는 경우
>
>
>
> [소방용 합성수지배관]

2 펌프흡입 측 배관의 설치기준

(1) 공기고임이 생기지 아니하는 구조로 하고, 여과장치를 설치할 것
(2) 수조가 펌프보다 낮게 설치된 경우에는 각 펌프(충압펌프를 포함)마다 수조로부터 별도로 설치할 것

3 옥내소화전 설비의 배관의 구경 ★★★

구분	주배관(유속 제한 4 [m/s] 이하)	가지배관
호스릴방식	32 [mm] 이상	25 [mm] 이상
일반적인 방식	50 [mm] 이상	40 [mm] 이상
연결송수관설비의 배관과 겸용	100 [mm] 이상	65 [mm] 이상

주의▶ 펌프의 토출 측 주배관의 구경은 유속이 4 [m/s] 이하가 될 수 있는 크기 이상으로 해야 함

4 펌프의 성능시험배관

(1) 성능시험배관은 펌프의 토출 측에 설치된 개폐밸브 이전에서 분기하여 직선으로 설치하고, 유량측정장치를 기준으로 전단 직관부에는 개폐밸브를 후단 직관부에는 유량조절밸브를 설치할 것. 이 경우 개폐밸브와 유량측정장치 사이의 직관부 거리 및 유량측정장치와 유량조절밸브 사이의 직관부 거리는 해당 유량측정장치 제조사의 설치사양에 따르고, 성능시험배관의 호칭지름은 유량측정장치의 호칭지름에 따른다.
(2) 유량측정장치는 펌프의 정격토출량의 175 [%] 이상까지 측정할 수 있는 성능이 있을 것 ★★★

5 순환배관

(1) 설치목적 : 체절운전 시 수온의 상승을 방지하기 위해
(2) 분기위치 : 체크밸브와 펌프 사이에서 분기
(3) 구경 및 개방압력 : 20 [mm] 이상의 배관에 체절압력 미만에서 개방되는 릴리프밸브를 설치할 것 ★★

> **선생님 TIP**
> 릴리프밸브는 체절압력 미만에서 개방되어야 한다는 것을 유의하시기 바랍니다.

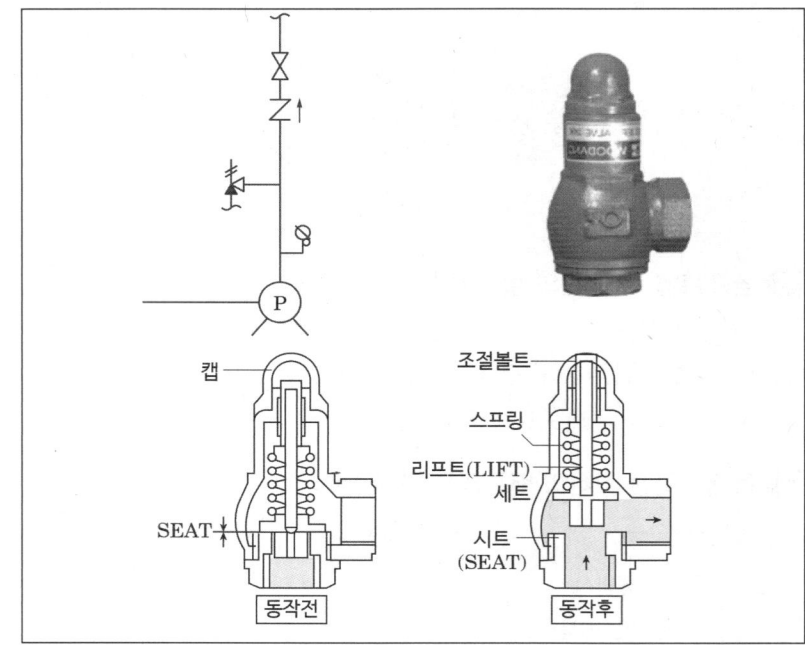

6 그 밖의 배관의 설치기준

[버터플라이밸브]

(1) 동결방지조치를 하거나 동결의 우려가 없는 장소에 설치할 것(보온재를 사용할 경우에는 난연재료 성능 이상의 것)
(2) 급수배관에 설치되어 급수를 차단할 수 있는 개폐밸브는 개폐표시형으로 해야 한다. 버터플라이밸브 외의 개폐표시형 밸브를 설치할 것
(3) 배관은 다른 설비의 배관과 쉽게 구분이 될 수 있는 위치, 적색으로 식별이 가능하도록 소방용 설비의 배관임을 표시할 것

06 송수구

1. 송수구는 소방차가 쉽게 접근할 수 있는 잘 보이는 장소에 설치하되 화재층으로부터 지면으로 떨어지는 유리창 등이 송수 및 그 밖의 소화작업에 지장을 주지 아니하는 장소에 설치할 것
2. 송수구로부터 주배관에 이르는 연결배관에는 개폐밸브를 설치하지 아니할 것. 다만 스프링클러설비·물분무소화설비·포소화설비 또는 연결송수관 설비의 배관과 겸용하는 경우에는 그렇지 않다.
3. 지면으로부터 높이가 0.5 [m] 이상 1 [m] 이하의 위치에 설치할 것 ★
4. 구경 65 [mm]의 쌍구형 또는 단구형으로 할 것
5. 송수구의 가까운 부분에 자동밸수밸브(또는 직경 5 [mm]의 배수공) 및 체크밸브를 설치할 것 ★
6. 송수구에는 이물질을 막기 위한 마개를 씌울 것

[송수구/쌍구형]

[송수구/단구형]

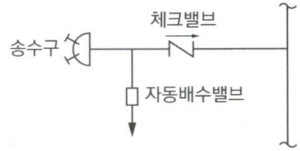
[송수구 – 자동배수밸브 – 체크밸브]

07 방수구

1 방수구의 설치기준

(1) 특정소방대상물의 층마다 설치하되, 해당 특정소방대상물의 각 부분으로부터 하나의 옥내소화전방수구까지의 수평거리가 25 [m](호스릴옥내소화전설비를 포함한다) 이하가 되도록 할 것. 다만 복층형 구조의 공동주택의 경우에는 세대의 출입구가 설치된 층에만 설치할 수 있다. ★

(2) 바닥으로부터의 높이가 1.5 [m] 이하가 되도록 할 것

(3) 호스는 구경 40 [mm](호스릴옥내소화전설비의 경우에는 25 [mm]) 이상의 것으로서 특정소방대상물의 각 부분에 물이 유효하게 뿌려질 수 있는 길이로 설치할 것

(4) 호스릴옥내소화전설비의 경우 그 노즐에는 노즐을 쉽게 개폐할 수 있는 장치를 부착할 것

[옥내소화전 방수구]

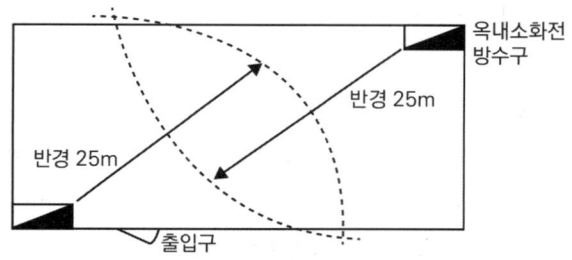

옥내소화전방수구 설계 시
반경 25 [m] 이내에 전 건물이 포용되도록 배치

2 방수량공식 ★★★

$$Q = 2.086 \times D^2 \times \sqrt{P}$$

Q : 방수량[L/min]
D : 관경(노즐구경)[mm]
P : 방수압력[MPa]

Q·심화 방수량공식 비교

① $Q = C \times A \times V = C \times A \times \sqrt{2gh} = C \times \dfrac{\pi D^2}{4} \times \sqrt{2g\dfrac{P}{\gamma}}$ Q : 방수량 [m³/s], C : 노즐계수, A : 관의 단면적 [m²], V : 유속 [m/s]
② $Q = 2.107 \times D^2 \times \sqrt{P}$ ← 단위변환 시 표준대기압 환산 수두 적용 $\qquad (10.332[mAq] = 0.101325[MPa])$ $\qquad$ 노즐계수 $C = 1$ 대입 Q : 방수량 [L/min], D : 관경(노즐구경) [mm], P : 방수압력 [MPa]
③ $Q = 2.086 \times D^2 \times \sqrt{P}$ ← 단위변환 시 표준대기압 환산 수두 적용 $\qquad$ 노즐계수 $C = 0.99$ 대입 Q : 방수량 [L/min], D : 관경(노즐구경) [mm], P : 방수압력 [MPa]
④ $Q = 0.6597 \times D^2 \times \sqrt{10P}$ $\qquad$ ← 단위변환 시 $1[MPa] = 100[m]$ 적용 $\qquad$ 노즐계수 $C = 1$ 대입 Q : 방수량 [L/min], D : 관경(노즐구경) [mm], P : 방수압력 [MPa]
⑤ $Q = 0.653 \times D^2 \times \sqrt{10P}$ $\qquad$ ← 단위변환 시 $1[MPa] = 100[m]$ 적용 $\qquad$ 노즐계수 $C = 0.99$ 대입 Q : 방수량 [L/min], D : 관경(노즐구경) [mm], P : 방수압력 [MPa]

③ 방수구의 설치 제외 ★

불연재료로 된 특정소방대상물 또는 그 부분으로서 다음의 어느 하나에 해당하는 곳에는 옥내소화전 방수구를 설치하지 않을 수 있다.

(1) **냉**장창고 중 온도가 영하인 냉장실 또는 냉동창고의 냉동실
(2) **고**온의 노가 설치된 장소 또는 물과 격렬하게 반응하는 물품의 저장 또는 취급 장소
(3) **발**전소·변전소 등으로서 전기시설이 설치된 장소
(4) **식**물원·수족관·목욕실·수영장(관람석 부분을 제외한다) 또는 그 밖의 이와 비슷한 장소
(5) **야**외음악당·야외극장 또는 그 밖의 이와 비슷한 장소

> 암기 ▶ 냉고발식야

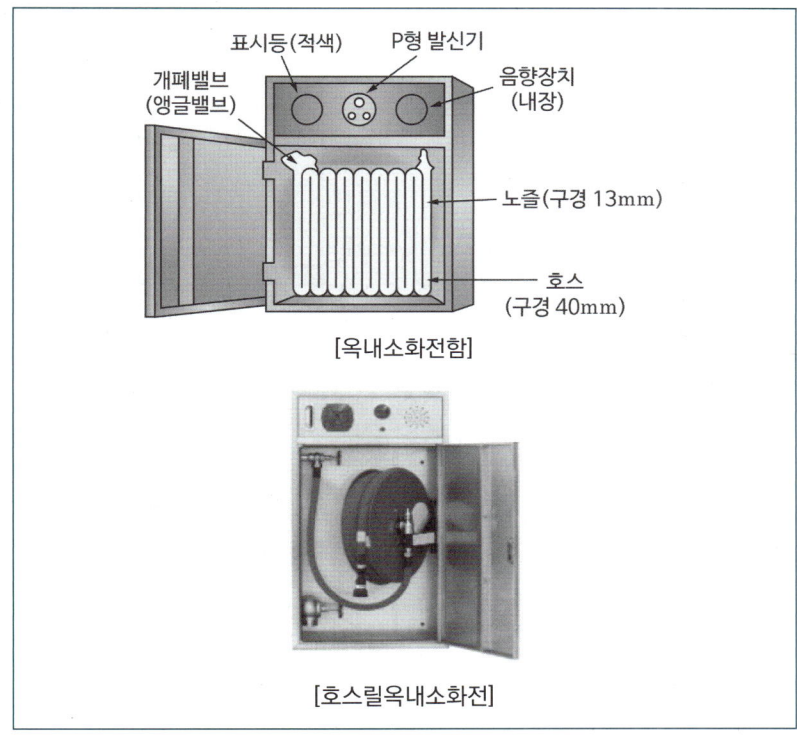

[옥내소화전함]

[호스릴옥내소화전]

08 수조

1 옥내소화전설비 수조의 설치기준

(1) 점검이 편리한 곳에 설치할 것
(2) 동결방지조치를 하거나 동결의 우려가 없는 장소에 설치할 것
(3) 수조의 외측에 수위계를 설치할 것
(4) 수조의 상단이 바닥보다 높은 때에는 수조의 외측에 고정식 사다리를 설치할 것
(5) 수조가 실내에 설치된 때에는 그 실내에 조명설비를 설치할 것
(6) 수조의 밑 부분에는 청소용 배수밸브 또는 배수관을 설치할 것
(7) 외측의 보기 쉬운 곳에 "옥내소화전설비용 수조"라고 표시

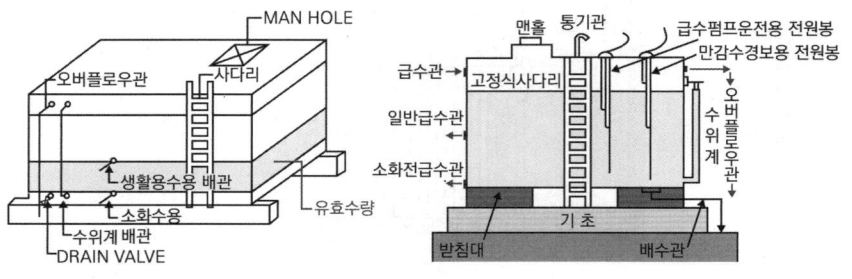

보충 겸용수조의 유효수량 ★★

① 부압흡입방식(지하수조를 겸용하는 경우)

② 고가수조를 겸용하는 경우

선생님 TIP
겸용수조의 유효수량은 옥내소화전설비뿐만 아니라 다른 수계소화설비의 계산문제에도 출제되니 꼭 알아둡시다.

기준에 따른 저수량을 산정함에 있어서 다른 설비와 겸용하여 옥내소화전설비용 수조를 설치하는 경우에는 옥내소화전설비의 풋밸브·흡수구 또는 수직배관의 급수구와 다른 설비의 풋밸브·흡수구 또는 수직배관의 급수구와의 사이의 수량을 그 <u>유효수량</u>으로 한다.

2 물올림장치의 설치기준 ★★★

(1) 물올림장치에는 전용의 수조를 설치할 것
(2) 수조의 유효수량은 100 [L] 이상으로 하되, 구경 15 [mm] 이상의 급수배관에 따라 해당 수조에 물이 계속 보급되도록 할 것

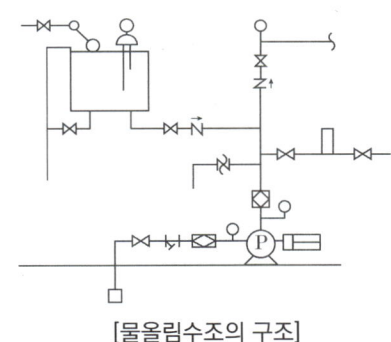

[물올림수조의 구조]

09 전원

1 전원의 종류

구분	정의	종류
상용전원	정상적인 상태에서 전력회사로부터 전력을 공급받아 사용하는 전력공급원	저압수전방식 특별고압수전 또는 고압수전방식
비상전원	상용전원이 사고나 고장에 의해 공급되지 못할 경우에 사용하기 위한 전력공급원	자가발전설비 축전지설비 전기저장장치

2 비상전원의 설치대상

(1) 층수가 7층 이상으로서 연면적 2000 [m^2] 이상인 것
(2) (1)에 해당하지 않는 특정소방대상물로서 지하층의 바닥면적 합계가 3000 [m^2] 이상인 것

10 제어반

1 감시제어반과 동력제어반의 설치

소화설비에는 제어반을 설치하되, 감시제어반과 동력제어반으로 구분하여 설치해야 한다. 다만 다음의 어느 하나에 해당하는 경우에는 감시제어반과 동력제어반으로 구분하여 설치하지 않을 수 있다.

[감시제어반과 동력제어반으로 구분하여 설치하지 않을 수 있는 경우] ★
(1) 다음의 어느 하나에 해당하지 않는 특정소방대상물에 설치되는 경우
  ① 지하층을 제외한 층수가 7층 이상으로서 연면적 2000 [m^2] 이상인 것
  ② ①에 해당하지 않는 특정소방대상물로서 지하층의 바닥면적 합계가 3000 [m^2] 이상인 것
(2) 내연기관에 따른 가압송수장치를 사용하는 옥내소화전설비
(3) 고가수조에 따른 가압송수장치를 사용하는 옥내소화전설비
(4) 가압수조에 따른 가압송수장치를 사용하는 옥내소화전설비

> **선생님 TIP**
> 감시제어반과 동력제어반으로 구분하여 설치하지 않을 수 있는 경우에 대해 별색 표기된 부분이 실기시험에 출제된 바 있습니다. 기출 내용은 반드시 암기합시다!

2 감시제어반

소화설비용 수신반으로 감시 및 제어기능이 있는 것을 말하며, 일반적으로 소방시설들을 집중·감시하는 별도 장소에 설치

3 동력제어반(MCC : Motor Control Center)

(1) 각종 동력장치의 감시 및 제어기능이 있는 것을 말하며, 일반적으로 소화펌프의 직근에 설치
(2) 주요 기능
  ① 각 펌프의 동력 공급 또는 정지(ON/OFF)
  ② 각 펌프의 자동 또는 수동기동

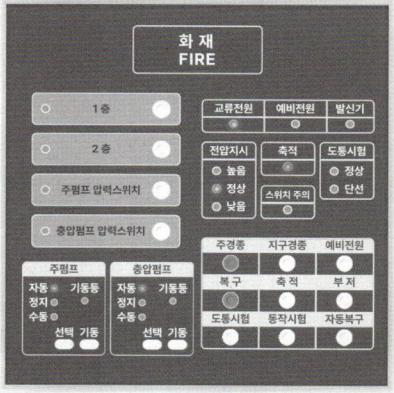
[감시제어반]

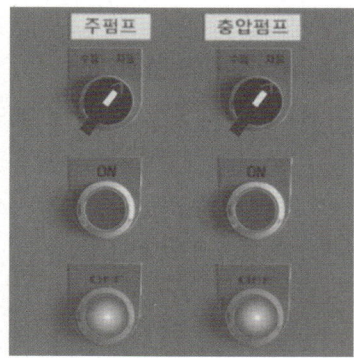
[동력제어반]

CHAPTER 02 연습문제

01

배점 8

다음은 펌프의 성능에 관한 내용이다. 다음 물음에 답하시오.

가. 체절운전점에 대해 설명하시오.
  ○ 답 :

나. 100 [%] 운전점(설계점)에 대해 설명하시오.
  ○ 답 :

다. 150 [%] 운전점에 대해 설명하시오.
  ○ 답 :

라. 펌프의 성능곡선(유량 – 양정)을 그리시오.
  ○ 답 :

마. 옥내소화전설비가 2개 설치된 특정소방대상물에 설치된 펌프의 성능시험표이다. 해당 성능시험표의 빈칸을 채우시오.

구분	체절운전점	정격운전점	과부하운전점
유량 Q [L/min]	0	260	ⓒ
압력 P [MPa]	㉠	0.7	㉢

정답

가. 토출량이 0인 상태로 운전 시(체절운전 시) 정격토출압력의 140 [%]를 초과하지 않을 것
나. 정격토출량(100 [%])으로 운전 시 정격토출압력 이상일 것
다. 정격토출량의 150 [%]로 운전 시 정격토출압력의 65 [%] 이상일 것

라.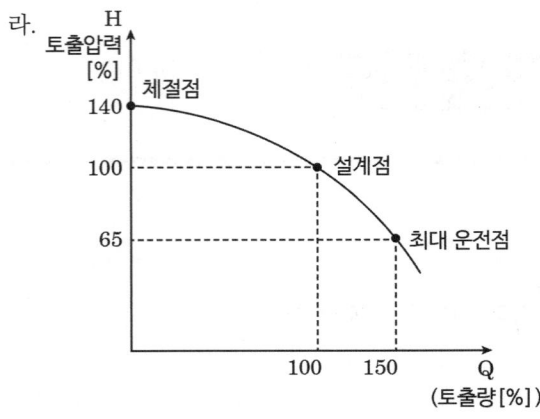

마.

구분	체절운전점	정격운전점	과부하운전점
유량 Q [L/min]	0	260	ⓒ 260 [L/min] × 1.5 = 390 [L/min]
압력 P [MPa]	㉠ 0.7 [MPa] × 1.4 = 0.98 [MPa]	0.7	ⓒ 0.7 [MPa] × 0.65 = 0.46 [MPa]

02
배점 4

지상 5층의 특정소방대상물에 옥내소화전을 층당 7개씩 설치하도록 설계하려 할 때 지하수조의 최소 유효 저수량[m³]과 가압송수장치의 최소 토출량[L/min]을 구하시오.

가. 지하수조의 최소 유효 저수량[m³]
- 계산과정 :
- 답 :

나. 가압송수장치의 최소 토출량[L/min]
- 계산과정 :
- 답 :

보충▶ 옥내소화전 설비에서 전용 수원의 양 = N × 2.6 [m³]

정답

가. 계산과정 : Q = 2 [개] × 2.6 [m³] = 5.2 [m³]

답 | 5.2 [m³]

나. 계산과정 : Q = 2 [개] × 130 [L/min] = 260 [L/min]

답 | 260 [L/min]

03

| 득점 | | 배점 | 5 |

그림은 옥내소화전설비의 일부 도면이다. 도면을 보고 잘못된 점 5가지를 지적하고, 수정방법을 쓰시오.

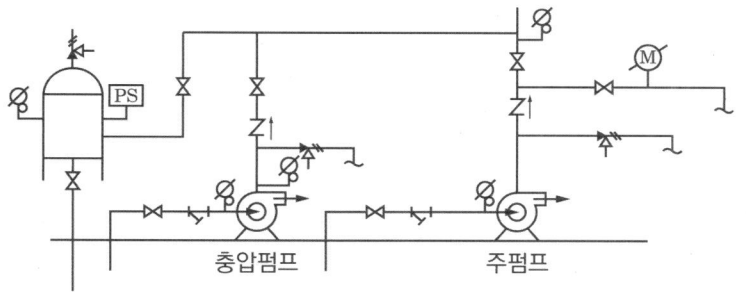

○답:

잘못된 점	수정방법
①	①
②	②
③	③
④	④
⑤	⑤

정답

잘못된 점	수정방법
① 충압펌프와 주펌프의 흡입배관의 흡입구에 풋밸브 미설치	① 충압펌프와 주펌프의 흡입배관 흡입구에 풋밸브 설치
② 충압펌프와 주펌프의 흡입배관에 압력계 설치	② 충압펌프와 주펌프의 흡입배관에 연성계(진공계) 설치
③ 주펌프의 토출배관에 압력계의 설치 위치	③ 압력계는 주펌프에 가까이 설치
④ 주펌프의 성능시험 배관에 유량조절밸브 누락	④ 주펌프의 성능시험배관에 유량조절밸브를 설치
⑤ 충압펌프의 순환배관 및 릴리프밸브 설치	⑤ 충압펌프의 순환배관 및 릴리프밸브 제거
⑥ 물올림장치 누락	⑥ 물올림장치를 설치하여 주펌프 및 충압펌프의 흡입 측으로 물을 공급할 수 있도록 함
⑦ 압력챔버의 압력스위치 부족	⑦ 압력챔버의 압력스위치 1개 더 설치

이 중 5가지만 기재하면 정답

04

배점 5

방수량이 200 [L/min], 압력이 0.4 [MPa]인 옥내소화전설비가 있다. 압력이 0.8 [MPa]로 변경되었을 때 방수량 [L/min]을 구하시오.

○ 계산과정 :

○ 답 :

정답

☑ 계산과정

> **참고** 방수량공식
>
> $$Q = 2.086 \times D^2 \times \sqrt{P}$$
>
> Q : 방수량 [L/min], D : 관경(노즐구경) [mm], P : 방수압력 [MPa]

방수량 $Q = 2.086 \times D^2 \times \sqrt{P}$
따라서 $Q \propto \sqrt{P}$ 이므로
$Q_1 : \sqrt{P_1} = Q_2 : \sqrt{P_2}$
$200 : \sqrt{0.4} = Q_2 : \sqrt{0.8}$
$Q_2 = 282.843 ≒ 282.84$ [L/min]

답 | 282.84 [L/min]

05

배점 4

소방대상물에 옥내소화전을 3층에 5개, 4층에 3개를 설치하였다. 펌프의 실양정이 30 [m]일 때 펌프의 성능시험 배관의 관경[mm]을 구하시오. (단, 펌프의 정격토출압력은 0.4 [MPa]이다)

조건

(1) 배관 관경 산정기준은 정격토출량의 150 [%]로 운전 시 정격토출압력의 65 [%] 기준으로 산정한다.
(2) 배관은 25 [mm], 32 [mm], 40 [mm], 50 [mm], 65 [mm], 80 [mm], 100 [mm] 중에 산정한다.

○ 계산과정 :

○ 답 :

정답

☑ 계산과정

$1.5\,Q = 2.086 \times D^2 \times \sqrt{0.65 \times P}$

여기서 정격토출량 $Q = 2 \times 130[L/min] = 260[L/min]$ 이므로

$1.5 \times 260[L/min] = 2.086 \times D^2 \times \sqrt{0.65 \times 0.4[MPa]}$

∴ $D = 19.15[mm]$ → 호칭경 $25[mm]$

답 | 25 [mm]

TIP 조건 2번에서 배관은 25 [mm], 32 [mm], 40 [mm], 50 [mm], 65 [mm], 80 [mm], 100 [mm] 중에 산정하라고 하였으므로 이를 반드시 적용하여 답한다.

06

득점 ___ 배점 8

연결송수관설비가 겸용된 옥내소화전설비가 설치된 어느 건물이 있다. 옥내소화전이 2층에 3개, 3층에 4개, 4층에 5개일 때 [조건]을 참고하여 다음 각 물음에 답하시오.

조건

(1) 실양정은 20 [m], 배관의 마찰손실수두는 실양정의 20 [%], 관 부속품의 마찰손실수두는 배관 마찰손실수두의 50 [%]로 본다.
(2) 소방호스의 마찰손실수두값은 호스 100 [m]당 26 [m]이며, 호스길이는 15 [m] 이다.
(3) 배관직경 산정기준은 정격토출량의 150 [%]로 운전 시 정격토출압력의 65 [%] 기준으로 계산한다.

가. 펌프의 전양정[m]을 구하시오.
   ○ 계산과정 :
   ○ 답 :

나. 성능시험배관의 관경[mm]을 구하시오.
   ○ 계산과정 :
   ○ 답 :

다. 펌프의 성능시험을 위한 유량측정장치의 최대 측정유량[L/min]을 구하시오.
   ○ 계산과정 :
   ○ 답 :

라. 토출 측 주배관에서 배관의 최소 구경[mm]을 구하시오. (단, 유속은 최대 유속을 적용한다)

○ 계산과정 :

○ 답 :

정답

가. 계산과정

① 실양정 $h_1 = 20[m]$

② 배관 및 관 부속품의 마찰손실수두 $h_2 = (20 \times 0.2) + (20 \times 0.2 \times 0.5) = 6[m]$

③ 호스의 마찰손실수두 $h_3 = 15 \times \dfrac{26}{100} = 3.9[m]$

∴ 전양정 $H = h_1 + h_2 + h_3 + 17 = 20 + 6 + 3.9 + 17 = 46.9[m]$

답 | 46.9 [m]

나. 계산과정

$1.5Q = 2.086 \times D^2 \times \sqrt{0.65 \times P}$

여기서 정격토출량 $Q = 2 \times 130[L/min] = 260[L/min]$이므로

$1.5 \times 260[L/min] = 2.086 \times D^2 \times \sqrt{0.65 \times 0.469[MPa]}$

∴ $D = 18.40[mm]$

답 | 18.40 [mm]

다. 계산과정 : 유량측정장치는 펌프의 정격토출량의 175 [%] 이상까지 측정할 수 있는 성능이 있을 것

$260 \times 1.75 = 455[L/min]$

답 | 455 [L/min]

> **TIP** $D = \sqrt{\dfrac{4Q}{\pi V}}$ 는 $Q = AV$로부터 나온 식이다.

라. 계산과정 : $D = \sqrt{\dfrac{4Q}{\pi V}} = \sqrt{\dfrac{4 \times \dfrac{0.26}{60}}{\pi \times 4}} = 0.037139[m] = 37.14[mm]$

연결송수관설비의 배관과 겸용할 경우의 주배관은 구경 100 [mm] 이상이어야 한다.

답 | 100 [mm]

07

배점 10

11층의 연면적 15000 [m²] 업무용 건축물에 옥내소화전 설비를 화재안전기술기준에 따라 설치하려고 한다. 다음 [조건]을 참고하여 물음에 답하여라.

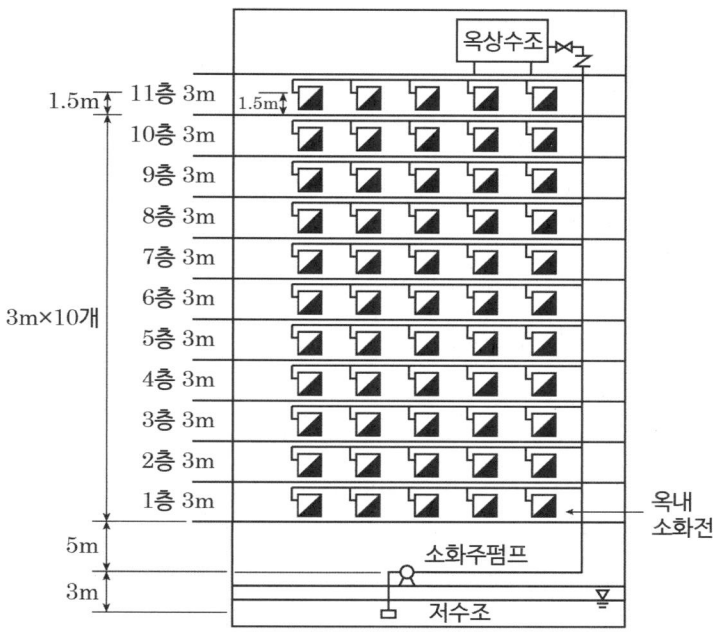

조건

(1) 펌프의 풋밸브로부터 11층 옥내소화전 호스 접결구까지의 마찰손실수두는 실양정의 25 [%]로 한다.
(2) 펌프의 전달계수 값은 1.1이다.
(3) 펌프의 효율은 68 [%]이다.
(4) 각 층당 옥내소화전은 5개씩 있다.
(5) 소방용 호스의 마찰손실수두는 7.8 [m]이다.

가. 펌프의 최소유량[L/min]을 구하시오.

　○ 계산과정 :

　○ 답 :

나. 지하 수조의 최소 저수량[m³]을 구하시오.

　○ 계산과정 :

　○ 답 :

다. 옥상에 설치할 옥상수조의 용량[m³]을 구하시오.
   ○ 계산과정 :
   ○ 답 :

라. 펌프의 총 양정[m]을 구하시오.
   ○ 계산과정 :
   ○ 답 :

마. 축동력[kW]을 구하시오.
   ○ 계산과정 :
   ○ 답 :

바. 펌프의 동력[kW]을 구하시오.
   ○ 계산과정 :
   ○ 답 :

사. 소방 노즐에서 방수압 측정 시 측정기구 및 측정방법을 쓰시오.
   ○ 측정기구 :
   ○ 측정방법 :

아. 소방호스 노즐의 방수압력이 0.7 [MPa] 초과 시 감압방법 2가지를 쓰시오.
   ○ 답 :

정답

가. 계산과정 : $Q = 2 \times 130 [L/min] = 260 [L/min]$

답 | 260 [L/min]

나. 계산과정 : 지하수원 $= 2 \times 2.6 [m^3] = 5.2 [m^3]$

답 | 5.2 [m³]

다. 계산과정 : 옥상수원 $= 5.2 [m^3] \times \dfrac{1}{3} = 1.73 [m^3]$

답 | 1.73 [m³]

라. 계산과정

① 실양정 $h_1 = 3 + 5 + (3 \times 10) + 1.5 = 39.5 [m]$
② 호스접결구까지의 마찰손실수두 $h_2 = 39.5 \times 0.25 = 9.875 [m]$
③ 호스의 마찰손실수두 $h_3 = 7.8 [m]$
∴ 전양정 $= h_1 + h_2 + h_3 + 17 = 39.5 + 9.875 + 7.8 + 17 = 74.175 ≒ 74.18 [m]$

답 | 74.18 [m]

마. 계산과정 : 축동력 $P[\text{kW}] = \dfrac{9.8[\text{kN/m}^3] \times \dfrac{0.26}{60}[\text{m}^3/\text{s}] \times 74.18[\text{m}]}{0.68} = 4.63[\text{kW}]$

답 | 4.63 [kW]

바. 계산과정 : 전동기 동력 = 축동력 × 전달계수 K
$= 4.63[\text{kW}] \times 1.1 = 5.09[\text{kW}]$

답 | 5.09 [kW]

> 선생님 TIP
> 수동력, 축동력, 전동기동력의 차이를 반드시 알아야 합니다.

사. 방수압 측정기구 및 측정방법
  ① 측정기구 : 피토게이지(Pitot Gauge)
  ② 측정방법 : 노즐선단에서 노즐구경의 약 $\dfrac{1}{2}$배(즉 $\dfrac{D}{2}$, D : 노즐구경[mm])만큼 떨어진 곳에서 피토관 입구를 수류의 중심선과 일치하도록 하여 게이지상의 지침을 읽는다.

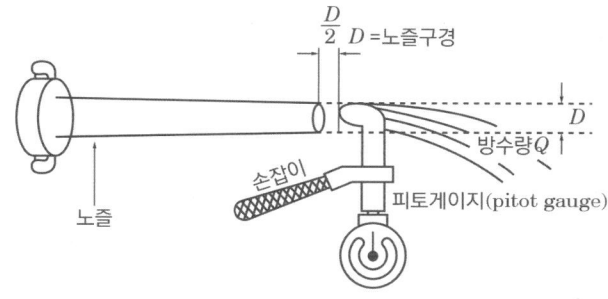

[방수압 측정]

▶ 참고

피토게이지에서 읽은 게이지압력을 아래 공식에 대입하여 방수량을 구할 수 있다.
$$Q = 2.086 \times D^2 \times \sqrt{P}$$

여기서 Q : 방수량 [L/min]
D : 관경(노즐구경) [mm]
P : 방수압력 [MPa]

아. 감압방법 2가지
  ① 중계펌프에 의한 방법
  ② 고가수조에 의한 방법
  ③ 감압밸브에 의한 방법
  ④ 전용배관에 의한 방법
  이 중 2가지만 기술하면 정답이다.

08

옥내소화전에 관한 설계 시 아래 [조건]을 읽고 답하시오. (단, 소수점 이하는 반올림하여 정수만 나타내시오)

조건

(1) 건물규모 : 3층, 각 층의 바닥면적 1200 [m²]
(2) 옥내소화전 수량 : 총 12개(각 층마다 4개 설치)
(3) 소화펌프에서 최상층 소화전 호스 접결구까지의 수직거리 : 15 [m]
(4) 소방호스 : 40 [mm] × 15 [m](고무내장)
(5) 호스의 마찰손실수두 값(호스 100 [m]당)

구분	호스의 호칭 구경[mm]					
	40		50		65	
유량 [L/min]	마호스	고무내장 호스	마호스	고무내장 호스	마호스	고무내장 호스
130	26 [m]	12 [m]	7 [m]	3 [m]	–	–
350	–	–	–	–	10 [m]	4 [m]

(6) 배관 및 관 부속의 마찰손실수두 합계 : 30 [m]
(7) 배관의 내경

호칭구경 [mm]	15	20	25	32	40	50	65	80	100
내경[mm]	16.4	21.9	27.5	36.2	42.1	53.2	69	81	105

(8) 펌프의 동력 전달계수

동력전달형식	전달계수
전동기	1.1
전동기 이외의 것	1.2

(9) 펌프의 구경에 따른 효율

펌프의 구경[mm]	펌프의 효율[E]
40	0.45
50 ~ 65	0.55
80	0.60
100	0.65
125 ~ 150	0.70

(단, 펌프의 구경은 토출 측 주배관의 구경과 같다)

가. 소방펌프의 ① 정격토출유량[L/min]과 ② 정격토출양정[m]을 계산하시오.
(단, 흡입양정은 무시한다)

- 계산과정 :
- 답 :
   - ①
   - ②

나. 소방펌프 토출 측 수직 주배관의 최소관경을 결정하여 호칭구경[mm]으로 답하시오.

- 계산과정 :
- 답 :

다. 소방펌프를 디젤엔진으로 구동시킬 경우에 필요한 엔진의 동력[kW]은 얼마인가?

- 계산과정 :
- 답 :

라. 펌프의 최대 체절압력[MPa]은 얼마인가?

- 계산과정 :
- 답 :

마. 만일 펌프에서 제일 먼 거리에 있는 옥내소화전 노즐과 가장 가까운 곳의 옥내소화전 노즐의 방사압력 차이가 0.4 [MPa]이며, 펌프에서 제일 먼 거리에 있는 옥내소화전 노즐에서의 방사압력이 0.17 [MPa], 유량이 130 [LPM]일 경우 펌프에서 가장 가까운 소화전에서의 방사유량[L/min]은 얼마인가?

- 계산과정 :
- 답 :

바. 유량측정장치는 몇 [LPM] 이상 측정이 가능하여야 하는가?

- 계산과정 :
- 답 :

사. 옥상에 저장하여야 하는 소화수의 용량은 몇 [m³]인가?

- 계산과정 :
- 답 :

정답

주의 ▶ 대문항에 소수점 이하는 반올림하여 정수만 나타내라는 조건을 반드시 적용해야 한다.

가. 계산과정
① 정격토출유량 : 2개 × 130 [L/min] = 260 [L/min]
② 정격토출양정
  ㉠ 실양정 $h_1 = 15 [m]$
  ㉡ 배관 및 관 부속의 마찰손실수두 $h_2 = 30 [m]$
  ㉢ 호스의 마찰손실수두 $h_3 = 15 \times \frac{12}{100} [m]$
  ㉣ 전양정
  $$H = h_1 + h_2 + h_3 + 17 = 15 + 30 + \left(15 \times \frac{12}{100}\right) + 17 = 63.8 [m] ≒ 64 [m]$$

답 | ① 정격토출유량 : 260 [L/min], ② 정격토출양정 : 64 [m]

나. 계산과정 : $Q = A \cdot V$
$$D = \sqrt{\frac{4Q}{\pi V}} = \sqrt{\frac{4 \times \frac{0.26}{60} [m^3/s]}{\pi \times 4 [m/s]}} = 0.03714 [m] = 37.14 [mm] \rightarrow 50 [mm]$$
(옥내소화전 주배관 중 수직 배관의 구경은 50 [mm] 이상으로 해야 함)

답 | 50 [mm]

다. 계산과정 : $P = \dfrac{9.8 [kN/m^3] \times \frac{0.26}{60} [m^3/s] \times 64 [m]}{0.55} \times 1.2$
$= 5.929 [kW] = 5.93 ≒ 6 [kW]$

조건 (8)에 따라 전동기 이외의 것 → 전달계수 1.2 적용
조건 (9)에 따라 펌프의 구경이 50 ~ 65 [A] → 펌프의 효율 0.55 적용

답 | 6 [kW]

라. 계산과정 : 체절압력 = 정격토출압력 × 140 [%]
= 0.64 [MPa] × 1.4 = 0.896 [MPa] ≒ 1 [MPa]

답 | 1 [MPa]

마. 계산과정 : 방수량 $Q = 2.086 \times D^2 \times \sqrt{P}$ 이므로 $Q \propto \sqrt{P}$
$\sqrt{P_2} : Q_2 = \sqrt{P_1} : Q_1$
$\sqrt{0.17} : 130 = \sqrt{(0.4 + 0.17)} : Q_1$
$\therefore Q_1 = \dfrac{\sqrt{0.57}}{\sqrt{0.17}} \times 130 = 238.043 [L/min] ≒ 238 [L/min]$

답 | 238 [L/min]

바. 계산과정 : 성능시험배관의 유량측정장치는 정격토출량의 175 [%] 이상 측정 가능해야 함
260 [L/min] × 1.75 = 455 [L/min]

답 | 455 [L/min]

사. 계산과정 : 2개 × 2.6 [m³/개] × $\dfrac{1}{3}$ = 1.73 [m³] ≒ 2 [m³]

답 | 2 [m³]

CHAPTER 03 옥외소화전설비

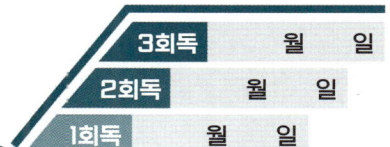

학습목표

1 옥외소화전의 수원에 대해 파악한다.
2 가압송수장치에 따른 설치기준을 이해하고 암기한다.
3 배관의 설치기준을 암기한다.
4 소화전함의 설치기준을 암기하고, 옥외소화전의 설치개수를 파악한다.

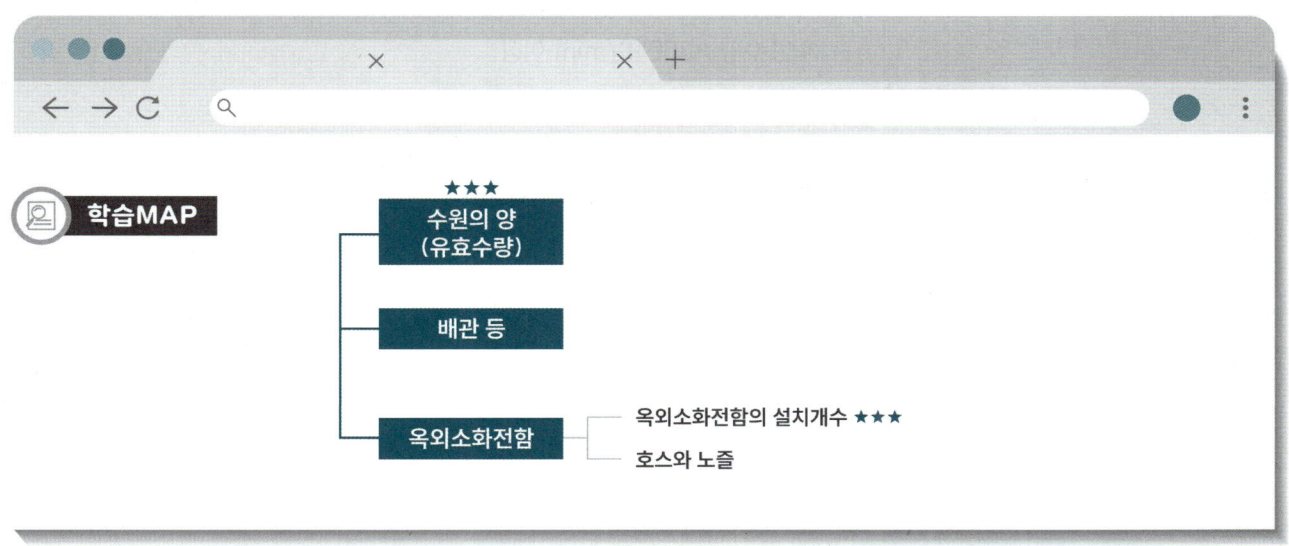

01 개요

건축물의 외부에 설치하여 화재 시 외부에서 인접 건축물에 대한 연소 확대 방지를 위해 화재 초기에 소화 활동을 할 수 있도록 설치한 소화설비이다. 옥외소화전이란 건물 외부에 설치되어 있는 소화전을 말하며 지상용과 지하용(승하강식을 포함)으로 구분한다.

[지하용 옥외소화전]

[지상용 옥외소화전]

02 설치기준

1 수원의 양 ★★★

$$N \times 350\,[\text{L/min}] \times 20\,[\text{min}]$$
$$(= N \times 7\,[\text{m}^3])$$

N : 옥외소화전 설치개수
(최대 2개)

(1) 방수압력 : 0.25 [MPa] 이상 0.7 [MPa] 이하(0.7MPa 초과 시 감압)
(2) 방수량 : 350 [L/min] 이상

2 배관

(1) 호스접결구는 지면으로부터 높이가 0.5 [m] 이상 1 [m] 이하의 위치에 설치하고 특정소방대상물의 각 부분으로부터 하나의 호스접결구까지의 수평거리가 40 [m] 이하가 되도록 설치해야 한다. ★
(2) 호스는 구경 65 [mm]의 것으로 해야 한다.

> 옥외소화전설비의 호스접결구는 지면으로부터 높이가 0.5 [m] 이상 1 [m] 이하의 위치에 설치하고 특정소방대상물의 각 부분으로부터 하나의 호스접결구까지의 수평거리가 25 [m] 이하가 되도록 설치해야 한다. ☒ 40 [m] 이하가 되도록

❸ 옥외소화전함

(1) 구성 : 옥외소화전 5 [m] 이내에 옥외소화전함이 설치되며 상단부에는 기동표시등, 위치표시등을 설치하고, 하단부에는 호스 및 관창 등을 구비 화재 시 옥외소화전에 연결하여 건물 외부 소화에 사용

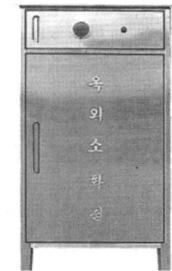

(2) 구조

① 설치거리 : 옥외소화전으로부터 5 [m] 이내의 장소에 소화전함 설치

② 옥외소화전함의 설치개수

옥외소화전	옥외소화전함의 개수
10 [개] 이하	옥외소화전마다 5 [m] 이내의 장소에 1 [개] 이상 설치
11 [개] 이상 30 [개] 이하	11 [개] 이상의 소화전함을 각각 분산하여 설치
31 [개] 이상	옥외소화전 3 [개]마다 1 [개] 이상 설치

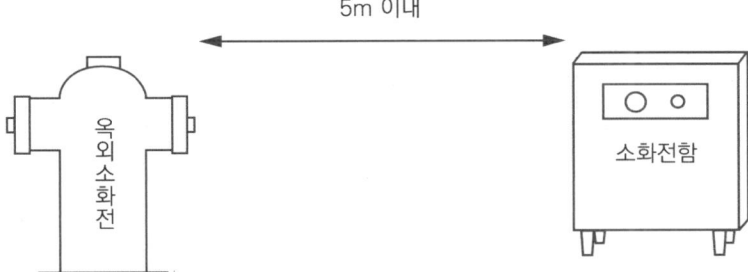

③ 옥외소화전함 호스와 노즐

호스의 구경	65 [mm]
노즐의 구경	19 [mm]

CHAPTER 03 연습문제

01

옥외소화전 함 설치개수에 대해 괄호 안에 알맞은 말을 채워 넣으시오.

가. 옥외소화전이 7 [개] 설치된 때에는 옥외소화전마다 5 [m] 이내의 장소에 (㉠) [개] 이상의 소화전함을 설치해야 함

나. 옥외소화전이 17 [개] 설치된 때에는 (㉡) [개] 이상의 소화전함을 설치해야 함

다. 옥외소화전이 37 [개] 설치된 때에는 (㉢) [개] 이상의 소화전함을 설치해야 함

정답

㉠ 1, ㉡ 11, ㉢ 13

참고 옥외소화전함

(1) 설치거리 : 옥외소화전으로부터 5 [m] 이내의 장소에 소화전함을 설치
(2) 옥외소화전함의 설치개수

옥외소화전	옥외소화전함의 개수
10 [개] 이하	옥외소화전마다 5 [m] 이내의 장소에 1 [개] 이상 설치
11 [개] 이상 30 [개] 이하	11 [개] 이상의 소화전함을 각각 분산하여 설치
31 [개] 이상	옥외소화전 3 [개]마다 1 [개] 이상 설치

(3) 옥외소화전함 호스와 노즐

호스의 구경	65 [mm]
노즐의 구경	19 [mm]

02

배점 6

옥외소화전설비에서 펌프의 소요양정이 50 [m]이고 말단방수노즐의 방수압력이 0.15 [MPa]이었다. 관련 법에 맞게 방수압력을 0.25 [MPa]로 증가시키고자 할 때 [조건]을 참고하여 토출 측 유량[L/min]과 펌프의 양정[m]를 구하시오.

조건

(1) 유량 $Q = K\sqrt{10P}$를 적용하며 이때 K = 100이다.

Q : 유량 [L/min], K : 방출계수, P : 방수압력 [MPa]

(2) 배관 마찰손실은 하젠-윌리엄식을 적용한다.

$$\triangle P = 6.05 \times 10^4 \times \frac{Q^{1.85}}{C^{1.85} \times D^{4.87}}$$

여기서 $\triangle P$: 단위길이당 마찰손실압력 [MPa/m]
Q : 유량 [L/min], C : 관의 조도계수, D : 관의 내경 [mm]

○ 계산과정 :

○ 답 :

정답

☑ 계산과정

① 방수압력 $P_1 = 0.15$[MPa]일 때 유량

$Q_1 = K\sqrt{10P} = 100 \times \sqrt{10 \times 0.15 [\text{MPa}]} = 122.47 [L/\text{min}]$

② 방수압력 $P_2 = 0.25$[MPa]일 때 유량

$Q_2 = K\sqrt{10P} = 100 \times \sqrt{10 \times 0.25 [\text{MPa}]} = 158.11 [L/\text{min}]$

∴ 토출 측 유량 = 158.11[L/min]

③ 방수압력 $P_2 = 0.25$[MPa]일 때 필요한 펌프의 양정

펌프의 양정 H = 마찰손실 + 방사압 (여기서 실양정은 조건에 없으므로 고려하지 않는다)

ⓐ 방수압력 $P_1 = 0.15$[MPa]일 때 마찰손실 $\triangle P_1$은 0.5 - 0.15 = 0.35 [MPa]

ⓑ 방수압력 $P_2 = 0.25$[MPa]일 때 마찰압력 $\triangle P_2$는

하젠-윌리엄식에 의해 $\triangle P \propto Q^{1.85}$이므로 $\triangle P_1 : Q_1^{1.85} = \triangle P_2 : Q_2^{1.85}$

$0.35 : 122.47^{1.85} = \triangle P_2 : 158.11^{1.85}$

∴ $\triangle P_2 = 0.35 \times \frac{158.11^{1.85}}{122.47^{1.85}} = 0.56$[MPa]

방수압력이 0.25[MPa]일 때 펌프의 양정 = 0.56 + 0.25 = 0.81 [MPa] = 81 [m]

답 | 토출 측 유량 158.11 [L/min], 펌프의 양정 81 [m]

보충 ▶ 방수압력이 커지면 방수량(유량)이 커지고, 이에 따라 마찰손실 또한 커진다.

03 배점 12

어떤 소방대상물에 옥외소화전 5개를 다음 조건에 따라 설치하려고 한다. 각 물음에 답하시오.

[조건]
(1) 옥외소화전은 지상식 표준형을 사용한다.
(2) 펌프에서 최말단 옥외소화전까지의 직관 길이는 200 [m], 관의 내경은 100 [mm]이다.
(3) 펌프의 전양정 50 [m], 효율 65 [%], 동력전달계수는 무시한다.
(4) 모든 규격치는 최소량을 적용한다.

가. 수원의 유효저수량[m³]은 얼마인가?
  ○ 계산과정 :
  ○ 답 :

나. 펌프의 최소 유량[m³/min]은 얼마인가?
  ○ 계산과정 :
  ○ 답 :

다. 직관 부분에서의 마찰손실수두[m]는 얼마인가? (Darcy - Weisbach의 식을 사용하고 마찰손실계수는 0.02이다)
  ○ 계산과정 :
  ○ 답 :

라. 펌프의 소요동력[kW]은 얼마인가?
  ○ 계산과정 :
  ○ 답 :

마. 소방용 호스노즐에서 최소 방수압력[MPa]은 얼마인가?
  ○ 답 :

바. 옥외소화전과 소화전함의 거리[m]는 얼마인가?
  ○ 답 :

사. 소화전함에 설치되는 호스의 구경[mm]을 쓰시오.
  ○ 답 :

아. 지상용 소화전은 지면으로부터 길이 몇 [mm] 이상 매몰될 수 있어야 하는가?
  ○ 답 :

정답

가. 계산과정

$$Q = N \times 350[\text{L/min}] \times 20[\text{min}] = 2 \times 350 \times 20 = 14000[\text{L}] = 14[\text{m}^3]$$

답 | 14 [m³]

나. 계산과정

$$Q = N \times 350[\text{L/min}] \quad (N = \text{최대 2개})$$

$$\therefore Q = 2[\text{개}] \times 350[L/\text{min}] \times \frac{1[\text{m}^3]}{10^3[\text{L}]} = 0.7[\text{m}^3/\text{min}]$$

답 | 0.7 [m³/min]

다. 계산과정

Darcy - Weisbach방정식 : $h_L[\text{m}] = f \times \frac{L[\text{m}]}{D[\text{m}]} \times \frac{(V[\text{m/s}])^2}{2g[\text{m/s}^2]}$

$$V = \frac{4Q}{\pi D^2} = \frac{4 \times \frac{0.7}{60}[\text{m}^3/\text{s}]}{\pi \times 0.1^2[\text{m}^2]} = 1.485[\text{m/s}]$$

$$\therefore h_L[\text{m}] = f \times \frac{L[\text{m}]}{D[\text{m}]} \times \frac{(V[\text{m/s}])^2}{2g[\text{m/s}^2]}$$

$$= 0.02 \times \frac{200}{0.1} \times \frac{1.485^2}{2 \times 9.8} = 4.50[m]$$

답 | 4.50 [m]

> 보충 ▶ 유속을 반드시 구해야 한다는 점을 유의한다.

라. 계산과정

축동력

$$P[\text{kW}] = \frac{\gamma[\text{kN/m}^3] \times Q[\text{m}^3/\text{s}] \times H[\text{m}]}{\eta} = \frac{9.8 \times \frac{0.7}{60} \times 50}{0.65} = 8.79[\text{kW}]$$

답 | 8.79 [kW]

마. 0.25 [MPa] 이상

바. 5 [m] 이하

사. 65 [mm]

아. 600 [mm] 이상

> **소화전의 형식승인 및 제품검사의 기술기준 – 제15조(구조·모양 및 치수)**
> ② 옥외소화전의 구조 및 치수는 별표 12를 참고로 하여야 하며 다음 각 호에 적합하여야 한다.
>   4. 지상용 소화전은 지면으로부터 길이 <u>600 [mm] 이상</u> 매몰될 수 있어야 하며, 지면으로부터 높이 0.5 [m] 이상 1 [m] 이하로 노출될 수 있는 구조이어야 한다.

04

배점 6

다음 그림 도면을 보고 물음에 답하시오.

> **조건**
> (1) 아래 그림은 어느 특정소방대상물의 가로 120 [m], 세로 50 [m]의 평면도이다.
>
>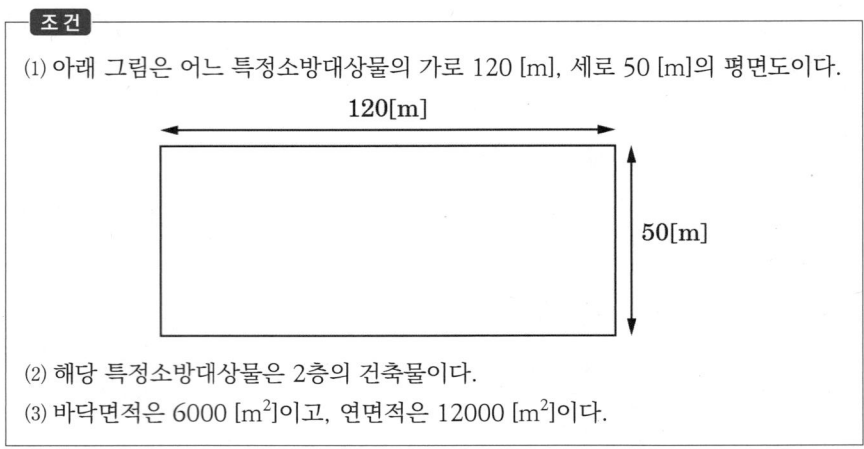
>
> (2) 해당 특정소방대상물은 2층의 건축물이다.
> (3) 바닥면적은 6000 [m²]이고, 연면적은 12000 [m²]이다.

가. 특정소방대상물의 각 부분으로부터 하나의 호스 접결구까지의 수평거리는 몇 [m] 이하인가?

  ○ 답 :

나. 옥외소화전의 수량[개]을 산출하시오.

  ○ 계산과정 :

  ○ 답 :

다. 옥외소화전의 토출량은 몇 [L/min]인가?

  ○ 계산과정 :

  ○ 답 :

라. 옥외소화전의 수원의 양은 몇 [m³]인가?

  ○ 계산과정 :

  ○ 답 :

정답

가. 40 [m]

나. 계산과정 : 수량 $= \dfrac{건물의 총 둘레길이}{수평거리 \times 2} = \dfrac{(120 \times 2)+(50 \times 2)}{80} = 4.25 ≒ 5[개]$

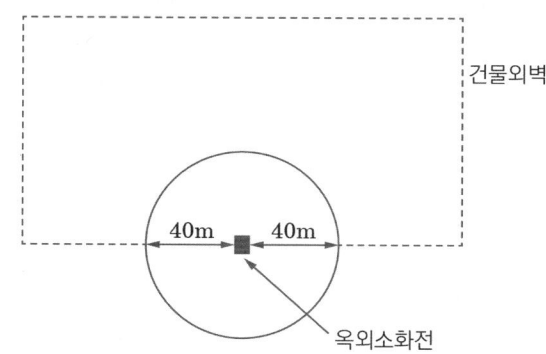

답 | 5 [개]

다. 계산과정 : $2 \times 350[L/min] = 700[L/min]$

답 | 700 [L/min]

라. 계산과정 : $2 \times 350[L/min] \times 20[min] \times 10^{-3}[m^3/L] = 14[m^3]$

답 | 14 [m³]

CHAPTER

04 스프링클러설비

3회독 월 일
2회독 월 일
1회독 월 일

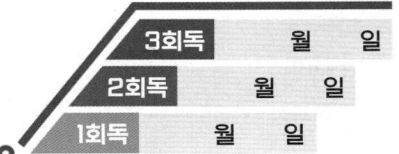

학습목표

1 스프링클러설비의 종류와 수원에 대해 파악한다.
2 가압송수장치에 따른 설치기준을 이해하고 암기한다.
3 소화구역 및 유수검지장치에 대한 설치기준을 익힌다.
4 배관의 설치기준, 시험장치 설치기준, 헤드의 설치기준과 헤드의 배치에 대해 학습한다.

학습MAP

- 스프링클러설비의 계통도
- ★★★ 스프링클러의 종류
  - 습식 스프링클러설비
  - 건식 스프링클러설비
  - 준비작동식 스프링클러설비
  - 일제살수식 스프링클러설비
  - 부압식 스프링클러설비
- 스프링클러설비 소화구역 및 유수검지장치
  - 폐쇄형 스프링클러설비의 방호구역 및 유수검지장치
  - 개방형 스프링클러설비의 방수구역 및 일제개방밸브
- 수원
  - 폐쇄형 헤드 수원량 계산 공식 ★★★
    - 수원의 양
    - 설치장소별 기준개수
  - 개방형 헤드 수원량 계산 공식
  - 옥상수조 ★★★
- 스프링클러설비의 구성
  - 헤드
    - 구조
    - 종류
    - 스프링클러헤드의 표시온도 및 작동시험
    - 헤드의 배치
    - 스프링클러헤드의 설치기준
    - 헤드의 설치 제외
  - 배관
    - 사용압력에 따른 배관
    - 배관의 구분
    - 배관의 설치기준 ★★★
  - 시험장치

01 개요

스프링클러설비는 건축물의 화재를 자동으로 감지하여 소화작업을 하는 자동식 물소화설비로서 화재 시 스프링클러헤드로 자동으로 물이 방사되어 소화하는 초기소화설비이다. 초기소화에 절대적인 소화효과를 가지고 있다.

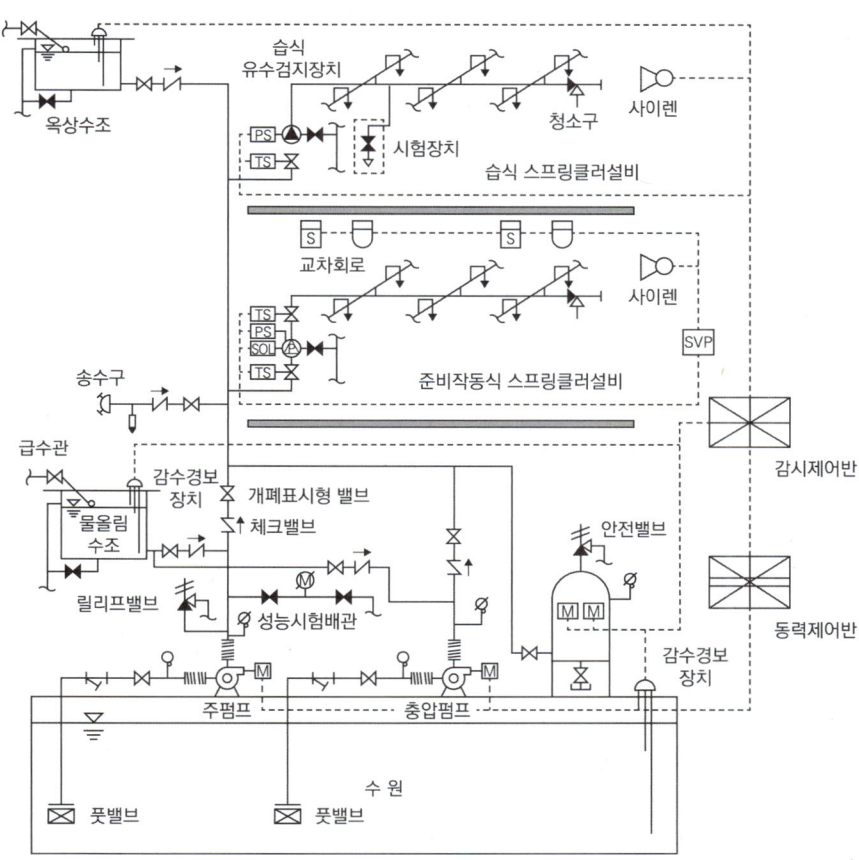

[스프링클러설비의 계통도]

02 용어의 정의

1. "고가수조"란 구조물 또는 지형지물 등에 설치하여 자연낙차의 압력으로 급수하는 수조를 말한다.
2. "압력수조"란 소화용수와 공기를 채우고 일정압력 이상으로 가압하여 그 압력으로 급수하는 수조를 말한다.
3. "가압수조"란 가압원인 압축공기 또는 불연성 기체의 압력으로 소화용수를 가압하여 그 압력으로 급수하는 수조를 말한다.
4. "충압펌프"란 배관 내 압력손실에 따른 주펌프의 빈번한 기동을 방지하기 위하여 충압 역할을 하는 펌프를 말한다.
5. "정격토출량"이란 펌프의 정격부하운전 시 토출량으로서 정격토출압력에서의 토출량을 말한다.
6. "정격토출압력"이란 펌프의 정격부하운전 시 토출압력으로서 정격토출량에서의 토출 측 압력을 말한다.
7. "진공계"란 대기압 이하의 압력을 측정하는 계측기를 말한다.
8. "연성계"란 대기압 이상의 압력과 대기압 이하의 압력을 측정할 수 있는 계측기를 말한다.
9. "체절운전"이란 펌프의 성능시험을 목적으로 펌프 토출 측의 개폐밸브를 닫은 상태에서 펌프를 운전하는 것을 말한다.
10. "기동용 수압개폐장치"란 소화설비의 배관 내 압력변동을 검지하여 자동적으로 펌프를 기동 및 정지시키는 것으로서 압력챔버 또는 기동용 압력스위치 등을 말한다.
11. "개방형 스프링클러헤드"란 감열체 없이 방수구가 항상 열려져 있는 스프링클러헤드를 말한다.
12. "폐쇄형 스프링클러헤드"란 정상상태에서 방수구를 막고 있는 감열체가 일정온도에서 자동적으로 파괴·용융 또는 이탈됨으로써 방수구가 개방되는 헤드를 말한다.
13. "측벽형 스프링클러헤드"란 가압된 물이 분사될 때 헤드의 축심을 중심으로 한 반원상에 균일하게 분산시키는 헤드를 말한다.
14. "건식 스프링클러헤드"란 물과 오리피스가 분리되어 동파를 방지할 수 있는 스프링클러헤드를 말한다.
15. "유수검지장치"란 유수현상을 자동적으로 검지하여 신호 또는 경보를 발하는 장치를 말한다.

16. "일제개방밸브"란 일제살수식 스프링클러설비에 설치되는 유수검지장치를 말한다.
17. "반사판(디플렉터)"이란 스프링클러헤드의 방수구에서 유출되는 물을 세분시키는 작용을 하는 것을 말한다.
18. "개폐표시형 밸브"란 밸브의 개폐 여부를 외부에서 식별이 가능한 밸브를 말한다.
19. "연소할 우려가 있는 개구부"란 각 방화구획을 관통하는 컨베이어·에스컬레이터 또는 이와 유사한 시설의 주위로서 방화구획을 할 수 없는 부분을 말한다.

03 스프링클러설비의 종류 ★★★

구분	밸브 1차 측	밸브 2차 측	헤드의 종류	밸브의 종류(명칭/도시기호)		감지기 설치유무
습식	가압수	가압수	폐쇄형	습식 유수검지장치 (알람체크밸브)	▲	×
건식		압축공기 또는 질소		건식 유수검지장치 (드라이밸브)	△	×
준비 작동식		대기압		준비작동식 유수검지장치 (프리액션밸브)	Ⓐ	○
부압식		부압수		준비작동식 유수검지장치 (프리액션밸브)	Ⓐ	○
일제 살수식		대기압	개방형	일제개방밸브 (델류지밸브)	◀D	○

선생님 TIP
도시기호는 시험문제에 자주 출제되었으므로 꼭 암기합시다.

> **선생님 TIP**
> 각 스프링클러설비의 작동원리를 잘 이해해야 암기할 내용이 줄어듭니다.

1 습식 스프링클러설비

가압송수장치에서 폐쇄형 스프링클러헤드까지 배관 내에 항상 물이 가압되어 있다가 화재로 인한 열로 폐쇄형 스프링클러헤드가 개방되면 배관 내에 유수가 발생하여 습식 유수검지장치가 작동하게 되는 스프링클러설비

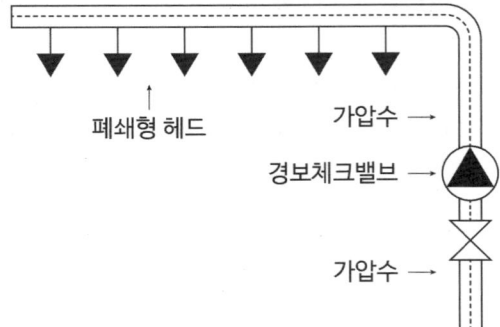

2 건식 스프링클러설비

건식 유수검지장치 2차 측에 압축공기 또는 질소 등의 기체로 충전된 배관에 폐쇄형 스프링클러헤드가 부착된 스프링클러설비로서, 폐쇄형 스프링클러헤드가 개방되어 배관 내의 압축공기 등이 방출되면 건식 유수검지장치 1차 측의 수압에 의하여 건식 유수검지장치가 작동하게 되는 스프링클러설비

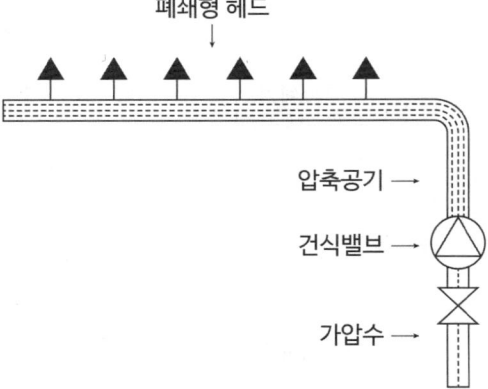

(1) 급속개방기구(Quick Opening Device)
   ① 엑셀레이터 : 2차 측 압축공기 일부를 클래퍼 하부(중간챔버)로 보내는 장치로 클래퍼가 쉽게 개방되도록 하는 장치
   ② 익져스터 : 2차 측의 압축공기를 대기 중으로 신속하게 방출하여 클래퍼가 신속하게 개방되도록 하는 장치

❸ 준비작동식 스프링클러설비

가압송수장치에서 준비작동식 유수검지장치 1차 측까지 배관 내에 항상 물이 가압되어 있고, 2차 측에서 폐쇄형 스프링클러헤드까지 대기압 또는 저압으로 있다가 화재발생 시 감지기의 작동으로 준비작동식 밸브가 개방되면 폐쇄형 스프링클러헤드까지 소화수가 송수되고, 폐쇄형 스프링클러헤드가 열에 의해 개방되면 방수가 되는 방식의 스프링클러설비

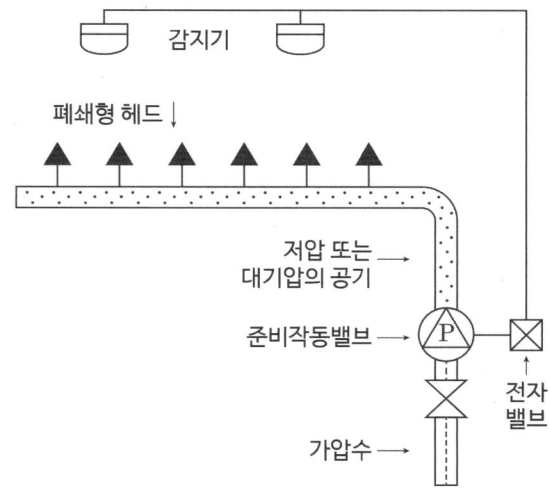

[교차회로방식] ★★
1. 정의 : 하나의 방호구역 내에서 2 이상의 화재감지기회로를 설치하고 인접한 2 이상의 화재감지기가 동시에 감지되는 때에 설비가 작동하는 방식
2. 적용설비

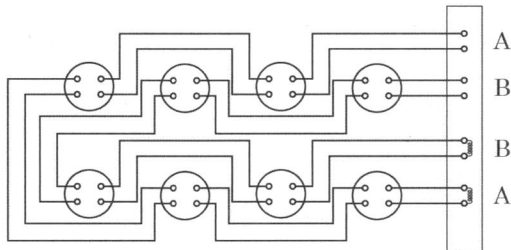

① 준비작동식 스프링클러설비
② 일제살수식 스프링클러설비
③ 이산화탄소소화설비
④ 할론소화설비
⑤ 할로겐화합물 및 불활성기체소화설비
⑥ 분말소화설비
3. 교차회로방식의 적용목적 : 설비의 오동작방지

4 일제살수식 스프링클러설비

가압송수장치에서 일제개방밸브 1차 측까지 배관 내에 항상 물이 가압되어 있고 2차 측에서 개방형 스프링클러헤드까지 대기압으로 있다가 화재 시 자동감지장치 또는 수동식 기동장치의 작동으로 일제개방밸브가 개방되면 스프링클러헤드까지 소화수가 송수되는 방식의 스프링클러설비

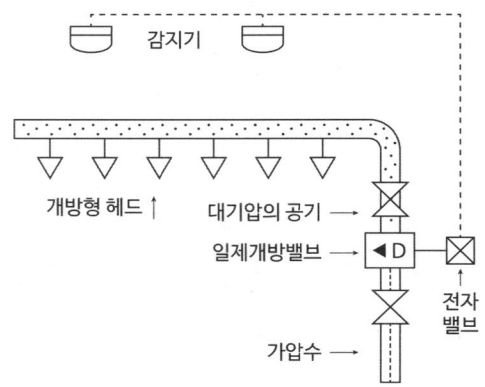

5 부압식 스프링클러설비

가압송수장치에서 준비작동식 유수검지장치의 1차 측까지는 항상 정압(+)의 물이 가압되고, 2차 측 폐쇄형 스프링클러헤드까지는 소화수가 부압(-)으로 되어 있다가 화재 시 감지기의 작동에 의해 정압(+)으로 변하여 유수가 발생하면 작동하는 스프링클러설비

> **선생님 TIP**
> 부압식 스프링클러설비는 작동원리를 기술하는 내용이 시험에 출제된 바 있습니다. 깊이 학습하지 않더라도 간단한 원리 정도만 쓸 수 있을 정도는 공부해야 합니다.

04 스프링클러설비 소화구역 및 유수검지장치

1 폐쇄형 스프링클러설비의 방호구역 및 유수검지장치

(1) 하나의 방호구역의 바닥면적은 3000 [m²]를 초과하지 않을 것 ★
(2) 하나의 방호구역에는 1개 이상의 유수검지장치를 설치하되, 화재발생 시 접근이 쉽고 점검하기 편리한 장소에 설치할 것
(3) 하나의 방호구역은 2개 층에 미치지 않도록 할 것. 다만 1개 층에 설치되는 스프링클러헤드의 수가 10개 이하인 경우와 복층형 구조의 공동주택에는 3개 층 이내로 할 수 있다.
(4) 유수검지장치를 실내에 설치하거나 보호용 철망 등으로 구획하여 바닥으로부터 0.8 [m] 이상 1.5 [m] 이하의 위치에 설치하되, 그 실 등에는 가로 0.5 [m] 이상 세로 1 [m] 이상의 개구부로서 그 개구부에는 출입문을 설치하고 그 출입문 상단에 "유수검지장치실"이라고 표시한 표지를

설치할 것. 다만 유수검지장치를 기계실(공조용 기계실을 포함한다) 안에 설치하는 경우에는 별도의 실 또는 보호용 철망을 설치하지 않고 기계실 출입문 상단에 "유수검지장치실"이라고 표시한 표지를 설치할 수 있다.

(5) 스프링클러헤드에 공급되는 물은 유수검지장치를 지나도록 할 것. 다만 송수구를 통하여 공급되는 물은 그렇지 않다.

(6) 자연낙차에 따른 압력수가 흐르는 배관상에 설치된 유수검지장치는 화재 시 물의 흐름을 검지할 수 있는 최소한의 압력이 얻어질 수 있도록 수조의 하단으로부터 낙차를 두어 설치할 것

(7) 조기반응형 스프링클러헤드를 설치하는 경우에는 습식 유수검지장치 또는 부압식 스프링클러설비를 설치할 것

2 개방형 스프링클러설비의 방수구역 및 일제개방밸브

(1) 하나의 방수구역은 2개 층에 미치지 않도록 할 것
(2) 방수구역마다 일제개방밸브를 설치할 것
(3) 하나의 방수구역을 담당하는 헤드의 개수는 50개 이하로 할 것 ★
 (단, 2개 이상의 방수구역으로 나눌 경우 : 하나의 방수구역을 담당하는 헤드의 개수는 25개 이상)
(4) 일제개방밸브의 설치위치는 유수검지장치의 기준에 따르고, 표지는 "일제개방밸브실"이라고 표시할 것

05 수원

1 폐쇄형 헤드 수원량 계산공식 ★★★

(1) 수원의 양

층수	수원의 양
29층 이하	N(기준개수) × 80 [L/min] × 20 [min](= N × 1.6 [m³])
30층 이상 49층 이하	N(기준개수) × 80 [L/min] × 40 [min](= N × 3.2 [m³])
50층 이상	N(기준개수) × 80 [L/min] × 60 [min](= N × 4.8 [m³])

※ N : 스프링클러설비 설치장소별 스프링클러헤드의 기준개수[스프링클러헤드의 설치개수가 가장 많은 층(아파트의 경우에는 설치개수가 가장 많은 세대)에 설치된 스프링클러헤드의 개수가 기준개수보다 적은 경우에는 그 설치개수를 말한다]

① 방수압력 : 0.1 [MPa] 이상 1.2 [MPa] 이하
② 방수량 : 80 [L/min] 이상

(2) 설치장소별 기준개수

설치장소			기준개수
지하층을 제외한 층수가 10층 이하인 특정소방 대상물	공장	특수가연물을 저장·취급하는 것	30개
		그 밖의 것	20개
	근린생활시설· 판매시설·운수 시설 또는 복합건 축물	판매시설 또는 복합건축물(판매시설 이 설치되는 복합건축물을 말함)	30개
		그 밖의 것	20개
	그 밖의 것	헤드의 부착높이가 8 [m] 이상인 것	20개
		헤드의 부착높이가 8 [m] 미만인 것	10개
지하층을 제외한 층수가 11층 이상인 특정소방대상물(아파트 제외)· 지하가 또는 지하역사			30개
아파트등	아파트등의 각 동이 주차장으로 서로 연결되지 않은 경우		10개
	아파트등의 각 동이 주차장으로 서로 연결된 구조인 경우 해당 주차장 부분		30개
라지드롭형 스프링클러헤드를 설치한 창고시설			30개

> **선생님 TIP**
> 표에서 아파트등과 라지드롭형 스프링클러헤드를 설치한 창고시설의 경우, 공동주택의 화재안전기술기준(NFTC 608), 창고시설의 화재안전기술기준(NFTC 609)에 명시된 내용입니다. [스프링클러설비의 화재안전기술기준(NFTC 103)에는 나와 있지 않습니다]

[비고] 하나의 소방대상물이 2 이상의 "스프링클러헤드의 기준개수"란에 해당하는 때에는 기준개수가 많은 것을 기준으로 한다. 다만 각 기준개수에 해당하는 수원을 별도로 설치하는 경우에는 그렇지 않다.

※ 기준개수 : 스프링클러헤드의 설치개수가 가장 많은 층(아파트의 경우에는 설치개수가 가장 많은 세대)에 설치된 스프링클러헤드의 개수가 기준개수보다 작은 경우에는 그 설치개수를 말한다.

2 개방형 헤드 수원량 계산공식

(1) 최대 방수구역에 설치된 헤드의 개수가 30개 이하일 경우

$$Q = N \times 1.6 [m^3]$$

Q : 수원의 저수량 [m³]
N : 개방형 헤드 설치개수 [개]

(2) 최대 방수구역에 설치된 헤드의 개수가 30개 초과하는 경우
① 수리계산에 따를 것
② 헤드 1개의 방수량 $Q = K\sqrt{10P}$

Q : 헤드 방수량 [L/min]
P : 방사압력 [MPa]
K : 방출계수(표준형 : 80)

3 옥상수조

(1) 스프링클러설비의 수원은 유효수량 외에 유효수량의 1/3 이상을 옥상에 설치해야 한다.

(2) 옥상수조 설치 제외
   ① 지하층만 있는 건축물
   ② 고가수조를 가압송수장치로 설치한 경우
   ③ 수원이 건축물의 최상층에 설치된 헤드보다 높은 위치에 설치된 경우
   ④ 건축물의 높이가 지표면으로부터 10 [m] 이하인 경우
   ⑤ 가압수조를 가압송수장치로 설치한 경우
   ⑥ 주펌프와 동등 이상의 성능이 있는 별도의 펌프로서 내연기관의 기동과 연동하여 작동되거나 비상전원을 연결하여 설치한 경우

06 스프링클러설비의 구성

1 헤드

(1) 구조
   ① 감열체 : 정상상태에서는 방수구를 막고 있으나 열에 의하여 일정한 온도에 도달하면 스스로 파괴·용해되어 헤드로부터 이탈됨으로써 방수구가 열려 스프링클러헤드가 작동되도록 하는 부분(퓨지블링크형, 유리벌브형)
   ② 프레임(Frame) : 헤드의 나사부분과 반사판을 연결하는 이음쇠 부분
   ③ 반사판(Deflector) : 헤드의 방수구에서 유출되는 물을 세분시키는 작용을 하는 것

| 퓨지블링크형 헤드 | 유리벌브형 헤드 |

(2) 종류

① 감열체 유무에 따른 분류 : 폐쇄형, 개방형

② 부착방식에 따른 분류 : 상향형, 하향형, 측벽형, 반매입형, 매입형, 은폐형

③ 사용목적별 분류 : 표준형 헤드, 화재조기진압용(ESFR) 헤드, 주거형 헤드, 조기반응형 헤드, 랙형 헤드, 라지드롭형 헤드, 드라이펜던트헤드

---

1. RTI(Response Time Index 반응시간지수)

   (1) 정의

   기류의 온도·속도 및 작동시간에 대하여 스프링클러헤드의 반응시간을 예상한 지수

   $$\therefore \text{RTI} \, (m \cdot s)^{0.5} = r\sqrt{u}$$

   r : 감열체 시간상수 [s]
   u : 기류속도 [m/s]

   (2) RTI에 따른 헤드의 분류

RTI	헤드
50 이하	Quick Response(조기 반응)
50 초과 ~ 80 이하	Special Response(특수 반응)
80 초과 ~ 350 이하	Standard Response(표준 반응)

2. 조기반응형 스프링클러헤드를 설치해야 하는 장소 ★

   (1) 공동주택·노유자시설의 거실

   (2) 오피스텔·숙박시설의 침실

   (3) 병원·의원의 입원실

3. 개방형 스프링클러헤드를 설치해야 하는 장소 ★

   (1) 무대부

   (2) 연소할 우려가 있는 개구부

[암기] 공노거 오숙침 병의입

📷 **참고** 드라이펜던트헤드

동파방지를 위해 헤드의 롱니플 내에 질소가스 또는 부동액이 채워져 있고, 유로를 차단하는 플런저가 설치되어 있어 헤드가 개방되지 않으면 물이 헤드의 몸체로 들어가지 않도록 설계된 헤드

(3) 스프링클러헤드의 표시온도 및 작동시험
   ① 폐쇄형 스프링클러헤드의 표시온도 ★★★

설치장소의 최고 주위온도	표시온도
39 [℃] 미만	79 [℃] 미만
39 [℃] 이상 64 [℃] 미만	79 [℃] 이상 121 [℃] 미만
64 [℃] 이상 106 [℃] 미만	121 [℃] 이상 162 [℃] 미만
106 [℃] 이상	162 [℃] 이상

   ※ 다만 높이가 4 [m] 이상인 공장에 설치하는 스프링클러헤드는 그 설치장소의 평상시 최고 주위온도에 관계없이 표시온도 121 [℃] 이상의 것으로 할 수 있다.

   ② 폐쇄형 스프링클러헤드의 작동시험

구분	헤드가 작동하는 온도 범위
퓨지블링크형	헤드의 표시온도의 97 ~ 103 [%] ★
유리벌브형	헤드의 표시온도의 95 ~ 115 [%]

   * 소화설비용 헤드의 성능인증 및 제품검사의 기술기준 제44조(작동시험)

(4) 헤드의 배치
   ① 설치장소별 수평거리 ★★★

설치장소	수평거리(R)
• 특수가연물을 저장 또는 취급하는 장소 • 무대부	1.7 [m] 이하
• 기타구조 • 라지드롭형 스프링클러헤드를 설치하는 창고 　(단, ① 특수가연물을 저장 또는 취급하는 창고 : 1.7 [m] 이하 ② 내화구조로 된 창고 : 2.3 [m] 이하)	2.1 [m] 이하
• 내화구조	2.3 [m] 이하
• 아파트등의 세대 내	2.6 [m] 이하

   [참고] 공동주택의 화재안전성능기준(NFPC 608)·화재안전기술기준(NFTC 608), 창고시설의 화재안전성능기준(NFPC 609)·화재안전기술기준(NFTC 609)이 2024.1.1.에 시행

암기 ▶ 특수 무기 창 내아

② 헤드를 정방형 배치 시 헤드 상호 간 거리 ★★★

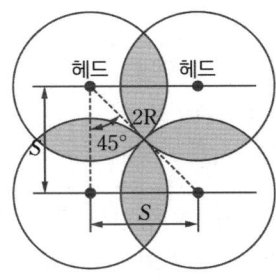

$S = 2R\cos 45°$

S : 헤드 상호 간 거리 [m]
R : 수평거리 [m]

[정방형(정사각형) 배치]

(5) 스프링클러헤드의 설치기준
① 살수가 방해되지 아니하도록 스프링클러헤드로부터 반경 60 [cm] 이상의 공간을 보유할 것. 다만 벽과 스프링클러헤드 간의 공간은 10 [cm] 이상으로 한다.
② 스프링클러헤드와 그 부착면(상향식 헤드의 경우에는 그 헤드의 직상부의 천장·반자 또는 이와 비슷한 것을 말한다. 이하 같다)과의 거리는 30 [cm] 이하로 할 것
③ 배관·행거 및 조명기구 등 살수를 방해하는 것이 있는 경우에는 그로부터 아래에 설치하여 살수에 장애가 없도록 할 것. 다만 스프링클러헤드와 장애물과의 이격거리를 장애물 폭의 3배 이상 확보한 경우에는 그렇지 않다.
④ 스프링클러헤드의 반사판은 그 부착 면과 평행하게 설치할 것. 다만 측벽형 헤드 또는 연소할 우려가 있는 개구부에 설치하는 스프링클러헤드의 경우에는 그렇지 않다.

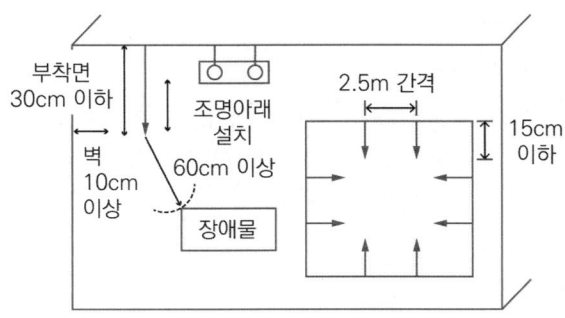

⑤ 연소할 우려가 있는 개구부에는 그 상하좌우에 2.5 [m] 간격으로(개구부의 폭이 2.5 [m] 이하인 경우에는 그 중앙에) 스프링클러헤드를 설치하되, 스프링클러헤드와 개구부의 내측 면으로부터 직선거리는 15 [cm] 이하가 되도록 할 것. 이 경우

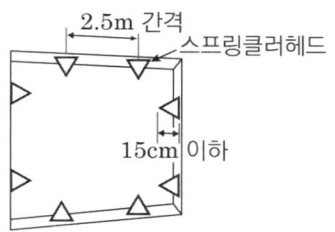

[연소할 우려가 있는 개구부]

사람이 상시 출입하는 개구부로서 통행에 지장이 있는 때에는 개구부의 상부 또는 측면(개구부의 폭이 9 [m] 이하인 경우에 한한다)에 설치하되, 헤드 상호 간의 간격은 1.2 [m] 이하로 설치해야 한다.

⑥ 습식 스프링클러설비 및 부압식 스프링클러설비 외의 설비에는 상향식 스프링클러헤드를 설치할 것

[습식 및 부압식 스프링클러설비 외의 설비에 하향식 스프링클러헤드로 설치 가능한 경우] ★
① 드라이펜던트스프링클러헤드를 사용하는 경우
② 스프링클러헤드의 설치장소가 동파의 우려가 없는 곳인 경우
③ 개방형 스프링클러헤드를 사용하는 경우

선생님 TIP
습식 및 부압식 스프링클러설비 외의 설비에 하향식 스프링클러헤드로 설치 가능한 경우는 실기시험에서 3가지 모두 기술하라고 출제된 바 있습니다. 확실히 암기합시다!

⑦ 측벽형 스프링클러헤드를 설치하는 경우 긴 변의 한쪽 벽에 일렬로 설치(폭이 4.5 [m] 이상 9 [m] 이하인 실에 있어서는 긴 변의 양쪽에 각각 일렬로 설치하되 마주보는 스프링클러헤드가 나란히꼴이 되도록 설치)하고 3.6 [m] 이내마다 설치할 것

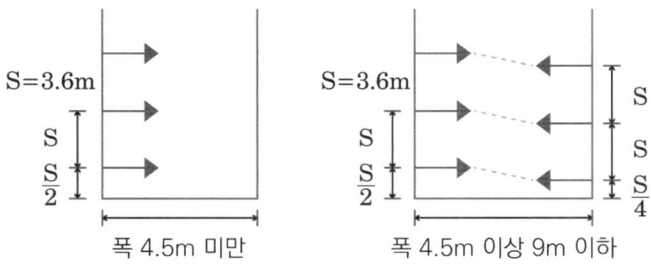

[측벽형 헤드 설치기준]

⑧ 상부에 설치된 헤드의 방출수에 따라 감열부에 영향을 받을 우려가 있는 헤드에는 방출수를 차단할 수 있는 유효한 차폐판을 설치할 것

(6) 헤드의 설치 제외

스프링클러설비를 설치해야 할 특정소방대상물에 있어서 다음의 어느 하나에 해당하는 장소에는 스프링클러헤드를 설치하지 않을 수 있다.

① 계단실(특별피난계단의 부속실을 포함한다)·경사로·승강기의 승강로·비상용 승강기의 승강장·파이프덕트 및 덕트피트(파이프·덕트를 통과시키기 위한 구획된 구멍에 한한다)·목욕실·수영장(관람석 부분을 제외한다)·화장실·직접 외기에 개방되어 있는 복도·기타 이와 유사한 장소

② 통신기실·전자기기실·기타 이와 유사한 장소

③ 발전실·변전실·변압기실·기타 이와 유사한 전기설비가 설치되어 있는 장소

④ 병원의 수술실·응급처치실·기타 이와 유사한 장소

⑤ 펌프실·물탱크실 엘리베이터 권상기실 그 밖의 이와 비슷한 장소

⑥ 현관 또는 로비 등으로서 바닥으로부터 높이가 20 [m] 이상인 장소

⑦ 영하의 냉장창고의 냉장실 또는 냉동창고의 냉동실

⑧ 고온의 노가 설치된 장소 또는 물과 격렬하게 반응하는 물품의 저장 또는 취급장소

⑨ 불연재료로 된 특정소방대상물 또는 그 부분으로서 다음의 어느 하나에 해당하는 장소

  가) 정수장·오물처리장 그 밖의 이와 비슷한 장소

  나) 펄프공장의 작업장·음료수공장의 세정 또는 충전하는 작업장 그 밖의 이와 비슷한 장소

  다) 불연성의 금속·석재 등의 가공공장으로서 가연성 물질을 저장 또는 취급하지 않는 장소

  라) 가연성 물질이 존재하지 않는 방풍실

⑩ 실내에 설치된 테니스장·게이트볼장·정구장 또는 이와 비슷한 장소로서 실내 바닥·벽·천장이 불연재료 또는 준불연재료로 구성되어 있고 가연물이 존재하지 않는 장소로서 관람석이 없는 운동시설(지하층은 제외)

⑪ 천장과 반자 양쪽이 불연재료로 되어 있는 경우로서 그 사이의 거리 및 구조가 다음의 어느 하나에 해당하는 부분

  가) 천장과 반자 사이의 거리가 2 [m] 미만인 부분

  나) 천장과 반자 사이의 벽이 불연재료이고 천장과 반자 사이의 거리가 2 [m] 이상으로서 그 사이에 가연물이 존재하지 않는 부분

⑫ 천장·반자 중 한쪽이 불연재료로 되어 있고 천장과 반자 사이의 거리가 1 [m] 미만인 부분

⑬ 천장 및 반자가 불연재료 외의 것으로 되어 있고 천장과 반자 사이의 거리가 0.5 [m] 미만인 부분

2 배관

(1) 사용압력에 따른 배관의 종류

사용 압력	배관의 종류
1.2 [MPa] 미만	• 배관용 탄소강관(KS D 3507) • 이음매 없는 구리 및 구리합금관(KS D5301) (단, 습식의 배관에 한함) • 배관용 스테인리스강관(KS D 3576) 또는 일반배관용 스테인리스강관(KS D 3595) • 덕타일 주철관(KS D 4311)
1.2 [MPa] 이상	• 압력 배관용 탄소강관(KS D 3562) • 배관용 아크 용접 탄소강강관(KS D 3583)

참고 소방용 합성수지배관으로 설치할 수 있는 경우
(1) 배관을 지하에 매설하는 경우
(2) 다른 부분과 내화구조로 구획된 덕트 또는 피트의 내부에 설치하는 경우
(3) 천장과 반자를 불연재료 또는 준불연재료로 설치하고, 소화배관 내부에 항상 소화수가 채워진 상태로 설치하는 경우

(2) 스프링클러설비 배관의 구분

① 급수배관 : 수원, 송수구 등으로부터 소화설비에 급수하는 배관

② 주배관 : 가압송수장치 또는 송수구 등과 직접 연결되어 소화수를 이송하는 주된 배관

③ 수평주행배관 : 교차배관으로 물을 공급하는 배관

④ 교차배관 : 가지배관에 급수하는 배관

⑤ 가지배관 : 헤드가 설치되어 있는 배관

⑥ 수직배수배관 : 유수검지장치 또는 일제개방밸브가 설치된 층마다 물을 배수하는 수직배관

⑦ 신축배관 : 가지배관과 스프링클러헤드를 연결하는 구부림이 용이하고 유연성을 가진 배관

> **선생님 TIP**
> 소방용 합성수지배관으로 설치할 수 있는 경우는 시험에 빈출된 내용이므로 별색 표기된 내용을 반드시 암기합시다.

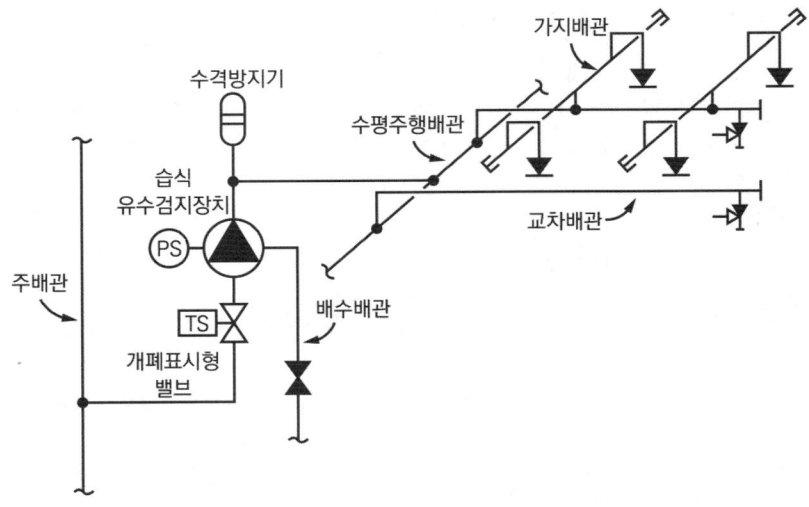

(3) 급수배관 설치기준 ★★★

① 전용으로 할 것. 다만 스프링클러설비의 기동장치의 조작과 동시에 다른 설비의 용도에 사용하는 배관의 송수를 차단할 수 있거나, 스프링클러설비의 성능에 지장이 없는 경우에는 다른 설비와 겸용할 수 있다.

② 급수배관에 설치되어 급수를 차단할 수 있는 개폐밸브는 개폐표시형으로 할 것. 이 경우 펌프의 흡입 측 배관에는 버터플라이밸브 외의 개폐표시형 밸브를 설치해야 한다.

③ 배관의 구경은 수리계산에 의하거나 다음 표의 기준에 따라 설치할 것. 다만 수리계산에 따르는 경우 가지배관의 유속은 6 [m/s], 그 밖의 배관의 유속은 10 [m/s]를 초과할 수 없다.

선생님 TIP
수리계산에 따르는 경우 가지배관의 유속과 그 밖의 배관의 유속 조건은 계산문제에 자주 출제되므로 필수적으로 암기합시다.

[스프링클러헤드 수별 급수관의 구경]

(단위 : mm)

급수관의 구경 구분	25	32	40	50	65	80	90	100	125	150
가	2	3	5	10	30	60	80	100	160	161 이상
나	2	4	7	15	30	60	65	100	160	161 이상
다	1	2	5	8	15	27	40	55	90	91 이상

[비고]

1. 폐쇄형 스프링클러헤드를 사용하는 설비의 경우로서 1개 층에 하나의 급수배관(또는 밸브 등)이 담당하는 구역의 최대면적은 3000 [m²]를 초과하지 않을 것

2. 폐쇄형 스프링클러헤드를 설치하는 경우에는 "가"란의 헤드수에 따를 것. 다만 100개 이상의 헤드를 담당하는 급수배관(또는 밸브)의 구경을 100[mm]로 할 경우에는 수리계산을 통하여 기준에서 규정한 배관의 유속에 적합하도록 할 것
3. 폐쇄형 스프링클러헤드를 설치하고 반자 아래의 헤드와 반자 속의 헤드를 동일 급수관의 가지관상에 병설하는 경우에는 "나"란의 헤드수에 따를 것
4. 무대부나 특수가연물을 저장 또는 취급하는 장소에 폐쇄형 스프링클러헤드를 설치하는 설비의 배관구경은 "다"란에 따를 것
5. 개방형 스프링클러헤드를 설치하는 경우 하나의 방수구역이 담당하는 헤드의 개수가 30개 이하일 때는 "다"란의 헤드수에 의하고, 30개를 초과할 때는 수리계산방법에 따를 것

(4) 펌프의 흡입 측 배관 설치기준
① 공기 고임이 생기지 않는 구조로 하고 여과장치를 설치할 것
② 수조가 펌프보다 낮게 설치된 경우에는 각 펌프(충압펌프를 포함한다)마다 수조로부터 별도로 설치할 것

(5) 펌프의 성능시험배관은 다음의 기준에 적합하도록 설치해야 한다. ★★★
① 성능시험배관은 펌프의 토출 측에 설치된 개폐밸브 이전에서 분기하여 직선으로 설치하고, 유량측정장치를 기준으로 전단 직관부에는 개폐밸브를 후단 직관부에는 유량조절밸브를 설치할 것. 이 경우 개폐밸브와 유량측정장치 사이의 직관부 거리 및 유량측정장치와 유량조절밸브 사이의 직관부 거리는 해당 <u>유량측정장치 제조사의 설치사양</u>에 따르고, 성능시험배관의 호칭지름은 <u>유량측정장치의 호칭지름</u>에 따른다.
② 유량측정장치는 펌프의 정격토출량의 175 [%] 이상 측정할 수 있는 성능이 있을 것

(6) 가압송수장치의 체절운전 시 수온의 상승을 방지하기 위하여 체크밸브와 펌프 사이에서 분기한 구경 20 [mm] 이상의 배관에 체절압력 미만에서 개방되는 릴리프밸브를 설치해야 한다. ★

(7) 배관은 동결방지조치를 하거나 동결의 우려가 없는 장소에 설치해야 한다.

(8) 가지배관의 배열기준
① 토너먼트(Tournament) 배관방식이 아닐 것
② 교차배관에서 분기되는 지점을 기점으로 한쪽 가지배관에 설치되는 헤드의 개수는 8개 이하로 할 것

③ 가지배관과 헤드 사이의 배관을 신축배관으로 하는 신축배관의 설치길이는 스프링클러헤드까지의 수평거리기준을 초과하지 않아야 한다.

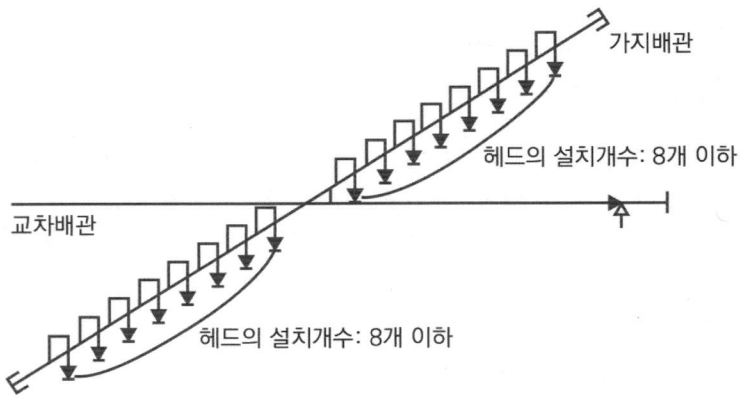

[가지배관에 설치하는 헤드 수]

(9) 교차배관의 위치·청소구 및 가지배관의 헤드 설치기준
① 교차배관은 가지배관과 수평으로 설치하거나 또는 가지배관 밑에 설치하고, 최소구경이 40 [mm] 이상이 되도록 할 것 ★★★
② 청소구는 교차배관 끝에 40 [mm] 이상 크기의 개폐밸브를 설치하고, 호스접결이 가능한 나사식 또는 고정배수 배관식으로 할 것. 이 경우 나사식의 개폐밸브는 옥내소화전 호스접결용의 것으로 하고, 나사보호용의 캡으로 마감해야 한다.
③ 하향식 헤드를 설치하는 경우에 가지배관으로부터 헤드에 이르는 헤드접속배관은 가지배관 상부에서 분기할 것. 다만 소화설비용 수원의 수질이 「먹는물관리법」 제5조에 따라 먹는물의 수질기준에 적합하고 덮개가 있는 저수조로부터 물을 공급받는 경우에는 가지배관의 측면 또는 하부에서 분기할 수 있다.

교차배관은 가지배관과 수평으로 설치하거나 또는 가지배관 밑에 설치하고, 최소구경이 25 [mm] 이상이 되도록 할 것
    ✗ 최소구경이 40 [mm] 이상

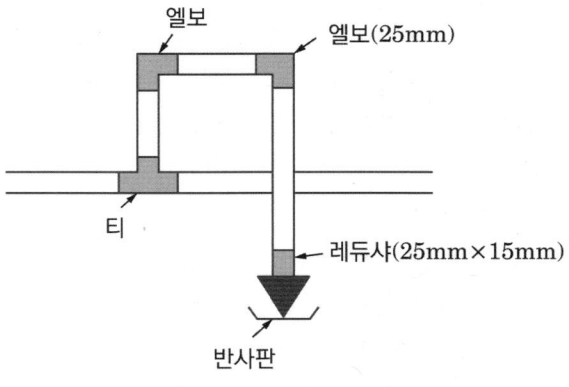

[스프링클러헤드의 분기]

⑩ 배관에 설치되는 행거 설치기준
① 가지배관에는 헤드의 설치지점 사이마다 1개 이상의 행거를 설치하되, 헤드 간의 거리가 3.5 [m]를 초과하는 경우에는 3.5 [m] 이내마다 1개 이상 설치할 것. 이 경우 상향식 헤드와 행거 사이에는 8 [cm] 이상의 간격을 두어야 한다.

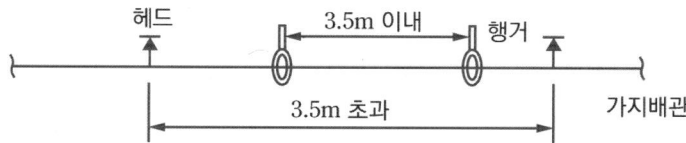

[헤드 간의 거리가 3.5 [m]를 초과하는 경우]

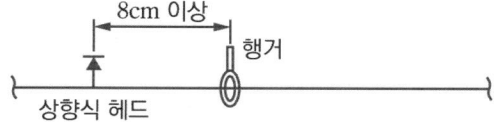

[헤드와 행거 사이의 거리]

② 교차배관에는 가지배관과 가지배관 사이마다 1개 이상의 행거를 설치하되, 가지배관 사이의 거리가 4.5 [m]를 초과하는 경우에는 4.5 [m] 이내마다 1개 이상 설치할 것

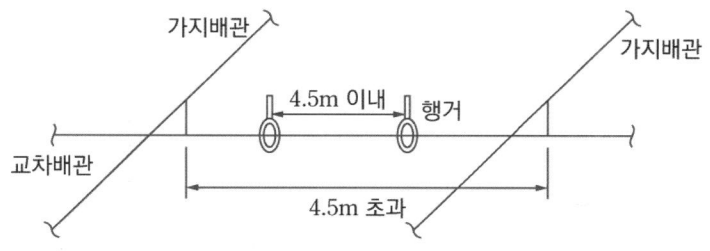

[가지배관 사이가 4.5 [m]를 초과한 경우]

③ 수평주행배관에는 4.5 [m] 이내마다 1개 이상 설치할 것
⑪ 수직배수배관의 구경은 50 [mm] 이상으로 해야 한다. 다만 수직배관의 구경이 50 [mm] 미만인 경우에는 수직배관과 동일한 구경으로 할 수 있다.
⑫ 급수배관에 설치되어 급수를 차단할 수 있는 개폐밸브에는 그 밸브의 개폐상태를 감시제어반에서 확인할 수 있도록 급수개폐밸브 작동표시 스위치를 다음의 기준에 따라 설치해야 한다.
① 급수개폐밸브가 잠길 경우 탬퍼스위치의 동작으로 인하여 감시제어반 또는 수신기에 표시되어야 하며 경보음을 발할 것
② 탬퍼스위치는 감시제어반 또는 수신기에서 동작의 유무확인과 동작시험, 도통시험을 할 수 있을 것

TIP ▶ 스프링클러설비 배관의 구경기준 ★★★

교차배관	40 [mm] 이상
수직배수배관	50 [mm] 이상

③ 급수개폐밸브의 작동표시스위치에 사용되는 전기배선은 내화전선 또는 내열전선으로 설치할 것

⑬ 스프링클러설비배관의 배수를 위한 기울기
① 습식 스프링클러설비 또는 부압식 스프링클러설비의 배관을 수평으로 할 것
② 습식 스프링클러설비 또는 부압식 스프링클러설비 외의 설비에는 헤드를 향하여 상향으로 수평주행배관의 기울기를 $\frac{1}{500}$ 이상, 가지배관의 기울기를 $\frac{1}{250}$ 이상으로 할 것

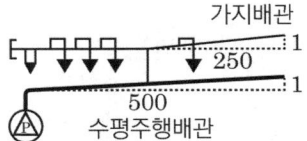

3 시험장치

(1) 시험배관의 설치목적
① 유수검지장치의 기능(성능) 확인
② 펌프의 자동기동 확인
③ 음향경보장치의 작동 확인
④ 제어반의 화재표시등 및 밸브개방표시등 점등 확인

(2) 습식 유수검지장치 또는 건식 유수검지장치를 사용하는 스프링클러설비와 부압식 스프링클러설비에는 동장치를 시험할 수 있는 시험 장치를 다음의 기준에 따라 설치해야 한다. ★★★
① 습식 스프링클러설비 및 부압식 스프링클러설비에 있어서는 유수검지장치 2차 측 배관에 연결하여 설치하고 건식 스프링클러설비인 경우 유수검지장치에서 가장 먼 거리에 위치한 가지배관의 끝으로부터 연결하여 설치할 것. 유수검지장치 2차 측 설비의 내용적이 2840 [L]를 초과하는 건식 스프링클러설비의 경우 시험장치 개폐밸브를 완전 개방 후 1분 이내에 물이 방사되어야 한다.
② 시험장치 배관의 구경은 25 [mm] 이상으로 하고, 그 끝에 개폐밸브 및 개방형 헤드 또는 스프링클러헤드와 동등한 방수성능을 가진 오리피스를 설치할 것. 이 경우 개방형 헤드는 반사판 및 프레임을 제거한 오리피스만으로 설치할 수 있다.

습식 스프링클러설비 및 부압식 스프링클러설비에 있어서는 유수검지장치에서 가장 먼 거리에 위치한 가지배관의 끝으로부터 연결하여 설치할 것
[X] 유수검지장치 2차 측 배관에 연결하여 설치할 것

③ 시험배관의 끝에는 물받이 통 및 배수관을 설치하여 시험 중 방사된 물이 바닥에 흘러내리지 아니하도록 할 것. 다만 목욕실·화장실 또는 그 밖의 곳으로서 배수처리가 쉬운 장소에 시험배관을 설치한 경우에는 그렇지 않다.

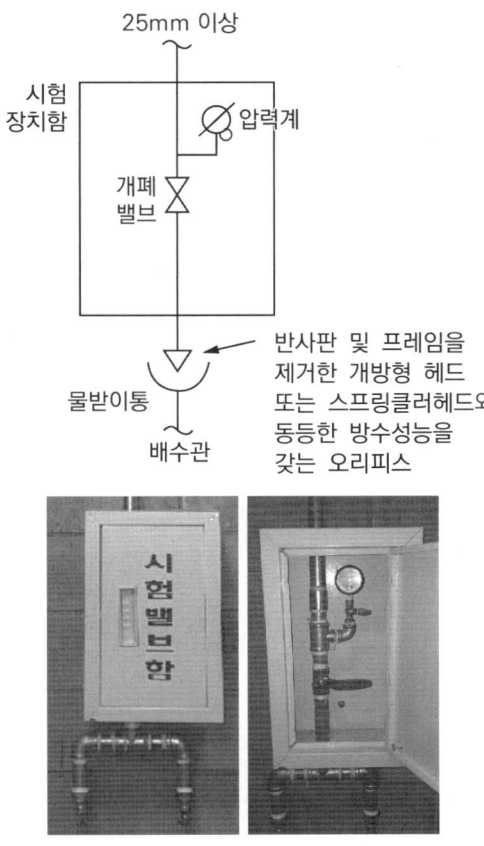

[시험장치]

CHAPTER 04 연습문제

01
배점 4

지하 1층, 지상 9층의 백화점 건물에 스프링클러를 설계하려고 한다. 다음 [조건]을 참고하여 각 물음에 답하시오.

조건
(1) 각 층에 설치하는 스프링클러헤드 수는 각각 80개이다.
(2) 펌프의 흡입 측 배관에 설치된 연성계는 350 [mmHg]를 나타내고 있다.
(3) 펌프는 지하에 설치되어 있고, 펌프로부터 최상층 헤드까지의 수직높이는 45 [m]이다.
(4) 배관 및 관 부속의 마찰손실수두는 펌프로부터 자연낙차의 20 [%]이다.
(5) 펌프 효율은 68 [%] 전달계수는 1.1이다.
(6) 체절압력 조건은 화재안전기술기준의 최대조건을 적용한다.

가. 펌프의 체절압력[MPa]
　○ 계산과정 :　　　　　　　　　○ 답 :

나. 펌프의 축동력[kW]
　○ 계산과정 :　　　　　　　　　○ 답 :

정답

가. 계산과정

흡입 측 양정 = $350[\text{mmHg}] \times \dfrac{10.332[\text{m}]}{760[\text{mmHg}]} = 4.76[\text{m}]$

H = 흡입 측 양정 + 토출 측 실양정 + 마찰손실 + 10
　= 4.76 + 45 + (45 × 0.2) + 10 = 68.76 [m]

체절압력 = 정격토출압력의 140 [%]에 해당
　　　　= 68.76 [m] × 1.4 = 96.26 [m] = 0.96 [MPa]

답 | 0.96 [MPa]

나. 계산과정

펌프 정격토출량 $Q[\text{L/min}]$ = N(기준개수) × 80 [L/min]
　　　　　　　　　　　= 30 [개] × 80 [L/min] = 2400 [L/min]

$$P[kW] = \dfrac{\gamma QH}{\eta} = \dfrac{9.8[kN/m^3] \times \dfrac{2400}{1000 \times 60}[m^3/s] \times 68.76[m]}{0.68} = 39.64[kW]$$

답 | 39.64 [kW]

02

| 득점 | 배점 8 |

스프링클러설비의 배관의 안지름을 수리계산에 의하여 선정하고자 한다. 그림에서 B - C구간의 유량을 165 [L/min], E - F구간의 유량을 330 [L/min]이라고 가정할 때 다음을 구하시오. (단, 화재안전기술기준에서 정하는 유속기준을 만족하도록 해야 한다)

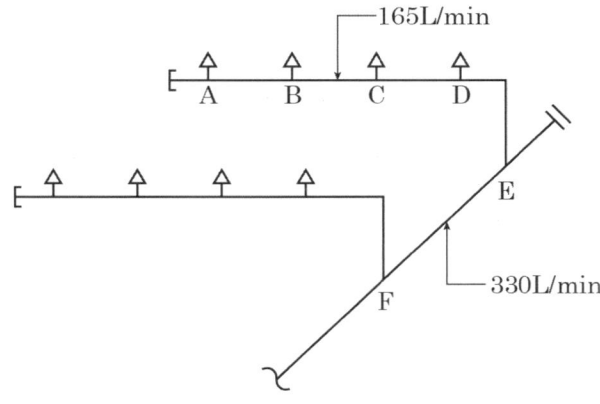

가. B - C 내경[mm] (가지배관)
  ○ 계산과정 :   ○ 답 :

나. E - F 내경[mm] (교차배관)
  ○ 계산과정 :   ○ 답 :

정답

가. 계산과정 : $Q = 165[L/\min] = \dfrac{0.165}{60}[m^3/s]$

$D = \sqrt{\dfrac{4Q}{\pi V}} = \sqrt{\dfrac{4 \times \dfrac{0.165}{60}[m^3/s]}{\pi \times 6[m/s]}} = 0.02416[m] = 24.16[mm]$ **답 | 24.16 [mm]**

나. 계산과정 : $Q = 330[L/\min] = \dfrac{0.33}{60}[m^3/s]$

$D = \sqrt{\dfrac{4Q}{\pi V}} = \sqrt{\dfrac{4 \times \dfrac{0.33}{60}[m^3/s]}{\pi \times 10[m/s]}} = 0.02646[m] = 26.46[mm]$

교차배관은 최소구경이 40 [mm] 이상이 되도록 할 것 → 따라서 답은 40 [mm]

답 | 40 [mm]

[주의] 수리계산에 따르는 경우 가지배관의 유속은 6 [m/s], 그 밖의 배관의 유속은 10 [m/s]를 초과할 수 없다.

03 배점 8

지하 2층, 지상 11층의 사무소 건물에 스프링클러설비를 설계하려고 한다. 스프링클러설비의 화재안전기술기준을 이용하여 다음 물음에 답하시오.

조건
(1) 건축물은 내화구조이다.
(2) 펌프의 풋밸브로부터 최상층 스프링클러헤드까지의 실양정은 48 [m]이다.
(3) 펌프가 소요 최소정격용량으로 작동할 때 최상층의 시스템까지 유수에 의하여 일어나는 배관 내 마찰손실수두는 12 [m]이다.
(4) 펌프의 효율은 65 [%], 물의 비중량은 9800 [N/m³], 동력전달계수는 1.1이다.
(5) 모든 규격치는 최소량을 적용한다.

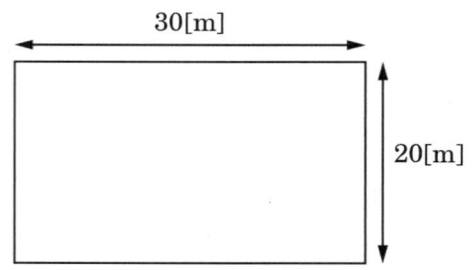

가. 그림과 같이 내화구조인 건축물에 스프링클러헤드를 정방형으로 배치하려고 한다. 지상층의 헤드 개수를 산정하시오.
  ○ 계산과정 :
  ○ 답 :

나. 소화수 공급배관인 입상배관의 구경은 몇 [mm] 이상으로 하여야 하는가? (단, 호칭경[mm]으로 답하고 유속은 4 [m/s] 이하가 되도록 적용할 것)
  ○ 계산과정 :
  ○ 답 :

다. 펌프의 전양정[m]은 얼마인가?
  ○ 계산과정 :
  ○ 답 :

라. 펌프의 운전에 필요한 전동기의 최소동력은 몇 [kW] 이상인가?
  ○ 계산과정 :
  ○ 답 :

정답

가. 계산과정

설치장소별 수평거리 R

설치장소	수평거리(R)
• 특수가연물을 저장 또는 취급하는 장소 • 무대부	1.7 [m] 이하
• 기타구조 • 라지드롭형 스프링클러헤드를 설치하는 창고 　(단, ① 특수가연물을 저장 또는 취급하는 창고 : 1.7 [m] 이하 　　② 내화구조로 된 창고 : 2.3 [m] 이하)	2.1 [m] 이하
• 내화구조	2.3 [m] 이하
• 아파트등의 세대 내	2.6 [m] 이하

암기 ▶ 특수 무기 창 내아

R(수평거리) = 2.3 [m]

S(헤드 간 거리) = 2Rcosθ = 2 × 2.3 × cos45° = 3.25 [m]

① 가로변에 설치할 헤드 수 : $\dfrac{30}{3.25} = 9.23 ≒ 10$ [개]

② 세로변에 설치할 헤드 수 : $\dfrac{20}{3.25} = 6.15 ≒ 7$ [개]

한 개 층에 설치하는 헤드는 70개이므로 총 헤드 수는

70개 × 11층(지상층) = 770 [개]

답 | 770 [개]

나. 계산과정 : 층수가 11층 이상인 특정소방대상물의 기준개수는 30 [개]

$Q = 30개 \times 80[L/min] = 2400[L/min]$

$D = \sqrt{\dfrac{4Q}{\pi V}} = \sqrt{\dfrac{4 \times \dfrac{2.4}{60}[m^3/s]}{\pi \times 4[m/s]}} = 0.11284[m] = 112.84[mm] \rightarrow 125[mm]$

답 | 125 [mm]

다. 계산과정 : $H = h_1 + h_2 + 10m = 48 + 12 + 10 = 70[m]$

답 | 70 [m]

라. 계산과정 : $P[kW] = \dfrac{\gamma Q H}{\eta} \times K \ \ (\gamma_w = 9.8[kN/m^3])$

$P[kW] = \dfrac{9.8[kN/m^3] \times \dfrac{2.4}{60}[m^3/s] \times 70[m]}{0.65} \times 1.1 = 46.44[kW]$

답 | 46.44 [kW]

04

7층 건물의 전층에 스프링클러설비를 설치하고자 한다. 주어진 [조건]을 이용하여 화재안전기술기준에서 규정한 방수압력과 방수량을 만족할 수 있도록 다음 각 물음에 답하시오.

조건

(1) 펌프로부터 가장 멀리 떨어진 스프링클러헤드까지의 배관 길이는 70 [m]이다.
(2) 펌프는 전동기와 직결시켜 설치하며, 동력의 전달계수는 1.1이다.
(3) 펌프의 운전 효율은 60 [%]이다.
(4) 배관의 마찰손실수두의 합계는 직관장의 30 [%]에 해당하는 수치와 동일한 값으로 가정한다.
(5) 펌프의 실양정은 25 [m]이다.
(6) 분당 토출량 선정은 헤드가 10개 동시에 개방된 것으로 하여 선정한다.

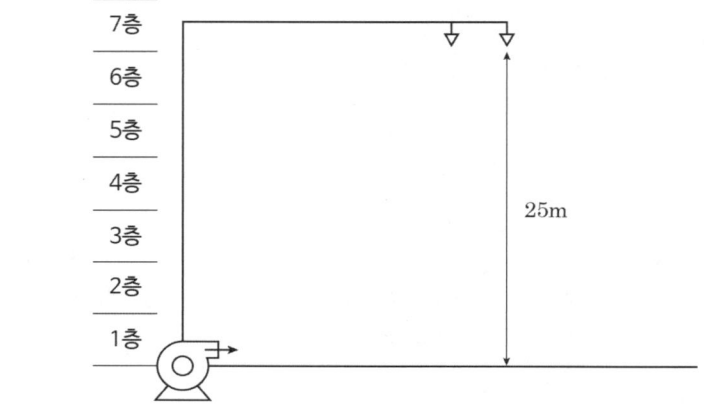

선생님 TIP
조건 '(6) 분당 토출량 선정은 헤드가 10개 동시에 개방된 것으로 하여 선정한다'는 기준개수를 10개로 풀이하라는 의미입니다.

가. 펌프의 최소 토출량[L/min]은?
  ○ 계산과정 :
  ○ 답 :

나. 펌프의 전양정[m]은?
  ○ 계산과정 :
  ○ 답 :

다. 펌프모터의 동력[kW]은?
  ○ 계산과정 :
  ○ 답 :

정답

가. 계산과정

$Q = 10[개] \times 80[L/min] = 800[L/min]$

답 | 800 [L/min]

나. 계산과정

① h_1(실양정) = 25 [m]

② h_2(마찰손실) = 70 × 0.3 = 21 [m]

∴ $H = h_1 + h_2 + 10m = 25 + 21 + 10 = 56$ [m]

답 | 56 [m]

다. 계산과정 : $P[kW] = \dfrac{\gamma QH}{\eta} \times K \ (\gamma_w = 9.8[kN/m^3])$

$P[kW] = \dfrac{9.8[kN/m^3] \times \dfrac{0.8}{60}[m^3/s] \times 56[m]}{0.6} \times 1.1 = 13.42[kW]$

답 | 13.42 [kW]

05

배점 6

그림은 내화구조로 된 15층 건물의 1층 평면도이다. 이 건물 2층에 폐쇄형 스프링클러헤드를 정방형으로 설치하고자 한다. 스프링클러헤드의 최소 소요수를 계산하고 배치도를 작성하시오. (단, 헤드 배치 시에는 헤드 배치의 위치를 치수로서 표시해야 한다)

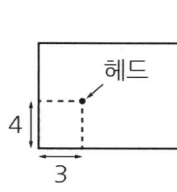
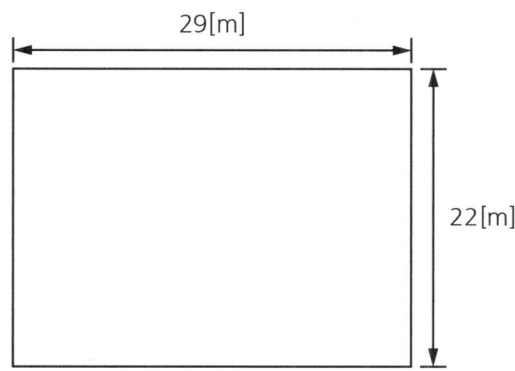

○ 계산과정 :

○ 답 :

> [암기] 특수 무기 창 내아

정답

☑ 계산과정

설치장소별 수평거리 R

설치장소	수평거리(R)
• 특수가연물을 저장 또는 취급하는 장소 • 무대부	1.7 [m] 이하
• 기타구조 • 라지드롭형 스프링클러헤드를 설치하는 창고 　(단, ① 특수가연물을 저장 또는 취급하는 창고 : 1.7 [m] 이하 　　　② 내화구조로 된 창고 : 2.3 [m] 이하)	2.1 [m] 이하
• 내화구조	2.3 [m] 이하
• 아파트등의 세대 내	2.6 [m] 이하

R(수평거리) = 2.3 [m]

S(헤드 간 거리) = 2Rcosθ = 2 × 2.3 × cos45° = 3.25 [m]

① 가로변에 설치할 헤드 개수 : $\dfrac{29[m]}{3.25[m/개]} = 8.92[개] ≒ 9[개]$

② 세로변에 설치할 헤드 개수 : $\dfrac{22[m]}{3.25[m/개]} = 6.77[개] ≒ 7[개]$

∴ 총 설치할 헤드 개수 : 9[개] × 7[개] = 63[개]

답 | 63 [개]

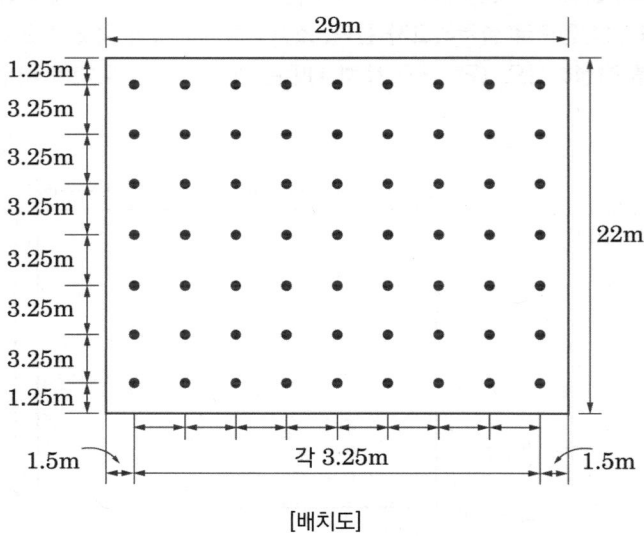

[배치도]

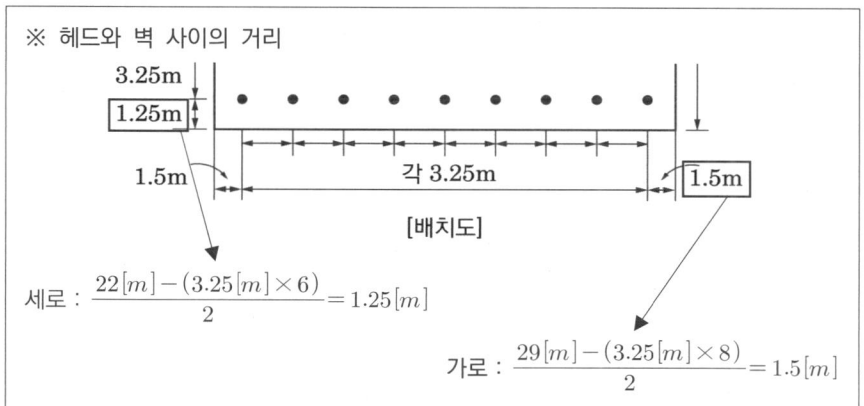

06

배점 8

지하 1층, 지상 10층의 판매시설인 복합건축물에 화재안전기술기준에 따라 아래 조건과 같이 스프링클러설비와 옥내소화전설비를 설계하려고 한다. 다음 각 물음에 답하시오.

조건
(1) 펌프로부터 최상층 스프링클러헤드까지 수직거리는 45 [m]이다.
(2) 배관의 마찰손실수두는 펌프 토출 측 실양정의 32 [%]로 한다.
(3) 펌프의 흡입 측 배관에 설치된 연성계는 325 [mmHg]를 지시하고 있다.
(4) 건물층의 높이는 8 [m]이다.
(5) 모든 규격치는 최소량을 적용한다.
(6) 옥내소화전은 층당 1개가 설치되어 있다.
(7) 펌프는 체적효율 80 [%], 기계효율 95 [%], 수력효율 90 [%]이다.
(8) 최고위의 스프링클러설비헤드의 방사압은 0.2 [MPa]이다.
(9) 펌프의 전달계수 K = 1.1이다.
(10) 각 소화설비가 설치된 부분이 방화벽과 방화문으로 구획되어 있지 않다.

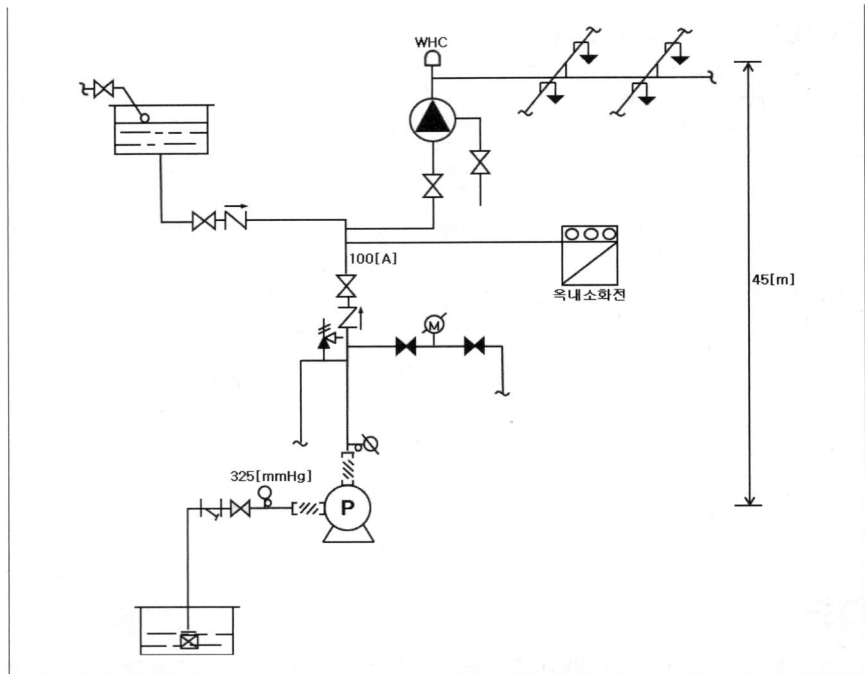

가. 펌프의 전양정[m]을 산출하시오.
  ○ 계산과정 :
  ○ 답 :

나. 이 설비의 최소 수원의 양[m³]을 구하시오. (단, 옥상수조를 제외하고 산정한다)
  ○ 계산과정 :
  ○ 답 :

다. 펌프의 전효율[%]을 산출하시오.
  ○ 계산과정 :
  ○ 답 :

라. 펌프의 동력[kW]을 산출하시오.
  ○ 계산과정 :
  ○ 답 :

정답

가. 계산과정

(※ 겸용 시 전양정은 각 소화설비에 필요한 양정 중 최댓값으로 산정한다)

1) 스프링클러설비 전양정

① 흡입양정 $325[mmHg] \times \dfrac{10.332[mAq]}{760[mmHg]} = 4.42[mAq]$

② 토출 측 배관의 마찰손실수두 $45 \times 0.32 = 14.4$ [m]

따라서 H = 흡입양정 + 토출 측 실양정 + 토출 측 배관마찰손실수두
 + 방사압 환산수두
 = 4.42 + 45 + 14.4 + 20 = 83.82 [m]

2) 옥내소화전 전양정

H = 흡입양정 + 토출 측 실양정 + 토출 측 배관마찰손실수두 + 방사압 환산수두
 = 4.42 + 45 + 14.4 + 17 = 80.82 [m]

3) 펌프의 전양정

펌프 겸용 시 전양정은 최댓값으로 산정하므로

∴ 전양정 = 83.82 [m]

답 | 83.82 [m]

나. 계산과정

(※ 겸용 시 최소 수원의 양은 각 소화설비에 필요한 저수량을 합한 양으로 산정한다)

1) 스프링클러설비 수원량 : 30 [개] × 1.6 [m³] = 48 [m³]
2) 옥내소화전 수원량 : 1 [개] × 2.6 [m³] = 2.6 [m³]
3) 최소 수원의 양

수원은 겸용 시 합산한 값으로 산정하므로

∴ 수원의 양 = 2.6 + 48 = 50.6 [m³]

답 | 50.6 [m³]

다. 계산과정

$\eta = 0.8 \times 0.95 \times 0.9 = 0.684 \times 100 = 68.4$ [%]

답 | 68.4 [%]

라. 계산과정

Q = 옥내소화전 토출량 + 스프링클러설비 토출량
 = (1 × 130) + (30 × 80) = 2530 [L/min]

$P[kW] = \dfrac{9.8[kN/m^3] \times \dfrac{2.53}{60}[m^3/s] \times 83.82[m]}{0.684} \times 1.1 = 55.70$ [kW]

답 | 55.70 [kW]

TIP 옥내소화전에 대한 실양정, 마찰손실 등이 주어지지 않았으므로 스프링클러설비와 동일하게 적용한다.

> **참고** 옥내소화전설비의 화재안전기술기준(NFTC 102)
>
> 2.9 수원 및 가압송수장치의 펌프 등의 겸용
>
> 2.9.1 옥내소화전설비의 수원을 스프링클러설비·간이스프링클러설비·화재조기진압용 스프링클러설비·물분무소화설비·포소화설비 및 옥외소화전설비의 수원과 겸용하여 설치하는 경우의 저수량은 <u>각 소화설비에 필요한 저수량을 합한 양 이상</u>이 되도록 해야 한다. 다만 이들 소화설비 중 고정식 소화설비(펌프·배관과 소화수 또는 소화약제를 최종 방출하는 방출구가 고정된 설비를 말한다. 이하 같다)가 2 이상 설치되어 있고, 그 소화설비가 설치된 부분이 방화벽과 방화문으로 구획되어 있는 경우에는 각 고정식 소화설비에 필요한 저수량 중 최대의 것 이상으로 할 수 있다.
>
> 2.9.2 옥내소화전설비의 가압송수장치로 사용하는 펌프를 스프링클러설비·간이스프링클러설비·화재조기진압용 스프링클러설비·물분무소화설비·포소화설비 및 옥외소화전설비의 가압송수장치와 겸용하여 설치하는 경우의 펌프의 토출량은 <u>각 소화설비에 해당하는 토출량을 합한 양 이상</u>이 되도록 해야 한다. 다만 이들 소화설비 중 고정식 소화설비가 2 이상 설치되어 있고, 그 소화설비가 설치된 부분이 방화벽과 방화문으로 구획되어 있으며 각 소화설비에 지장이 없는 경우에는 펌프의 토출량 중 최대의 것 이상으로 할 수 있다.

07   득점 / 배점 6

그림의 습식 스프링클러설비 가지배관에서의 구성부품과 규격 및 수량을 산출하여 다음 답란을 완성하시오.

> **조건**
> (1) 티는 모두 동일 구경을 사용하고 배관의 축소되는 부분은 반드시 레듀셔를 사용한다.
> (2) 교차배관은 제외한다.
> (3) 헤드 나사는 PT $\frac{1}{2}$ (15 [A])를 기준으로 한다.
> (4) 구경에 따른 헤드 수는 다음과 같다.
>
> | 25 [mm] | 32 [mm] | 40 [mm] | 50 [mm] |
> |---|---|---|---|
> | 2개 | 3개 | 4개 | 5개 |

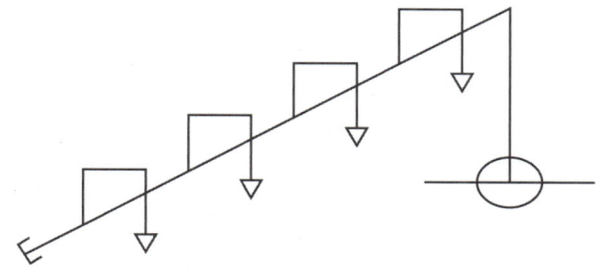

| 티 25×25×25mm, 32×32×32mm, 40×40×40mm 표시 |

구성부품	규격 및 수량
헤드	15 [mm] 4개
캡	
티	
90°엘보	
레듀셔	

정답

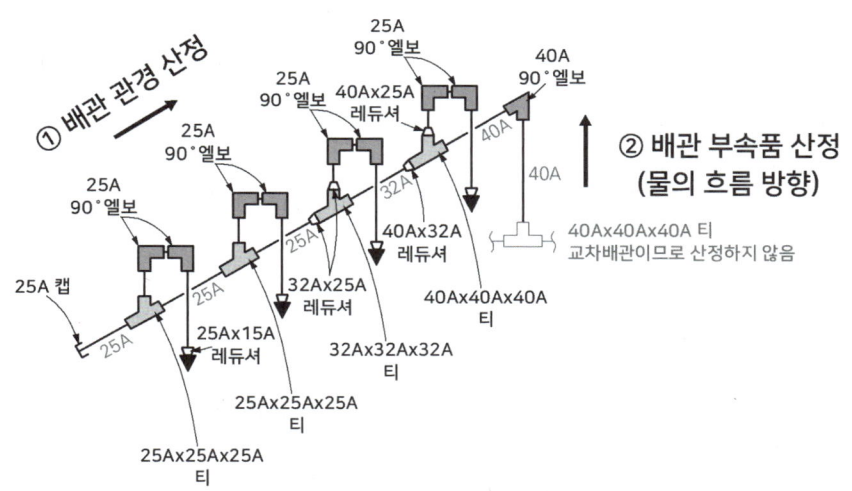

선생님 TIP

그림을 직접 연습지에 그려보면 이해가 쉬워집니다.

구성부품	규격 및 수량
헤드	15 [mm] 4개
캡	캡 25 [mm] 1개
티	40 × 40 × 40 [mm] 1개 32 × 32 × 32 [mm] 1개 25 × 25 × 25 [mm] 2개
90°엘보	40 [mm] 1개 25 [mm] 8개
레듀셔	40 × 32 [mm] 1개 32 × 25 [mm] 2개 25 × 15 [mm] 4개 40 × 25 [mm] 1개

핵심이론 스프링클러헤드 수별 급수관의 구경

7번 문제의 조건 (4)가 주어지지 않았을 경우 "스프링클러설비의 화재안전기술기준 (NFTC 103) 2.5.3.3"에 따라 배관의 구경을 산정한다.

※ 스프링클러설비의 화재안전기술기준(NFTC 103) 일부 발췌

2.5.3.3 배관의 구경은 2.2.1.10 및 2.2.1.11에 적합하도록 수리계산에 의하거나 표 2.5.3.3의 기준에 따라 설치할 것. 다만 수리계산에 따르는 경우 가지배관의 유속은 6 [m/s], 그 밖의 배관의 유속은 10 [m/s]를 초과할 수 없다.

[표 2.5.3.3 스프링클러헤드 수별 급수관의 구경]   (단위 : mm)

급수관의 구경 구분	25	32	40	50	65	80	90	100	125	150
가	2	3	5	10	30	60	80	100	160	161 이상
나	2	4	7	15	30	60	65	100	160	161 이상
다	1	2	5	8	15	27	40	55	90	91 이상

[비고]
1. 폐쇄형 스프링클러헤드를 사용하는 설비의 경우로서 1개 층에 하나의 급수배관(또는 밸브 등)이 담당하는 구역의 최대면적은 3000 [m^2]를 초과하지 않을 것
2. 폐쇄형 스프링클러헤드를 설치하는 경우에는 "가"란의 헤드수에 따를 것. 다만 100개 이상의 헤드를 담당하는 급수배관(또는 밸브)의 구경을 100 [mm]로 할 경우에는 수리계산을 통하여 2.5.3.3의 단서에서 규정한 배관의 유속에 적합하도록 할 것
3. 폐쇄형 스프링클러헤드를 설치하고 반자 아래의 헤드와 반자 속의 헤드를 동일 급수관의 가지관상에 병설하는 경우에는 "나"란의 헤드수에 따를 것
4. 2.7.3.1의 경우로서 폐쇄형 스프링클러헤드를 설치하는 설비의 배관구경은 "다"란에 따를 것
5. 개방형 스프링클러헤드를 설치하는 경우 하나의 방수구역이 담당하는 헤드의 개수가 30개 이하일 때는 "다"란의 헤드수에 의하고, 30개를 초과할 때는 수리계산방법에 따를 것

08

헤드 H-1의 방수압력이 0.1 [MPa]이고 방수량이 80 [L/min]인 폐쇄형 스프링클러설비의 수리계산에 대하여 [조건]을 참고하여 다음 각 물음에 답하시오. (단, 계산과정을 쓰고 최종 답은 반올림하여 소수점 둘째 자리까지 구할 것)

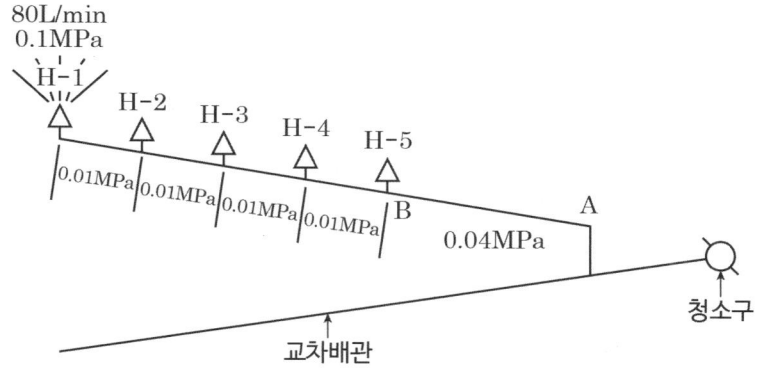

조건

(1) 헤드 H-1에서 H-5까지의 각 헤드마다의 방수압력 차이는 0.01 [MPa]이다.
    (단, 계산 시 헤드와 가지배관 사이의 배관에서의 마찰손실은 무시한다)
(2) A-B구간의 마찰손실압은 0.04 [MPa]이다.
(3) H-1 헤드에서의 방수량은 80 [L/min]이다.

가. A지점에서의 필요 최소압력은 몇 [MPa]인가?
   ○ 계산과정 :
   ○ 답 :

나. 각 헤드에서의 방수량은 몇 [L/min]인가?
   ○ 계산과정 :
   ○ 답 :

다. A-B구간에서의 유량은 몇 [L/min]인가?
   ○ 계산과정 :
   ○ 답 :

라. A-B구간에서의 최소 내경은 몇 [m]인가?
   ○ 계산과정 :
   ○ 답 :

선생님 TIP
단위를 조심합시다.

> **정답**

가. 계산과정 : 0.1 + (0.01 × 4) + 0.04 = 0.18 [MPa]

답 | 0.18 [MPa]

나. 계산과정
  ① $H-1 : 80[L/min]$ (조건상에 주어짐)
    ※ 방출계수 K (나머지 헤드의 방수량을 구하기 위해 '방출계수 K'를 $H-1$ 헤드를 통해 산출한다)
    $Q_1 = K\sqrt{10P}$
    $80 = K\sqrt{10 \times 0.1}$
    $\therefore K = 80$
  ② $H-2 : Q_2 = 80\sqrt{10 \times (0.1+0.01)}$
       $= 83.904 \,[L/min] = 83.9 \,[L/min]$
  ③ $H-3 : Q_3 = 80\sqrt{10 \times (0.1+0.01+0.01)}$
       $= 87.635 \,[L/min] = 87.64 \,[L/min]$
  ④ $H-4 : Q_4 = 80\sqrt{10 \times (0.1+0.01+0.01+0.01)}$
       $= 91.214 \,[L/min] = 91.21 \,[L/min]$
  ⑤ $H-5 : Q_5 = 80\sqrt{10 \times (0.1+0.01+0.01+0.01+0.01)}$
       $= 94.657 \,[L/min] = 94.66 \,[L/min]$

답 | $H-1 : 80 \,[L/min]$, $H-2 : 83.9 \,[L/min]$
$H-3 : 87.64 \,[L/min]$, $H-4 : 91.21 \,[L/min]$
$H-5 : 94.66 \,[L/min]$

다. 계산과정 : $Q = 80 + 83.90 + 87.64 + 91.21 + 94.66$
       $= 437.41 \,[L/min]$

답 | 437.41 [L/min]

라. 계산과정 : $D = \sqrt{\dfrac{4Q}{\pi V}} = \sqrt{\dfrac{4 \times \dfrac{0.4374}{60}}{\pi \times 6}}$
       $= 0.039 \,[m] = 0.04 \,[m]$

답 | 0.04 [m]

09

배점 7

폐쇄형 헤드를 사용한 스프링클러설비에서 나타난 스프링클러헤드 중 A지점에 설치된 헤드 1개만이 개방되었을 때 다음 각 물음에 답하시오. (단, 주어진 조건을 적용하여 계산하고, 답은 소수점 다섯째 자리에서 반올림하여 소수점 넷째 자리까지 구하시오)

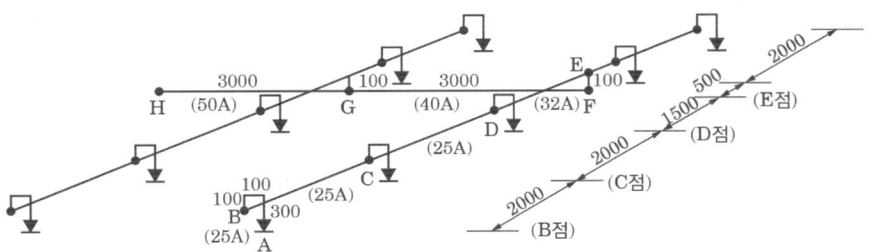

※ 설비 도면의 길이단위는 [mm]이다.

조건

(1) 급수관 중 H점에서의 가압수 압력은 0.15 [MPa]로 계산한다.
(2) 티 및 엘보는 직경이 다른 티, 엘보는 사용치 않는다.
(3) 스프링클러헤드는 15 [A]용 헤드가 설치된 것으로 한다.
(4) 직관 마찰손실(100 [m]당)   (단위 : m)

유량	25 [A]	32 [A]	40 [A]	50 [A]
80 [L/min]	39.82	11.38	5.40	1.68

(A점에서의 헤드 방수량을 80 [L/min]로 계산한다)

(5) 관경이 변하는 관 부속품은 관경이 큰 쪽으로 손실수두를 계산한다.
(6) 관이음쇠 마찰손실에 해당하는 직관길이   (단위 : m)

구분	25 [A]	32 [A]	40 [A]	50 [A]
90°엘보	0.90	1.20	1.50	2.10
레듀셔	(25 × 15 [A]) 0.54	(32 × 25 [A]) 0.72	(40 × 32 [A]) 0.90	(50 × 40 [A]) 1.20
티(직류)	0.27	0.36	0.45	0.60
티(분류, 측류)	1.50	1.80	2.10	3.00

가. A ~ H까지의 전체 배관 마찰손실압력[MPa] (단, 직관 및 관이음쇠를 모두 고려하여 구한다)

○ 계산과정 :

○ 답 :

선생님 TIP

폐쇄형 헤드를 사용한 스프링클러설비에서 헤드 1개만 개방된 경우의 문제입니다. 헤드가 모두 개방된 경우와 1개만 개방된 경우를 구별하여 풀이해야 합니다.

나. H지점을 기준으로 한 A지점의 낙차[m]
  ○ 계산과정 :
  ○ 답 :

다. A지점에서의 방사압력[MPa]
  ○ 계산과정 :
  ○ 답 :

정답

가. 배관의 마찰손실압력
  ① 50 [A] [H - G]

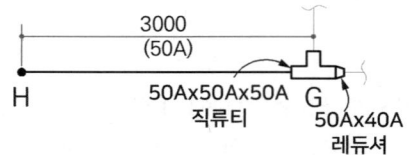

  [50 [A] (H - G구간)]

  ㉠ 직관길이 : 3 [m]
  ㉡ 상당길이
    • 50 × 40 [A] 레듀셔 : 1개 × 1.20 = 1.20 [m]
    • 50 × 50 × 50 [A] 직류티 : 1개 × 0.60 = 0.60 [m]
  ㉢ 직관길이 및 상당길이 합계 : 4.8 [m]
  ㉣ 마찰손실수두 = $4.8 \times \dfrac{1.68}{100}$ = 0.08064 [m]

  ② 40 [A] [G - E]

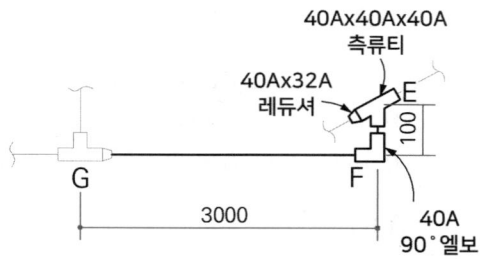

  [40 [A] (G - E구간)]

  ㉠ 직관길이 : 0.1 + 3 = 3.1 [m]
  ㉡ 상당길이
    • 40 × 32 [A] 레듀셔 : 1개 × 0.90 = 0.90 [m]
    • 40 [A] 90°엘보 : 1개 × 1.50 = 1.50 [m]
    • 40 × 40 × 40 [A] 측류티 : 1개 × 2.10 = 2.10 [m]

ⓒ 직관길이 및 상당길이 합계 : 7.6 [m]

ⓓ 마찰손실수두 = $7.6 \times \dfrac{5.40}{100}$ = 0.4104 [m]

③ 32 [A] [E - D]

[32 [A] (E - D구간)]

ⓐ 직관길이 : 1.5 [m]

ⓑ 상당길이
- 32 × 25 [A] 레듀셔 : 1개 × 0.72 = 0.72 [m]
- 32 × 32 × 32 [A] 직류티 : 1개 × 0.36 = 0.36 [m]

ⓒ 직관길이 및 상당길이 합계 : 2.58 [m]

ⓓ 마찰손실수두 = $2.58 \times \dfrac{11.38}{100}$ = 0.2936 [m]

④ 25 [A] [D - A]

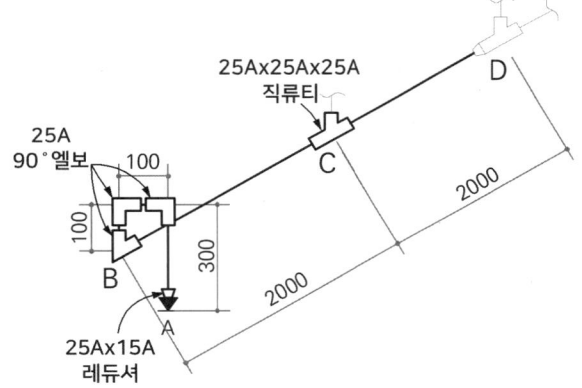

[25 [A] (D - A구간)]

ⓐ 직관길이 : 0.1 + 0.1 + 0.3 + 2 + 2 = 4.5 [m]

ⓑ 상당길이
- 25 × 15 [A] 레듀셔 : 1개 × 0.54 = 0.54 [m]
- 25 [A] 90°엘보 : 3개 × 0.9 = 2.7 [m]
- 25 × 25 × 25 [A] 직류티 : 1개 × 0.27 = 0.27 [m]

ⓒ 직관길이 및 상당길이 합계 : 8.01 [m]

ⓓ 마찰손실수두 = $8.01 \times \dfrac{39.82}{100}$ = 3.1895 [m]

⑤ 배관의 마찰손실수두 합계 = 3.1895 + 0.2936 + 0.4104 + 0.0806
   = 3.9741 [m]

∴ 배관 마찰손실압력 = 0.0397 [MPa]

답 | 0.0397 [MPa]

나. H지점을 기준으로 한 A지점의 낙차
  낙차 H = 0.1 + 0.1 - 0.3 = -0.1[m]
  (기준점으로부터 올라가면 +, 내려가면 -)

답 | -0.1 [m]

다. A지점에서의 방사압력
  A지점에서의 방사압력 = H점에서의 압력 - H점과 A점 사이 마찰손실압력 - 낙차압
                    = 0.15[MPa] - 0.0397[MPa] - (-0.001[MPa])

답 | 0.1113 [MPa]

10 배점 10

폐쇄형 헤드를 사용한 스프링클러설비의 말단 배관 중 K점에 필요한 압력수의 수압 [MPa]을 주어진 [조건]을 이용하여 산정하시오.

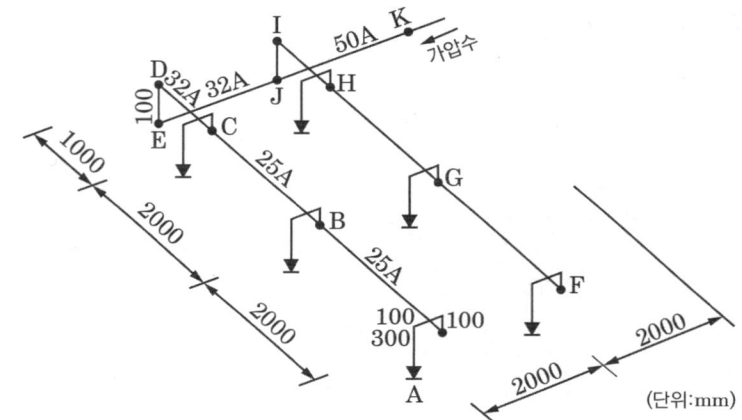

선생님 TIP
폐쇄형 헤드를 사용한 스프링클러설비에서 헤드가 모두 개방된 경우의 문제입니다. 헤드가 모두 개방된 경우와 1개만 개방된 경우를 구별하여 풀이해야 합니다. (소문항 [가]에 제시된 표에서 구간별 유량을 보고 모두 개방되었다는 것을 알 수 있습니다)

조건

(1) 직관 마찰손실수두(100 [m]당) (단위 : m)

개수	유량	25 [A]	32 [A]	40 [A]	50 [A]
1	80 [L/min]	39.82	11.38	5.40	1.68
2	160 [L/min]	150.42	42.84	20.29	6.32
3	240 [L/min]	307.77	87.66	41.51	12.93
4	320 [L/min]	521.92	148.66	70.40	21.93
5	400 [L/min]	789.04	224.75	106.31	32.99
6	480 [L/min]		321.55	152.26	47.43

(2) 관이음쇠 마찰손실에 해당하는 직관길이

(단위 : m)

관이음	25 [A]	32 [A]	40 [A]	50 [A]
90°엘보	0.9	1.2	1.5	2.1
레듀셔	0.54	0.72	0.9	1.2
티(직류)	0.27	0.36	0.45	0.6
티(분류)	1.5	1.8	2.1	3.0

(3) 헤드 나사는 $PT\frac{1}{2}$(15 [A])를 기준으로 한다.

(4) 말단 헤드의 방사압은 0.1 [MPa]이다.

(5) 동일 구경의 티를 사용할 것

(6) 수압산정에 필요한 계산과정을 상세히 명시할 것

(7) 관이음쇠 및 마찰손실에 해당하는 직관길이 산출 시 호칭구경이 큰 쪽에 따른다.

가. 배관의 마찰손실수두[m] (다만 다음 표에 나온 구간별로 계산하시오)

구간	관경	유량	등가 관장길이[m]	마찰손실수두[m]
J – K	50 [A]	480 [L/min]		
C – J	32 [A]	240 [L/min]		
B – C	25 [A]	160 [L/min]		
A – B	25 [A]	80 [L/min]		

나. 위치수두[m]를 구하시오.

　○ 계산과정 :

　○ 답 :

다. 방사요구 압력수두[m]를 구하시오.

　○ 답 :

라. K점의 최소 요구압력[MPa]

　○ 계산과정 :

　○ 답 :

정답

가.

구간	관경	유량	등가 관장길이[m]	마찰손실 수두[m]
J – K	50 [A]	480 [L/min] (헤드 6개)	- 직관길이 : 2 [m] - 상당길이 ① 분류T 1개 : 3 [m] ② 레듀셔(50 × 32) 1개 : 1.2 [m] ∴ 총합 : 2 + 3 + 1.2 = 6.2 [m]	$6.2[m] \times \dfrac{47.43[m]}{100[m]}$ $= 2.94[m]$
C – J	32 [A]	240 [L/min] (헤드 3개)	- 직관길이 : 2 + 0.1 + 1 = 3.1 [m] - 상당길이 ① 90°엘보 2개 : 2 × 1.2 = 2.4 [m] ② 분류T 1개 : 1.8 [m] ③ 레듀셔(32 × 25) 1개 : 0.72 [m] ∴ 총합 : 3.1 + 2.4 + 1.8 + 0.72 = 8.02 [m]	$8.02[m] \times \dfrac{87.66[m]}{100[m]}$ $= 7.03[m]$
B – C	25 [A]	160 [L/min] (헤드 2개)	- 직관길이 : 2 [m] - 상당길이 ① 분류T 1개 : 1.5 [m] ∴ 총합 : 2 + 1.5 = 3.5 [m]	$3.5[m] \times \dfrac{150.42[m]}{100[m]}$ $= 5.26[m]$

A – B	25 [A]	80 [L/min] (헤드 1개)	- 직관길이 :
			  2 + 0.1 + 0.1 + 0.3 = 2.5 [m]
			- 상당길이
			① 90°엘보 3개 :
			  3 × 0.9 = 2.7 [m]
			② 레듀셔(25 × 15) 1개 : 0.54 [m]
			∴ 총합 :
			  2.5 + 2.7 + 0.54 = 5.74 [m]
				$5.74[m] \times \dfrac{39.82[m]}{100[m]}$
				$= 2.29[m]$

나. 계산과정 : 0.1 + 0.1 - 0.3 = -0.1 [m]

답 | -0.1 [m]

다. 10 [m]

라. 계산과정 : 낙차압 = -0.001 [MPa]
    총 마찰손실수두 = 2.94 + 7.03 + 5.26 + 2.29 = 17.52 [m]
    K점 필요압력(토출압) = 낙차압[MPa] + 마찰손실압[MPa] + 방사압[MPa]
                              = (-0.001 [MPa]) + 0.1752 [MPa] + 0.1 [MPa]
                              = 0.2742 [MPa]
    ∴ K점 필요압력(토출압) = 0.27 [MPa]

답 | 0.27 [MPa]

11

> 득점 ____ 배점 12

다음 그림은 어느 일제개방형 스프링클러설비의 계통을 나타내는 Isometric Diagram 이다. 주어진 [조건]을 참조하여 이 설비가 작동되었을 경우 방수압, 방수량 등을 답란의 요구순서대로 수리계산하여 산출하시오.

[조건]

(1) 설치된 개방형 헤드의 방출계수(K)는 80이다.
(2) 살수 시 최저방수압이 걸리는 헤드에서의 방수압은 0.1 [MPa]이다.
    (단, 각 헤드의 방수압이 같지 않음을 유의할 것)
(3) 사용배관은 KS D 3507 탄소강관으로서 아연도금강관이다.
(4) 가지관으로부터 헤드까지의 마찰손실은 무시한다.
(5) 호칭구경 50 [A] 이하의 배관은 나사 접속식, 65 [A] 이상의 배관은 용접 접속식이다.
(6) 배관 내의 유수에 따른 마찰손실압력은 하젠-윌리엄공식을 적용하되, 계산의 편의상 공식은 다음과 같다고 가정한다.

$$\triangle P = \frac{6 \times Q^2 \times 10^4}{120^2 \times D^5}$$

$\triangle P$: 배관의 길이 1 [m]당 마찰손실압력 [MPa/m]
Q : 배관 내의 유수량 [L/min]
D : 배관의 내경 [mm]

(7) 배관의 내경은 호칭구경별로 다음과 같다고 가정한다.

호칭구경[A]	25	32	40	50	65	80	100
내경[mm]	27	36	42	53	69	81	105

(8) 배관 부속 및 밸브류의 마찰손실은 무시한다.
(9) 수리계산 시 속도수두는 무시한다.
(10) 계산 시 소수점 셋째 자리 이하의 숫자는 반올림하여 소수점 둘째 자리까지 나타낸다.
(11) 살수 시 중력수조 내의 수위의 변동은 없다고 가정한다.

> **선생님 TIP**
> 가지관으로부터 헤드까지의 길이도 주어지지 않았다면, 그 사이의 낙차도 무시합니다. 즉, 주어지지 않은 조건은 무시한다고 보시면 됩니다.

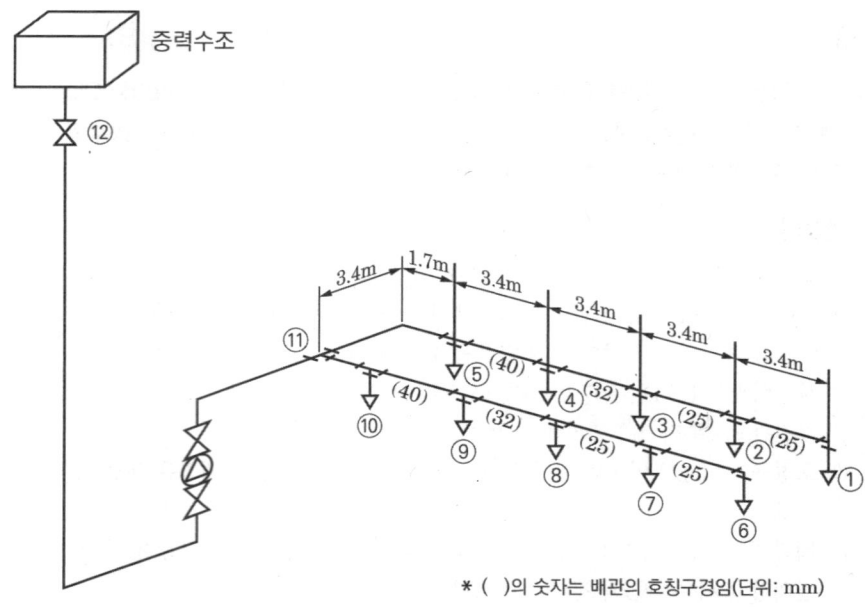

가. 스프링클러헤드의 방수압 및 방수량 계산

항목	헤드번호	방수압[MPa]	방수량[L/min]
1	①	$P_1 = 0.1 [MPa]$	$Q_1 = K\sqrt{10P}$ $= 80 \times \sqrt{10 \times 0.1}$ $= 80 [L/min]$
2	②	계산과정 : ① 방사압 + ①, ② 간 관로 손실압	계산과정 : $Q_2 = K\sqrt{10P}$
3	③	계산과정 : ② 방사압 + ②, ③ 간 관로 손실압	계산과정 : $Q_3 = K\sqrt{10P}$
4	④	계산과정 : ③ 방사압 + ③, ④ 간 관로 손실압	계산과정 : $Q_4 = K\sqrt{10P}$
5	⑤	계산과정 : ④ 방사압 + ④, ⑤ 간 관로 손실압	계산과정 : $Q_5 = K\sqrt{10P}$

나. 도면의 배관 구간 ⑤ ~ ⑪의 매분 유량[L/min]은? (단, 배관의 호칭구경은 40 [A] 이다)

◯ 계산과정 :

◯ 답 :

정답

가.

항목	헤드번호	방수압[MPa]	방수량[L/min]
1	①	$P_1 = 0.1 [\text{MPa}]$	$Q_1 = K\sqrt{10P}$ $= 80 \times \sqrt{10 \times 0.1}$ $= 80 [L/\min]$
2	②	계산 : ① 노즐 방사압 + ①, ② 간 관로 손실압 $= 0.1 + \dfrac{6 \times 80^2 \times 10^4}{120^2 \times 27^5} \times 3.4 = 0.11 [MPa]$	$Q_2 = K\sqrt{10P}$ $= 80 \times \sqrt{10 \times 0.11}$ $= 83.9 [L/\min]$
3	③	계산 : ② 노즐 방사압 + ②, ③ 간 관로 손실압 $= 0.11 + \dfrac{6 \times (80+83.9)^2 \times 10^4}{120^2 \times 27^5} \times 3.4 = 0.14 [MPa]$	$Q_3 = K\sqrt{10P}$ $= 80 \times \sqrt{10 \times 0.14}$ $= 94.66 [L/\min]$
4	④	계산 : ③ 노즐 방사압 + ③, ④ 간 관로 손실압 $= 0.14 + \dfrac{6 \times (80+83.9+94.66)^2 \times 10^4}{120^2 \times 36^5} \times 3.4$ $= 0.16 [MPa]$	$Q_4 = K\sqrt{10P}$ $= 80 \times \sqrt{10 \times 0.16}$ $= 101.19 [L/\min]$
5	⑤	계산 : ④ 노즐 방사압 + ④, ⑤ 간 관로 손실압 $= 0.16 + \dfrac{6 \times (80+83.9+94.66+101.19)^2 \times 10^4}{120^2 \times 42^5} \times 3.4$ $= 0.17 [MPa]$	$Q_5 = K\sqrt{10P}$ $= 80 \times \sqrt{10 \times 0.17}$ $= 104.31 [L/\min]$

나. 계산과정

구간 ⑤ ~ ⑪의 유량[L/min] = $Q_1 + Q_2 + Q_3 + Q_4 + Q_5$
  = 80 + 83.9 + 94.66 + 101.19 + 104.31
  = 464.06 [L/min]

답 | 464.06 [L/min]

> **선생님 TIP**
> 각 구간별 관로 손실압을 구할 때는 그 구간에 흐르는 유량을 고려하여 구해야 합니다. 따라서 배관 말단부터 계산하여야 함을 꼭 체크하시기 바랍니다.

12

어느 사무실(내화구조)은 가로 30 [m], 세로 20 [m]인 직사각형 형태의 실평면도이다. 이 사무실 내부에는 기둥이 없고 상부는 반자로 고르게 마감되어 있다. 이 사무실에 스프링클러헤드를 직사각형으로 배치하여 가로 및 세로 변의 최대 및 최소 개수를 구하고자 할 때 다음을 구하시오. (단, 반자 속에는 헤드를 설치하지 아니하며 전등 또는 공조용 디퓨져 등 모듈(Module)을 무시하고, 헤드 배치 간격은 헤드 배치 각도를 30°, 60° 2가지로 최소, 최대치를 정하시오)

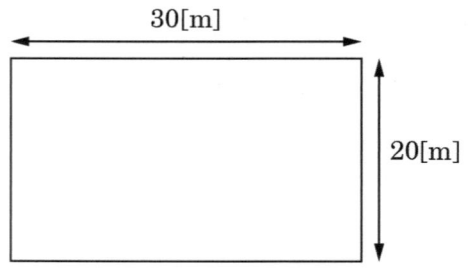

TIP ▶ 헤드 배치 각도를 30°, 60°로 하였을 경우, 장방형 배치시 헤드 간 거리
1) 짧은 변
   $2R\sin 30° = 2R\cos 60°$
2) 긴 변
   $2R\sin 60° = 2R\cos 30°$
sin, cos 어떤 각도로 풀어도 무방하나, 30°자리에 60°를 대입하지 않도록 유의한다.

가. 가로변 설치 헤드 최대 개수를 구하시오.
   ○ 계산과정 :
   ○ 답 :

나. 가로변 설치 헤드 최소 개수를 구하시오.
   ○ 계산과정 :
   ○ 답 :

다. 세로변 설치 헤드 최대 개수를 구하시오.
   ○ 계산과정 :
   ○ 답 :

라. 세로변 설치 헤드 최소 개수를 구하시오.
   ○ 계산과정 :
   ○ 답 :

마. 보기와 같은 방법으로 표를 만들어서 헤드 배치수량을 나타내시오.

[보기]

가로변 최소 헤드 수 (6개), 최대 헤드 수 (9개), 세로변 최소 헤드 수 (3개), 최대 헤드 수 (5개)라고 가정하면

가로변 헤드 수 / 세로변 헤드 수	6	7	8	9
3	18	21	24	27
4	24	28	32	36
5	30	35	40	45

○ 답 :

가로변 헤드 수 / 세로변 헤드 수						

바. 만약 정방형으로 헤드를 배치할 때 헤드의 최대 설치 간격[m]을 구하시오.

○ 계산과정 :

○ 답 :

사. 정사각형으로 헤드 배치 시 설치해야 하는 헤드 개수를 구하시오.

○ 계산과정 :

○ 답 :

아. 헤드가 폐쇄형으로 표시온도가 79 [℃]일 때 작동온도의 범위를 구하시오. (단, 유리벌브를 사용하지 아니한 헤드이다)

○ 계산과정 :

○ 답 :

암기 ▶ 특수 무기 창 내아

정답

설치장소별 수평거리 R

설치장소	수평거리(R)
• 특수가연물을 저장 또는 취급하는 장소 • 무대부	1.7 [m] 이하
• 기타구조 • 라지드롭형 스프링클러헤드를 설치하는 창고 (단, ① 특수가연물을 저장 또는 취급하는 창고 : 1.7 [m] 이하 ② 내화구조로 된 창고 : 2.3 [m] 이하)	2.1 [m] 이하
• 내화구조	2.3 [m] 이하
• 아파트등의 세대 내	2.6 [m] 이하

가. 가로변 헤드 최대 개수

계산과정 : $\dfrac{가로}{2R\sin 30°} = \dfrac{30}{2 \times 2.3 \times \sin 30°} = 13.04 ≒ 14$ [개]   **답 | 14 [개]**

나. 가로변 헤드 최소 개수

계산과정 : $\dfrac{가로}{2R\sin 60°} = \dfrac{30}{2 \times 2.3 \times \sin 60°} = 7.53 ≒ 8$ [개]   **답 | 8 [개]**

다. 세로변 헤드 최대 개수

계산과정 : $\dfrac{세로}{2R\sin 30°} = \dfrac{20}{2 \times 2.3 \times \sin 30°} = 8.70 ≒ 9$ [개]   **답 | 9 [개]**

라. 세로변 헤드 최소 개수

계산과정 : $\dfrac{세로}{2R\sin 60°} = \dfrac{20}{2 \times 2.3 \times \sin 60°} = 5.02 ≒ 6$ [개]   **답 | 6 [개]**

마. 헤드 배치 수량표

가로변 헤드 수 세로변 헤드 수	8	9	10	11	12	13	14
6	48	54	60	66	72	78	84
7	56	63	70	77	84	91	98
8	64	72	80	88	96	104	112
9	72	81	90	99	108	117	126

바. 계산과정

$S = 2R\cos 45°$ (정방형 배치 헤드 간 거리)

내화구조이므로 수평거리 R : 2.3 [m] 이하

$S = 2 \times 2.3 \times \cos 45° = 3.25$ [m]   **답 | 3.25 [m]**

사. 계산과정

① 가로 변에 설치할 헤드 수 : $\dfrac{가로변 길이}{S} = \dfrac{30}{3.25} = 9.23 ≒ 10$ [개]

② 세로 변에 설치할 헤드 수 : $\dfrac{세로변 길이}{S} = \dfrac{20}{3.25} = 6.15 ≒ 7$ [개]

• 설치개수 : 10 × 7 = 70 [개]   **답 | 70 [개]**

아. 계산과정

헤드의 작동온도범위 = 헤드의 표시온도 × (0.97 ~ 1.03)
  = (79 × 0.97) ~ (79 × 1.03) [℃]
  = 76.63 ~ 81.37 [℃]

답 | 76.63 ~ 81.37 [℃]

> **참고** 소화설비용 헤드의 성능인증 및 제품검사의 기술기준

제44조(작동시험) ① 폐쇄형 헤드는 다음 각 호에 적합해야 한다.
1. 헤드가 작동하는 온도의 실제 측정값은 그 표시온도의 97 [%]에서 103 [%]까지 (유리벌브를 사용한 헤드는 95 [%]에서 115 [%]까지)의 범위 안이어야 한다.

[퓨지블링크형 헤드]

13

배점 6

다음 그림과 같이 스프링클러 설비의 가압송수장치를 고가수조방식으로 할 경우 다음을 구하시오. (단, 양정 10 [m] = 0.1 [MPa]을 적용한다)

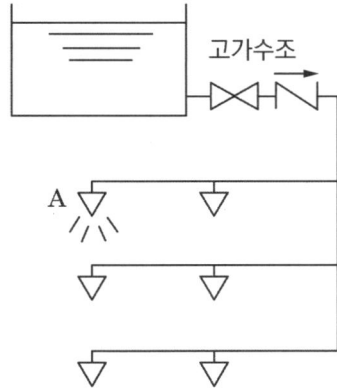

가. 고가수조에서 최상부층 말단 스프링클러헤드까지의 낙차가 15 [m]이고, 배관 마찰손실압력이 0.04 [MPa]일 때 최상부층 말단 스프링클러헤드 선단에서의 방수압력[kPa]을 구하시오.

  ◯ 계산과정 :

  ◯ 답 :

나. '가'에서 말단 헤드 선단에서의 방수압력을 0.12 [MPa] 이상으로 나오게 하려면 현재 위치에서 고가수조를 몇 [m] 더 높여야 하는지 구하시오. (단, 배관 마찰손실압력은 0.04 [MPa] 기준이다)

  ◯ 계산과정 :

  ◯ 답 :

정답

가. 계산과정 : 0.1 [MPa] = 10 [m]
  방수압력[MPa] = 낙차의 환산수두압 − 배관의 마찰손실압력
  = 0.15 [MPa] − 0.04 [MPa] = 0.11 [MPa] = 110 [kPa]

답 | 110 [kPa]

나. 계산과정 : 0.12 [MPa] − 0.11 [MPa] = 0.01 [MPa] = 1 [m]
  따라서 현재 위치에서 1 [m]를 높여야 한다.

답 | 1 [m]

14   배점 4

15층인 건축물에 압력수조를 이용한 가압송수장치의 스프링클러설비가 설치되어 있다. 다음 [조건]을 참조하여 압력수조 내에 요구되는 공기압력(게이지압력)은 몇 [MPa]인가?

조건

(1) 압력수조의 내용적은 100 [m^3]이고, 내용적의 2/3가 물로 채워져 있다.
(2) 최상층 말단헤드의 방수압력은 0.11 [MPa]이고, 압력수조와 최상층 말단헤드의 수직높이는 45 [m]이다.
(3) 대기압은 0.1 [MPa]이고, 배관의 마찰손실은 무시한다.

◯ 계산과정 :

◯ 답 :

정답

☑ 계산과정

$(P_{1g}+P_a)\times V_1=(P_{2g}+P_a)\times V_2$

P_{1g} : 압력수조 내에 요구되는 공기압력 [MPa](게이지압력)
P_{2g} : 말단헤드의 방수압 유지를 위한 압력수조 내의 공기압력 [MPa](게이지압력)
P_a : 대기압 [MPa], V_1 : 압력수조 내의 공기체적 [m³], V_2 : 압력수조의 체적 [m³]

> **보충 ▶ 보일의 법칙**
> $P_1V_1=P_2V_2$
> 여기서, 압력 P는 절대압력이라는 점을 유의한다.

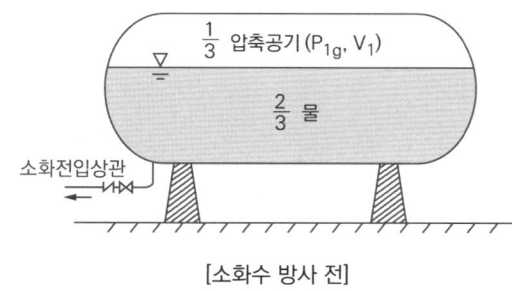

[소화수 방사 전]

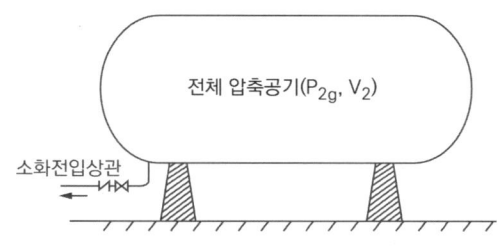

[소화수 모두 방사 후]

1) 압력수조 내 소화수가 모두 방사된 후, 필요한 압력수조 내 공기의 압력 P_{2g} [MPa](즉, 최상층 방수구의 방수압을 유지하기 위한 압력수조 내 공기의 압력을 구한다)

   P_{2g} = 실양정 환산압 + 마찰손실압 + 방사압

   여기서 조건 (3)에 배관의 마찰손실을 무시하므로

   ∴ P_{2g} = 0.45 [MPa] + 0.11 [MPa] = 0.56 [MPa]

2) 압력수조 내 요구되는 공기의 압력 P_{1g} [MPa]

   $(P_{1g}+P_a)\times V_1=(P_{2g}+P_a)\times V_2$

   $(P_{1g}+0.1)\times \dfrac{1}{3}=(0.56+0.1)\times 1$

   ∴ $P_{1g}=1.88$ [MPa]

답 | 1.88 [MPa]

CHAPTER 05
간이스프링클러설비 및 화재조기진압용 스프링클러설비

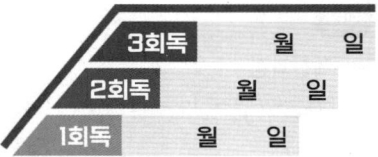

학습목표
1 간이스프링클러설비의 수원량을 구하는 공식을 익힌다.
2 화재조기진압용 스프링클러설비의 설치장소 구조와 수원량 구하는 공식을 이해한다.

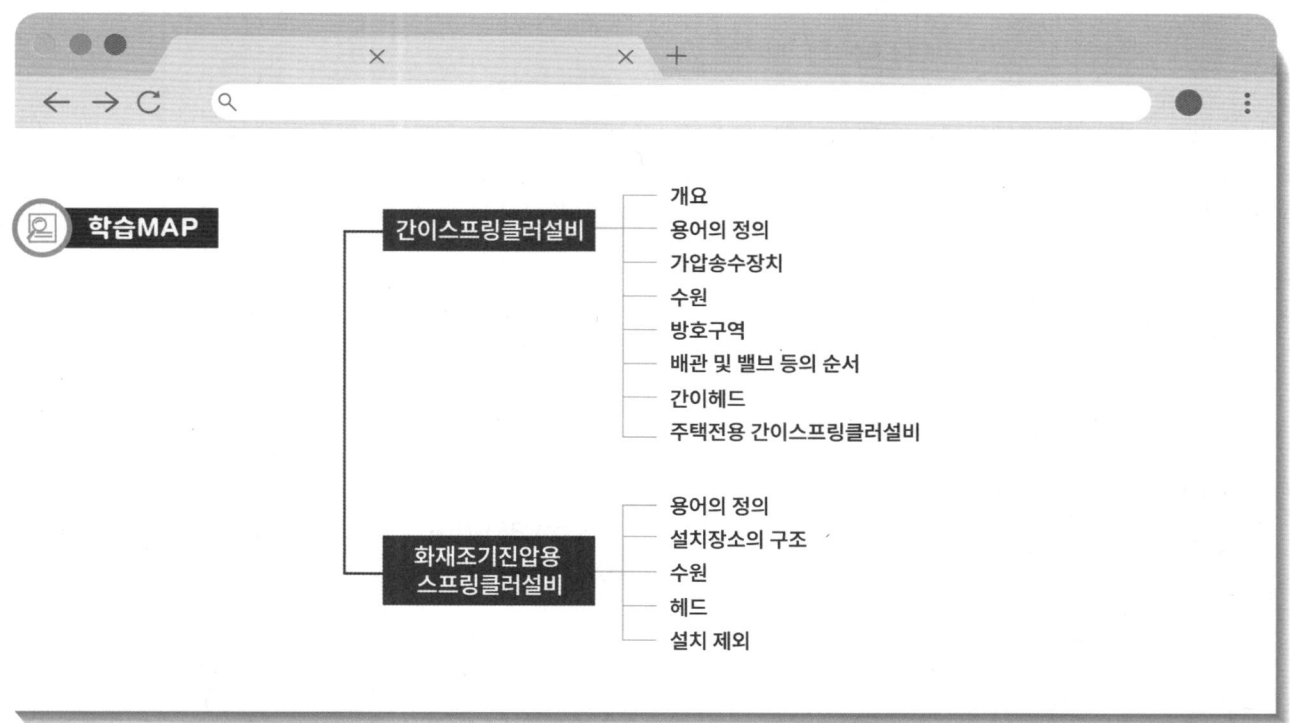

01 간이스프링클러설비

1 개요
소규모 건축물, 근린생활시설, 다중이용업소 등의 화재 시 인명 및 재산의 피해가 크고 화재발생빈도가 높기 때문에 도입된 간이 형태의 스프링클러설비

2 용어의 정의
(1) "간이헤드"란 폐쇄형 헤드의 일종으로 간이스프링클러설비를 설치해야 하는 특정소방대상물의 화재에 적합한 감도·방수량 및 살수분포를 갖는 헤드를 말한다.
(2) "캐비닛형 간이스프링클러설비"란 가압송수장치, 수조 및 유수검지장치 등을 집적화하여 캐비닛 형태로 구성시킨 간이 형태의 스프링클러설비를 말한다.
(3) "상수도직결형 간이스프링클러설비"란 수조를 사용하지 않고 상수도에 직접 연결하여 항상 기준 압력 및 방수량 이상을 확보할 수 있는 설비를 말한다.
(4) "주택전용 간이스프링클러설비"란 연립주택 및 다세대주택에 설치하는 간이스프링클러설비를 말한다.

3 가압송수장치
방수압력(상수도직결형은 상수도압력)은 가장 먼 가지배관에서 2개[Ⓐ에 해당하는 경우에는 5개]의 간이헤드를 동시에 개방할 경우 각각의 간이헤드 선단 방수압력은 0.1 [MPa] 이상, 방수량은 50 [L/min] 이상이어야 한다. 다만 주차장에 표준반응형 스프링클러헤드를 사용할 경우 헤드 1개의 방수량은 80 [L/min] 이상이어야 한다.

※ Ⓐ에 해당하는 경우
① 근린생활시설 바닥면적 1000 [m^2] 이상 모든 층
② 숙박시설로 사용되는 바닥면적의 합계가 300 [m^2] 이상 600 [m^2] 미만인 시설
③ 복합건축물 연면적 1000 [m^2] 이상 모든 층

4 수원

(1) 상수도직결형의 경우 : 수돗물
(2) 수조(캐비닛형 포함)를 사용하는 경우

헤드의 종류 \ 설치대상	간이스프링클러 설치 대상 (일반시설)	근린생활시설(1000 [m²] 이상) 숙박시설(300 [m²] 이상 600 [m²] 미만) 복합건축물(1000 [m²] 이상)
간이헤드	$2 \times 50[L/min] \times 10[min]$ $= 1000[L] = 1[m^3]$	$5 \times 50[L/min] \times 20[min]$ $= 5000[L] = 5[m^3]$
주차장에 표준반응형 헤드를 사용할 경우	$2 \times 80[L/min] \times 10[min]$ $= 1600[L] = 1.6[m^3]$	$5 \times 80[L/min] \times 20[min]$ $= 8000[L] = 8[m^3]$

5 방호구역

(1) 하나의 방호구역의 바닥면적은 1000 [m²]를 초과하지 아니할 것
(2) 하나의 방호구역에는 1개 이상의 유수검지장치를 설치하되, 화재발생 시 접근이 쉽고 점검하기 편리한 장소에 설치할 것

6 배관 및 밸브 등의 순서

(1) 상수도 직결형의 경우 ★
  ① 수도용 계량기, 급수차단장치, 개폐표시형 밸브, 체크밸브, 압력계, 유수검지장치, 2개의 시험밸브
  ② 간이스프링클러설비 이외의 배관에는 화재 시 배관을 차단할 수 있는 급수차단장치를 설치할 것

> 암기 ▶ 수 급 개 체 압 유 2시

(2) 펌프 등의 가압송수장치를 이용하여 배관 및 밸브 등을 설치하는 경우 수원, 연성계 또는 진공계, 펌프 또는 압력수조, 압력계, 체크밸브, 성능시험배관, 개폐표시형 밸브, 유수검지장치, 시험밸브

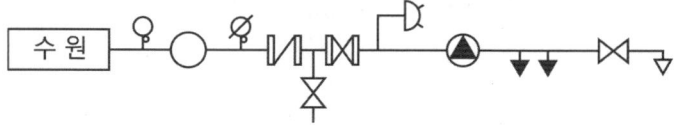

(3) 가압수조를 가압송수장치로 이용하여 배관 및 밸브 등을 설치하는 경우
수원, 가압수조, 압력계, 체크밸브, 성능시험배관, 개폐표시형 밸브, 유수검지장치, 2개의 시험밸브

(4) 캐비닛형의 가압송수장치에 배관 및 밸브 등을 설치하는 경우
수원, 연성계 또는 진공계, 펌프 또는 압력수조, 압력계, 체크밸브, 개폐표시형 밸브, 2개의 시험밸브

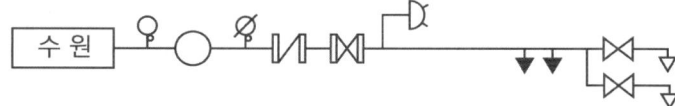

7 간이헤드

(1) 폐쇄형 간이헤드를 사용할 것
(2) 간이헤드의 작동온도는 실내의 최대 주위 천장온도가 0 [℃] 이상 38 [℃] 이하인 경우 공칭작동온도가 57 [℃]에서 77 [℃]의 것을 사용하고, 39 [℃] 이상 66 [℃] 이하인 경우에는 공칭작동온도가 79 [℃]에서 109 [℃]의 것을 사용할 것
(3) 간이헤드를 설치하는 천장·반자·천장과 반자 사이·덕트·선반 등의 각 부분으로부터 간이헤드까지의 수평거리는 2.3 [m] 이하가 되도록 해야 한다.

8 주택전용 간이스프링클러설비

주택전용 간이스프링클러설비는 다음의 기준에 따라 설치한다. 다만 주택전용 간이스프링클러설비가 아닌 간이스프링클러설비를 설치하는 경우에는 그렇지 않다.
(1) 상수도에 직접 연결하는 방식으로 수도용 계량기 이후에서 분기하여 수도용 역류방지밸브, 개폐표시형 밸브, 세대별 개폐밸브 및 간이헤드의 순으로 설치할 것. 이 경우 개폐표시형 밸브와 세대별 개폐밸브는 그 설치위치를 쉽게 식별할 수 있는 표시를 해야 한다.
(2) 주택전용 간이스프링클러설비에는 가압송수장치, 유수검지장치, 제어반, 음향장치, 기동장치 및 비상전원은 적용하지 않을 수 있다.

02 화재조기진압용 스프링클러설비

1 용어의 정의
"화재조기진압용 스프링클러헤드"란 특정 높은 장소의 화재위험에 대하여 조기에 진화할 수 있도록 설계된 스프링클러헤드를 말한다.

2 설치장소의 구조

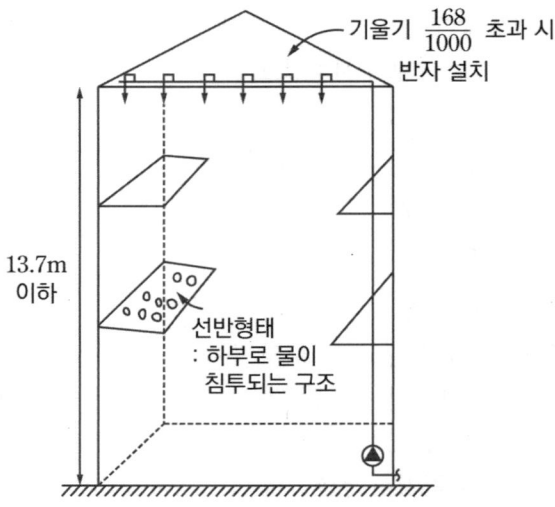

(1) 해당 층의 높이가 13.7 [m] 이하일 것. 다만 2층 이상일 경우에는 해당 층의 바닥을 내화구조로 하고 다른 부분과 방화구획할 것
(2) 천장의 기울기가 1000분의 168을 초과하지 않아야 하고, 이를 초과하는 경우에는 반자를 지면과 수평으로 설치할 것
(3) 천장은 평평해야 하며, 철재나 목재트러스 구조인 경우 철재나 목재의 돌출부분이 102 [mm]를 초과하지 아니할 것
(4) 보로 사용되는 목재·콘크리트 및 철재 사이의 간격이 0.9 [m] 이상 2.3 [m] 이하일 것. 다만 보의 간격이 2.3 [m] 이상인 경우에는 화재조기진압용 스프링클러헤드의 동작을 원활히 하기 위하여 보로 구획된 부분의 천장 및 반자의 넓이가 28 [m²]를 초과하지 아니할 것
(5) 창고 내 선반의 형태는 하부로 물이 침투되는 구조로 할 것

> **선생님 TIP**
> 화재조기진압용 스프링클러설비는 실기시험에서 자주 출제되는 설비는 아니지만, 설치장소의 구조에서 주요한 수치들, 수원의 양 공식은 반드시 암기합시다.

3 수원

(1) 수리학적으로 가장 먼 가지배관 3개에 각각 4개의 스프링클러헤드가 동시에 개방되었을 때 헤드선단압력으로 60분간 방사할 수 있는 양

(2) 관계식

$$Q = 12 \times 60 \times K\sqrt{10P}$$

Q : 수원의 양 [L]
K : 상수 $[L/min \cdot MPa^{\frac{1}{2}}]$
P : 헤드선단의 압력 [MPa]

(3) 화재조기진압용 스프링클러설비의 수원은 산출된 유효수량 외에 유효수량의 3분의 1 이상을 옥상에 설치해야 한다.

4 헤드

(1) 헤드 하나의 방호면적은 6.0 [m²] 이상 9.3 [m²] 이하로 할 것
(2) 가지배관의 헤드 사이의 거리는 천장의 높이가 9.1 [m] 미만인 경우에는 2.4 [m] 이상 3.7 [m] 이하로, 9.1 [m] 이상 13.7 [m] 이하인 경우에는 3.1 [m] 이하로 할 것

5 설치 제외

다음의 기준에 해당하는 물품의 경우에는 화재조기진압용 스프링클러를 설치해서는 안 된다. 다만 물품에 대한 화재시험 등 공인기관의 시험을 받은 것은 제외한다.

(1) 제4류 위험물
(2) 타이어, 두루마리 종이 및 섬유류, 섬유제품 등 연소 시 화염의 속도가 빠르고 방사된 물이 하부까지 도달하지 못하는 것

CHAPTER 05 연습문제

01
배점 5

근린생활시설·복합건출물·숙박시설 이외의 장소에 간이형 스프링클러헤드를 이용하여 간이스프링클러설비를 설치하고자 할 때 전용수조 설치 시 수원의 양[m³]은?

○ 계산과정 :

○ 답 :

정답

☑ 계산과정
$Q = 2 \,[개] \times 50 \,[L/min] \times 10 \,[min] = 1000 \,[L] = 1 \,[m^3]$

답 | 1 [m³]

참고 간이스프링클러설비의 수원

1) 상수도직결형의 경우 : 수돗물
2) 수조(캐비닛형 포함)를 사용하는 경우

헤드의 종류 \ 설치대상	간이스프링클러 설치 대상(일반시설)	근린생활시설(1000 [m²] 이상) 숙박시설(300 [m²] 이상 600 [m²] 미만) 복합건축물(1000 [m²] 이상)
간이헤드	$2 \times 50[L/min] \times 10[min]$ $= 1000[L] = 1[m^3]$	$5 \times 50[L/min] \times 20[min]$ $= 5000[L] = 5[m^3]$
주차장에 표준반응형 헤드를 사용할 경우	$2 \times 80[L/min] \times 10[min]$ $= 1600[L] = 1.6[m^3]$	$5 \times 80[L/min] \times 20[min]$ $= 8000[L] = 8[m^3]$

CHAPTER 06 물분무/미분무소화설비

학습목표

1 물분무소화설비의 수원에 대해 파악한다.
2 물분무 헤드의 종류를 암기하고 설치기준에 대한 내용을 파악한다.
3 물분무소화설비를 설치하는 차고 또는 주차장의 배수설비 설치기준을 암기한다.
4 미분무의 정의와 사용압력 범위에 따른 미분무소화설비의 분류를 암기한다.

학습MAP

- 물분무소화설비
  - 수원 ★★★
  - 물분무헤드
    - 충돌형
    - 분사형
    - 선회류형
    - 디플렉터형
    - 슬리트형
  - 물분무소화설비의 소화효과 ★★
    - 냉각효과
    - 질식효과
    - 유화효과
    - 희석효과
  - 물분무헤드의 설치 제외
  - 고압의 전기기기와 물분무헤드 사이의 거리 ★★
  - 물분무소화설비를 설치하는 차고 또는 주차장의 배수설비 설치기준 ★★
- 미분무소화설비
  - 미분무의 소화원리
  - 수원
  - 헤드

01 물분무소화설비

1 개요

물분무소화설비는 화재발생 시 분무 노즐에서 물을 미립자 형태로 방사하여 열로 인하여 수증기가 되어서 다량의 기화열을 내면서 소화물을 신속히 발화점 이하로 떨어뜨리는 냉각작용과 수증기의 질식작용, 가연성 액체의 표면에 불연성의 층을 형성하는 유화(에멀젼)작용, 용해성 액체는 희석하여 소화하는 희석작용 등의 의하여 소화, 화재의 억제, 연소방지, 냉각을 행하는 소화설비이다. 물분무소화설비에서 분무되는 물입자의 크기가 작아 전기적으로 비전도성을 가지게 되어 C급(전기) 화재에 적응성이 있다.

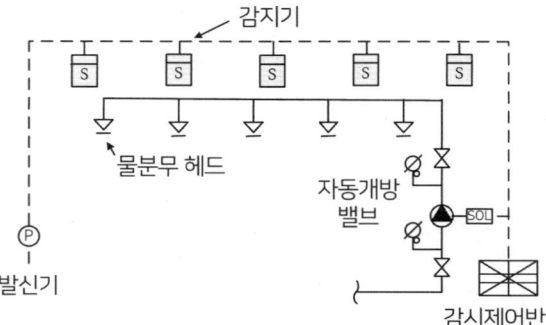

[감지기방식]

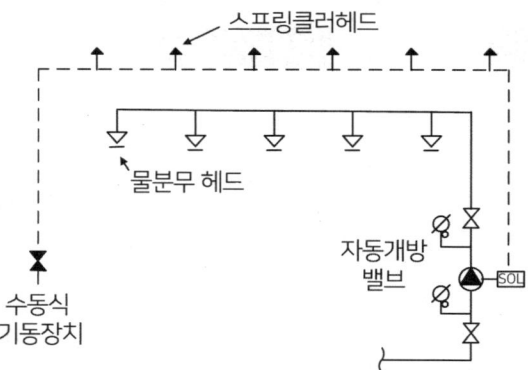

[폐쇄형 헤드방식]

2 수원 ★★★

소방대상물	수원량 산정방법	비고
특수가연물을 저장·취급하는 특정소방대상물 또는 그 부분	A [m²] × 10 [L/min·m²] × 20 [min] 이상 (A : 바닥면적)	최대 방수구역의 바닥면적을 기준으로 함. 50 [m²] 이하인 경우에는 50 [m²]
절연유 봉입 변압기	A [m²] × 10 [L/min·m²] × 20 [min] (A : 바닥부분을 제외한 표면적을 합한 면적)	-
컨베이어벨트 등	A [m²] × 10 [L/min·m²] × 20 [min] (A : 벨트 부분의 바닥면적)	-
케이블 트레이, 케이블 덕트 등	A [m²] × 12 [L/min·m²] × 20 [min] (A : 투영된 바닥면적)	-
차고·주차장	A [m²] × 20 [L/min·m²] × 20 [min] (A : 바닥면적)	최대 방수구역의 바닥면적을 기준으로 함. 50 [m²] 이하인 경우에는 50 [m²]

3 물분무헤드

(1) 물분무헤드는 오리피스를 빠르게 통과한 물이 디플렉터(살수판)에 부딪혀 미세한 물방울로 분사되는 헤드이다.

(2) 미분화방법에 따른 물분무헤드의 종류 ★

종류	특징
충돌형	유수와 유수의 충돌에 의해 미세한 물방울을 만드는 방식
분사형	소구경의 오리피스로부터 고압 분사에 의해 확산 방출시키는 방식
선회류형	선회류와 직선류의 충돌 또는 선회류에 의해 확산 방출시키는 방식
디플렉터형 (디프렉타형)	물방울을 반사판에 충돌시켜 미세물방울을 만드는 방식
슬리트형	수류를 슬릿(slit - 긴 구멍)에 의해 수막상의 분무를 만드는 방식

암기▶ 충분선디슬

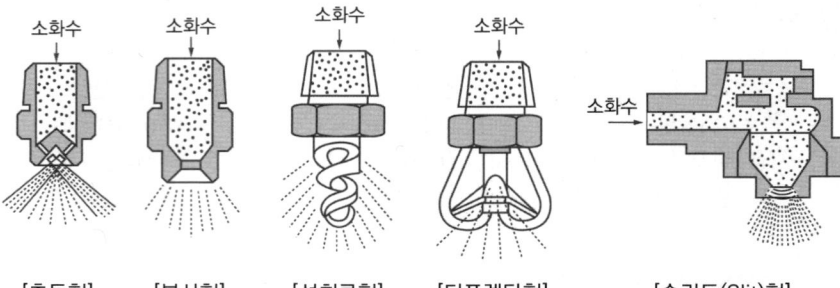

[충돌형]　[분사형]　[선회류형]　[디프렉타형]　[슬리트(Slit)형]

4 물분무소화설비의 소화효과 ★

소화효과	내용
냉각효과	물 입자가 작아서 열 흡수가 용이하고 증발잠열이 커서 냉각효과가 우수
질식효과	화재 시 연소열에 의해 생성된 수증기는 체적이 1700배로 팽창되어 연소면에 산소공급을 차단
유화효과	유류화재 시 유류표면에 방사되어 불연성의 유화층(에멀젼)을 형성하여 소화
희석효과	가연물의 농도를 낮추어 소화

암기▶ 냉질유희

5 물분무헤드의 설치 제외

(1) 물에 심하게 반응하는 물질 또는 물과 반응하여 위험한 물질을 생성하는 물질을 저장 또는 취급하는 장소
(2) 고온의 물질 및 증류범위가 넓어 끓어 넘치는 위험이 있는 물질을 저장 또는 취급하는 장소
(3) 운전 시에 표면의 온도가 260 [℃] 이상으로 되는 등 직접 분무를 하는 경우 그 부분에 손상을 입힐 우려가 있는 기계장치 등이 있는 장소

6 고압의 전기기기와 물분무헤드 사이의 거리 ★★★

전압[kV]	거리[cm]
66 이하	70 이상
66 초과 77 이하	80 이상
77 초과 110 이하	110 이상
110 초과 154 이하	150 이상
154 초과 181 이하	180 이상
181 초과 220 이하	210 이상
220 초과 275 이하	260 이상

[전기화재의 물분무 적응성]
1. 물방울이 크면 전기전도성이 있어 전기기기에 사용하지 못한다.
2. 물방울이 작아지면 전기전도성이 작아진다.
3. 전압이 높을수록 절연파괴가 증가하므로 기기와 이격거리를 크게 해야 한다.

7 물분무소화설비를 설치하는 차고 또는 주차장의 배수설비 설치기준 ★★

(1) 차량이 주차하는 장소의 적당한 곳에 높이 10 [cm] 이상의 경계턱으로 배수구를 설치할 것
(2) 배수구에는 새어나온 기름을 모아 소화할 수 있도록 길이 40 [m] 이하마다 집수관·소화핏트 등 기름분리장치를 설치할 것
(3) 차량이 주차하는 바닥은 배수구를 향하여 100분의 2 이상의 기울기를 유지할 것
(4) 배수설비는 가압송수장치의 최대송수능력의 수량을 유효하게 배수할 수 있는 크기 및 기울기로 할 것

🙋 선생님 TIP

물분무소화설비를 설치하는 차고 또는 주차장의 배수설비 설치기준은 시험에 종종 출제되므로 주요 수치값 위주로 암기합시다.

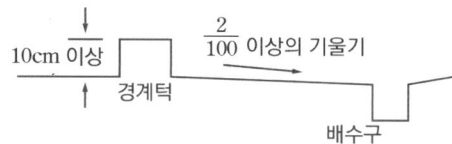

[배수구 및 경계턱]

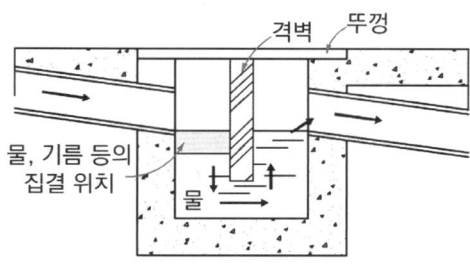

[소화핏트]

참고 기울기 정리

구분	기울기
• 연결살수설비의 수평주행배관	$\frac{1}{100}$ 이상
• 물분무소화설비를 설치하는 차고 또는 주차장의 바닥	$\frac{2}{100}$ 이상
• 습식 스프링클러설비 또는 부압식 스프링클러설비 외의 가지배관 • 개방형 미분무소화설비의 가지배관	$\frac{1}{250}$ 이상
• 습식 스프링클러설비 또는 부압식 스프링클러설비 외의 수평주행배관 • 개방형 미분무소화설비의 수평주행배관	$\frac{1}{500}$ 이상

02 미분무소화설비

1 용어의 정의

(1) "미분무소화설비"란 가압된 물이 헤드 통과 후 미세한 입자로 분무됨으로써 소화성능을 가지는 설비를 말하며, 소화력을 증가시키기 위해 강화액 등을 첨가할 수 있다.

(2) "미분무"란 물만을 사용하여 소화하는 방식으로 최소설계압력에서 헤드로부터 방출되는 물입자 중 99 [%]의 누적체적분포가 400 [μm] 이하로 분무되고 A, B, C급 화재에 적응성을 갖는 것을 말한다.

(3) "미분무헤드"란 하나 이상의 오리피스를 가지고 미분무소화설비에 사용되는 헤드를 말한다.

(4) "개방형 미분무헤드"란 감열체 없이 방수구가 항상 열려져 있는 헤드를 말한다.

(5) "폐쇄형 미분무헤드"란 정상상태에서 방수구를 막고 있는 감열체가 일정온도에서 자동적으로 파괴·용융 또는 이탈됨으로써 방수구가 개방되는 헤드를 말한다.

(6) "저압 미분무소화설비"란 최고사용압력이 1.2 [MPa] 이하인 미분무소화설비를 말한다.

(7) "중압 미분무소화설비"란 사용압력이 1.2 [MPa]을 초과하고 3.5 [MPa] 이하인 미분무소화설비를 말한다.

(8) "고압 미분무소화설비"란 최저사용압력이 3.5 [MPa]을 초과하는 미분무소화설비를 말한다.

(9) "폐쇄형 미분무소화설비"란 배관 내에 항상 물 또는 공기 등이 가압되어 있다가 화재로 인한 열로 폐쇄형 미분무헤드가 개방되면서 소화수를 방출하는 방식의 미분무소화설비를 말한다.

(10) "개방형 미분무소화설비"란 화재감지기의 신호를 받아 가압송수장치를 동작시켜 미분무수를 방출하는 방식의 미분무소화설비를 말한다.

(11) "설계도서"란 점화원, 연료의 특성과 형태 등에 따라서 건축물에서 발생할 수 있는 화재의 유형이 고려되어 작성된 것을 말한다.

2 미분무의 소화원리

(1) 냉각소화 : 미세물분무 입자가 비열, 증발잠열로 화염 및 가연성혼합기의 온도를 낮춤

(2) 질식소화 : 미세물분무 입자가 열을 흡수하면서 증발되어 체적이 팽창되어 산소의 농도를 낮춤

> **선생님 TIP**
> 저압, 중압, 고압 미분무소화설비의 정의를 잘 알아둡시다.

(3) 복사열의 차단 : 미세물입자가 연료 표면을 덮어 화염으로부터 복사열 흡수 감소(물방울이 작을수록 효과가 크다)
(4) 가연성혼합기의 희석 : 물방울의 속도로 인해 주위 공기를 화염 속으로 운반하여 냉각

3 수원

(1) 미분무소화설비에 사용되는 용수는 「먹는물관리법」 제5조에 적합하고, 저수조 등에 충수할 경우 필터 또는 스트레이너를 통해야 하며, 사용되는 물에는 입자·용해고체 또는 염분이 없어야 한다.
(2) 배관의 연결부(용접부 제외) 또는 주배관의 유입 측에는 필터 또는 스트레이너를 설치해야 하고, 사용되는 스트레이너에는 청소구가 있어야 하며, 검사·유지관리 및 보수 시에 배치위치를 변경하지 않아야 한다. 다만 노즐이 막힐 우려가 없는 경우에는 설치하지 않을 수 있다.
(3) 사용되는 필터 또는 스트레이너의 메쉬는 헤드 오리피스 지름의 80 [%] 이하가 되어야 한다.
(4) 수원의 양은 다음의 식을 이용하여 계산한 양 이상으로 해야 한다. ★

$$Q = N \times D \times T \times S + V$$

Q : 수원의 양 [m^3]
N : 방호구역(방수구역) 내 헤드의 개수
D : 설계유량 [m^3/min]
T : 설계방수시간 [min]
S : 안전율(1.2 이상)
V : 배관의 총체적 [m^3]

4 헤드

(1) 미분무헤드는 소방대상물의 천장·반자·천장과 반자 사이·덕트·선반 기타 이와 유사한 부분에 설계자의 의도에 적합하도록 설치해야 한다.
(2) 하나의 헤드까지의 수평거리 산정은 설계자가 제시해야 한다.
(3) 미분무설비에 사용되는 헤드는 조기반응형 헤드를 설치해야 한다.
(4) 폐쇄형 미분무헤드는 그 설치장소의 평상시 최고주위온도에 따라 다음 식에 따른 표시온도의 것으로 설치해야 한다.

$$T_a = 0.9 T_m - 27.3 \text{℃}$$

T_a : 최고 주위온도
T_m : 헤드의 표시온도

(5) 미분무헤드는 배관, 행거 등으로부터 살수가 방해되지 아니하도록 설치해야 한다.
(6) 미분무헤드는 설계도면과 동일하게 설치해야 한다.

CHAPTER 06 연습문제

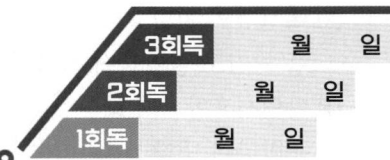

01

미분무소화설비의 폐쇄형 미분무헤드의 표시온도가 79 [℃]일 때 그 설치장소의 평상시 최고 주위온도 [℃]를 구하시오.

○ 계산과정 :　　　　　　　　　　○ 답 :

정답

☑ 계산과정
$$T_a = 0.9\,T_m - 27.3\,[℃] = 0.9 \times 79 - 27.3 = 43.8\,[℃]$$

답 | 43.8 [℃]

02

다음 [조건]을 참고하여 미분무소화설비의 수원 저장량[m³]을 구하시오.

조건
- ㉠ 헤드 개수 30개
- ㉡ 헤드당 설계유량 50 [L/min]
- ㉢ 설계방수시간 1시간
- ㉣ 배관의 총체적 0.07 [m³]

○ 계산과정 :　　　　　　　　　　○ 답 :

정답

☑ 계산과정
$$Q = N \times D \times T \times S + V$$
$$= 30 \times 0.05\,[\text{m}^3/\text{min}] \times 60\,[\text{min}] \times 1.2 + 0.07\,[\text{m}^3] = 108.07\,[\text{m}^3]$$

답 | 108.07 [m³]

> 🖐️ **선생님 TIP**
> 주어진 조건의 단위를 잘 확인합시다.

03

배점 4

특수가연물 저장창고의 바닥면적이 200 [m²]인 곳에 물분무소화설비를 하였다. 수원의 저수량[m³] 및 송수펌프의 토출량[L/min]은 얼마 이상이어야 하는가?

가. 수원의 저수량[m³]
- 계산과정 :
- 답 :

나. 송수펌프의 토출량[L/min]
- 계산과정 :
- 답 :

정답

가. 계산과정 : 물분무소화설비 토출량 산정

소방대상물	수원량 산정방법	비고
특수가연물을 저장·취급하는 특정소방대상물 또는 그 부분	A [m²] × 10 [L/min·m²] × 20 [min] 이상 (A : 바닥면적)	최대 방수구역의 바닥면적을 기준으로 함 50 [m²] 이하인 경우에는 50 [m²]
절연유 봉입 변압기	A [m²] × 10 [L/min·m²] × 20 [min] (A : 바닥부분을 제외한 표면적을 합한 면적)	-
컨베이어벨트 등	A [m²] × 10 [L/min·m²] × 20 [min] (A : 벨트 부분의 바닥면적)	-
케이블 트레이, 케이블 덕트 등	A [m²] × 12 [L/min·m²] × 20 [min] (A : 투영된 바닥면적)	-
차고·주차장	A [m²] × 20 [L/min·m²] × 20 [min] (A : 바닥면적)	최대 방수구역의 바닥면적을 기준으로 함 50 [m²] 이하인 경우에는 50 [m²]

Q = 200 [m²] × 10 [L/min·m²] × 20 [min] = 40000 [L] = 40 [m³]

답 | 40 [m³]

나. 계산과정 : Q = 200 [m²] × 10 [L/min·m²] = 2000 [L/min]

답 | 2000 [L/min]

04

배점 4

그림과 같이 바닥면이 자갈로 되어 있는 절연유 봉입변압기에 물분무소화설비를 설치하고자 한다. 물분무소화설비의 화재안전기술기준을 참고하여 다음 각 물음에 답하시오.

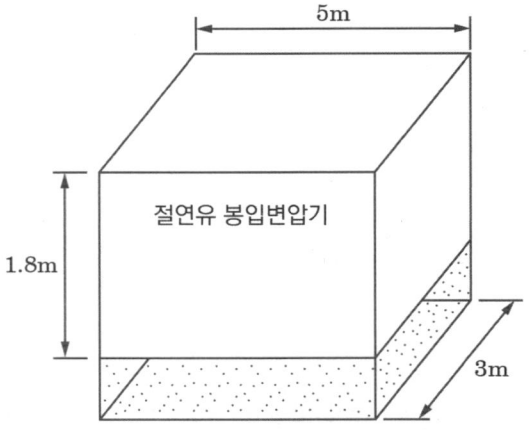

가. 소화펌프의 ① 최소 토출량[L/min]을 구하고, 필요한 ② 최소 수원량[m³]을 구하시오.

① 최소 토출량[L/min]
　○ 계산과정 :　　　　　　　　　○ 답 :

② 최소 수원량[m³]
　○ 계산과정 :　　　　　　　　　○ 답 :

나. 고압의 전기기기가 있을 경우 물분무헤드와 전기기기의 이격기준인 다음의 표를 완성하시오.

전압[KV]	거리[cm]	전압[KV]	거리[cm]
66 이하	(①) 이상	154 초과 181 이하	180 이상
66 초과 77 이하	80 이상	181 초과 220 이하	(②) 이상
77 초과 110 이하	110 이상	220 초과 275 이하	260 이상
110 초과 154 이하	150 이상		

정답

가. 계산과정

최소 수원량 = A [m²] × 10 [L/min·m²] × 20 [min]
(A : 바닥부분을 제외한 표면적을 합한 면적)

① A = (5 × 1.8 × 2) + (3 × 1.8 × 2) + (5 × 3) = 43.8 [m²]
  최소 토출량 = A [m²] × 10 [L/min·m²]
            = 43.8 [m²] × 10 [L/min·m²]
            = 438 [L/min]

답 | 438 [L/min]

② 최소 수원량 = 438 [L/min] × 20 [min]
            = 8760 [L] = 8.76 [m³]

답 | 8.76 [m³]

나. ① 70, ② 210

05

배점 5

주차장 바닥면적이 200 [m²]인 방호공간에 최대 방수구역의 바닥면적을 100 [m²]로 하여 물분무소화설비를 설치할 경우 다음 물음에 답하시오. (단, 효율은 65 [%], 전양정 50 [m], 전달계수 K = 1로 한다)

가. 수원의 최소 확보량[m³]을 구하시오.
  ○ 계산과정 :
  ○ 답 :

나. 펌프를 구동하기 위한 전동기의 최소용량[kW]을 구하시오.
  ○ 계산과정 :
  ○ 답 :

선생님 TIP

최대 방수구역을 유의하여 풀이합시다.

정답

가. 계산과정
  Q = A [m²] × 20 [L/min·m²] × 20 [min]
    = 100 × 20 × 20 = 40000 [L] = 40 [m³]

답 | 40 [m³]

나. 계산과정
  ① Q = A [m²] × 20 [L/min·m²] = 100 × 20 = 2000 [L/min]

  ② $P[kW] = \dfrac{\gamma QH}{\eta} \times K = \dfrac{9.8[kN/m^3] \times \dfrac{2}{60}[m^3/s] \times 50[m]}{0.65} \times 1 = 25.13$ [kW]

답 | 25.13 [kW]

CHAPTER 07 포소화설비

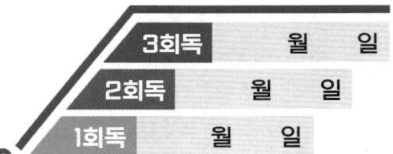

학습목표

1 포방출구의 종류를 파악한다.
2 특정소방대상물에 따른 포소화설비의 적응성을 익힌다.
3 포소화약제 혼합장치 종류를 암기한다.
4 포방출구 종류별 소화약제 저장량 구하는 공식과 설치기준을 암기한다.

학습MAP

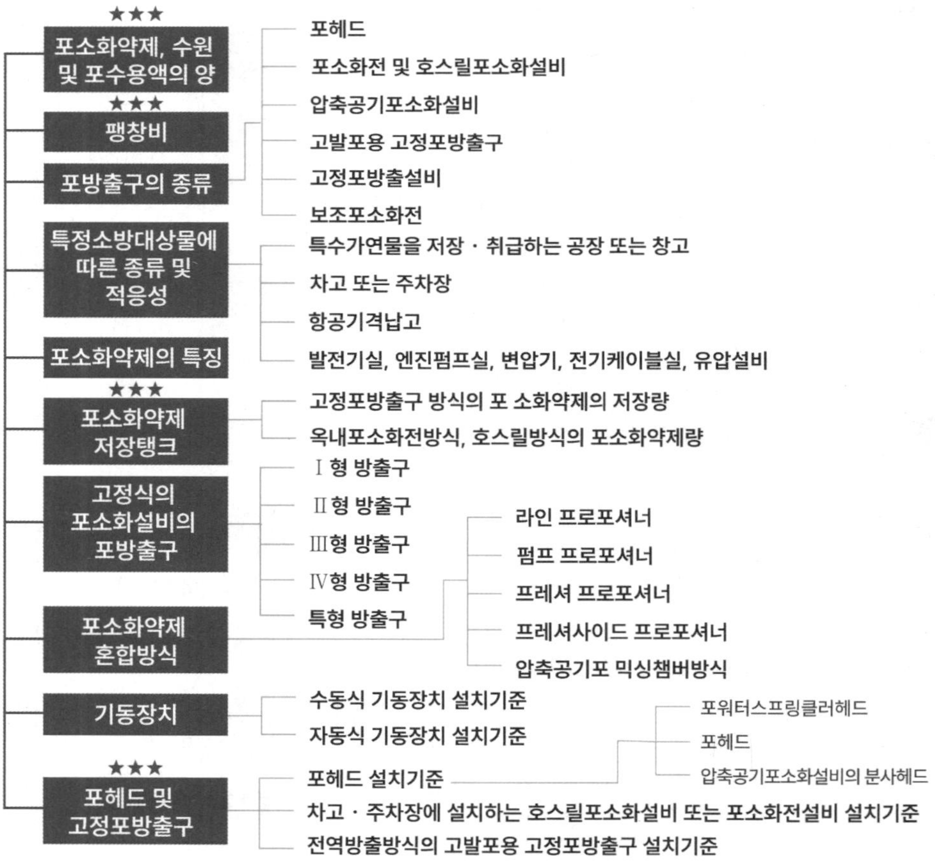

- 포소화약제, 수원 및 포수용액의 양 ★★★
- 팽창비 ★★★
- 포방출구의 종류
  - 포헤드
  - 포소화전 및 호스릴포소화설비
  - 압축공기포소화설비
  - 고발포용 고정포방출구
  - 고정포방출설비
  - 보조포소화전
- 특정소방대상물에 따른 종류 및 적응성
  - 특수가연물을 저장·취급하는 공장 또는 창고
  - 차고 또는 주차장
  - 항공기격납고
  - 발전기실, 엔진펌프실, 변압기, 전기케이블실, 유압설비
- 포소화약제의 특징
- 포소화약제 저장탱크 ★★★
  - 고정포방출구 방식의 포 소화약제의 저장량
  - 옥내포소화전방식, 호스릴방식의 포소화약제량
- 고정식의 포소화설비의 포방출구
  - Ⅰ형 방출구
  - Ⅱ형 방출구
  - Ⅲ형 방출구
  - Ⅳ형 방출구
  - 특형 방출구
- 포소화약제 혼합방식
  - 라인 프로포셔너
  - 펌프 프로포셔너
  - 프레셔 프로포셔너
  - 프레셔사이드 프로포셔너
  - 압축공기포 믹싱챔버방식
- 기동장치
  - 수동식 기동장치 설치기준
  - 자동식 기동장치 설치기준
- 포헤드 및 고정포방출구 ★★★
  - 포헤드 설치기준
    - 포워터스프링클러헤드
    - 포헤드
    - 압축공기포소화설비의 분사헤드
  - 차고·주차장에 설치하는 호스릴포소화설비 또는 포소화전설비 설치기준
  - 전역방출방식의 고발포용 고정포방출구 설치기준

01 개요

포소화설비는 물과 포소화약제가 일정한 비율로 혼합되어 포수용액이 공기에 의하여 거품이 형성되어 연소물의 표면을 덮어 소화한다. 포소화설비는 일반적으로 수원, 가압송수장치, 포방출구, 약제탱크, 혼합장치, 배관 및 화재감지기 등으로 구성되어 있다.

02 포소화약제, 수원 및 포수용액의 양 ★★★

1. 포수용액 = 포약제(포원액) + 물
2. 포약제량 = 포수용액의 양 × 농도[%]
3. 물의 양 = 포수용액의 양 × (1 - 농도[%])

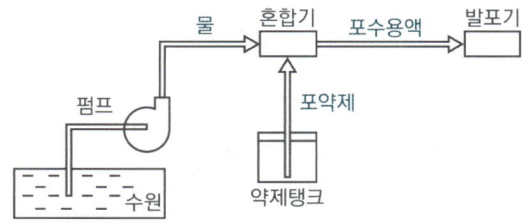

03 팽창비

1 팽창비공식 ★★★

$$팽창비 = \frac{최종 발생한 포 체적}{원래 포수용액체적}$$

2 팽창비율에 따른 포의 종류

구분	팽창비	포방출구의 종류	포소화약제
저발포	20 이하 ★★★	포헤드, 압축공기포헤드	단백포 합성계면활성제포 수성막포 불화단백포 내알콜포
고발포	80 이상 1000 미만 ★★★	고발포용 고정포방출구	합성계면활성제포

> **선생님 TIP**
> 포방출구의 종류를 잘 구분해야 포 소화약제 저장량 공식 암기가 쉬워집니다.

04 포방출구의 종류

1 포헤드
(1) 고정식 배관에 접속된 포헤드를 이용하여 포를 방출하는 방식의 방출구
(2) 포헤드의 종류 : 포헤드, 포워터스프링클러헤드

[포헤드]

[포워터스프링클러헤드]

2 포소화전 및 호스릴포소화설비
(1) 포 호스를 사용하여 사람이 직접 포를 방출하는 방식
(2) 주로 개방된 차고, 주차장에 사용한다.

[포소화전]

3 압축공기포소화설비
압축공기 또는 질소를 일정 비율로 포수용액에 강제 주입, 혼합하는 방식

[압축공기포소화설비]

4 고발포용 고정포방출구

차고·주차장, 항공기 격납고, 창고 등의 실내에 설치하는 방출구로 전역방출방식과 국소방출방식이 있음

고발포용 고정포방출구
[전역방출방식]

5 고정포방출설비

옥외탱크저장소에서 위험물 탱크 화재를 소화하기 위하여 탱크 내부에 설치하는 방출구

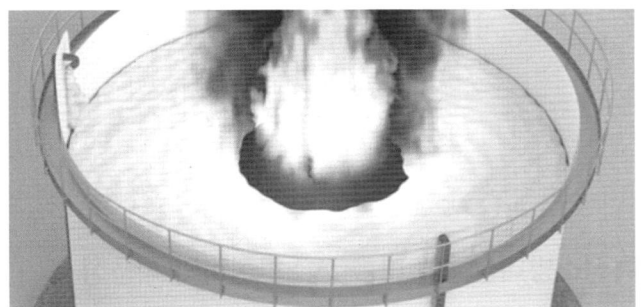

[옥외탱크에 설치된 고정포방출구]

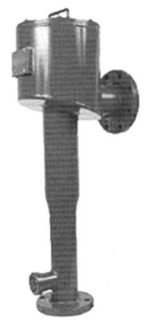

[고정포방출구]

6 보조포소화전

옥외탱크저장소 방유제 주변에 설치하는 포소화전설비

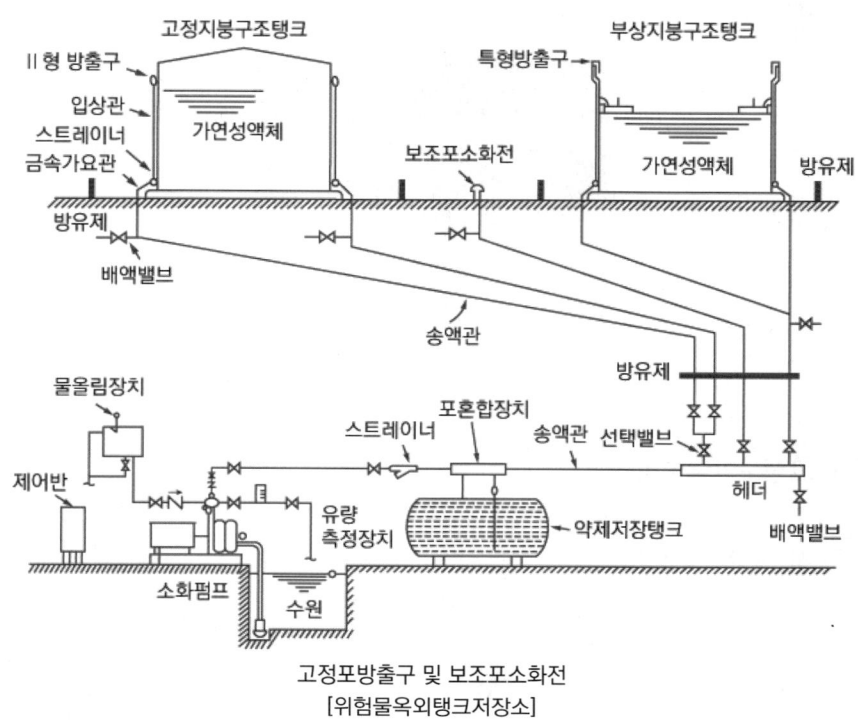

[위험물옥외탱크저장소]
고정포방출구 및 보조포소화전

05 특정소방대상물에 따른 포소화설비의 적응성

1 특수가연물을 저장·취급하는 공장 또는 창고
포워터스프링클러설비·포헤드설비 또는 고정포방출설비, 압축공기포소화설비

암기 ▶ 포 포 고 압

2 차고 또는 주차장
(1) 포워터스프링클러설비·포헤드설비 또는 고정포방출설비, 압축공기포소화설비

암기 ▶ 포 포 고 압

(2) 다음 어느 하나에 해당하는 차고·주차장의 부분에는 호스릴포소화설비 또는 포소화전설비 설치할 수 있음
  ① 완전 개방된 옥상주차장 또는 고가 밑의 주차장으로서 주된 벽이 없고 기둥뿐이거나 주위가 위해방지용 철주 등으로 둘러싸인 부분
  ② 지상 1층으로서 지붕이 없는 부분

3 항공기격납고

(1) 포워터스프링클러설비·포헤드설비 또는 고정포방출설비, 압축공기포소화설비
(2) 바닥면적 합계가 1000 [m²] 이상이고 격납위치가 한정된 경우에는 그 한정된 장소 외의 부분에 대하여는 호스릴포소화설비를 설치할 수 있음

4 발전기실, 엔진펌프실, 변압기, 전기케이블실, 유압설비

바닥면적의 합계가 300 [m²] 미만의 장소에는 고정식 압축공기포소화설비를 설치할 수 있음

> 암기 ▶ 포 포 고 압

06 포소화약제의 특징

장점	단점
• 유류화재에 효과적 • 옥외에서도 충분한 소화효과 • 인체에 무해 • 소화 시 열분해에 의한 독성 가스 생성 없음	• 소화 후 약제 잔존물로 2차 피해 발생 • 단백포 : 변질·부패의 우려가 있음

※ 포소화약제의 특징
① 포의 안정성이 좋아야 한다.
② 독성이 적어야 한다.
③ 유류와의 점착성이 좋아야 한다.
④ 포의 유동성이 좋아야 한다.
⑤ 유류의 표면에 잘 분산되어야 한다.

07 포소화약제 저장탱크

1 고정포방출구방식의 포소화약제의 저장량 ★★★

(1) 고정포방출구에서 방출하기 위하여 필요한 양

$$Q_1 = A \times Q_A \times T \times S$$

Q_1 : 포소화약제의 양 [L]
A : 탱크의 액표면적 [m²]
Q_A : 단위 포소화수용액의 양(방출률) [L/m²·min]
T : 방출시간 [min]
S : 포소화약제의 사용농도 [%]

포방출구의 종류 / 위험물의 구분	I형 포수용액량 (L/m²)	I형 방출율 (L/m²min)	II형 포수용액량 (L/m²)	II형 방출율 (L/m²min)	특형 포수용액량 (L/m²)	특형 방출율 (L/m²min)	III형 포수용액량 (L/m²)	III형 방출율 (L/m²min)	IV형 포수용액량 (L/m²)	IV형 방출율 (L/m²min)
제4류 위험물 중 인화점이 21[℃] 미만인 것	120	4	220	4	240	8	220	4	220	4
제4류 위험물 중 인화점이 21[℃] 이상 70[℃] 미만인 것	80	4	120	4	160	8	120	4	120	4
제4류 위험물 중 인화점이 70[℃] 이상인 것	60	4	100	4	120	8	100	4	100	4

(2) 보조포소화전에서 방출하기 위하여 필요한 양

$$Q_2 = N \times 8000 \times S$$

Q_2 : 포소화약제의 양 [L]
N : 호스 접결구의 수(최대 3개)
S : 포소화약제의 사용농도 [%]

(3) 가장 먼 탱크까지의 송액관에 충전하기 위하여 필요한 양(내경 75[mm] 이하의 송액관을 제외)

$$Q_3 = V \times S \times 1000 [L/m^3]$$

Q_3 : 포소화약제의 양 [L]
V : 송액관 내부의 체적 [m³]
S : 포소화약제의 사용농도 [%]

* 송액관 : 수원으로부터 포헤드, 고정포방출구 또는 이동식 노즐에 급수하는 배관

(4) 고정포방출구방식의 포소화약제 저장량

$$\boxed{\begin{array}{c}\text{고정포}\\\text{방출구방식}\\Q\end{array}} = \boxed{\begin{array}{c}\text{고정포}\\\text{방출구의 양}\\Q_1\end{array}} + \boxed{\begin{array}{c}\text{보조포}\\\text{소화전의 양}\\Q_2\end{array}} + \boxed{\begin{array}{c}\text{송액관의 양}\\Q_3\end{array}}$$

> **선생님 TIP**
> 고정포방출구방식의 포소화약제 저장량은 이 3가지를 합해야 한다는 점을 유의합시다. 그러나 조건상 주어지지 않은 내용은 무시합니다.

2 옥내포소화전방식, 호스릴방식의 포소화약제량 ★★★

$$Q = N \times 6000 \times S$$
(바닥면적 200 m² 미만은 75 [%]를 적용)

Q : 포소화약제의 양 [L]
N : 호스 접결구 개수(최대 5개)
S : 포소화약제의 사용농도 [%]

08 고정식의 포소화설비의 포방출구

1 Ⅰ형 방출구

(1) 방출된 포가 액면 위에서 전개될 수 있도록 탱크 내부에 포의 통로가 있는 설비
(2) Cone Roof Tank에 설치하는 방식

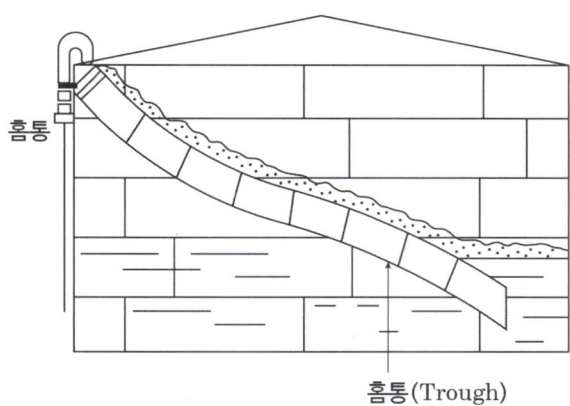

[Ⅰ형 방출구]

2 II형 방출구

(1) 방출된 포가 탱크 측판 내부로 흘러내려서 액면에 전개되도록 반사판이 있는 설비
(2) Cone Roof Tank에 설치하는 방식

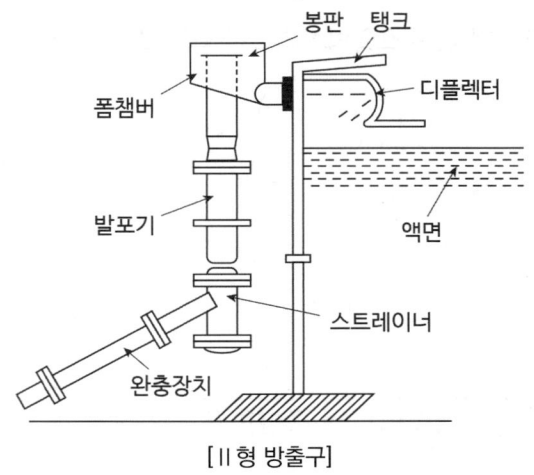

[II형 방출구]

3 III형(표면하포주입방식) 방출구

(1) 포를 탱크 밑으로 주입하여 포가 탱크 내의 유류를 통해 표면으로 떠올라 소화하는 방식
(2) 60 [m] 초과 탱크에 적합
(3) Cone Roof Tank에 적합

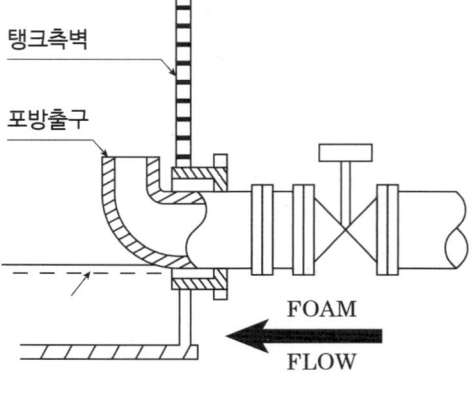

[III형 방출구]

4 Ⅳ형(반표면하포주입방식) 방출구

표면하포주입방식의 개량형으로 탱크 하부에 호스를 이용하여 액면에서 포를 방출하는 방식

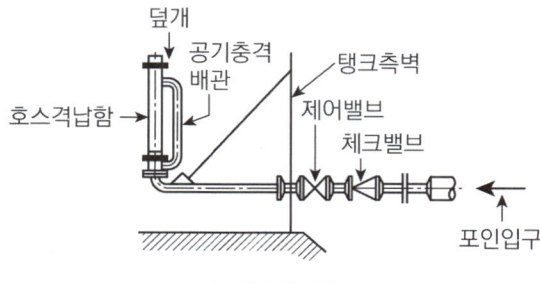

[Ⅳ형 방출구]

5 특형 방출구

Floating Roof Tank의 측면과 굽도리판(Foam Dam)에 의하여 형성된 환상부분에 포를 방출하여 소화작용을 하도록 설치된 설비

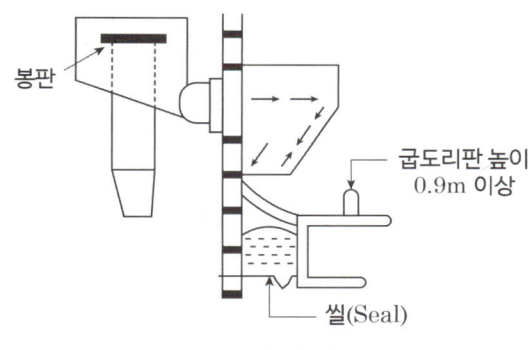

[특형 방출구]

> **선생님 TIP**
> 특형방출구는 굽도리판에 의한 환상부분에 포를 방출한다는 것을 꼭 체크합시다. 필요한 포소화약제량을 구할 때 매우 중요합니다.

09 포소화약제 혼합방식

1 라인 프로포셔너방식(Line Proportioner Type)

(1) 펌프와 발포기의 중간에 설치된 벤추리관의 벤추리작용에 따라 포소화약제를 흡입·혼합하는 방식이다.
(2) 설치비가 저렴하다.
(3) 설치가 용이하다.
(4) 혼합비가 부정확하다.

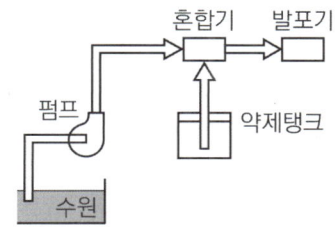

2 펌프 프로포셔너방식(Pump Proportioner Type)

(1) 펌프의 토출관과 흡입관 사이의 배관 도중에 설치한 흡입기에 펌프에서 토출된 물의 일부를 보내고, 농도 조정밸브에서 조정된 포소화약제의 필요량을 포소화약제 탱크에서 펌프 흡입 측으로 보내어 이를 혼합하는 방식이다.
(2) 소방펌프차에 주로 사용하는 방식이다.
(3) 압력손실이 작다.
(4) 보수가 용이하다.

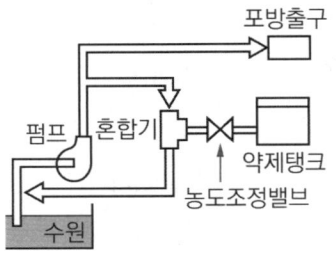

3 프레셔 프로포셔너(Pressure Proportioner Type)

(1) 펌프와 발포기의 중간에 설치된 벤추리관의 벤추리작용과 펌프 가압수의 포소화약제 저장탱크에 대한 압력에 따라 포소화약제를 흡입·혼합하는 방식이다.
(2) 위험물 제조소에서 가장 많이 사용하는 방식이다.

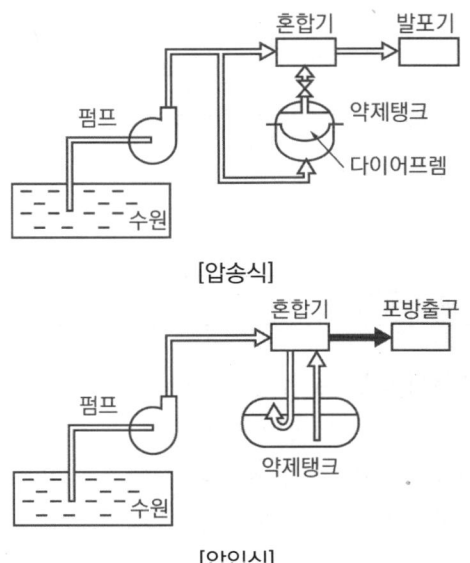

[압송식]

[압입식]

선생님 TIP
라인프로포셔너 도식도와 프레셔프로포셔너 중 압입식의 도식도를 혼동하는 경우가 많으니, 잘 구분할 수 있도록 합시다.

4 프레셔 사이드 프로포셔너(Pressure Side Proportioner Type)

(1) 펌프의 토출관에 압입기를 설치하여 포소화약제 압입용 펌프로 포소화약제를 압입시켜 혼합하는 방식이다.
(2) 대형설비에 주로 사용한다.
(3) 혼합비율이 가장 일정하다.

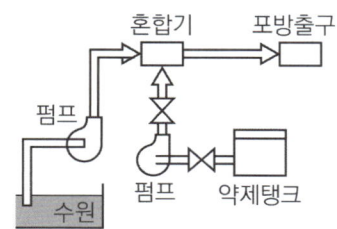

5 압축공기포 믹싱챔버방식(CAFS : Compressed Air Foam System)

(1) 압축공기 또는 압축질소를 일정비율로 포 수용액에 강제 주입 혼합하는 방식이다.
(2) 포약제를 물과 공기 또는 질소와 혼합시켜 물의 표면장력을 감소시킴으로써 연소물질에 침투되는 침투력을 증가시켜 빠르게 소화한다.

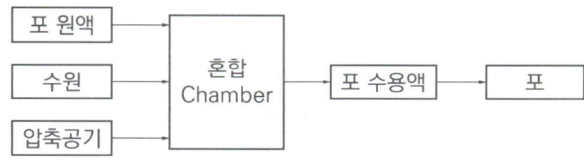

10 포소화설비의 기동장치

1 포소화설비의 수동식 기동장치

수동으로 조작을 하여 수동개방밸브를 개방시켜 주는 장치로 가압 송수장치나 약제혼합장치는 수동식 개방밸브가 개방되면 자동으로 기동되는 것

2 포소화설비의 자동식 기동장치

자동화재탐지설비의 감지기의 작동 또는 폐쇄형 스프링클러헤드의 개방과 연동하여 가압송수장치·일제개방밸브 및 포소화약제 혼합장치를 기동시킬 수 있는 장치

11 포헤드 및 고정포방출구

1 포헤드 설치기준

(1) 포워터스프링클러헤드

① 포워터스프링클러헤드는 특정소방대상물의 천장 또는 반자에 설치하되, 바닥면적 8 [m²]마다 1개 이상으로 하여 해당 방호대상물의 화재를 유효하게 소화할 수 있도록 할 것 ★★★

② 포워터스프링클러헤드의 표준방사량(10분간 방사할 수 있는 양 이상)

구분	표준방사량
포워터 스프링클러헤드	75 [L/min] 이상

$Q = N \times 75 \text{ [L/min]} \times 10 \text{ [min]} \times S$ ★★★

Q : 포소화약제의 양 [L]
N : 헤드의 개수
S : 포소화약제의 사용농도 [%]

(2) 포헤드

① 포헤드는 특정소방대상물의 천장 또는 반자에 설치하되, 바닥면적 9 [m²]마다 1개 이상으로 하여 해당 방호대상물의 화재를 유효하게 소화할 수 있도록 할 것 ★★★

② 포헤드는 특정소방대상물별로 그에 사용되는 포소화약제에 따라 1분당 방사량이 다음 표에 따른 양 이상이 되는 것으로 할 것(10분간 방사할 수 있는 양 이상) ★★★

소방대상물	포소화약제의 종류	바닥면적 1 [m²]당 방사량(Q_A)
차고·주차장 및 항공기격납고	단백포소화약제	6.5 [L] 이상
	합성계면활성제포소화약제	8.0 [L] 이상
	수성막포소화약제	3.7 [L] 이상
특수가연물 저장·취급하는 소방대상물	단백포소화약제	6.5 [L] 이상
	합성계면활성제포소화약제	
	수성막포소화약제	

$$Q = A \,[m^2] \times Q_A \,[L/m^2 \cdot min] \times 10 \,[min] \times S$$
★★★

Q : 포소화약제의 양 [L]
A : 포헤드설비가 설치된 부분의 바닥면적 [m²] (단, ① 특수가연물을 저장·취급하는 공장·창고, ② 차고·주차장 : 최대 바닥면적 200 [m²])
Q_A : 1분당 바닥면적 1 m²에 대한 방사량 [L/m²·min]
S : 포소화약제의 사용농도 [%]

(3) 포헤드 상호 간 거리

포헤드 상호 간 거리(S)는 정방형으로 배치한 경우 다음의 식에 따라 산정한 수치 이하가 되도록 할 것 ★★★

$$S = 2R \times \cos 45°$$

S : 포헤드 상호 간의 거리 [m]
R : 유효반경 [2.1 m]

> **선생님 TIP**
> 포헤드의 유효반경은 2.1 [m]라는 점을 꼭 기억합시다!

(4) 압축공기포소화설비의 분사헤드는 천장 또는 반자에 설치하되 방호대상물에 따라 측벽에 설치할 수 있으며 유류탱크주위에는 바닥면적 13.9 [m²]마다 1개 이상, 특수가연물저장소에는 바닥면적 9.3 [m²]마다 1개 이상으로 당해 방호대상물의 화재를 유효하게 소화할 수 있도록 할 것 ★

방호대상물	방호면적 1 [m²]에 대한 1분당 방출량
특수가연물, 알코올류와 케톤류	2.3 [$L/min \cdot m^2$]
일반가연물, 탄화수소류	1.63 [$L/min \cdot m^2$]

$$Q = A \,[m^2] \times Q_A \,[L/m^2 \cdot min] \times 10 \,[min] \times S$$

Q : 포소화약제의 양 [L]
A : 방호구역의 바닥면적 [m²]
Q_A : 방호면적 1 [m²]에 대한 1분당 방출량 [L/m²·min]
S : 포소화약제의 사용농도 [%]

2 차고·주차장에 설치하는 호스릴포소화설비 또는 포소화전설비

(1) 특정소방대상물의 어느 층에 있어서도 그 층에 설치된 호스릴포방수구 또는 포소화전방수구(호스릴포방수구 또는 포소화전방수구가 5개 이상 설치된 경우에는 5개)를 동시에 사용할 경우 각 이동식 포노즐 선단의 포수용액 방사압력이 0.35 [MPa] 이상이고 300 [L/min] 이상(1개 층의 바닥면적이 200 [m²] 이하인 경우에는 230 [L/min] 이상)의 포수용액을 수평거리 15 [m] 이상으로 방사할 수 있도록 할 것 ★

(2) 저발포의 포소화약제를 사용할 수 있는 것으로 할 것
(3) 호스릴 또는 호스를 호스릴포방수구 또는 포소화전방수구로 분리하여 비치하는 때에는 그로부터 3 [m] 이내의 거리에 호스릴함 또는 호스함을 설치할 것
(4) 호스릴함 또는 호스함은 바닥으로부터 높이 1.5 [m] 이하의 위치에 설치하고 그 표면에는 "포호스릴함(또는 포소화전함)"이라고 표시한 표지와 적색의 위치표시등을 설치할 것
(5) 방호대상물의 각 부분으로부터 하나의 호스릴포방수구까지의 수평거리는 15 [m] 이하(포소화전방수구의 경우에는 25 [m] 이하)가 되도록 하고 호스릴 또는 호스의 길이는 방호대상물의 각 부분에 포가 유효하게 뿌려질 수 있도록 할 것

3 고발포용 포방출구

(1) 전역방출방식의 고발포용 포방출구
① 개구부에 자동폐쇄장치를 설치할 것. 다만 해당 방호구역에서 외부로 새는 양 이상의 포수용액을 유효하게 추가하여 방출하는 설비가 있는 경우에는 그렇지 않다.
② 고정포방출구는 특정소방대상물 및 포의 팽창비에 따른 종별에 따라 해당 방호구역의 관포체적 1 [m^3]에 대하여 1분당 방출량이 다음 표에 따른 양 이상이 되도록 할 것

[소방대상물 및 포의 팽창비에 따른 고정포방출구의 방출량(L/m^3·min)]

소방대상물	포의 팽창비	1 [m^3]에 대한 분당 포수용액 방출량
항공기격납고	팽창비 80 이상 250 미만의 것	2.00 [L]
	팽창비 250 이상 500 미만의 것	0.50 [L]
	팽창비 500 이상 1000 미만의 것	0.29 [L]
차고 또는 주차장	팽창비 80 이상 250 미만의 것	1.11 [L]
	팽창비 250 이상 500 미만의 것	0.28 [L]
	팽창비 500 이상 1000 미만의 것	0.16 [L]
특수가연물을 저장 또는 취급하는 소방대상물	팽창비 80 이상 250 미만의 것	1.25 [L]
	팽창비 250 이상 500 미만의 것	0.31 [L]
	팽창비 500 이상 1000 미만의 것	0.18 [L]

③ 고정포방출구는 바닥면적 500 [m²]마다 1개 이상으로 하여 방호대상물의 화재를 유효하게 소화할 수 있도록 할 것 ★
④ 고정포방출구는 방호대상물의 최고 부분보다 높은 위치에 설치할 것

참고 관포체적

해당 바닥 면으로부터 방호대상물의 높이보다 0.5 [m] 높은 위치까지의 체적

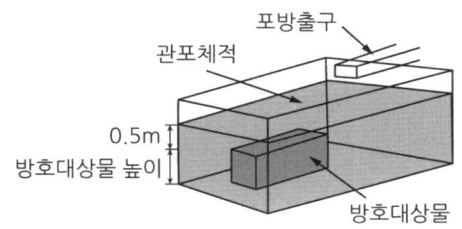

$$Q = V_{관포} [m^3] \times Q_V [L/m^3 \cdot min] \times 10 [min] \times S$$

Q : 포소화약제의 양 [L]
$V_{관포}$: 관포체적 [m³]
Q_V : 1 [m³]에 대한 분당 포수용액 방출량 [L/m³·min]
S : 포소화약제의 사용농도 [%]

(2) 국소방출방식의 고발포용 고정포방출구
① 방호대상물이 서로 인접하여 불이 쉽게 붙을 우려가 있는 경우에는 불이 옮겨붙을 우려가 있는 범위 내의 방호대상물을 하나의 방호대상물로 하여 설치할 것
② 고정포방출구(포발생기가 분리되어 있는 것에 있어서는 해당 포발생기를 포함한다)는 방호대상물의 구분에 따라 당해 방호대상물의 높이의 3배(1 [m] 미만의 경우에는 1 [m])의 거리를 수평으로 연장한 선으로 둘러 쌓인 부분의 면적 1 [m²]에 대하여 1분당 방출량이 다음 표에 따른 양 이상이 되도록 할 것

[방호대상물별 고정포방출구의 방출량(m³/min)]

방호대상물	방호면적 1 [m²]에 대한 1분당 방출량
특수가연물	3 [L]
기타의 것	2 [L]

선생님 TIP

국소방출방식의 고발포용 고정포방출구는 실기시험에 출제된 적이 없지만 최근 필기시험에 출제되기 시작했습니다. 따라서 실기시험에도 충분히 나올 가능성이 있으니, 방호면적에 대한 1분당 방출량과 방호면적, 외주선 개념은 꼭 알아 갑시다.

> **참고** 방호면적

각각 해당 방호대상물 높이의 3배(1 [m] 미만인 경우는 1 [m])의 거리를 수평으로 연장한 선으로 둘러싸인 부분의 면적으로 이는 국소방출방식에서 여유율을 감안한 수치이다.
또한 방호면적의 외곽선을 외주선(外周線)이라 한다.

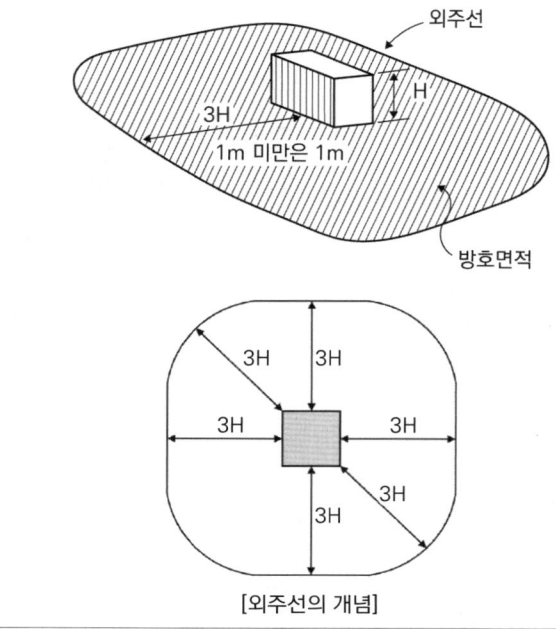

[외주선의 개념]

CHAPTER 07 연습문제

01

포소화설비의 배관방식에서 송액관에 배액밸브 및 완충장치를 설치하는 목적과 설치장소를 간단히 설명하시오.

가. 배액밸브 설치목적
  ○ 답 :

나. 배액밸브 설치위치
  ○ 답 :

다. 완충장치의 설치목적
  ○ 답 :

라. 완충장치의 설치위치
  ○ 답 :

정답

가. 배액밸브 설치목적 : 포의 방출종료 후 배관 안의 액을 방출하기 위하여
나. 배액밸브 설치위치 : 송액관의 가장 낮은 부분
다. 완충장치의 설치목적 : 펌프의 진동 흡수
라. 완충장치의 설치위치 : 펌프의 흡입 측 및 토출 측 부근

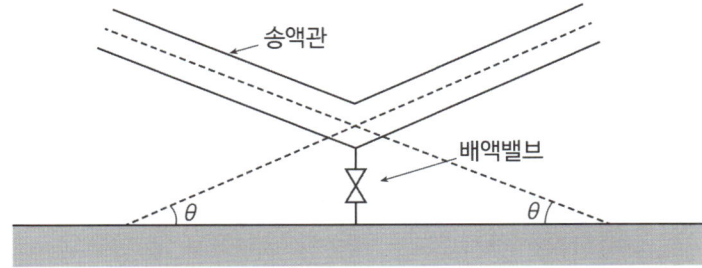

[배액밸브의 설치장소]

02

> 득점 □　배점 6

합성계면활성제 포소화약제 1.5 [%]형을 650 : 1로 방출하였더니 포의 체적이 16.25 [m³]이었다. 다음 물음에 답하시오.

가. 사용된 합성계면활성제포 1.5 [%]형의 포수용액량[L]
　○ 계산과정 :
　○ 답 :

나. 사용된 물의 양[L]
　○ 계산과정 :
　○ 답 :

다. '가'에서 사용된 합성계면활성제 포수용액을 사용하여 팽창비가 280이 되도록 포를 방출한다면 포의 체적[L]
　○ 계산과정 :
　○ 답 :

보충 ▶ $1\,[m^3] = 1000\,[L]$

정답

가. 계산과정 : 팽창비 $= \dfrac{\text{최종 발생한 포체적}}{\text{원래 포수용액 체적}}$

포수용액 체적 $= \dfrac{16.25\,[\text{m}^3]}{650} = 0.025\,[\text{m}^3] = 25\,[\text{L}]$

답 | 25 [L]

나. 계산과정 : 25 [L] × (1 - 0.015) = 24.63 [L]

답 | 24.63 [L]

다. 계산과정 : 포체적 = 팽창비 × 포 수용액 체적
　　　　　　 = 280 × 25 [L] = 7000 [L]

답 | 7000 [L]

03 배점 4

건축물의 바닥면적이 175 [m²]인 차고에 다음 그림과 같이 옥내소화전이 설치되어 있다. 이 경우에 필요한 포소화약제량[L]을 구하시오. (단, 포소화약제의 농도는 3 [%]로 한다)

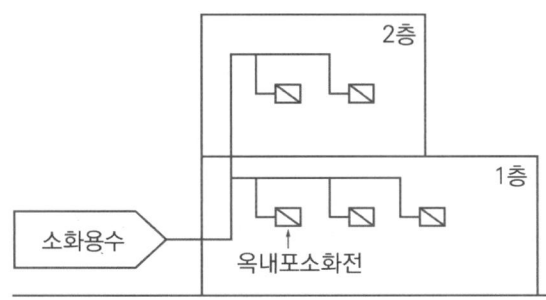

○ 계산과정: ○ 답:

정답

✓ 계산과정

$Q = N \times 6000[L] \times S = 3 \times 6000 \times 0.03 \times 0.75 = 405 \,[L]$

(바닥면적이 200 [m²] 미만인 건축물이므로 약제량을 75 [%]로 할 수 있다)

답 | 405 [L]

핵심이론 포소화설비의 화재안전기술기준(NFTC 105)

[토출량]

차고·주차장에 설치하는 호스릴포소화설비 또는 포소화전설비는 다음의 기준에 따라야 한다.

1. 특정소방대상물의 어느 층에 있어서도 그 층에 설치된 호스릴포방수구 또는 포소화전방수구(호스릴포방수구 또는 포소화전방수구가 5개 이상 설치된 경우에는 5개)를 동시에 사용할 경우 각 이동식 포노즐 선단의 포수용액 방사압력이 0.35 [MPa] 이상이고 300 [L/min] 이상(1개 층의 바닥면적이 200 [m²] 이하인 경우에는 230 [L/min] 이상)의 포수용액을 수평거리 15 [m] 이상으로 방사할 수 있도록 할 것

[약제저장량]

2. 옥내포소화전방식 또는 호스릴방식에 있어서는 다음의 식에 따라 산출한 양 이상으로 할 것. 다만 바닥면적이 200 [m²] 미만인 건축물에 있어서는 75 [%]로 할 수 있다.

    $Q = N \times S \times 6000 \,[L]$

    Q : 포소화약제의 양(L)

    N : 호스 접결구 개수(5개 이상인 경우는 5)

    S : 포소화약제의 사용농도(%)

04

특수가연물을 저장하는 창고에 포소화설비를 설치하고자 한다. 다음 [조건]을 참조하여 각 물음에 답하시오.

[조건]
(1) 창고의 크기는 가로 20 [m], 세로 10 [m]이다.
(2) 포헤드를 정방형으로 배치한다.
(3) 포원액은 3 [%] 수성막포를 사용한다.
(4) 전양정은 35 [m], 효율은 65 [%], 여유율은 10 [%]이다.

가. 헤드를 정방형으로 배치할 때 포헤드의 설치개수를 구하시오.
  ○ 계산과정 :   ○ 답 :

나. 수원의 저수량[m³]을 구하시오.
  ○ 계산과정 :   ○ 답 :

다. 포원액의 최소소요량[L]을 구하시오.
  ○ 계산과정 :   ○ 답 :

라. 펌프의 토출량[L/min]을 구하시오.
  ○ 계산과정 :   ○ 답 :

마. 펌프의 최소 동력[kW]을 구하시오.
  ○ 계산과정 :   ○ 답 :

정답

가. 계산과정 : 포헤드 정방형 배치
  $S = 2R \times \cos 45°$

  S : 포헤드 상호 간의 거리 [m]
  R : 유효반경 [2.1 m]

  ① $S = 2 \times 2.1 \times \cos 45° = 2.970$ [m]
  ② 가로 : $\dfrac{20[m]}{2.970[m]} = 6.73$ [개] ≒ 7 [개]
  ③ 세로 : $\dfrac{10[m]}{2.970[m]} = 3.37$ [개] ≒ 4 [개]
  ④ 헤드 개수 : 7 × 4 = 28 [개]

  답 | 28 [개]

나. 계산과정 : 포헤드 설비의 수원량 산정

소방대상물	포소화약제의 종류	1분당 바닥면적 1 [m²]에 대한 방사량
차고·주차장 및 항공기격납고	단백포소화약제	6.5 [L] 이상
	합성계면활성제포소화약제	8.0 [L] 이상
	수성막포소화약제	3.7 [L] 이상
특수가연물 저장 취급하는 소방대상물	단백포소화약제	6.5 [L] 이상
	합성계면활성제포소화약제	6.5 [L] 이상
	수성막포소화약제	6.5 [L] 이상

수원량 $= A[m^2] \times Q_A[L/m^2 \cdot min] \times T[min] \times (1-S)$
$= (20 \times 10)[m^2] \times 6.5[L/m^2 \cdot min] \times 10[min] \times 0.97$
$= 12610[L] = 12.61[m^3]$

답 | 12.61 [m³]

다. 계산과정 : 약제량 $= A[m^2] \times Q_A[L/m^2 \cdot min] \times T[min] \times S$
$= (20 \times 10)[m^2] \times 6.5[L/m^2 \cdot min] \times 10[min] \times 0.03$
$= = 390[L]$

답 | 390 [L]

라. 계산과정 : $A[m^2] \times Q_A[L/m^2 \cdot min] = (20 \times 10)[m^2] \times 6.5[L/m^2 \cdot min]$
$= 1300[L/min]$

답 | 1300 [L/min]

마. 계산과정 : $P[kW] = \dfrac{9.8[kN/m^3] \times \dfrac{1.3}{60}[m^3/s] \times 35[m]}{0.65} \times 1.1 = 12.58[kW]$

답 | 12.58 [kW]

🧑‍🏫 **선생님 TIP**
단위를 반드시 체크합시다.

득점 [ ] 배점 6

압축공기포소화설비를 조건에 따라 설치하려고 할 때 다음 각 물음에 답하시오.

조건
(1) 특수가연물을 다루는 창고이다.
(2) 바닥면적은 200 [m²]이다.
(3) 나머지 조건은 화재안전기술기준에 따른다.

가. 압축공기포 소화설비의 정의와 배관방식은?

○ 답 :

나. 분사헤드의 최소개수는?
- 계산과정 :
- 답 :

다. 포 수용액 최소량[m³]은?
- 계산과정 :
- 답 :

정답

가. 압축공기포 소화설비
- 정의 : 압축공기 또는 압축질소를 일정 비율로 포수용액에 강제 주입 혼합하는 방식을 말한다.
- 배관방식 : 토너먼트배관

나. 계산과정

$$\frac{200[m^2]}{9.3[m^2/개]} = 21.50[개] \rightarrow 22\,[개]$$

답 | 22 [개]

다. 계산과정

$$2.3[L/m^2\min] \times 200[m^2] \times 10[\min] = 4600[L] = 4.6[m^3]$$

답 | 4.6 [m³]

★ 핵심이론 압축공기포소화설비의 1분당 방출량 및 분사헤드 설치기준

(1) **압축공기포소화설비 설치에 따른 포수용액의 양**

① 압축공기포소화설비를 설치하는 경우 방수량은 설계 사양에 따라 방호구역에 최소 10분간 방사할 수 있어야 한다.

② 설계방출밀도[L/min · m²]

방호대상물	방호면적 1 [m²]에 대한 1분당 방출량
특수가연물, 알코올류와 케톤류	2.3 [$L/\min \cdot m^2$] 이상
일반가연물, 탄화수소류	1.63 [$L/\min \cdot m^2$] 이상

(2) **압축공기포소화설비 설치 시 바닥면적에 따른 최소 분사헤드의 개수**

방호대상물	분사헤드 설치기준
특수가연물저장소	바닥면적 9.3 [m^2]마다 1개 이상
유류탱크 주위	바닥면적 13.9 [m^2]마다 1개 이상

06

득점 ☐ 배점 11

조건에 따라 다음 물음에 답하시오.

조건
(1) 항공기격납고로서 전역방출방식의 고발포용 고정포방출구가 설치되어 있다.
(2) 격납고의 크기는 20 [m] × 10 [m] × 3 [m](높이)이다.
(3) 개구부 등에는 자동폐쇄장치가 설치되어 있다.
(4) 방호대상물의 높이는 1.8 [m]이다.
(5) 합성계면활성제포 3 [%]를 사용한다.
(6) 포의 팽창비는 500이며, 1 [m³]에 대한 분당 포수용액 방출량은 0.29 [L]이다.

가. 고정포방출구의 개수[개]를 산정하시오.
  ○ 계산과정 :
  ○ 답 :

나. 포수용액의 양[m³]을 구하시오.
  ○ 계산과정 :
  ○ 답 :

다. 합성계면활성제소화약제량[L]을 구하시오.
  ○ 계산과정 :
  ○ 답 :

정답

☑ 계산과정 [포소화설비 고발포용 고정포방출구]

가. 고정포방출구의 수는 500 [m²]마다 1개 이상 설치하므로

$$\text{고정포방출구의 개수} = \frac{\text{바닥면적}\,[m^2]}{500\,[m^2/\text{개}]} = \frac{200\,[m^2]}{500\,[m^2/\text{개}]} = 0.4 \Rightarrow 1\,[\text{개}]$$

답 | 1 [개]

나. 포수용액 양 $Q = V_{\text{관포}} \times Q_V \times T$

$V_{\text{관포}}$: 관포체적 [m³]
Q_V : 1 [m³]에 대한 분당 포수용액 방출량 [L/m³·min]
T : 방사시간 [min]

관포체적 $V_{관포} = 20[m] \times 10[m] \times (1.8+0.5)[m] = 460[m^3]$

∴ 포수용액 양 $Q = V_{관포} \times Q_V \times T$

$= 460[m^3] \times 0.29[L/m^3 \cdot min] \times 10[min]$

$= 1334[L] = 1.33[m^3]$ **답 | 1.33 [m³]**

다. 포소화약제량 Q = 포수용액의 양 × 농도 = 1334 [L] × 0.03 = 40.02 [L]

답 | 40.02 [L]

참고 관포체적

해당 바닥 면으로부터 방호대상물의 높이보다 0.5 [m] 높은 위치까지의 체적

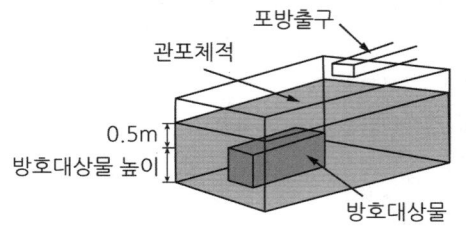

07

배점 5

다음의 포방출구 도면을 보고 물음에 답하시오.

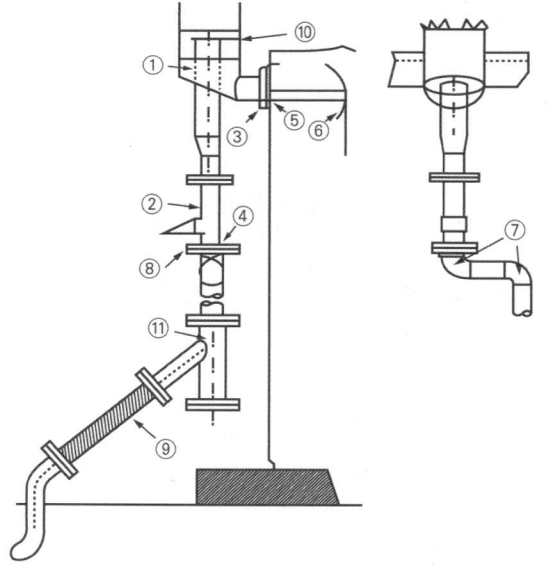

가. 위 그림에서 고정포방출구방식은?

　　○ 답 :

나. ①, ②, ⑥, ⑨, ⑩번의 명칭을 쓰시오.

　　○ 답 :

다. ⑩번에 사용하는 재료명과 구비조건을 쓰시오.

　　○ 답 :

라. ⑨번을 사용하는 이유를 쓰시오.

　　○ 답 :

마. ①번에 비하여 ⑩번이 높은 이유를 쓰시오.

　　○ 답 :

정답

가. 고정지붕탱크의 Ⅱ형 포방출구
나. ① 폼챔버
　　② 폼메이커(발포기)
　　⑥ 디플렉터(반사판)
　　⑨ 플렉시블튜브(완충장치)
　　⑩ 봉판
다. ① 재료명 : 납, 주석, 유리
　　② 구비조건 : 쉽게 파괴될 수 있고, 위험물에 의하여 영향을 받지 않는 것으로 포 방사에 방해되지 않을 것
라. 화재 시 열, 포방사 및 진동에 의하여 폼챔버 본체가 탱크로부터 분리되어 소화에 지장을 주는 것을 방지하기 위하여
마. 화재로 유류가 팽창하여 역류할 때 챔버 속으로 유류가 유입되어 포방사를 방해하는 것을 예방하기 위하여(⑥ : 디플렉터에 비하여 ⑩ : 봉판이 높은 위치에 있는 이유도 같다)

TIP ▶ 포방출구에 디플렉터가 설치되어 있고, 탱크 내 굽도리판이 보이지 않으므로 고정지붕탱크의 Ⅱ형 포방출구이다.

08

배점 8

위험물의 옥외탱크에 Ⅰ형 고정포방출구로 포소화설비를 다음 조건과 같이 설치하고자 할 때 다음 각 물음에 답하시오.

> **조건**
> (1) 탱크의 지름 : 12 [m]
> (2) 사용약제는 수성막포(6 [%])로 단위 포소화수용액의 양은 2.27 [L/m²·min]이며, 방사시간은 30분이다.
> (3) 보조포소화전 1개소에 설치되어 있다.
> (4) 배관의 길이는 20 [m](포원액탱크에서 포방출구까지), 관 내경은 150 [mm]이며, 기타 조건은 무시한다.

가. 포원액량[L]은 얼마인가?
  ○ 계산과정 :
  ○ 답 :

나. 전용 수원의 양은 몇 [m³]가 필요한가?
  ○ 계산과정 :
  ○ 답 :

중요 조건에 보조포소화전의 쌍구형과 단구형의 여부를 알 수 없는 경우 단구형을 가정하여 문제풀이한다.

정답

가. 계산과정 : 포원액량 $[L]$ =
고정포방출구 포원액량($A[m^2] \times Q_A[L/m^2 \cdot \min] \times T[\min] \times S$)
+ 보조소화전에 필요한 포원액량($N \times 400[L/\min] \times 20[\min] \times S$)
+ 송액관에 충전하기 위한 포원액량($V[m^3] \times S \times 1000[L/m^3]$)

$$Q[L] = A[m^2] \times Q_A[L/m^2 \cdot \min] \times T[\min] \times S$$
$$+ N \times 400[L/\min] \times 20[\min] \times S$$
$$+ V[m^3] \times S \times 1000[L/m^3]$$
$$= \left(\frac{\pi \times 12^2}{4}[m^2] \times 2.27[L/m^2 \cdot \min] \times 30[\min] \times 0.06\right)$$
$$+ (1[개] \times 400[L/\min] \times 20[\min] \times 0.06)$$
$$+ \left(\frac{\pi}{4} \times 0.15^2[m^2] \times 20[m] \times 0.06 \times 1000[L/m^3]\right)$$
$$= 963.32[L]$$

답 | 963.32 [L]

나. 계산과정

$$Q[L] = A[m^2] \times Q_A[L/m^2 \cdot \min] \times T[\min] \times (1-S)$$
$$+ N \times 400[L/\min] \times 20[\min] \times (1-S)$$
$$+ V[m^3] \times (1-S) \times 1000[L/m^3]$$
$$= \left(\frac{\pi \times 12^2}{4}[m^2] \times 2.27[L/m^2 \cdot \min] \times 30[\min] \times 0.94\right)$$
$$+ (1[\text{개}] \times 400[L/\min] \times 20[\min] \times 0.94)$$
$$+ \left(\frac{\pi}{4} \times 0.15^2[m^2] \times 20[m] \times 0.94 \times 1000[L/m^3]\right)$$
$$= 15092.04[L] = 15.09[m^3]$$

답 | 15.09 [m³]

> **선생님 TIP**
> 가항과 나항의 단위가 다르므로 계산시 단위에 유의하여 풀이합니다.

09

배점 9

경유를 저장하는 내부직경이 50 [m]인 플루팅루프탱크(부상식 지붕구조)에 포방출구를 설치하여 방호하려고 할 때 아래의 [조건]을 참조하여 다음 각 물음에 답하시오.

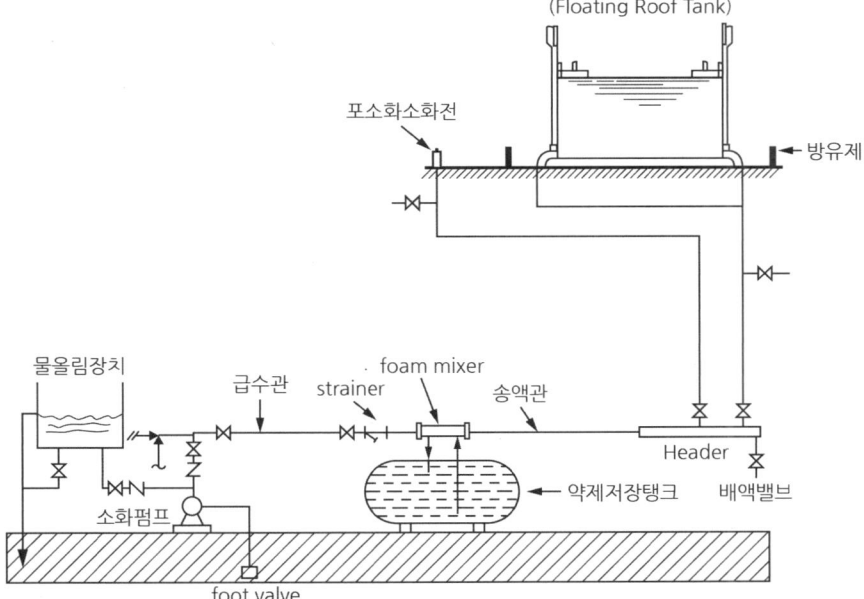

> **조건**
> (1) 소화약제는 6 [%]용의 단백포를 사용하며 수용액의 표준 방사량은 8 [L/m²·분]이고 방사시간은 30분을 기준으로 한다.
> (2) 탱크내면과 굽도리판의 간격은 1.2 [m]로 한다.
> (3) 보조포소화전은 3개 설치되어 있다.
> (4) 송액배관의 길이는 200 [m]이며, 내경은 100 [mm]이다.
> (5) 물의 밀도는 1000 [kg/m³], 포수용액의 밀도는 1050 [kg/m³]이다.

가. 고정식 포방출구의 종류는 무엇인가?
  ○ 답 :

나. 포수용액을 토출하는 가압송수장치의 최소 분당 토출량[L/min]을 계산하시오.
  ○ 계산과정 :
  ○ 답 :

다. 최소 수원의 양[m³]을 계산하시오.
  ○ 계산과정 :
  ○ 답 :

라. 최소 포소화약제의 양[L]을 계산하시오.
  ○ 계산과정 :
  ○ 답 :

마. 포수용액을 토출하는 가압송수장치의 최소 질량유량[kg/s]을 계산하시오.
  ○ 계산과정 :
  ○ 답 :

바. 포소화약제의 혼합방식을 쓰시오.
  ○ 답 :

사. 저발포소화약제 5가지를 쓰시오.
  ○ 답 :

아. 포소화약제의 환원시간 25 [%]의 의미에 대하여 쓰시오.
  ○ 답 :

선생님 TIP
다항과 라항의 단위가 다릅니다. 항상 단위를 잘 체크하여 풀이합시다!

정답

가. 특형 방출구

나. 계산과정

① 고정포 : $Q_1[L/min] = A[m^2] \times Q_A[L/m^2 \cdot min]$

$$= \frac{\pi \times (50^2 - 47.6^2)}{4}[m^2] \times 8[L/m^2 \cdot min]$$

$$= 1471.773[L/min]$$

② 보조포 : $Q_2[L/min] = N \times 400[L/min] = 3 \times 400[L/min] = 1200[L/min]$

∴ ① + ② = 1471.773 + 1200 = 2671.773 [L/min]   **답 | 2671.77 [L/min]**

다. 계산과정

① 고정포 : $Q_1[L] = A[m^2] \times Q_A[L/m^2 \cdot min] \times T[min] \times (1-S)$

$$= \frac{\pi \times (50^2 - 47.6^2)}{4}[m^2] \times 8[L/m^2 \cdot min] \times 30[min] \times 0.94$$

$$= 41504.008[L]$$

② 보조포 : $Q_2[L] = N \times 400[L/min] \times 20[min] \times (1-S)$

$$= 3 \times 400[L/min] \times 20[min] \times 0.94 = 22560[L]$$

③ 배관 보정량 : $Q_3[L] = V[m^3] \times (1-S) \times 1000[L/m^3]$

$$= \left(\frac{\pi \times 0.1^2}{4}\right)[m^2] \times 200[m] \times 0.94 \times 1000[L/m^3]$$

$$= 1476.549[L]$$

∴ ① + ② + ③ = 41504.008 + 22560 + 1476.549 = 65540.557 [L] = 65.54 [m³]

답 | 65.54 [m³]

라. 계산과정

① 고정포 : $Q_1[L] = A[m^2] \times Q_A[L/m^2 \cdot min] \times T[min] \times S$

$$= \frac{\pi \times (50^2 - 47.6^2)}{4}[m^2] \times 8[L/m^2 \cdot min] \times 30[min] \times 0.06$$

$$= 2649.192[L]$$

② 보조포 : $Q_2[L] = N \times 400[L/min] \times 20[min] \times S$

$$= 3 \times 400[L/min] \times 20[min] \times 0.06 = 1440[L]$$

③ 배관 보정량 : $Q_3[L] = V[m^3] \times S \times 1000[L/m^3]$

$$= \left(\frac{\pi \times 0.1^2}{4}\right)[m^2] \times 200[m] \times 0.06 \times 1000[L/m^3]$$

$$= 94.248[L]$$

∴ ① + ② + ③ = 2649.192 + 1440 + 94.248 = 4183.44 [L]   **답 | 4183.44 [L]**

마. 포수용액의 질량유량[kg/s]

$\dot{m} = \rho_{약제} \cdot A \cdot V = \rho_{약제} \cdot Q$

$$= 1050[kg/m^3] \times \frac{2.67177}{60}[m^3/s] = 46.756 ≒ 46.76[kg/s]$$ **답 | 46.76 [kg/s]**

바. 프레셔 프로포셔너방식(압입식)

사. 단백포, 합성계면활성제포, 수성막포, 불화단백포, 내알코올포

아. 발포된 포의 25 [%]가 원래 포수용액으로 되돌아가는 데 걸리는 시간

10
| 득점 | 배점 14 |

옥외저장탱크에 포소화설비를 설치하려고 한다. 그림 및 [조건]을 참고하여 다음 각 물음에 답하시오.

선생님 TIP
조건의 그림에서 보조소화전이 쌍구형인지 단구형인지 잘 확인합시다.

조건

(1) 탱크용량 및 형태
   - 원유저장탱크 : 플로팅루프 탱크(부상지붕구조)이며 탱크 내 측면과 굽도리판 사이의 거리는 1.2 [m]이다.
   - 등유저장탱크 : 콘루프 탱크
(2) 고정포방출구
   - 원유저장탱크 : 특형, 방출구수 2개
   - 등유저장탱크 : Ⅰ형, 방출구수 2개
(3) 보조포소화약제의 종류 : 단백포 3 [%]
(4) 보조포소화전 : 4개 설치
(5) 고정포방출구의 방출량 및 방사시간

포방출구의 종류 방출량 및 방사시간	Ⅰ형	Ⅱ형	특형
방출량[L/min·m^2]	4	4	8
방사시간[min]	30	55	30

(6) 구간별 배관길이

배관번호	①	②	③	④	⑤	⑥	⑦	⑧
배관 길이[m]	20	10	10	50	50	100	47.9	50

(7) 송액관 내의 유속은 3 [m/s] 이하로 한다.
(8) 탱크 2대에서의 동시화재는 없는 것으로 간주한다.
(9) 그림이나 조건에 없는 것은 제외한다.

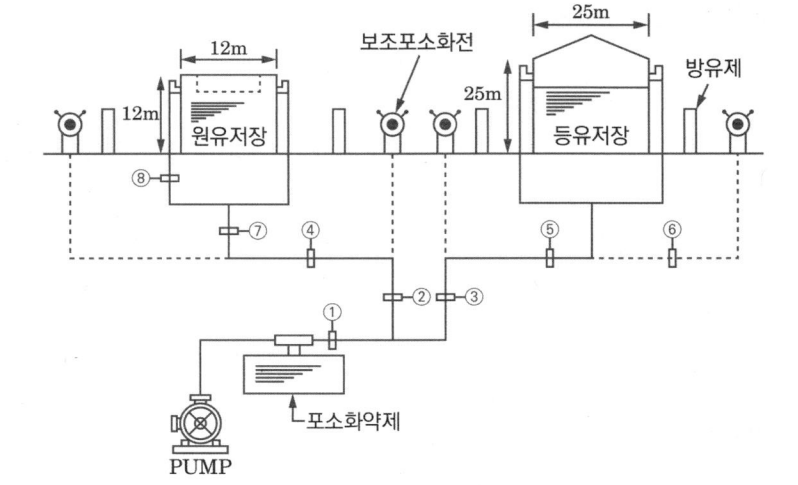

가. 각 탱크에 필요한 포수용액의 양[L/min]은 얼마인지 구하시오.
  ① 원유저장 탱크
    ○ 계산과정 :   ○ 답 :
  ② 등유저장 탱크
    ○ 계산과정 :   ○ 답 :

나. 보조포소화전에 필요한 포수용액의 양[L/min]은 얼마인지 구하시오.
    ○ 계산과정 :   ○ 답 :

다. 각 탱크에 필요한 포소화약제의 양[L]은 얼마인지 구하시오.
  ① 원유저장 탱크
    ○ 계산과정 :   ○ 답 :
  ② 등유저장 탱크
    ○ 계산과정 :   ○ 답 :

라. 보조포소화전에 필요한 소화약제의 양[L]은 얼마인지 구하시오.
    ○ 계산과정 :   ○ 답 :

마. 각 송액관의 구경을 구하여 호칭경[mm]으로 답하시오.

호칭경[mm]	25	32	40	50	65	80	90	100	125	150

  ① "①" 배관
    ○ 계산과정 :   ○ 답 :
  ② "②" 배관
    ○ 계산과정 :   ○ 답 :
  ③ "③" 배관
    ○ 계산과정 :   ○ 답 :
  ④ "④" 배관
    ○ 계산과정 :   ○ 답 :
  ⑤ "⑤" 배관
    ○ 계산과정 :   ○ 답 :
  ⑥ "⑥" 배관
    ○ 계산과정 :   ○ 답 :
  ⑦ "⑦" 배관
    ○ 계산과정 :   ○ 답 :

⑧ "⑧" 배관

   ○ 계산과정 :   ○ 답 :

바. 송액관에 필요한 포소화약제의 양[L]은 얼마인지 구하시오.

   ○ 계산과정 :   ○ 답 :

사. 포소화설비에 필요한 소화약제의 총량[L]은 얼마인지 구하시오.

   ○ 계산과정 :   ○ 답 :

정답

가. 각 탱크에 필요한 포수용액의 양[L/min]

※ 포수용액의 양 단위가 [L/min]이므로 문제에서 '분당 포수용액의 양'을 묻는 것이다.

① 원유저장탱크

계산과정 : $Q[L/min] = A[m^2] \times Q_A[L/m^2 \cdot min]$

$$= \frac{\pi \times (12^2 - 9.6^2)}{4}[m^2] \times 8[L/min \cdot m^2] = 325.72[L/min]$$

답 | 325.72 [L/min]

② 등유저장탱크

계산과정 : $Q[L/min] = A[m^2] \times Q_A[L/m^2 \cdot min]$

$$= \frac{\pi \times 25^2}{4}[m^2] \times 4[L/min \cdot m^2] = 1963.50[L/min]$$

답 | 1963.5 [L/min]

나. 계산과정 : 보조포소화전에 필요한 포수용액의 양[L/min]

※ 포수용액의 양 단위가 [L/min]이므로 문제에서 '분당 포수용액의 양'을 묻는 것이다.

$Q[L/min] = N \times 400[L/min] = 3[개] \times 400[L/min] = 1200[L/min]$

답 | 1200 [L/min]

다. ① 원유저장탱크

계산과정 : $Q[L] = A[m^2] \times Q_A[L/m^2 \cdot min] \times T[min] \times S$

$$= \frac{\pi \times (12^2 - 9.6^2)}{4}[m^2] \times 8[L/min \cdot m^2] \times 30[min] \times 0.03$$

$$= 293.15[L]$$

답 | 293.15 [L]

② 등유저장탱크

계산과정 : $Q[L] = A[m^2] \times Q_A[L/m^2 \cdot min] \times T[min] \times S$

$$= \frac{\pi \times 25^2}{4}[m^2] \times 4[L/min \cdot m^2] \times 30[min] \times 0.03 = 1767.15[L]$$

답 | 1767.15 [L]

라. 계산과정 : $Q[L] = N \times 400[L/min] \times 20[min] \times S$

$= 3[개] \times 400[L/min] \times 20[min] \times 0.03 = 720[L]$

답 | 720 [L]

마. ① 계산과정 : $Q = 1963.5[L/\min] + 1200[L/\min] = 3163.5[L/\min]$

$$D = \sqrt{\frac{4 \times \frac{3.1635}{60}[m^3/s]}{\pi \times 3[m/s]}} = 0.1496[m] = 149.6[mm]$$ **답 | 150 [mm]**

② 계산과정 : $Q = 325.72[L/\min] + (3[개] \times 400[L/\min]) = 1525.72[L/\min]$

$$D = \sqrt{\frac{4 \times \frac{1.52572}{60}[m^3/s]}{\pi \times 3[m/s]}} = 0.1039[m] = 103.9[mm]$$ **답 | 125 [mm]**

③ 계산과정 : $Q = 1963.5[L/\min] + (3[개] \times 400[L/\min]) = 3163.5[L/\min]$

$$D = \sqrt{\frac{4 \times \frac{3.1635}{60}[m^3/s]}{\pi \times 3[m/s]}} = 0.1496[m] = 149.6[mm]$$ **답 | 150 [mm]**

④ 계산과정 : $Q = 325.72[L/\min] + (2[개] \times 400[L/\min]) = 1125.72[L/\min]$

$$D = \sqrt{\frac{4 \times \frac{1.12572}{60}[m^3/s]}{\pi \times 3[m/s]}} = 0.0892[m] = 89.2[mm]$$ **답 | 90 [mm]**

⑤ 계산과정 : $Q = 1963.5[L/\min] + (2[개] \times 400[L/\min]) = 2763.5[L/\min]$

$$D = \sqrt{\frac{4 \times \frac{2.7635}{60}[m^3/s]}{\pi \times 3[m/s]}} = 0.1398[m] = 139.8[mm]$$ **답 | 150 [mm]**

⑥ 계산과정 : $Q = 2[개] \times 400[L/\min] = 800[L/\min]$

$$D = \sqrt{\frac{4 \times \frac{0.8}{60}[m^3/s]}{\pi \times 3[m/s]}} = 0.0752[m] = 75.2[mm]$$ **답 | 80 [mm]**

⑦ 계산과정 : $Q = 325.72[L/\min]$

$$D = \sqrt{\frac{4 \times \frac{0.32572}{60}[m^3/s]}{\pi \times 3[m/s]}} = 0.0480[m] = 48[mm]$$ **답 | 50 [mm]**

⑧ 계산과정 : $Q = \frac{325.72[L/\min]}{2}$

$$D = \sqrt{\frac{4 \times \frac{0.32572}{2 \times 60}[m^3/s]}{\pi \times 3[m/s]}} = 0.0339[m] = 33.9[mm]$$ **답 | 40 [mm]**

바. 계산과정

$$\left\{\left(\frac{\pi}{4} \times 0.15^2 \times 20\right) + \left(\frac{\pi}{4} \times 0.125^2 \times 10\right) + \left(\frac{\pi}{4} \times 0.15^2 \times 10\right) + \left(\frac{\pi}{4} \times 0.09^2 \times 50\right) \right.$$
$$\left. + \left(\frac{\pi}{4} \times 0.15^2 \times 50\right) + \left(\frac{\pi}{4} \times 0.08^2 \times 100\right)\right\}[m^3] \times 0.03 \times 1000[L/m^3] = 70.72[L]$$

답 | 70.72 [L]

사. 계산과정 : 1767.15 + 720 + 70.72 = 2557.87 [L]

답 | 2557.87 [L]

> **TIP** 구경 75 [mm] 이하의 송액관은 제외하고 산정한다.

11

다음과 같이 휘발유탱크 1기와 경유탱크 1기를 옥외탱크저장소에 설치하려고 한다. [조건]을 참조하여 다음 각 물음에 답하시오. (단, 그림에서 길이 단위는 [mm]이다)

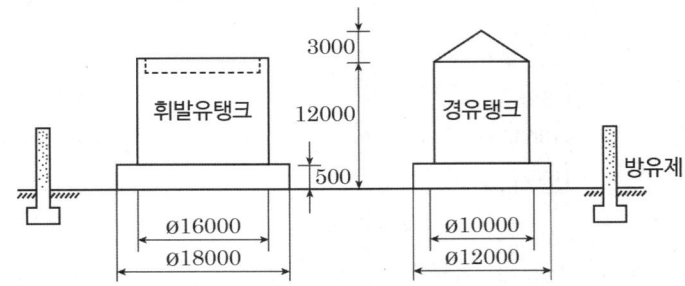

조건

(1) 휘발유 저장탱크
   - 2000 [m³]으로 지정수량의 10000배가 저장되어 있다.
   - 탱크내측판과 굽도리판 사이의 거리는 0.6 [m]이다.
   - 부상지붕구조의 플로팅루프 탱크가 설치되어 있다.
   - 특형 방출구 수는 2개이다.

(2) 경유 저장탱크
   - 콘루프 탱크가 설치되어 있다.
   - Ⅱ형 방출구 수는 2개이다.

(3) 약제는 수성막포 3 [%]형을 사용한다.

(4) 보조포소화전은 2개를 설치하고, 방출구는 쌍구형으로 한다.

(5) 송액관 100 [A], 50 [m]가 설치되어 있다.

(6) 고정포방출구의 방출량 및 방사시간

포방출구의 종류 방출량 및 방사시간 위험물의 종류	Ⅰ형		Ⅱ형		특형	
	방출량 [L/m²·분]	방사시간 [분]	방출량 [L/m²·분]	방사시간 [분]	방출량 [L/m²·분]	방사시간 [분]
제4류 위험물 (수용성의 것을 제외) 중 인화점이 섭씨 21 [℃] 미만의 것	4	30	4	55	8	30
제4류 위험물 (수용성의 것을 제외) 중 인화점이 섭씨 21 [℃] 이상 70 [℃] 미만인 것	4	20	4	30	8	20
제4류 위험물 (수용성의 것을 제외) 중 인화점이 섭씨 70 [℃] 이상인 것	4	15	4	25	8	15
제4류 위험물 중 수용성의 것인 것	–	–	–	–	–	–

(7) 옥외탱크 저장소의 보유공지

저장 또는 취급하는 위험물의 최대수량	공지너비
지정수량의 500배 이하	3 [m] 이상
지정수량의 500배 초과 1000배 이하	5 [m] 이상
지정수량의 1000배 초과 2000배 이하	9 [m] 이상
지정수량의 2000배 초과 3000배 이하	12 [m] 이상
지정수량의 3000배 초과 4000배 이하	15 [m] 이상
지정수량의 4000배 초과	당해 탱크의 수평단면의 최대 지름과 높이 중 큰 것과 같은 거리 이상. 다만 30 [m] 초과의 경우에는 30 [m] 이상으로 할 수 있고, 15 [m] 미만인 경우에는 15 [m] 이상으로 하여야 한다.

(8) 포소화약제 저장탱크용량 (단, 저장탱크의 용량은 포소화약제의 저장량을 의미한다)

─── [보기] ───
700 [L], 750 [L], 800 [L], 850 [L], 900 [L], 1000 [L], 1200 [L]

가. 다음 A, B, C, D의 법적으로 가능한 최소 거리를 구하시오. (단, 탱크 측판의 보온 두께는 무시한다)

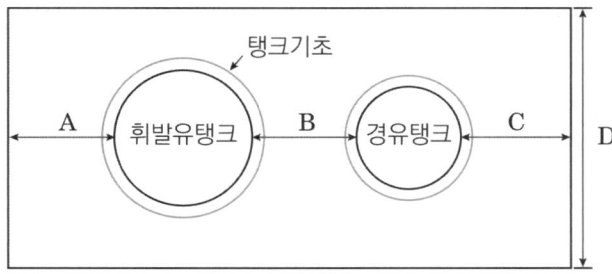

① A(휘발유 탱크 측판과 방유제 내측거리)[m]
  ○ 계산과정 :   ○ 답 :

② B(휘발유 탱크 측판과 경유 탱크 측판 거리)[m]
  ○ 계산과정 :   ○ 답 :

③ C(경유 탱크 측판과 방유제 내측 거리)[m]
  ○ 계산과정 :   ○ 답 :

④ D(방유제 최소폭)[m]
  ○ 계산과정 :   ○ 답 :

나. 포소화약제 저장탱크용량[L]은 얼마인가?
- 계산과정 :
- 답 :

다. 수원의 양[L]은 얼마인가?
- 계산과정 :
- 답 :

라. 펌프의 토출량은 몇[L/min]인가?
- 계산과정 :
- 답 :

마. 프레셔 프로포셔너에서의 ① 최소유량[L/min]과 ② 최대유량[L/min]을 산출하시오.
- 계산과정 :
- 답 :

정답

가. 탱크 측판과 방유제 내측거리기준

탱크지름	이격거리
15 [m] 미만	탱크 높이의 $\frac{1}{3}$ 이상
15 [m] 이상	탱크 높이의 $\frac{1}{2}$ 이상

① A(휘발유 탱크 측판과 방유제 내측거리)[m]

계산과정 : $A = 12 \times \frac{1}{2} = 6 \,[m]$

답 | 6 [m]

② B(휘발유 탱크 측판과 경유 탱크 측판 사이 거리)[m]

계산과정
- 휘발유탱크
  조건 (1)에 따라 휘발유탱크는 지정수량의 10000배이므로 조건 (7)의 표에서 '지정수량의 4000배 초과'를 적용한다.
  휘발유탱크의 공지너비는 탱크의 최대 지름(16 [m])과 탱크의 높이(12 [m]) 중 큰 것과 같은 거리 이상이므로
  ⇨ 휘발유탱크의 보유공지 = 16 [m] 이상

- 경유 탱크

$$\text{지정수량의 배수} = \frac{\text{탱크의 저장량}}{\text{지정수량}}$$

경유탱크의 저장량 : $(\frac{\pi \times 10^2}{4}[m^2] \times (12-0.5)[m])$
$= 903.20789[m^3] = 903207.89[L]$

경유(제4류 위험물 제2석유류 비수용성)의 지정수량 : 1000 [L]

따라서 지정수량의 배수 $= \frac{903207.89[L]}{1000[L]} ≒ 903[배]$

경유탱크의 저장량은 지정수량의 903배이므로 조건 (7)의 표에서 '지정수량의 500배 초과 1000배 이하'를 적용한다.
⇨ 경유탱크의 보유공지 = 5 [m] 이상
∴ B = 16 [m] (보유공지 중 최댓값 선정)

답 | 16 [m]

③ C(경유탱크 측판과 방유제 내측 거리)[m]

계산과정 : C $= 12 \times \frac{1}{3} = 4$ [m]

답 | 4 [m]

④ D(방유제 최소폭)[m]

계산과정 : D = 6 + 16 + 6 = 28 [m]

답 | 28 [m]

TIP ▶ 탱크의 저장량
$$\frac{\pi \times \text{탱크내경}^2}{4} \times \text{탱크높이}$$

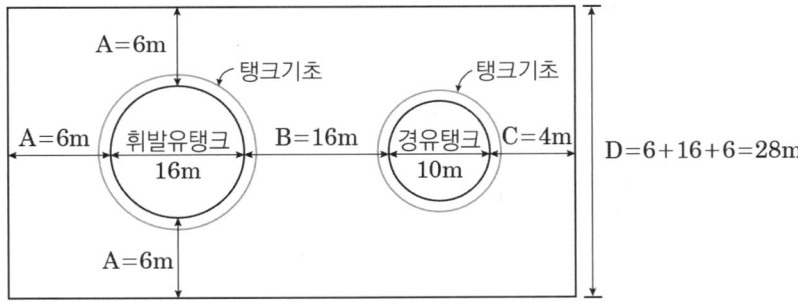

나. 계산과정

① 고정포

휘발유탱크 : $Q[L] = A[m^2] \times Q_A[L/m^2 \cdot \min] \times T[\min] \times S$

$= \frac{\pi \times (16^2 - 14.8^2)}{4}[m^2] \times 8[L/m^2 \cdot \min] \times 30[\min] \times 0.03$

$= 209.004[L]$

경유탱크 : $Q[L] = A[m^2] \times Q_A[L/m^2 \cdot \min] \times T[\min] \times S$

$= \frac{\pi \times 10^2}{4}[m^2] \times 4[L/m^2 \cdot \min] \times 30[\min] \times 0.03$

$= 282.743[L]$

→ 최댓값 282.743 [L] 산정

② 보조포 : $Q[L] = N \times 400[L/min] \times 20[min] \times S$
$$= 3[개] \times 400[L/min] \times 20[min] \times 0.03 = 720[L]$$

③ 배관 보정량 : $Q[L] = V[m^3] \times S \times 1000[L/m^3]$
$$= \left(\frac{\pi \times 0.1^2}{4}[m^2] \times 50[m]\right) \times 0.03 \times 1000[L/m^3]$$
$$= 11.781[L]$$

∴ ① + ② + ③ = 282.743 + 720 + 11.781 = 1014.524 [L]
포소화약제 1014.524 [L]이므로 조건 (8)에 따라 탱크용량은 1200 [L]로 한다.

답 | 1200 [L]

다. 계산과정

① 고정포 : $Q[L] = A[m^2] \times Q_A[L/m^2 \cdot min] \times T[min] \times (1-S)$
$$= \frac{\pi \times 10^2}{4}[m^2] \times 4[L/m^2 \cdot min] \times 30[min] \times 0.97 = 9142.035[L]$$

② 보조포 : $Q[L] = N \times 400[L/min] \times 20[min] \times (1-S)$
$$= 3[개] \times 400[L/min] \times 20[min] \times 0.97 = 23280[L]$$

③ 배관 보정량 : $Q[L] = V[m^3] \times (1-S) \times 1000[L/m^3]$
$$= \left(\frac{\pi \times 0.1^2}{4}[m^2] \times 50[m]\right) \times 0.97 \times 1000[L/m^3]$$
$$= 380.918[L]$$

∴ ① + ② + ③ = 9142.035 + 23280 + 380.918 = 32802.953 ≒ 32802.95 [L]

답 | 32802.95 [L]

라. 계산과정

① 고정포 : $Q[L/min] = A[m^2] \times Q_A[L/m^2 \cdot min]$
$$= \frac{\pi \times 10^2}{4}[m^2] \times 4[L/m^2 \cdot min] = 314.159[L/min]$$

② 보조포 : $Q[L] = N \times 400[L/min]$
$$= 3[개] \times 400[L/min] = 1200[L/min]$$

∴ ① + ② = 314.159 + 1200 = 1514.159 ≒ 1514.16 [L/min]

답 | 1514.16 [L/min]

마. 계산과정 : 프레셔 프로포셔너방식의 유량 범위는 정격토출량의 50 [%] 이상 200 [%] 이하이므로

① 최소유량 : 1514.16 × 0.5 = 757.08 [L/min]
② 최대유량 : 1514.16 × 2 = 3028.32 [L/min]

답 | ① 최소유량 757.08 [L/min]
② 최대유량 3028.32 [L/min]

CHAPTER
08 이산화탄소소화설비

3회독	월	일
2회독	월	일
1회독	월	일

학습목표

1 이산화탄소소화설비의 계통도를 이해한다.
2 저장용기 설치장소의 기준과 저장용기 설치기준을 암기한다.
3 소화약제량 구하는 공식을 암기하고 문제에 적용한다.
4 기동장치에 따른 설치기준, 배관의 설치기준, 분사헤드의 설치기준을 암기한다.

학습MAP

- **이산화탄소 소화설비의 계통도 및 분류**
  - 이산화탄소소화설비의 계통도 ★★★
  - 이산화탄소소화설비의 분류
    - 방출방식에 따른 분류
    - 기동방식에 따른 분류
    - 저장방식에 따른 분류
- **소화약제 저장용기 등**
  - 저장용기 설치장소 기준 ★★★
  - 저장용기 설치기준
- **소화약제**
  - 전역방출방식 ★★★
    - 표면화재
    - 심부화재
  - 국소방출방식 ★★
  - 호스릴이산화탄소소화설비
- **기동장치**
  - 수동식 기동장치 설치기준
  - 자동식 기동장치 설치기준
    - 전기식
    - 기계식
    - 가스압력식
- **배관 등**
  - 배관 설치기준 ★
- **분사헤드**
  - 분사헤드 설치기준
  - 호스릴이산화탄소소화설비
    - 호스릴설비의 설치가능 장소
    - 설치기준
- **분사헤드설치 제외**
- **자동폐쇄장치 및 배출설비**
  - 자동폐쇄장치 설치기준
  - 배출설비 설치대상
- **과압배출구**
- **안전시설 등**
  - 부취발생기

01 개요

이산화탄소의 주된 소화효과인 질식소화를 목적으로 이산화탄소소화약제를 방출하여 산소의 농도를 저하시켜 소화하는 설비이다.

1 이산화탄소(CO_2)소화설비의 계통도 ★★★

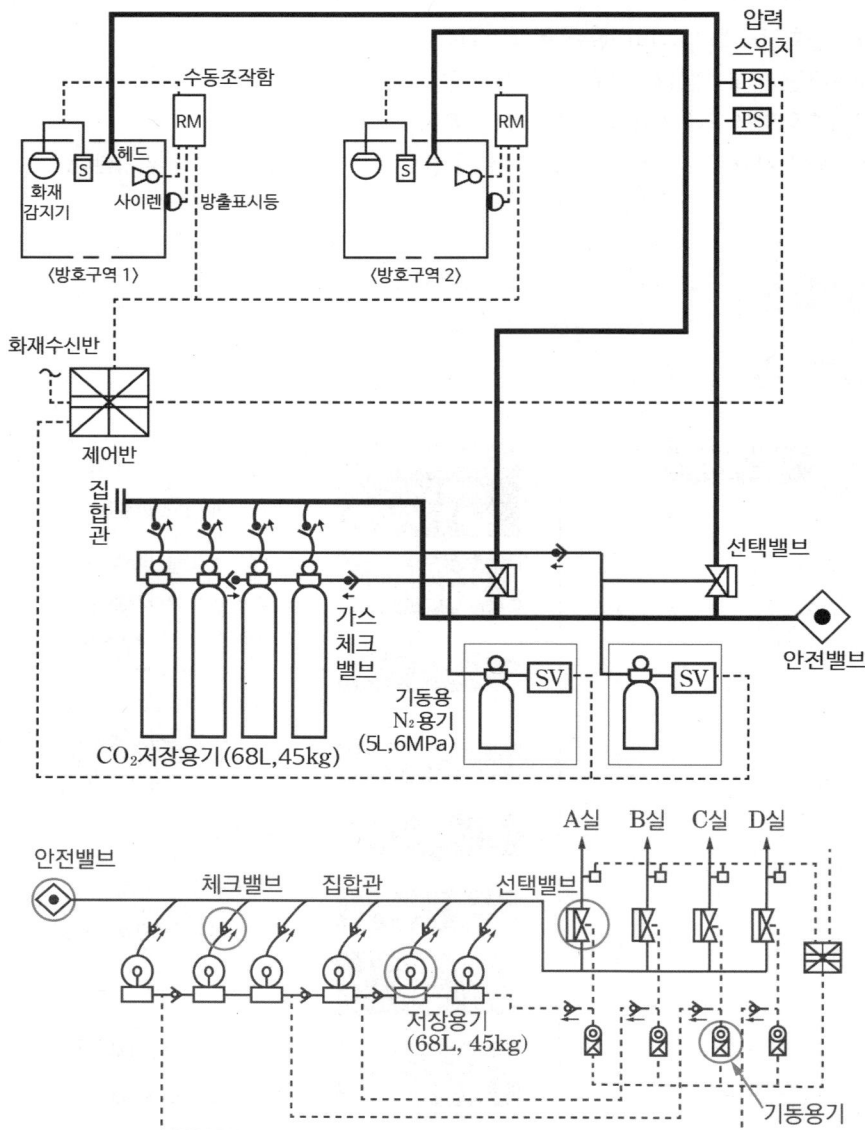

> **선생님 TIP**
>
> 이산화탄소소화설비의 계통도를 잘 학습해두면 가스계소화설비 대부분이 눈에 잘 들어옵니다. 특히 계통도에서 체크밸브의 위치, 수량을 잘 파악해둡시다.

2 용어의 정의

(1) "**방호구역**"란 소화설비의 소화범위 내에 포함된 영역을 말한다.
(2) "**선택밸브**"란 2 이상의 방호구역 또는 방호대상물이 있어 소화수 또는 소화약제를 해당하는 방호구역 또는 방호대상물에 선택적으로 방출되도록 제어하는 밸브를 말한다.
(3) "**집합관**"이란 개별 소화약제(가압용 가스 포함) 저장용기의 방출관이 연결되어 있는 관을 말한다.
(4) "**설계농도**"란 방호대상물 또는 방호구역의 소화약제 저장량을 산출하기 위한 농도로서 소화농도에 안전율을 고려하여 설정한 농도를 말한다.
(5) "**소화농도**"란 규정된 실험 조건의 화재를 소화하는데 필요한 소화약제의 농도(형식승인대상의 소화약제는 형식승인된 소화농도)를 말한다.
(6) "**호스릴**"이란 원형의 소방호스를 원형의 수납장치에 감아 정리한 것을 말한다.

02 이산화탄소소화약제의 특징

1 이산화탄소(CO_2)의 물성

구분	내용	구분	내용
분자량	44	임계온도	31.35 [℃]
비중	1.53	임계압력	75.2 [kg_f/cm^2]
증발열	137 [cal/g]	융해열	45.2 [cal/g]
삼중점	-57 [℃]	비점	-78 [℃]

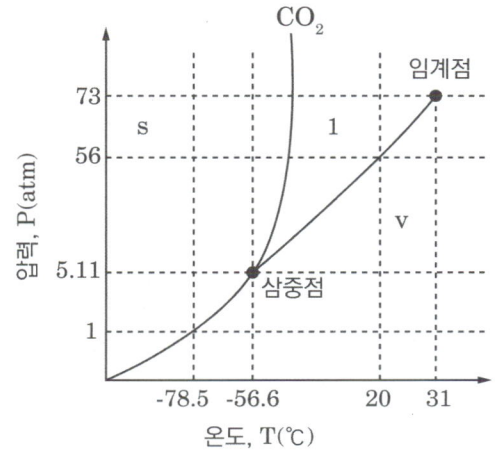

2 이산화탄소(CO_2소화약제)의 특징

(1) 무색, 무취이며, 전기적으로 비전도성
(2) 공기보다 1.53배 무거움
(3) 상온에서는 기체이지만 고압용기에 액화시켜 보관함
(4) 소화효과 : 질식, 냉각, 피복효과
(5) 적응화재 : 전기설비, 케이블실, 유류화재

3 이산화탄소소화약제의 장·단점 ★

(1) 장점
  ① 전기적으로 비전도성 : 전기설비에 적응성이 있음
  ② 소화 후 오손이 작으므로 증거 보존이 용이함
  ③ 공기보다 비중이 커서 심부화재에 적응성이 있음
  ④ 자체 압력으로도 방출이 가능
(2) 단점
  ① 흡입 시 질식 우려가 있음
  ② 접촉 시 동상의 우려가 있음
  ③ 지구온난화에 영향
  ④ 사람이 상주하는 장소에 사용 제한
  ⑤ 방출 시 소음이 큼

4 소화원리 및 소화효과

(1) 질식효과
  액화탄산가스 1 [kg] 기화 시 15 [℃]에서 534 [L]로 부피팽창
  → 대기 중 산소의 농도 21 [%]에서 15 [%] 이하로 낮추어 질식소화
(2) 피복효과 : 비중 1.53으로 공기보다 무겁다.
(3) 냉각효과
  ① 증발잠열 : 배관 내의 액상 CO_2는 노즐로 방사 시 주변의 열을 흡수하여 실내를 냉각(이때 공기 중의 수증기는 운무로 바뀌어 시야를 나쁘게 함)
  ② 줄-톰슨효과(Joule Thomson Effect) : 압축한 기체(약제)가 좁은 구멍으로 분출될 시 온도가 내려가는 현상
  가압된 이산화탄소가 대기 중으로 방출될 때 방출 초기에는 일부 이산화탄소(액체)가 급격하게 기화하며 분출한다. 이때 줄-톰슨효과에 의해 잔류 액체 이산화탄소는 냉각된다.

03 이산화탄소소화설비의 분류

1 방출방식에 의한 분류

구분	전역방출방식	국소방출방식	호스릴방식
정의	소화약제 공급장치에 배관 및 분사헤드 등을 설치하여 **밀폐 방호구역 전체에** 소화약제를 방출하는 설비	소화약제 공급장치에 배관 및 분사헤드를 등을 설치하여 **직접 화점에** 소화약제를 방출하는 방식	소화수 또는 소화약제 저장용기 등에 연결된 호스릴을 이용하여 **사람이 직접 화점에** 소화수 또는 소화약제를 방출하는 방식
적용	표면화재, 심부화재	상부가 개방된 대상물 또는 벽이 없거나 전역방출방식 적용 불가	화재 시 연기가 충만하지 않은 장소

2 기동방식에 의한 분류

(1) **전기식** : 화재감지기의 작동 또는 수동조작스위치의 동작으로 저장용기 및 선택밸브에 설치된 솔레노이드밸브가 개방되는 방식

(2) **기계식** : 밸브 내의 압력차에 의해 개방되는 방식

(3) **가스압력식** : 화재감지기의 작동 또는 수동조작스위치의 동작으로 기동용기의 솔레노이드밸브가 개방되어 기동용기의 압력에 의해 선택밸브 및 저장용기의 밸브가 개방되는 방식

> TIP ▶ 기동방식에 의한 분류는 시험에서 자주 출제된다.

3 저장방식에 의한 분류

구분	저압식	고압식
정의	용기 내부의 온도가 섭씨 영하 18[℃] 이하에서 2.1[MPa]의 압력을 유지할 수 있는 자동냉동장치를 설치할 것	저장용기에 액상으로 저장하고 2.1[MPa] 이상의 압력으로 방출

04 소화약제 저장용기 등

1 저장용기 설치장소의 기준 ★★★

(1) 방호구역 외의 장소에 설치할 것. 다만 방호구역 내에 설치할 경우에는 피난 및 조작이 용이하도록 피난구 부근에 설치해야 한다.
(2) 온도가 40 [℃] 이하이고, 온도변화가 적은 곳에 설치할 것
(3) 직사광선 및 빗물이 침투할 우려가 없는 곳에 설치할 것
(4) 방화문으로 구획된 실에 설치할 것
(5) 용기의 설치장소에는 해당 용기가 설치된 곳임을 표시하는 표지를 할 것
(6) 용기 간의 간격은 점검에 지장이 없도록 3 [cm] 이상의 간격을 유지할 것
(7) 저장용기와 집합관을 연결하는 연결배관에는 체크밸브를 설치할 것. 다만 저장용기가 하나의 방호구역만을 담당하는 경우에는 그렇지 않다.

2 저장용기의 충전비 ★★★

$$C = \frac{V[L]}{G[kg]}$$

C : 충전비
G : 소화약제의 중량 [kg]
V : 소화약제 저장용기의 내부용적 [L]

3 저장용기의 설치기준 ★★★

(1) 저장용기의 충전비는 고압식은 1.5 이상 1.9 이하, 저압식은 1.1 이상 1.4 이하로 할 것
(2) 저압식 저장용기에는 내압시험압력의 0.64배부터 0.8배의 압력에서 작동하는 안전밸브와 내압시험압력의 0.8배부터 내압시험압력에서 작동하는 봉판을 설치할 것
(3) 저압식 저장용기에는 액면계 및 압력계와 2.3 [MPa] 이상 1.9 [MPa] 이하의 압력에서 작동하는 압력경보장치를 설치할 것
(4) 저압식 저장용기에는 용기 내부의 온도가 섭씨 영하 18 [℃] 이하에서 2.1 [MPa]의 압력을 유지할 수 있는 자동냉동장치를 설치할 것
(5) 저장용기는 고압식은 25 [MPa] 이상, 저압식은 3.5 [MPa] 이상의 내압시험압력에 합격한 것으로 할 것

TIP ▶ 저장용기의 설치기준에서 주요 수치값 위주로 반드시 암기합시다.

4 **저장용기의 개방밸브**

이산화탄소소화약제 저장용기의 개방밸브는 전기식·가스압력식 또는 기계식에 따라 자동으로 개방되고 수동으로도 개방되는 것으로서 안전장치가 부착된 것으로 해야 한다.

5 **이산화탄소소화약제 저장용기와 선택밸브 또는 개폐밸브 사이의 안전장치**

이산화탄소소화약제 저장용기와 선택밸브 또는 개폐밸브 사이에는 배관의 최소사용설계압력과 최대허용압력 사이의 압력에서 작동하는 안전장치를 설치해야 하며, 안전장치를 통하여 나온 소화가스는 전용의 배관 등을 통하여 건축물 외부로 배출될 수 있도록 해야 한다. 이 경우 안전장치로 용전식을 사용해서는 안 된다.

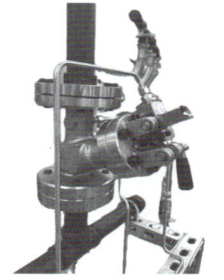

[선택밸브]

> **참고** 용전식 안전밸브(가용합금 안전밸브)
>
> 일반적으로 낮은 융점을 갖는 합금(비스무트, 납 등)을 가용합금이라고 한다. 안전밸브에 가용합금을 사용하여 용기가 이상 고온이 되면 가용합금이 녹아 용기 내의 가스를 방출시키는 방식의 안전장치이다.
>
> ※ 용전식 사용 금지 이유 : 이산화탄소소화설비 배관 내 과압이 발생하였을 때 온도가 상승하지 않아도 안전장치가 동작해야 하므로

05 소화약제 ★★★

1 전역방출방식

$$W = (V \times \alpha) + (A \times \beta)$$

W : 약제량 [kg]
V : 방호구역의 체적 [m³]
α : 방호구역의 1 [m³]에 대한 소화약제의 양 [kg/m³]
A : 개구부 면적 [m²]
β : 개구부 가산량(표면화재 : 5 [kg/m²]
심부화재 : 10 [kg/m²])
(개구부에 자동폐쇄장치 미설치 시 적용)

(1) **표면화재(가연성 가스, 가연성 액체)** : 가연성 물질의 표면에서 연소하는 화재를 말한다.

방호구역 체적	방호구역의 체적 1 [m³]에 대한 소화약제의 양	최저 한도의 양	개구부 가산량[kg/m²] (자동폐쇄장치 미설치 시)
45 [m³] 미만	1 [kg/m³]	45 [kg](1병)	5 [kg/m²]
45 [m³] 이상 150 [m³] 미만	0.9 [kg/m³]		
150 [m³] 이상 1450 [m³] 미만	0.8 [kg/m³]	135 [kg](3병)	
1450 [m³] 이상	0.75 [kg/m³]	1125 [kg](25병)	

① 약제량 계산결과 최저 한도의 양 미만일 경우 약제량은 최소 한도의 양으로 한다.

② 설계농도가 34 [%] 이상인 방호대상물의 소화약제량은 위의 기준에 따라 산출한 기본 소화약제량에 아래 그래프에 따른 보정계수를 곱하여 산출한다.

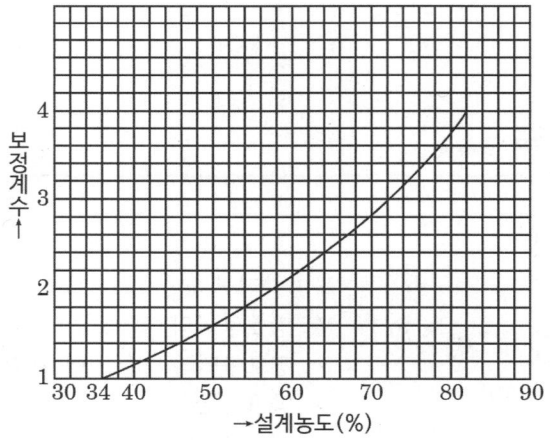

③ 개구부에 자동폐쇄장치 미설치 시 개구부 가산량 : 5 [kg/m²] 적용
(이 경우 개구부 면적은 방호구역 전체 표면적의 3 [%] 이하로 해야 한다)

(2) **심부화재(종이, 목재, 석탄, 섬유류, 합성수지류)** : 목재 또는 섬유류와 같은 고체가연물에서 발생하는 화재형태로서 가연물 내부에서 연소하는 화재를 말한다.

방호대상물	방호구역 1 [m³]에 대한 소화약제의 양	설계농도 [%]	개구부 가산량[kg/m²] (자동폐쇄장치 미설치 시)
유압기기를 제외한 전기설비, 케이블실	1.3 [kg/m³]	50	10 [kg/m²]
체적 55 [m³] 미만의 전기설비	1.6 [kg/m³]	50	
서고, 전자제품창고, 목재가공품 창고, 박물관	2.0 [kg/m³]	65	
고무류, 모피창고, 집진설비, 석탄창고, 면화류 창고	2.7 [kg/m³]	75	

암기 서전목박

암기 고모집석면

① 개구부에 자동폐쇄장치 미설치 시 개구부 가산량 : 10 [kg/m²] 적용(이 경우 개구부 면적은 방호구역 전체 표면적의 3 [%] 이하로 해야 한다)

2 국소방출방식

(1) 윗면이 개방된 용기에 저장하는 경우와 화재 시 연소면이 한정되고 가연물이 비산할 우려가 없는 경우에는 방호대상물의 표면적 1 [m²]에 대하여 13 [kg]을 저장한다.

$$W[kg] = A[m^2] \times 13[kg/m^2] \times h(할증계수)$$

W : 약제량 [kg]
A : 방호대상물의 표면적 [m²]
h : 할증계수(고압식 : 1.4, 저압식 : 1.1)

(2) 그 외의 경우

$$W[kg] = V[m^3] \times \left(8 - 6\frac{a}{A}\right)[kg/m^3] \times h(할증계수)$$

W : 약제량 [kg]
V : 방호공간의 체적 [m³](방호대상물의 각 부분으로부터 0.6 [m]의 거리에 따라 둘러싸인 공간)
a : 방호대상물 주위에 설치된 벽면적의 합계 [m²]
A : 방호공간의 벽면적의 합계 [m²]
  (벽이 없는 경우 : 벽이 있는 것으로 가정한 당해 부분의 면적)
h : 할증계수(고압식 : 1.4, 저압식 : 1.1)

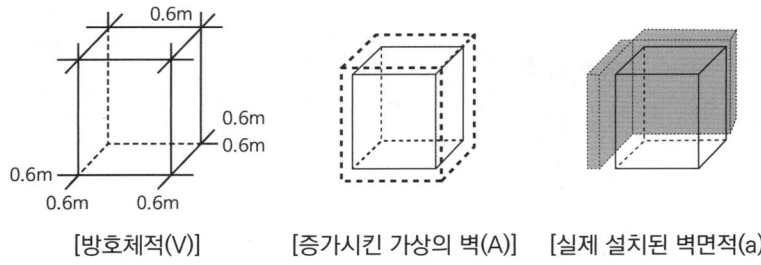

[방호체적(V)]   [증가시킨 가상의 벽(A)]   [실제 설치된 벽면적(a)]

3 호스릴이산화탄소소화설비
하나의 노즐에 대하여 90 [kg] 이상으로 할 것

06 기동장치

소화약제수동조작함

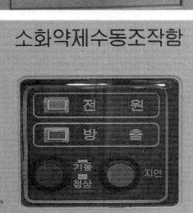

[수동조작함]

1 수동식 기동장치 설치기준
수동식 기동장치의 부근에는 소화약제의 방출을 지연시킬 수 있는 방출지연스위치(자동복귀형 스위치로서 수동식 기동장치의 타이머를 순간 정지시키는 기능의 스위치를 말한다)를 설치해야 한다.
(1) 전역방출방식은 방호구역마다, 국소방출방식은 방호대상물마다 설치할 것
(2) 해당 방호구역의 출입구부분 등 조작을 하는 자가 쉽게 피난할 수 있는 장소에 설치할 것
(3) 기동장치의 조작부는 바닥으로부터 높이 0.8 [m] 이상 1.5 [m] 이하의 위치에 설치하고, 보호판 등에 따른 보호장치를 설치할 것
(4) 기동장치에는 그 가까운 곳의 보기 쉬운 곳에 "이산화탄소소화설비 기동장치"라고 표시한 표지를 할 것
(5) 전기를 사용하는 기동장치에는 전원표시등을 설치할 것
(6) 기동장치의 방출용 스위치는 음향경보장치와 연동하여 조작될 수 있는 것으로 할 것
(7) 기동장치에는 보호장치를 설치해야 하며, 보호장치를 개방하는 경우 기동장치에 설치된 부저 또는 벨 등에 의하여 경고음을 발할 것
(8) 기동장치를 옥외에 설치하는 경우 빗물 또는 외부 충격의 영향을 받지 아니하도록 설치할 것

2 자동식 기동장치 설치기준 ★

자동화재탐지설비의 감지기의 작동과 연동하는 것으로서 다음의 기준에 따라 설치해야 한다.

(1) 자동식 기동장치에는 수동으로도 기동할 수 있는 구조로 할 것
(2) 전기식 기동장치로서 7병 이상의 저장용기를 동시에 개방하는 설비는 2병 이상의 저장용기에 전자 개방밸브를 부착할 것
(3) 가스압력식 기동장치는 다음의 기준에 따를 것
　① 기동용 가스용기 및 해당 용기에 사용하는 밸브는 25 [MPa] 이상의 압력에 견딜 수 있는 것으로 할 것
　② 기동용 가스용기에는 내압시험압력의 0.8배부터 내압시험압력 이하에서 작동하는 안전장치를 설치할 것
　③ 기동용 가스용기의 체적은 5 [L] 이상으로 하고, 해당 용기에 저장하는 질소 등의 비활성 기체는 6.0 [MPa] 이상(21 [℃] 기준)의 압력으로 충전할 것
　④ 질소 등의 비활성 기체 기동용 가스용기에는 충전 여부를 확인할 수 있는 압력게이지를 설치할 것
(4) 기계식 기동장치는 저장용기를 쉽게 개방할 수 있는 구조로 할 것

> 기동용 가스용기의 체적은 6 [L] 이상으로 하고, 해당 용기에 저장하는 질소 등의 비활성 기체는 5 [MPa] 이상(21 [℃] 기준)의 압력으로 충전할 것
> ✗ 5 [L] 이상 / 6 [MPa] 이상

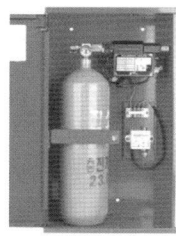
[기동용기함 내부]

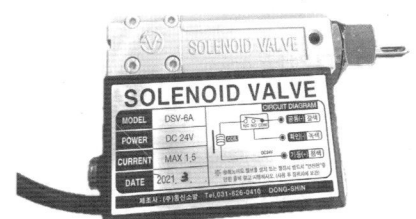
[솔레노이드밸브]

3 약제 방출 표시등

이산화탄소소화설비가 설치된 부분의 출입구 등의 보기 쉬운 곳에 소화약제의 방출을 표시하는 표시등을 설치해야 한다.

[약제 방출 표시등]

07 배관 등

1 배관 설치기준

(1) 배관은 전용으로 할 것

(2) 설치기준 요약 표 ★★★

구분		설치조건
강관 (압력배관용 탄소강관)	고압식	스케줄 80 이상의 것 (단, 배관 구경이 20 [mm] 이하인 경우 : 스케줄 40 이상인 것)
	저압식	스케줄 40 이상의 것
동관(이음이 없는 동 및 동합금관)	고압식	16.5 [MPa] 이상의 압력에 견딜 수 있는 것
	저압식	3.75 [MPa] 이상의 압력에 견딜 수 있는 것
배관 부속	고압식의 1차 측 (개폐밸브 또는 선택밸브 이전)	최소사용설계압력은 9.5 [MPa]로 할 것
	고압식의 2차 측과 저압식	최소사용설계압력은 4.5 [MPa]로 할 것

> TIP ▶ 배관 설치기준 표에서 별색 표기된 내용은 반드시 암기한다.

2 배관의 구경 ★★★

배관의 구경은 이산화탄소의 소요량이 다음의 기준에 따른 시간 내에 방출될 수 있는 것으로 해야 한다.

(1) 전역방출방식에 있어서 가연성 액체 또는 가연성 가스 등 표면화재 방호대상물의 경우에는 1분
(2) 전역방출방식에 있어서 종이, 목재, 석탄, 섬유류, 합성수지류 등 심부화재 방호대상물의 경우에는 7분. 이 경우 설계농도가 2분 이내에 30 [%]에 도달해야 한다.
(3) 국소방출방식의 경우에는 30초

3 수동잠금밸브

소화약제의 저장용기와 선택밸브 사이의 집합배관에는 수동잠금밸브를 설치하되 선택밸브 직전에 설치할 것. 다만 선택밸브가 없는 설비의 경우에는 저장용기실 내에 설치하되 조작 및 점검이 쉬운 위치에 설치해야 한다.

4 선택밸브

(1) 방호구역 또는 방호대상물마다 설치할 것
(2) 각 선택밸브에는 그 담당방호구역 또는 방호대상물을 표시할 것

08 분사헤드

1 전역방출방식 분사헤드

(1) 방출된 소화약제가 방호구역의 전역에 균일하게 신속히 확산할 수 있도록 할 것
(2) 분사헤드의 방출압력이 2.1 [MPa](저압식은 1.05 [MPa]) 이상의 것으로 할 것 ★
(3) 특정소방대상물 또는 그 부분에 설치된 이산화탄소소화설비의 소화약제의 저장량은 기준에서 정한 시간 이내에 방출할 수 있는 것으로 할 것 (① 전역방출방식에 있어서 표면화재 방호대상물의 경우에는 1분, ② 전역방출방식에 있어서 심부화재 방호대상물의 경우에는 7분. 이 경우 설계농도가 2분 이내에 30 [%]에 도달해야 한다) ★★★

2 국소방출방식 분사헤드

(1) 소화약제의 방출에 따라 가연물이 비산하지 아니하는 장소에 설치할 것
(2) 이산화탄소소화약제의 저장량은 30초 이내에 방출할 수 있는 것으로 할 것 ★★★
(3) 성능 및 방출압력이 기준에 적합한 것으로 할 것

3 호스릴설비의 설치 가능 장소(이산화탄소, 할론, 분말소화설비 동일)

화재 시 현저하게 연기가 찰 우려가 없는 장소(차고 또는 주차의 용도로 사용되는 부분 제외)로서 다음의 어느 하나에 해당하는 장소에는 호스릴이산화탄소소화설비를 설치할 수 있다.

(1) 지상 1층 및 피난층에 있는 부분으로서 지상에서 수동 또는 원격조작에 따라 개방할 수 있는 개구부의 유효면적의 합계가 바닥면적의 15 [%] 이상이 되는 부분
(2) 전기설비가 설치되어 있는 부분 또는 다량의 화기를 사용하는 부분(해당 설비의 주위 5 [m] 이내의 부분을 포함한다)의 바닥면적이 해당 설비가 설치되어 있는 구획의 바닥면적의 5분의 1 미만이 되는 부분

4 호스릴이산화탄소소화설비의 설치기준

(1) 방호대상물의 각 부분으로부터 하나의 호스접결구까지의 수평거리가 15 [m] 이하가 되도록 할 것
(2) 노즐은 20 [℃]에서 하나의 노즐마다 60 [kg/min] 이상의 소화약제를 방출할 수 있는 것으로 할 것
(3) 소화약제 저장용기는 호스릴을 설치하는 장소마다 설치할 것
(4) 소화약제 저장용기의 개방밸브는 호스의 설치장소에서 수동으로 개폐할 수 있는 것으로 할 것
(5) 소화약제 저장용기의 가장 가까운 곳의 보기 쉬운 곳에 표시등을 설치하고, 호스릴이산화탄소소화설비가 있다는 뜻을 표시한 표지를 할 것

5 분사헤드의 오리피스구경 등

(1) 분사헤드에는 부식방지조치를 해야 하며, 오리피스의 크기, 제조일자, 제조업체가 표시되도록 할 것
(2) 분사헤드의 갯수는 방호구역에 방출시간이 충족되도록 설치할 것
(3) 분사헤드의 방출율 및 방출압력은 제조업체에서 정한 값으로 할 것
(4) 분사헤드의 오리피스의 면적은 분사헤드가 연결되는 배관구경 면적의 70 [%] 이하가 되도록 할 것 ★

[가스계소화설비 분사헤드]

09 분사헤드 설치 제외 ★★★

> TIP ▶ 분사헤드 설치 제외 장소는 실기시험의 단골 문제이다.

1. 방재실·제어실 등 사람이 상시 근무하는 장소
2. 니트로셀룰로스·셀룰로이드제품 등 자기연소성 물질을 저장·취급하는 장소
3. 나트륨·칼륨·칼슘 등 활성금속물질을 저장·취급하는 장소
4. 전시장 등의 관람을 위하여 다수인이 출입·통행하는 통로 및 전시실 등

10 음향경보장치

1. 수동식 기동장치를 설치한 것은 그 기동장치의 조작과정에서, 자동식 기동장치를 설치한 것은 화재감지기와 연동하여 자동으로 경보를 발하는 것으로 할 것
2. 소화약제의 방출개시 후 **1분 이상 경보**를 계속할 수 있는 것으로 할 것 ★
3. 방호구역 또는 방호대상물이 있는 구획 안에 있는 자에게 유효하게 경보할 수 있는 것으로 할 것

11 자동폐쇄장치

전역방출방식의 이산화탄소소화설비를 설치한 특정소방대상물 또는 그 부분에 대하여는 다음의 기준에 따라 자동폐쇄장치를 설치해야 한다.

1. 환기장치를 설치한 것은 이산화탄소가 방사되기 전에 해당 환기장치가 정지할 수 있도록 할 것
2. 개구부가 있거나 천장으로부터 1 [m] 이상의 아래 부분 또는 바닥으로부터 해당 층의 높이의 3분의 2 이내의 부분에 통기구가 있어 이산화탄소의 유출에 따라 소화효과를 감소시킬 우려가 있는 것은 이산화탄소가 방출되기 전에 해당 개구부 및 통기구를 폐쇄할 수 있도록 할 것
3. 자동폐쇄장치는 방호구역 또는 방호대상물이 있는 구획의 밖에서 복구할 수 있는 구조로 하고, 그 위치를 표시하는 표지를 할 것

> **참고** 피스톤릴리즈 댐퍼(PRD)
> 소화약제가 방출되는 가스압력을 이용하여 피스톤을 동작시켜 개구부 등을 폐쇄

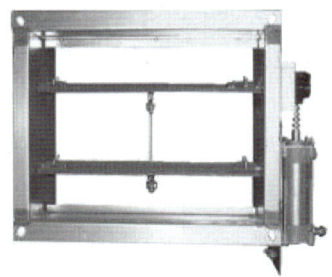

12 배출설비(질식방지)

지하층, 무창층 및 밀폐된 거실 등에 방출된 소화약제를 배출하기 위한 배출설비를 갖추어야 한다.

13 과압배출구

이산화탄소소화설비의 방호구역에는 소화약제 방출 시 발생하는 과(부)압으로 인한 구조물 등의 손상을 방지하기 위해 1.부터 4.까지의 내용을 검토하여 과압배출구를 설치해야 한다. 다만 과(부)압이 발생해도 구조물 등에 손상이 생길 우려가 없음을 시험 또는 공학적인 자료로 입증하는 경우 설치하지 않을 수 있다.

1. 방호구역 누설면적
2. 방호구역의 최대허용압력
3. 소화약제 방출 시의 최고압력
4. 소화농도 유지시간

14 안전시설 등

1. 이산화탄소소화설비가 설치된 장소에는 다음의 기준에 따른 안전시설을 설치해야 한다.
   (1) 소화약제 방출 시 방호구역 내와 부근에 가스 방출 시 영향을 미칠 수 있는 장소에 시각경보장치를 설치하여 소화약제가 방출되었음을 알도록 할 것
   (2) 방호구역의 출입구 부근 잘 보이는 장소에 약제방출에 따른 위험경고표지를 부착할 것

2. 방호구역 내에 이산화탄소소화약제가 방출되는 경우 <u>후각</u>을 통해 이를 인지할 수 있도록 <u>부취발생기</u>를 다음 어느 하나에 해당하는 방식으로 설치해야 한다.

   (1) 부취발생기를 <u>소화약제 저장용기실 내의 소화배관에 설치</u>하여 소화약제의 방출에 따라 부취제가 혼합되도록 하는 방식

   ① 소화약제 저장용기실 내의 소화배관에 설치할 것

   ② 점검 및 관리가 쉬운 위치에 설치할 것

   ③ 방호구역별로 선택밸브 직후 2차 측 배관에 설치할 것. 다만 선택밸브가 없는 경우에는 집합배관에 설치할 수 있다.

   (2) <u>방호구역 내에 부취발생기를 설치</u>하여 이산화탄소소화설비의 기동에 따라 소화약제 방출 전에 부취제가 방출되도록 하는 방식

> **TIP** 부취발생기는 신설된 이후 실기시험에 출제된 바 없으나, 충분히 신유형 문제로 출제될 수 있으니 기준을 잘 확인한다.

CHAPTER 08 연습문제

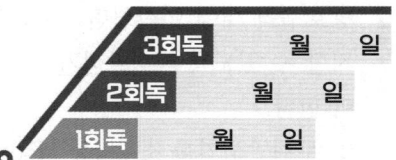

01

다음은 저압식 이산화탄소소화설비의 계통도이다. 상시 폐쇄되어 있는 밸브와 상시 개방되어 있는 밸브의 번호를 쓰시오.

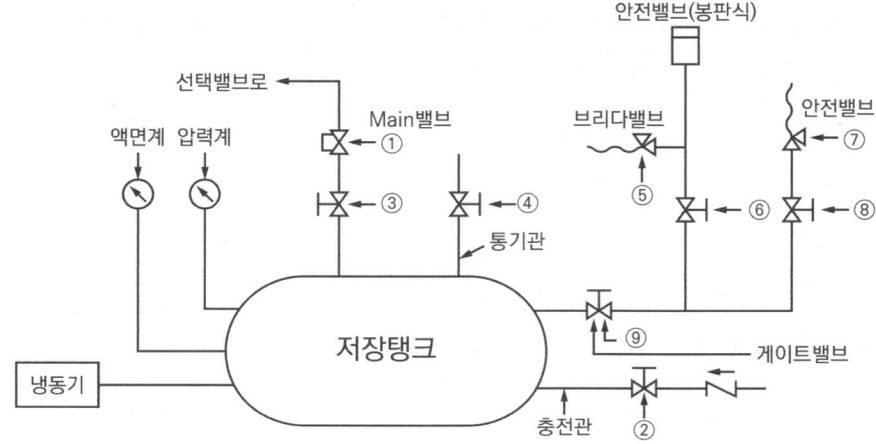

가. 상시 폐쇄되어 있는 밸브 :

나. 상시 개방되어 있는 밸브 :

> **정답**
>
> 가. 상시 폐쇄되어 있는 밸브 : ①, ②, ④, ⑤, ⑦
> 나. 상시 개방되어 있는 밸브 : ③, ⑥, ⑧, ⑨

02

배점 4

방호구역의 체적이 300 [m³]인 소방대상물에 이산화탄소소화설비를 설치하였다. 이곳에 이산화탄소소화약제를 80 [kg] 방출하였을 때 이산화탄소의 농도 [vol%]를 구하시오. (단, 실내압력은 121 [kPa]이고, 온도는 22 [℃]이다)

○ 계산과정:

○ 답:

정답

☑ 계산과정

이상기체 상태방정식 $PV = \dfrac{W}{M}RT$

여기서 일반기체상수 $R = 0.082 [atm \cdot m^3/kmol \cdot K] = 8.314 [kJ/kmol \cdot K]$

① CO_2 체적 $V = \dfrac{WRT}{PM}$

$= \dfrac{80[kg] \times 8.314[kJ/kmol \cdot K] \times (273+22)[K]}{121[kPa] \times 44[kg/kmol]} = 36.85 [m^3]$

② CO_2 농도[%] $= \dfrac{\text{방출} CO_2 \text{가스체적}}{\text{방호구역 체적} + \text{방출} CO_2 \text{가스체적}} \times 100$

$= \dfrac{36.85}{300+36.85} \times 100 = 10.94 [\%]$

답 | 10.94 [%]

핵심이론 CO_2 농도(%) 및 체적(m³) 관련 공식 정리

1) CO_2 농도[%]

① CO_2 농도[%] $= \dfrac{21 - O_2[\%]}{21} \times 100$

② CO_2 농도[%] $= \dfrac{\text{방출} CO_2 \text{ 체적}}{\text{방호구역 체적} + \text{방출} CO_2 \text{ 체적}} \times 100$

2) CO_2 체적[m³]

① CO_2 체적[m³] $= \dfrac{21 - O_2}{O_2} \times$ 방호구역의 체적[m³]

② $PV = \dfrac{W}{M}RT \rightarrow V = \dfrac{WRT}{PM}$

03

액화 이산화탄소가 20 [℃]의 표준대기압상태에서 방호구역의 체적 500 [m³]인 공간에 방출되었을 때 이산화탄소의 양[kg]을 구하시오. (단, 산소의 농도는 10 [vol%]이다)

○ 계산과정 :
○ 답 :

배점 4

정답

☑ 계산과정

① CO_2 체적 $[m^3] = \dfrac{21 - O_2[\%]}{O_2[\%]} \times V[m^3]$

$= \dfrac{21 - 10}{10} \times 500 [m^3] = 550 [m^3]$

② 이산화탄소의 양[kg]

$PV = \dfrac{W}{M} RT$

$1[atm] \times 550[m^3] = \dfrac{W[kg]}{44[kg/kmol]} \times 0.082[atm \cdot m^3/kmol \cdot K] \times (20+273)[K]$

∴ $W = 1007.24$ [kg]

답 | 1007.24 [kg]

이산화탄소의 체적 $[m^3]$
$= \dfrac{21 - O_2[\%]}{O_2[\%]}$
$\times$ 방호구역의 체적$[m^3]$

04

득점 | 배점 6

그림은 CO_2소화설비의 소화약제 저장용기 주위의 배관 계통도이다. 방호구역은 A, B 두 부분으로 나누어지고, 각 구역의 소요 약제량은 A구역에 2B/T, B구역에 5B/T라 할 때 그림을 보고 다음 물음에 답하시오.

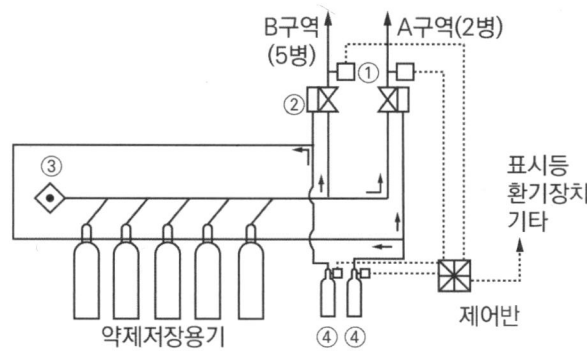

가. 각 방호구역에 소요 약제량을 방출할 수 있게 조작관에 설치할 체크밸브의 위치를 위 그림에 표시하시오.

나. ①, ②, ③, ④ 기구의 명칭은 무엇인가?

○ 답

①　　　　　　　②　　　　　　　③　　　　　　　④

정답

가.

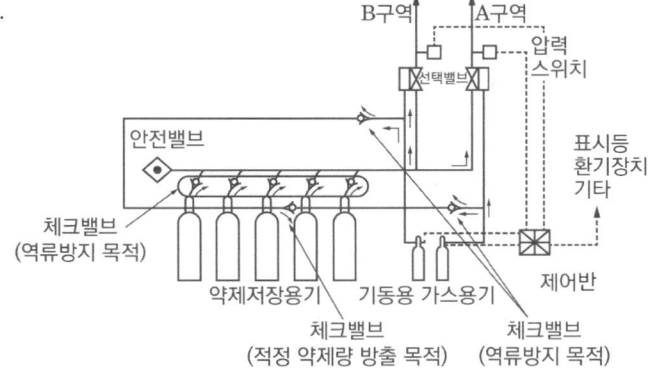

[집합관과 약제저장용기간의 체크밸브 표시한 완성된 도면]

나. ① 압력스위치, ② 선택밸브, ③ 안전밸브, ④ 기동용 가스용기

05

배점 6

가로 5 [m], 세로 6 [m], 높이 4 [m]인 집진설비에 전역방출방식의 이산화탄소소화설비를 설치하려고 한다. 용기 저장실에 저장하여야 할 저장용기 수는 몇 병인가? (단, 저장용기의 충전비는 1.5이고, 1병당 충전량은 45 [kg]이다)

○ 계산과정 :

○ 답 :

정답

✓ 계산과정

핵심이론 이산화탄소소화설비 전역방출방식 심부화재 약제량 산정

W = (V × α) + (A × β)

W : 약제량 [kg], V : 방호구역 체적 [m³]
α : 방호구역 1 [m³]에 대한 소화약제의 양 [kg/m³]
A : 개구부 면적 [m²], β : 개구부 가산량(심부화재 : 10 [kg/m²])

방호대상물	방호구역 1 [m³]에 대한 소화약제의 양 α	설계농도 [%]	개구부 가산량[kg/m²] β (자동폐쇄장치 미설치 시)
유압기기를 제외한 전기설비, 케이블실	1.3 [kg/m³]	50	10 [kg/m²]
체적 55 [m³] 미만의 전기설비	1.6 [kg/m³]	50	
서고, 전자제품창고, 목재가공품 창고, 박물관	2.0 [kg/m³]	65	
고무류, 모피창고, 집진설비, 석탄창고, 면화류 창고	2.7 [kg/m³]	75	

$W = (5 \times 6 \times 4)[m^3] \times 2.7[kg/m^3] = 324[kg]$

병 수 $= \dfrac{324[kg]}{45[kg/병]} = 7.2$ [병] ≒ 8 [병]

답 | 8 [병]

암기 서전목박

암기 고모집석면

06

배점 12

어떤 사무소 건물의 지하층에 있는 발전기실 및 축전지실에 전역방출방식의 이산화탄소소화설비를 설치하려고 한다. [조건]을 참조하여 다음 각 물음에 답하시오.

조건

(1) 소화설비는 고압식이다.
(2) 발전기실의 크기 : 가로 6 [m], 세로 10 [m], 높이 5 [m]
(3) 발전기실의 개구부 크기 : 1.8 [m] × 3 [m] × 2개소(자동폐쇄장치 있음)
(4) 축전지실의 크기 : 가로 5 [m], 세로 6 [m], 높이 4 [m]
(5) 축전지실의 개구부 크기 : 0.9 [m] × 2 [m] × 1개소(자동폐쇄장치 없음)
(6) 가스약제 용기 충전량은 45 [kg], 저장용기 내용적은 68 [L]이다.
(7) 가스저장용기는 공용으로 한다.
(8) 가스량은 다음 표를 이용하여 산출한다.

방호구역의 체적[m³]	소화약제의 양[kg/m³]	소화약제 저장량의 최저한도[kg]
45 이상 150 미만	0.9	45
150 이상 1500 미만	0.8	135

(9) 개구부 가산량은 5 [kg/m²]로 계산한다.

가. 각 방호구역별로 필요한 가스용기의 본수는 몇 병인가?

○ 계산과정 :

○ 답 :

　　1) 발전기실 :

　　2) 축전지실 :

나. 집합장치에 필요한 가스용기의 본수는 몇 병인가?

○ 답 :

다. 각 방호구역별 선택밸브 직후의 유량은 몇 [kg/s]인가?

○ 계산과정 :

○ 답 :

　　1) 발전기실 :

　　2) 축전지실 :

라. 저장용기의 내압시험압력은 몇 [MPa]인가?
　○ 답 :

마. 이산화탄소소화약제 저장용기와 선택밸브 또는 개폐밸브 사이에 설치하는 안전장치와 관련하여 다음 [보기]에서 괄호 안에 들어갈 말을 찾아 쓰시오.

―――――――――― [보기] ――――――――――
최소사용설계압력, 최대사용설계압력, 최소허용압력, 최대허용압력,
내부, 외부, 용전식, 파열판식, 중추식, 스프링식

이산화탄소소화약제 저장용기와 선택밸브 또는 개폐밸브 사이에는 배관의 (①) 과 (②) 사이의 압력에서 작동하는 안전장치를 설치해야 하며, 안전장치를 통하여 나온 소화가스는 전용의 배관 등을 통하여 건축물 (③)로 배출될 수 있도록 해야 한다. 이 경우 안전장치로 (④)을 사용해서는 안 된다.

바. 분사헤드 방출압력은 21 [℃]에서 몇 [MPa] 이상이어야 하는가?
　○ 답 :

사. 음향경보장치는 약제방출 개시 후 몇 분 동안 경보를 계속할 수 있어야 하는가?
　○ 답 :

아. 각 방호구역에 필요한 음향경보장치는 각각 몇 개씩인가?
　○ 답 :
　　1) 발전기실 :
　　2) 축전지실 :

자. 가스용기 개방밸브는 작동방식에 따라 3가지로 분류되는데 그 각각의 명칭은 무엇인가?
　○ 답 :

TIP ▶ 음향경보장치는 방호구역별로 각 1개씩 설치한다.

> **정답**

가. 계산과정 : 이산화탄소소화설비 전역방출방식 약제량 산정

🔑 핵심이론 이산화탄소소화설비 전역방출방식 표면화재 약제량 산정

$W = (V \times \alpha) \times N + (A \times \beta)$

W : 약제량 [kg], V : 방호구역 체적 [m³]
α : 방호구역 1 [m³]에 대한 소화약제의 양 [kg/m³]
A : 개구부 면적 [m²], β : 개구부 가산량(표면화재 : 5 [kg/m²])
N : 보정계수(설계농도가 34 [%] 이상인 방호대상물의 소화약제량을 구할 때 보정계수를 곱하여 산출함)

방호구역 체적	방호구역의 체적 1 [m³]에 대한 소화약제의 양 α	최저 한도의 양	개구부 가산량[kg/m²] (자동폐쇄장치 미설치 시) β
45 [m³] 미만	1 [kg/m³]	45 [kg](1병)	5 [kg/m²]
45 [m³] 이상 150 [m³] 미만	0.9 [kg/m³]		
150 [m³] 이상 1450 [m³] 미만	0.8 [kg/m³]	135 [kg](3병)	
1450 [m³] 이상	0.75 [kg/m³]	1125 [kg](25병)	

1) 발전기실
 ① 발전기실의 소요약제량
  ※ 방호구역이 '발전기실'이고 다른 조건이 없을 때 표면화재로 가정한다.
  $W = (V \times \alpha) + (A \times \beta)$
  ㉮ $V = 6 \times 10 \times 5 = 300$ [m³]
   ⇨ 방호구역의 체적이 150 [m³] 이상 1450 [m³] 미만이므로 체적 1 [m³]에 대한 소화약제의 양 $\alpha = 0.8$ [kg/m³]
  ㉯ $V \times \alpha = 300$ [m³] × 0.8 [kg/m³] = 240 [kg]
   ⇨ 최저 한도의 양 135 [kg] 이상이므로 위 계산 값으로 적용
  ㉰ 보정계수 N은 고려하지 않는다(설계농도가 34 [%] 이상인 방호대상물에 대한 조건 없음).
  ㉱ $W = V \times \alpha = 240$ [kg]
   (개구부에 자동폐쇄장치가 있으므로 개구부 가산량은 더하지 않는다)
 ② 발전기실의 가스용기 본수 : $\dfrac{240 [kg]}{45 [kg/병]} = 5.33$ [병] ≒ 6 [병]

2) 축전지실
  ① 축전지실의 소요약제량
    ※ 방호구역이 '축전지실'이고 다른 조건이 없을 때 표면화재로 가정한다.
    W = (V × α) + (A × β)
    ㉮ V = 5 × 6 × 4 = 120 [m³]
      ⇨ 방호구역의 체적이 45 [m³] 이상 150 [m³] 미만이므로
        체적 1 [m³]에 대한 소화약제의 양 α = 0.9 [kg/m³]
    ㉯ V × α = 120 [m³] × 0.9 [kg/m³] = 108 [kg]
      ⇨ 최저 한도의 양 45 [kg] 이상이므로 위 계산 값으로 적용
    ㉰ 보정계수 N은 고려하지 않는다(설계농도가 34 [%] 이상인 방호대상물에 대한 조건 없음).
    ㉱ W = (V × α) + (A × β)
      = 108 [kg] + (0.9 × 2) [m²] × 5 [kg/m²]
      = 117 [kg]
  ② 축전지실의 가스용기 본수 : $\frac{117[kg]}{45[kg/병]}$ = 2.6 [병] ≒ 3 [병]

답 | 1) 발전기실 : 6 [병], 2) 축전지실 : 3 [병]

나.
답 | 6 [병]

다. 계산과정
  1) 발전기실 : $\frac{6[병] \times 45[kg/병]}{60[s]}$ = 4.5 [kg/s]
  2) 축전지실 : $\frac{3[병] \times 45[kg/병]}{60[s]}$ = 2.25 [kg/s]

답 | 1) 발전기실 : 4.5 [kg/s], 2) 축전지실 : 2.25 [kg/s]

라. 25 [MPa] 이상

마.
> 이산화탄소소화약제 저장용기와 선택밸브 또는 개폐밸브 사이에는 배관의 (① 최소사용설계압력)과 (② 최대허용압력) 사이의 압력에서 작동하는 안전장치를 설치해야 하며, 안전장치를 통하여 나온 소화가스는 전용의 배관 등을 통하여 건축물 (③ 외부)로 배출될 수 있도록 해야 한다. 이 경우 안전장치로 (④ 용전식)을 사용해서는 안 된다.

바. 2.1 [MPa]

사. 1분 이상

아. 1) 발전기실 : 1개
    2) 축전지실 : 1개

자. 전기식, 기계식, 가스압력식

07

| 득점 | 배점 8 |

다음과 같은 표면화재 대상물인 4개의 실에 고압식 이산화탄소소화설비를 설치하고자 한다. [조건]을 참고하여 다음 각 물음에 답하시오.

조건

(1) 방호구역의 조건

방호구역	체적[m³]	개구부[m²]	개구부상태	분사헤드 설치 수[개]
A실	18 × 18 × 5	6	자동폐쇄 불가	40
B실	11 × 17 × 6	4	자동폐쇄 가능	30
C실	5 × 8 × 4	4	자동폐쇄 불가	8
D실	5 × 3 × 3	2	자동폐쇄 가능	3

(2) 소화약제 산정기준 및 기타 필요한 사항은 국가화재안전기술기준에 따른다.
(3) 각 실에 설치된 분사헤드의 방출률은 1개당 1.16 [kg/mm²·분]으로 하며, CO_2 방출시간은 1분을 기준으로 한다.
(4) CO_2 저장용기는 내용적 68 [L]/충전량 45 [kg]용의 것을 사용하는 것으로 한다.

가. 방호구역의 각 실에 필요한 소화약제의 양[kg]을 산출하시오.
  ○ 계산과정 :
  ○ 답 :

나. 각 실에 필요한 소화약제의 용기 수는 얼마인가?
  ○ 계산과정 :
  ○ 답 :

다. 각 실별로 설치된 분사헤드의 분출구 면적[mm²]은 얼마이어야 하는가?
  ○ 계산과정 :
  ○ 답 :

라. 각 방호구역별로 선택밸브 직후 유량[kg/s]은?
  ○ 계산과정 :
  ○ 답 :

TIP ▶ 분구면적 = 분출구면적

정답

가. 계산과정 : 이산화탄소소화설비 전역방출방식 약제량 산정

> ★ **핵심이론** 이산화탄소소화설비 전역방출방식 표면화재 약제량 산정
>
> W = (V × α) × N + (A × β)
>
> W : 약제량 [kg], V : 방호구역 체적 [m³]
> α : 방호구역 1 [m³]에 대한 소화약제의 양 [kg/m³]
> A : 개구부 면적 [m²], β : 개구부 가산량(표면화재 : 5 [kg/m²])
> N : 보정계수(설계농도가 34 [%] 이상인 방호대상물의 소화약제량을 구할 때 보정계수를 곱하여 산출함)
>
> | 방호구역 체적 | 방호구역의 체적 1 [m³]에 대한 소화약제의 양 α | 최저 한도의 양 | 개구부 가산량[kg/m²] (자동폐쇄장치 미설치 시) β |
> |---|---|---|---|
> | 45 [m³] 미만 | 1 [kg/m³] | 45 [kg](1병) | 5 [kg/m²] |
> | 45 [m³] 이상 150 [m³] 미만 | 0.9 [kg/m³] | | |
> | 150 [m³] 이상 1450 [m³] 미만 | 0.8 [kg/m³] | 135 [kg](3병) | |
> | 1450 [m³] 이상 | 0.75 [kg/m³] | 1125 [kg](25병) | |

① A실
 ㉮ V = 18 × 18 × 5 = 1620 [m³]
  ⇨ 방호구역의 체적이 1450 [m³] 이상이므로
   화재안전기술기준상 체적 1 [m³]에 대한 소화약제의 양 α = 0.75 [kg/m³]
 ㉯ V × α = 1620 [m³] × 0.75 [kg/m³] = 1215 [kg]으로 최저 한도의 양(1125 [kg]) 이상
 ㉰ 따라서 W = (V × α) + (A × β)
   = (1620 [m³] × 0.75 [kg/m³]) + (6 [m²] × 5 [kg/m²])
   = 1245 [kg]

② B실
 ㉮ V = 11 × 17 × 6 = 1122 [m³]
  ⇨ 방호구역의 체적이 150 [m³] 이상 1450 [m³] 미만이므로
   화재안전기술기준상 체적 1[m³]에 대한 소화약제의 양 α = 0.8 [kg/m³]
 ㉯ V × α = 1122 [m³] × 0.8 [kg/m³] = 897.6 [kg]으로 최저 한도의 양(135 [kg]) 이상
 ㉰ 따라서 W = 897.6 [kg]

③ C실
 ㉮ V = 5 × 8 × 4 = 160 [m³]
  ⇨ 방호구역의 체적이 150 [m³] 이상 1450 [m³] 미만이므로
   화재안전기술기준상 체적 1 [m³]에 대한 소화약제의 양 α = 0.8 [kg/m³]

(나) V × α = 160 [m³] × 0.8 [kg/m³] = 128 [kg]

　　최소 한도의 양(135 [kg])보다 작으므로 135 [kg] 적용

(다) 따라서 W = (V × α) + (A × β)

　　　　　= 135 [kg] + (4 [m²] × 5 [kg/m²]) = 155 [kg]

④ D실

(가) V = 5 × 3 × 3 = 45 [m³]

　　⇨ 방호구역의 체적이 45 [m³] 이상 150 [m³] 미만이므로
　　　화재안전기술기준상 체적 1 [m³]에 대한 소화약제의 양 α = 0.9 [kg/m³]

(나) V × α = 45 [m³] × 0.9 [kg/m³] = 40.5 [kg]

　　최소 한도의 양(45 [kg])보다 작으므로 45 [kg] 적용

(다) 따라서 W = 45 [kg]

답 | A실 1245 [kg], B실 897.6 [kg], C실 155 [kg], D실 45 [kg]

나. 계산과정

① A실 : $\dfrac{1245[kg]}{45[kg/병]} ≒ 28\,[병]$　　② B실 : $\dfrac{897.6[kg]}{45[kg/병]} ≒ 20\,[병]$

③ C실 : $\dfrac{155[kg]}{45[kg/병]} ≒ 4\,[병]$　　④ D실 : $\dfrac{45[kg]}{45[kg/병]} = 1\,[병]$

답 | A실 28 [병], B실 20 [병], C실 4 [병], D실 1 [병]

다. 계산과정

① A실 : 28 [병] × 45 [kg/병] = 1260 [kg]

$$\dfrac{1260[kg]}{40[개] \times 1.16[kg/mm^2 \cdot min \cdot 개] \times 1[min]} = 27.16[mm^2]$$

② B실 : 20 [병] × 45 [kg/병] = 900 [kg]

$$\dfrac{900[kg]}{30[개] \times 1.16[kg/mm^2 \cdot min \cdot 개] \times 1[min]} = 25.86[mm^2]$$

③ C실 : 4 [병] × 45 [kg/병] = 180 [kg]

$$\dfrac{180[kg]}{8[개] \times 1.16[kg/mm^2 \cdot min \cdot 개] \times 1[min]} = 19.40[mm^2]$$

④ D실 : 1 [병] × 45 [kg/병] = 45 [kg]

$$\dfrac{45[kg]}{3[개] \times 1.16[kg/mm^2 \cdot min \cdot 개] \times 1[min]} = 12.93[mm^2]$$

답 | A실 : 27.16 [mm²], B실 25.86 [mm²], C실 : 19.4 [mm²], D실 12.93 [mm²]

라. 계산과정

① A실 : $\dfrac{1260[kg]}{60[s]} = 21[kg/s]$　　② B실 : $\dfrac{900[kg]}{60[s]} = 15[kg/s]$

③ C실 : $\dfrac{180[kg]}{60[s]} = 3[kg/s]$　　④ D실 : $\dfrac{45[kg]}{60[s]} = 0.75[kg/s]$

답 | A실 21 [kg/s], B실 15 [kg/s], C실 3 [kg/s], D실 0.75 [kg/s]

08

배점 8

에탄저장창고에 이산화탄소소화설비를 다음 조건에 따라 고압식으로 설치하고자 한다. 다음 물음에 답하시오.

TIP ▶ 보정계수를 반드시 고려한다.

조건
(1) 이산화탄소소화설비의 설계농도는 40 [%]를 적용한다. (단, 보정계수 = 1.2)
(2) 약제방출방식은 전역방출방식이며, 표면화재를 가정한다.
(3) 개구부는 2 [m] × 1 [m] 1개소가 있으며, 자동폐쇄장치가 설치되어 있지 않다.
(4) 약제량의 충전비는 1.9이다.
(5) 저장용기의 체적은 68 [L]이다.
(6) 방호구역의 체적은 125 [m³]이다.

가. 에탄저장창고에 필요한 소화약제의 양[kg]을 산출하시오.
　○ 계산과정 :
　○ 답 :

나. 이산화탄소가 화재실에 조건에 설계농도만큼 방출되었을 경우 산소농도[%]를 구하시오.
　○ 계산과정 :
　○ 답 :

다. 저장용기실에 저장하여야 하는 저장용기의 병수를 구하시오.
　○ 계산과정 :
　○ 답 :

라. 다음은 이산화탄소소화설비에 대한 설치기준이다. 주어진 조건을 적용하여 괄호를 채우시오.

- 이산화탄소소화약제의 방출압력은 (㉠   ) [MPa] 이상이어야 한다.
- 이산화탄소소화약제의 방출시간은 (㉡   ) [분] 이내이어야 한다.
- 이산화탄소소화약제의 저장용기실의 온도는 (㉢   ) [℃] 이하이어야 한다.
- 이산화탄소소화설비 강관을 사용하는 경우의 배관은 (㉣   ) 이상의 것 또는 이와 동등 이상의 강도를 가진 것으로 아연도금 등으로 방식처리된 것을 사용해야 한다.

마. 이산화탄소소화설비에 화재감지기회로를 일반감지기로 설치하는 경우 어떠한 방식을 사용하여야 하는지 그 회로방식과 정의를 쓰시오.
　○ 답 :

정답

가. 계산과정 : 이산화탄소소화설비 전역방출방식 표면화재 약제량 산정

📌 핵심이론 이산화탄소소화설비 전역방출방식 표면화재 약제량 산정

$W = (V \times \alpha) \times N + (A \times \beta)$

W : 약제량 [kg], V : 방호구역 체적 [m³]
α : 방호구역 1 [m³]에 대한 소화약제의 양 [kg/m³]
A : 개구부 면적 [m²], β : 개구부 가산량(표면화재 : 5 [kg/m²])
N : 보정계수(설계농도가 34 [%] 이상인 방호대상물의 소화약제량을 구할 때 보정계수를 곱하여 산출함)

방호구역 체적	방호구역의 체적 1 [m³]에 대한 소화약제의 양 α	최저 한도의 양	개구부 가산량[kg/m²] (자동폐쇄장치 미설치 시) β
45 [m³] 미만	1 [kg/m³]	45 [kg](1병)	5 [kg/m²]
45 [m³] 이상 150 [m³] 미만	0.9 [kg/m³]		
150 [m³] 이상 1450 [m³] 미만	0.8 [kg/m³]	135 [kg](3병)	
1450 [m³] 이상	0.75 [kg/m³]	1125 [kg](25병)	

에탄 저장창고 [표면화재]
$W = (V \times \alpha) \times N + (A \times \beta)$

① 방호구역의 체적이 125 [m³]
⇨ 방호구역의 체적이 45 [m³] 이상 150 [m³] 미만이므로
화재안전기술기준상 체적 1 [m³]에 대한 소화약제의 양 α = 0.9 [kg/m³]

② $V \times \alpha$를 먼저 계산한 뒤, 값이 최저한도의 양 미만이 될 경우에는 그 최저한도의 양으로 한다.
⇨ $V \times \alpha$ = 125 [m³] × 0.9 [kg/m³] = 112.5 [kg]
→ 최저한도의 양(45 [kg])보다 큼

③ 위 기준에 따라 산출한 기본 소화약제량에 보정계수를 곱하여 산출한다.
⇨ $W = (V \times \alpha) \times N + (A \times \beta)$
   = 112.5 [kg] × 1.2 + (2 × 1) [m²] × 5 [kg/m²] = 145 [kg]

답 | 145 [kg]

나. 계산과정 : $CO_2 [\%] = \dfrac{21 - O_2 [\%]}{21} \times 100$

$40 = \dfrac{21 - O_2}{21} \times 100$ ∴ $O_2 = 12.6 [\%]$

답 | 12.6 [%]

다. 계산과정

$$충전비 = \frac{소화약제\,저장용기의\,내부용적[L]}{소화약제\,중량[kg]}$$

$$1.9 = \frac{68[L]}{x[kg]}$$

따라서 한 병당 약제량 $x = 35.79[kg]$

∴ 병 수 $= \dfrac{145[kg]}{35.79[kg/병]} = 4.05\,[병] ≒ 5\,[병]$

답 | 5 [병]

라. ㉠ 2.1, ㉡ 1, ㉢ 40, ㉣ 압력배관용 탄소강관 중 스케줄 80

마. 1) 교차회로방식

2) 정의 : 하나의 방호구역 내에서 2 이상의 화재감지기회로를 설치하고, 인접한 2 이상의 화재감지기가 동시에 감지되는 때에 설비가 작동하는 방식

09 배점 4

특수가연물 가연성 고체가 윗면이 개방된 용기에 저장되어 있을 때 이산화탄소소화약제의 저장량은 몇[kg]이 필요하겠는가? (단, ① 용기 크기는 가로 10 [m], 세로 12 [m], 높이 30 [m] ② 해당 설비는 저압식이며, 국소방출방식이다)

○ 계산과정 :   ○ 답 :

정답

☑ 계산과정

W [kg] = A [m²] × 13 [kg/m²] × 할증계수 [h]
= (10 × 12) [m²] × 13 [kg/m²] × 1.1(저압식) = 1716 [kg]

답 | 1716 [kg]

10

| 득점 | | 배점 | 5 |

가로 2 [m], 세로 1 [m], 높이 1.5 [m]의 비산할 우려가 있는 가연물에 CO_2 약제를 방출하려고 한다. 국소방출방식(고압식)을 적용할 경우 최소 CO_2 약제량[kg]과 용기 수[병]를 계산하시오. (단, 이산화탄소저장용기 1병당 충전량은 45 [kg]이다. 또한 방호대상물 주위에 설치된 고정 벽면은 없는 것으로 가정한다)

○ 계산과정: ○ 답:

> **TIP** 방호대상물 주위에 설치된 고정 벽면은 없는 것으로 가정한다는 조건을 유의한다.

정답

☑ 계산과정

이산화탄소소화설비 국소방출방식 약제량 산정

$$W[kg] = V[m^3] \times \left(8 - 6\frac{a}{A}\right)[kg/m^3] \times h(할증계수)$$

W : 약제량 [kg], V : 방호공간의 체적 [m³]
(방호대상물의 각 부분으로부터 0.6 [m]의 거리에 따라 둘러싸인 공간)
a : 방호대상물 주위에 설치된 벽면적의 합계 [m²]
A : 방호공간의 벽면적의 합계 [m²]
(벽이 없는 경우 : 벽이 있는 것으로 가정한 당해 부분의 면적)
h : 할증계수(고압식 : 1.4, 저압식 : 1.1)

① 방호공간의 체적 V [m³]
  V = (2 [m] + 0.6 [m] × 2) × (1 [m] + 0.6 [m] × 2) × (1.5 [m] + 0.6 [m])
    = 14.78 [m³]

② 방호공간의 벽면적의 합계 A [m²]
  A = (3.2 [m] × 2.1 [m]) × 2 + (2.2 [m] × 2.1 [m]) × 2 = 22.68 [m²]

③ 방호대상물 주위에 설치된 벽면적의 합계 a [m²]
  a = 0 (실제 설치된 고정 벽면이 없으므로)

∴ 최소 약제량 $W = 14.78 \times \left(8 - 6\frac{0}{22.68}\right) \times 1.4 = 165.536 ≒ 165.54$ [kg]

∴ 용기 수 = $\frac{165.54[kg]}{45[kg/병]}$ = 3.678 ≒ 4 [병]

답 | 165.54 [kg], 4 [병]

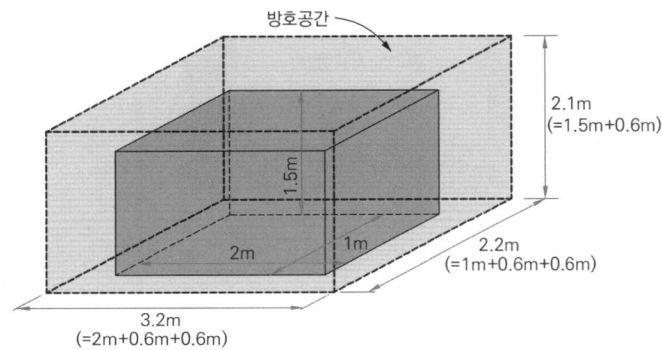

11

다음 그림은 위험물 저장탱크에 국소방출방식의 이산화탄소소화설비를 설치한 도면이다. 각 물음에 답하시오. (단, 고압식이며 방호대상물 주위에는 동일한 크기의 벽이 설치되어 있다)

TIP ▶ 방호대상물 주위에는 동일한 크기의 벽이 설치되어 있다는 점을 유의한다.

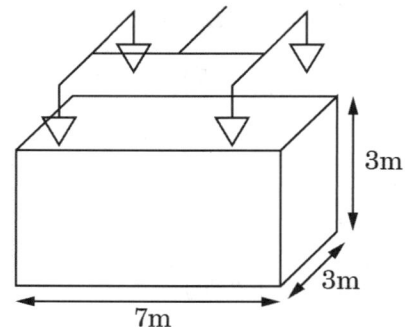

가. 방호공간의 체적[m^3]을 구하시오.
　○ 계산과정 :　　　○ 답 :

나. 이 설비에 필요한 소화약제의 양[kg]은 얼마인가?
　○ 계산과정 :　　　○ 답 :

다. 저압식으로 할 때 필요한 소화약제의 양[kg]은 얼마인가?
　○ 계산과정 :　　　○ 답 :

정답

가. 계산과정
　$V = 7 \times 3 \times (3 + 0.6) = 75.6 \ [m^3]$

답 | 75.6 [m^3]

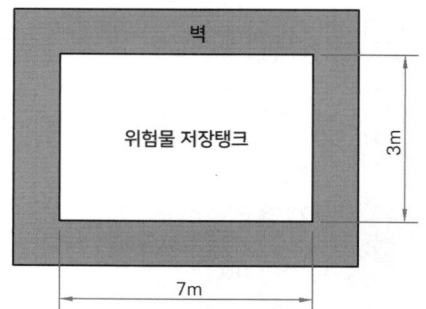

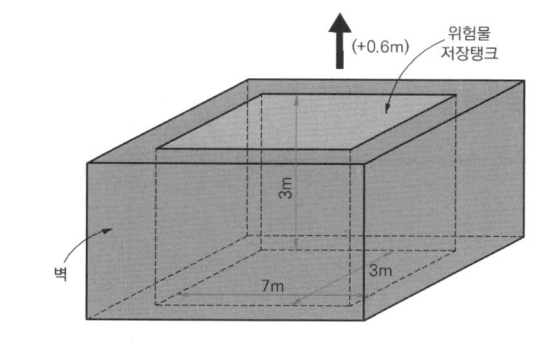

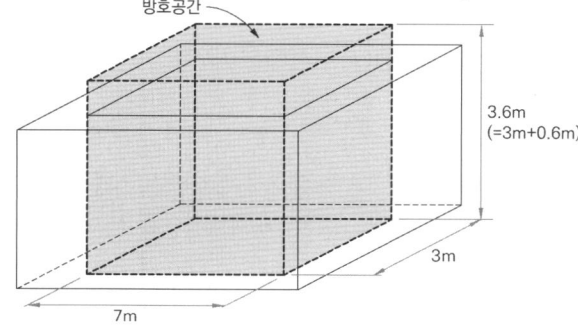

나. 계산과정

이산화탄소소화설비 국소방출방식 약제량 산정

$$W[kg] = V[m^3] \times \left(8 - 6\frac{a}{A}\right)[kg/m^3] \times h(\text{할증계수})$$

W : 약제량 [kg]

V : 방호공간의 체적 [m³]

(방호대상물의 각 부분으로부터 0.6 [m]의 거리에 따라 둘러싸인 공간)

a : 방호대상물 주위에 설치된 벽면적의 합계 [m²]

A : 방호공간의 벽면적의 합계 [m²]

(벽이 없는 경우 : 벽이 있는 것으로 가정한 당해 부분의 면적)

h : 할증계수(고압식 : 1.4, 저압식 : 1.1)

① a : (7 × 3 × 2) + (3 × 3 × 2) = 60 [m²]
② A : (7 × 3.6 × 2) + (3 × 3.6 × 2) = 72 [m²]

∴ $W = 75.6[m^3] \times \left(8 - 6 \times \dfrac{60}{72}\right)[kg/m^3] \times 1.4 = 317.52$ [kg]   **답 | 317.52 [kg]**

다. 계산과정

∴ $W = 75.6[m^3] \times \left(8 - 6 \times \dfrac{60}{72}\right)[kg/m^3] \times 1.1 = 249.48$ [kg]   **답 | 249.48 [kg]**

CHAPTER
09 할론소화설비

3회독	월	일
2회독	월	일
1회독	월	일

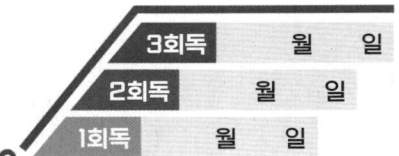

학습목표

1 할론소화약제의 종류와 장단점을 파악한다.
2 저장용기 설치장소의 기준과 저장용기 설치기준을 암기한다.
3 소화약제량 구하는 공식을 암기하고 문제에 적용한다.
4 기동장치에 따른 설치기준, 배관의 설치기준, 분사헤드의 설치기준을 암기한다.

학습MAP

- **할론소화약제의 종류 및 특성**
  - 할로겐족 원소
  - 할론소화약제의 종류
  - 할론소화약제의 명명법
  - 할론소화약제의 장단점
  - 할론 1301 특징
- **소화약제 저장용기 등**
  - 저장용기 설치장소의 기준 ★★★
  - 저장용기의 설치기준
  - 가압용 가스용기 설치기준
  - 할론소화약제 저장용기의 개방밸브
  - 압력조정장치
  - 별도 독립방식 ★★
- **소화약제(할론 1301)**
  - 전역방출방식의 소화약제량 ★★★
  - 국소방출방식의 소화약제량 ★★
  - 호스릴방식의 할론소화설비
- **기동장치**
  - 수동식 기동장치 설치기준
  - 자동식 기동장치 설치기준
  - 약제 방출 표시등
- **할론소화설비 분사헤드**
  - 전역방출방식 분사헤드
  - 국소방출방식 분사헤드
  - 호스릴설비의 설치 가능 장소(이산화탄소, 할론, 분말소화설비 동일)
  - 호스릴할론소화설비의 설치기준
  - 할론소화설비의 분사헤드의 오리피스구경 등의 설치기준

01 개요

할론소화약제는 연쇄반응억제(부촉매), 냉각 및 희석작용에 의한 소화효과가 좋은 반면, 오존층파괴 등 환경 영향성이 커서 현재는 사용이 제한되어 할로겐화합물 및 불활성기체소화약제로 대체하고 있는 실정이다. 할론소화설비는 저장용기, 화재감지기, 기동장치, 분사헤드, 음향경보장치, 제어반, 자동폐쇄장치, 비상전원 등으로 구성되어 있다.

02 할론소화약제의 종류 및 특성

1 할로겐(Halogen)족 원소

(1) 주기율표 17족 원소로 F, Cl, Br, I 등이 있다.
(2) 비금속 원소이며, 강한 산화작용을 한다.
(3) 전기음성도 : 원자가 전자를 끌어당기는 정도(F > Cl > Br > I)
(4) 소화효과 : 활성화에너지를 높여서 반응을 억제시켜 연쇄반응 차단
  (F < Cl < Br < I)

> 보충
> F : 불소(플루오린)
> Cl : 염소
> Br : 브롬(브로민)
> I : 요오드(아이오딘)

2 할론소화약제의 종류

종류	분자식	상온·상압
할론 1211	CF_2ClBr	기체
할론 1301 ★	CF_3Br	기체
할론 1011	CH_2ClBr	액체
할론 2402 ★	$C_2F_4Br_2$	액체

보충 원자량

종류	C	F	Cl	Br
원자량	12	19	35.5	80

3 할론소화약제의 명명법(→ C, F, Cl, Br의 수에 의해 결정)

종류	C 개수	F 개수	Cl 개수	Br 개수
할론 1211	1	2	1	1
할론 1301	1	3	0	1
할론 2402	2	4	0	2

4 할론소화약제의 장·단점

장점	단점
부촉매작용으로 억제효과가 큼	가격이 비싸고, 독성이 있음
금속에 대해 부식성이 적고, 소화약제의 변질이 없음	ODP, GWP, ALT가 높아 환경에 악영향
비전도성으로 전기화재에 적응성이 있음	생산이 중지됨

5 할론 1301 특징

(1) ODP(오존층파괴지수)가 할론소화약제 중 가장 높다.
(2) 독성이 할론소화약제 중 가장 낮다.
(3) 열분해 시 미량의 독성 물질이 발생되나, 인체에 대한 안전성은 매우 높은 편이다.

> **보충** ODP, GWP, ALT
> - ODP(Ozone Depletion Potential, 오존층파괴지수)
>   어떤 물질의 오존 파괴 능력을 상대적으로 나타내는 지표의 정의
> - GWP(Global Warming Potential, 지구온난화지수)
>   어떤 물질이 기여하는 온난화 정도를 상대적으로 나타내는 지표의 정의
> - ALT(Atmospheric Life Time, 대기권 잔존 수명)
>   물질이 방사된 후 대기권 내에서 분해되지 않고 체류하는 잔류기간

선생님 TIP
할론 1301의 특징이 조건에 주어지고 약제량을 산정하는 문제가 주어진 바 있으니, 할론 1301의 특징은 꼭 알아둡시다.

03 소화약제 저장용기 등

1 저장용기 설치장소의 기준 ★★★

(1) 방호구역 외의 장소에 설치할 것. 다만 방호구역 내에 설치할 경우에는 피난 및 조작이 용이하도록 피난구 부근에 설치해야 한다.
(2) 온도가 40[℃] 이하이고, 온도변화가 적은 곳에 설치할 것
(3) 직사광선 및 빗물이 침투할 우려가 없는 곳에 설치할 것
(4) 방화문으로 구획된 실에 설치할 것

(5) 용기의 설치장소에는 해당 용기가 설치된 곳임을 표시하는 표지를 할 것
(6) 용기 간의 간격은 점검에 지장이 없도록 3 [cm] 이상의 간격을 유지할 것
(7) 저장용기와 집합관을 연결하는 연결배관에는 체크밸브를 설치할 것. 다만 저장용기가 하나의 방호구역만을 담당하는 경우에는 그렇지 않다.

2 저장용기의 설치기준

(1) 축압식 저장용기의 압력(온도 20 [℃]에서)

할론 1211	1.1 [MPa] 또는 2.5 [MPa]이 되도록 질소가스로 축압할 것
할론 1301	2.5 [MPa] 또는 4.2 [MPa]이 되도록 질소가스로 축압할 것

(2) 저장용기의 충전비

소화약제	충전비	
할론 2402	가압식	0.51 이상 0.69 미만
	축압식	0.67 이상 2.75 이하
할론 1211	0.7 이상 1.4 이하	
할론 1301	0.9 이상 1.6 이하 ★★★	

(3) 저장용기의 동일 집합관에 접속되는 저장용기의 소화약제 충전량은 동일 충전비의 것으로 할 것

3 가압용 가스용기 설치기준

가압용 가스용기는 질소가스가 충전된 것으로 하고, 그 압력은 21 [℃]에서 2.5 [MPa] 또는 4.2 [MPa]이 되도록 해야 한다.

4 할론소화약제 저장용기의 개방밸브

할론소화약제 저장용기의 개방밸브는 전기식·가스압력식 또는 기계식에 따라 자동으로 개방되고 수동으로도 개방되는 것으로서 안전장치가 부착된 것으로 해야 한다.

5 압력조정장치

가압식 저장용기에는 2.0 [MPa] 이하의 압력으로 조정할 수 있는 압력조정장치를 설치해야 한다.

6 별도 독립방식 ★★★

하나의 구역을 담당하는 소화약제 저장용기의 소화약제량의 체적합계보다 그 소화약제 방출 시 방출경로가 되는 배관(집합관 포함)의 내용적이 1.5배 이상일 경우에는 해당 방호구역에 대한 설비는 별도 독립방식으로 해야 한다.

선생님 TIP

할론소화설비에서 별도 독립방식과 관련한 문제가 나오는 경우 배점이 큽니다. 이 내용은 꼭 숙지합시다.

> **참고** 별도 독립방식
>
> $$\frac{배관\ 내용적}{약제량의\ 체적합계} \geq 1.5$$일 경우 별도 독립방식
>
> ※ "별도 독립방식"이란 소화약제 저장용기와 배관을 방호구역별로 독립적으로 설치하는 방식

04 소화약제(할론 1301) ★★★

1 전역방출방식의 소화약제량

$$W = (V \times \alpha) + (A \times \beta)$$

W : 약제량 [kg]
V : 방호구역의 체적 [m³]
α : 방호구역 1 [m³]에 대한 소화약제의 양 [kg/m³]
A : 개구부 면적 [m²]
β : 개구부 가산량 [kg/m²] (개구부에 자동 폐쇄장치 미설치 시 적용)

※ 방호구역의 체적 1 [m³]에 대한 소화약제량[kg/m³] 및 개구부 가산량[kg/m²]

소방대상물 또는 그 부분	방호구역의 체적 1 [m³]당 소화약제의 양 [kg/m³] α	개구부 가산량 [kg/m²] β
• 차고·주차장·전기실·통신기기실·전산실 등 이와 유사한 전기설비가 설치되어 있는 부분 • 특수가연물(가연성 고체류, 가연성 액체류, 합성수지류)을 저장·취급하는 소방대상물 또는 그 부분	0.32 이상 0.64 이하	2.4
특수가연물(면화류, 나무껍질 및 대팻밥, 넝마 및 종이부스러기, 사류, 볏짚류, 목재가공품 등)을 저장·취급하는 소방대상물 또는 그 부분	0.52 이상 0.64 이하	3.9

2 국소방출방식의 소화약제량

(1) 윗면이 개방된 용기에 저장하는 경우와 화재 시 연소면이 한정되고 가연물이 비산할 우려가 없는 경우에는 방호대상물의 표면적 1 [m²]에 대하여 6.8 [kg](할론 1301)을 저장한다.

$$W[kg] = A[m^2] \times 6.8[kg/m^2] \times 1.25$$

W : 약제량 [kg]
A : 방호대상물의 표면적 [m²]

(2) 그 외의 경우

$$W[kg] = V[m^3] \times \left(4 - 3\frac{a}{A}\right)[kg/m^3] \times 1.25$$

W : 약제량 [kg]
V : 방호공간의 체적 [m³]
　(방호대상물의 각 부분으로부터 0.6 [m]의 거리에 따라 둘러싸인 공간)
a : 방호대상물 주위에 설치된 벽면적의 합계 [m²]
A : 방호공간의 벽면적의 합계 [m²]
　(벽이 없는 경우 : 벽이 있는 것으로 가정한 당해 부분의 면적)

3 호스릴방식의 할론소화설비

호스릴방식의 할론소화설비(할론 1301)는 하나의 노즐에 대하여 45 [kg] 이상 저장할 것

05 기동장치

1 수동식 기동장치 설치기준

수동식 기동장치의 부근에는 소화약제의 방출을 지연시킬 수 있는 **방출지연스위치**(자동복귀형 스위치로서 수동식 기동장치의 타이머를 순간 정지시키는 기능의 스위치를 말한다)를 설치해야 한다.

(1) 전역방출방식은 방호구역마다, 국소방출방식은 방호대상물마다 설치할 것
(2) 해당 방호구역의 출입구 부근 등 조작을 하는 자가 쉽게 피난할 수 있는 장소에 설치할 것

⑶ 기동장치의 조작부는 바닥으로부터 0.8 [m] 이상 1.5 [m] 이하의 위치에 설치하고, 보호판 등에 따른 보호장치를 설치할 것
⑷ 기동장치 인근의 보기 쉬운 곳에 "할론소화설비 수동식 기동장치"라는 표지를 할 것
⑸ 전기를 사용하는 기동장치에는 전원표시등을 설치할 것
⑹ 기동장치의 방출용 스위치는 음향경보장치와 연동하여 조작될 수 있는 것으로 할 것

2 자동식 기동장치 설치기준

할론소화설비의 자동식 기동장치는 자동화재탐지설비의 감지기의 작동과 연동하는 것으로서 다음의 기준에 따라 설치해야 한다.
⑴ 자동식 기동장치에는 수동으로도 기동할 수 있는 구조로 할 것
⑵ 전기식 기동장치로서 7병 이상의 저장용기를 동시에 개방하는 설비는 2병 이상의 저장용기에 전자 개방밸브를 부착할 것
⑶ 가스압력식 기동장치는 다음의 기준에 따를 것
　① 기동용 가스용기 및 해당 용기에 사용하는 밸브는 25 [MPa] 이상의 압력에 견딜 수 있는 것으로 할 것
　② 기동용 가스용기에는 내압시험압력의 0.8배부터 내압시험압력 이하에서 작동하는 안전장치를 설치할 것
　③ 기동용 가스용기의 체적은 5 [L] 이상으로 하고, 해당 용기에 저장하는 질소 등의 비활성 기체는 6.0 [MPa] 이상(21 [℃] 기준)의 압력으로 충전할 것. 다만 기동용 가스용기의 체적을 1 L 이상으로 하고, 해당 용기에 저장하는 이산화탄소의 양은 0.6 [kg] 이상으로 하며, 충전비는 1.5 이상 1.9 이하의 기동용 가스용기로 할 수 있다.
⑷ 기계식 기동장치는 저장용기를 쉽게 개방할 수 있는 구조로 할 것

3 약제 방출 표시등

할론소화설비가 설치된 부분의 출입구 등의 보기 쉬운 곳에 소화약제의 방출을 표시하는 표시등을 설치해야 한다.

기동용 가스용기 및 해당 용기에 사용하는 밸브는 20 [MPa] 이상의 압력에 견딜 수 있는 것으로 할 것
X 25 [MPa] 이상

06 할론소화설비 분사헤드

1 전역방출방식 분사헤드
(1) 방출된 소화약제가 방호구역의 전역에 균일하게 신속히 확산할 수 있도록 할 것
(2) 할론 2402를 방출하는 분사헤드는 해당 소화약제가 **무상**으로 분무되는 것으로 할 것 ★
(3) 분사헤드의 방출압력은 할론 2402를 방출하는 것은 0.1 [MPa] 이상, 할론 1211을 방출하는 것은 0.2 [MPa] 이상, 할론 1301을 방출하는 것은 0.9 [MPa] 이상으로 할 것
(4) 기준저장량의 소화약제를 **10초 이내**에 방출할 수 있는 것으로 할 것 ★

2 국소방출방식 분사헤드
(1) 소화약제의 방출에 따라 가연물이 비산하지 아니하는 장소에 설치할 것
(2) 할론 2402를 방출하는 분사헤드는 해당 소화약제가 **무상**으로 분무되는 것으로 할 것 ★
(3) 분사헤드의 방출압력은 할론 2402를 방출하는 것은 0.1 [MPa] 이상, 할론 1211을 방출하는 것은 0.2 [MPa] 이상, 할론 1301을 방출하는 것은 0.9 [MPa] 이상으로 할 것
(4) 기준저장량의 소화약제를 **10초 이내**에 방출할 수 있는 것으로 할 것 ★

3 호스릴설비의 설치 가능 장소(이산화탄소, 할론, 분말소화설비 동일)
화재 시 현저하게 연기가 찰 우려가 없는 장소로서 다음의 어느 하나에 해당하는 장소에는 호스릴할론소화설비를 설치할 수 있다.
(1) 지상 1층 및 피난층에 있는 부분으로서 지상에서 수동 또는 원격조작에 따라 개방할 수 있는 개구부의 유효면적의 합계가 바닥면적의 15 [%] 이상이 되는 부분
(2) 전기설비가 설치되어 있는 부분 또는 다량의 화기를 사용하는 부분(해당 설비의 주위 5 [m] 이내의 부분을 포함한다)의 바닥면적이 해당 설비가 설치되어 있는 구획의 바닥면적의 5분의 1 미만이 되는 부분

4 호스릴할론소화설비의 설치기준

(1) 방호대상물의 각 부분으로부터 하나의 호스접결구까지의 수평거리가 20 [m] 이하가 되도록 할 것
(2) 소화약제의 저장용기의 개방밸브는 호스릴의 설치장소에서 수동으로 개폐할 수 있는 것으로 할 것
(3) 소화약제의 저장용기는 호스릴을 설치하는 장소마다 설치할 것
(4) 노즐은 20 [℃]에서 하나의 노즐마다 1분당 다음 표에 따른 소화약제를 방출할 수 있는 것으로 할 것

소화약제의 종별	1분당 방출하는 소화약제 양
할론 2402	45 [kg/min]
할론 1211	40 [kg/min]
할론 1301	35 [kg/min]

(5) 소화약제 저장용기의 가까운 곳의 보기 쉬운 곳에 적색의 표시등을 설치하고, 호스릴할론소화설비가 있다는 뜻을 표시한 표지를 할 것

5 할론소화설비의 분사헤드의 오리피스구경 등의 설치기준

(1) 분사헤드에는 부식방지조치를 해야 하며 오리피스의 크기, 제조일자, 제조업체가 표시되도록 할 것
(2) 분사헤드의 개수는 방호구역에 방출시간이 충족되도록 설치할 것
(3) 분사헤드의 방출율 및 방출압력은 제조업체에서 정한 값으로 할 것
(4) 분사헤드의 오리피스의 면적은 분사헤드가 연결되는 배관구경 면적의 70 [%] 이하가 되도록 할 것 ★

> 분사헤드의 오리피스의 면적은 분사헤드가 연결되는 배관구경 면적의 80 [%] 이하가 되도록 할 것
> X 70 [%] 이하

CHAPTER 09 연습문제

01

체적이 600 [m³]인 통신기기실에 설계농도 5 [%]의 할론 1301 소화설비를 전역방출방식으로 적용하였다. 68 [L]의 내용적을 가진 축압식 저장용기 수를 3병으로 할 경우 저장용기의 충전비는 얼마인가?

○ 계산과정 :

○ 답 :

정답

계산과정

핵심이론 할론소화설비(할론 1301) 전역방출방식 약제량 산정

W = (V × α) + (A × β)

W : 약제량 [kg], V : 방호구역 체적 [m³]
α : 방호구역 1 [m³]에 대한 소화약제의 양 [kg/m³]
A : 개구부 면적 [m²], β : 개구부 가산량 [kg/m²]
(개구부에 자동폐쇄장치 미설치 시 가산)

소방대상물 또는 그 부분	방호구역의 체적 1 m³당 소화약제의 양 [kg/m³] α	개구부 가산량 [kg/m²] β
• 차고·주차장·전기실·통신기기실·전산실 등 이와 유사한 전기설비가 설치되어 있는 부분 • 특수가연물(가연성 고체류, 가연성 액체류, 합성수지류)을 저장·취급하는 소방대상물 또는 그 부분	0.32 이상 0.64 이하	2.4
특수가연물(면화류, 나무껍질 및 대팻밥, 넝마 및 종이부스러기, 사류, 볏짚류, 목재가공품 및 나무부스러기)을 저장·취급하는 소방대상물 또는 그 부분	0.52 이상 0.64 이하	3.9

$W = 600[m^3] \times 0.32[kg/m^3] = 192[kg]$

한 병당 약제량 $= \dfrac{192[kg]}{3병} = 64[kg]$

충전비 $= \dfrac{68[L]}{64[kg]} = 1.06$

답 | 1.06

02

다음은 할론 1301 소화설비이다. 아래 그림의 방출방식 종류를 쓰고, 해당 방식의 특징에 대하여 설명하시오.

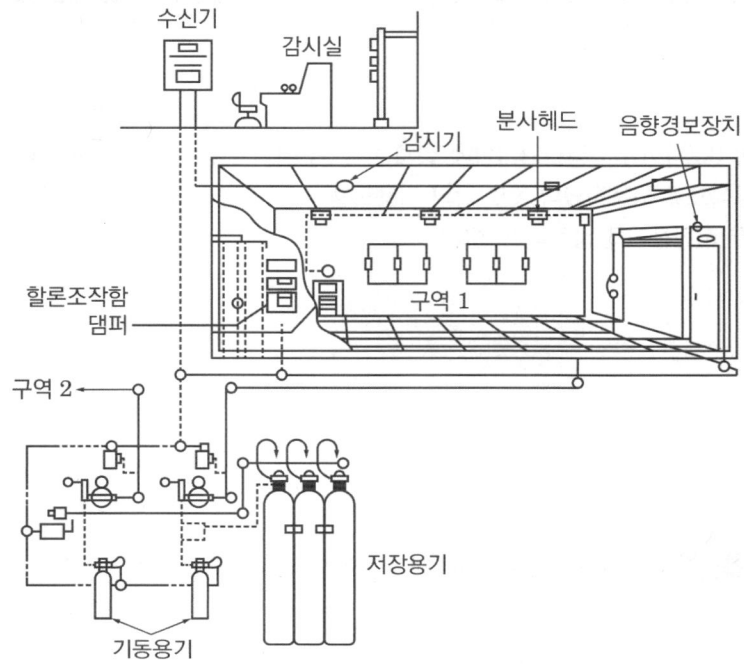

가. 방출방식의 종류 :

나. 설명 :

정답

가. 방출방식의 종류 : 전역방출방식
나. 설명 : 할론소화약제 공급장치에 배관 및 분사헤드 등을 설치하여 밀폐 방호구역 전체에 할론소화약제를 방출하는 설비

03

다음과 같은 조건이 주어질 때 HALON 1301의 소화설비를 설계하는 데 필요한 다음 각 물음에 답하시오.

조건
(1) 약제 소요량 120 [kg] (출입구에 자동폐쇄장치 설치)
(2) 초기 압력강하 1.6 [MPa]
(3) 고저에 의한 압력손실 0.04 [MPa]
(4) A, B 간의 마찰저항에 의한 압력손실 0.04 [MPa]
(5) B - C, B - D 간의 각 압력손실 0.02 [MPa]
(6) 약제 저장압력 4.2 [MPa]
(7) 작동 10초 이내에 약제 전량이 방출

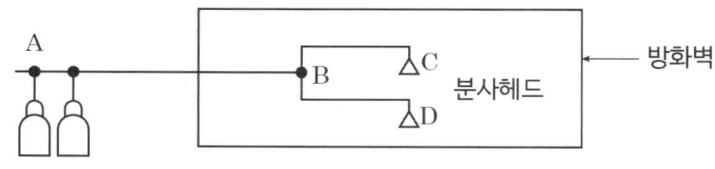

가. 소화설비가 작동하였을 때 A - B 간의 배관 내를 흐르는 유량[kg/s]는 얼마인가?

　◯ 계산과정 :

　◯ 답 :

나. B - C 간 약제의 유량[kg/s]은 얼마인가? (단, B - D 간 약제의 유량과 같다)

　◯ 계산과정 :

　◯ 답 :

다. C점 노즐에서의 방출되는 약제의 압력[MPa]은 얼마인가?

　◯ 계산과정 :

　◯ 답 :

라. C점 노즐에서의 방출량이 2.5 [kg/s·cm²]이면 헤드의 등가분구면적[cm²]은 얼마인가?

　◯ 계산과정 :

　◯ 답 :

TIP ▶ C점 노즐에서의 방출압력 = 약제 저장압력 − 손실압력

정답

가. 계산과정 : $Q = \dfrac{120[kg]}{10[s]} = 12$ [kg/s]

답 | 12 [kg/s]

나. 계산과정 : $Q = \dfrac{12[kg/s]}{2} = 6$ [kg/s]

답 | 6 [kg/s]

다. 계산과정
P = 저장압력 − 손실압력
　 = 4.2 − (1.6 + 0.04 + 0.04 + 0.02) = 2.5 [MPa]

답 | 2.5 [MPa]

라. 계산과정 : 헤드의 등가분구면적[cm²] = $\dfrac{약제유량[kg/s]}{방출량[kg/s \cdot cm^2]}$
$= \dfrac{6}{2.5} = 2.4$ [cm²]

답 | 2.4 [cm²]

04   득점 ／ 배점 5

할론소화설비에서 쇼킹타임(Soaking Time)에 대하여 간단히 설명하시오.

정답

할론소화약제를 심부화재에 적용하는 경우 재발화방지를 위해서 설계농도를 일정시간 동안 유지해야 한다. 이때의 설계농도 유지시간을 쇼킹타임(Soaking Time)이라 한다.

TIP ▶ 쇼킹타임은 주로 심부화재 재발화 방지에 필요하며, 표면화재와 심부화재에 따라 소요 시간이 달라진다. 일반적으로 표면화재는 10분, 심부화재는 더 긴 시간이 적용된다.

05

주어진 도면과 [조건]을 참조하여 방호대상구역별로 소요되는 전역방출방식의 할론소화설비에서 각 실의 노즐당 방출량(kg/s)를 구하시오.

조건

(1) 각 실의 층고는 5 [m]이다.
(2) 저장용기 1본에 대한 소화약제의 저장량은 50 [kg]이다.
(3) A, C실의 기본 약제량은 0.33 [kg/m³]이다.
(4) B, D실의 기본 약제량은 0.52 [kg/m³]이다.
(5) 개방방식은 가스압력식이다.
(6) 방호구역은 4개 구역으로서 개구부는 무시한다.
(7) 분사헤드의 수는 도면 수량을 기준으로 한다.
(8) 설계방출량(kg/s) 계산 시 약제용량은 적용되는 용기의 용량을 기준으로 한다.

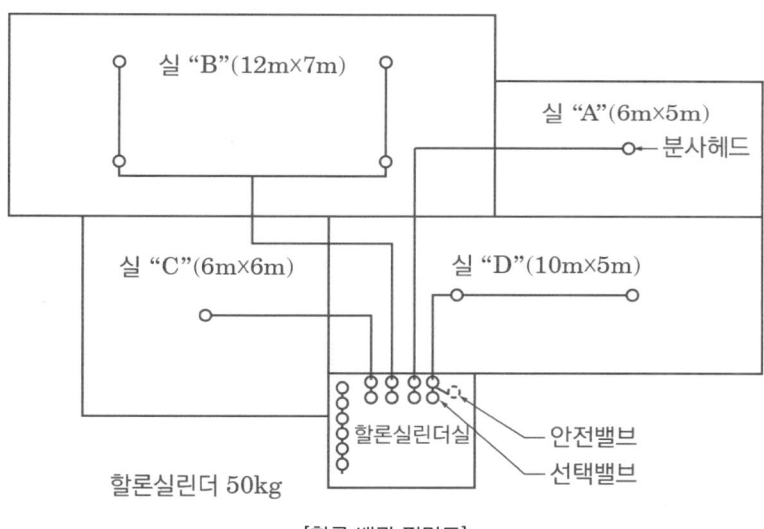

[할론 배관 평면도]

가. A실(계산과정 및 답)
  ○ 계산과정 :
  ○ 답 :

나. B실(계산과정 및 답)
  ○ 계산과정 :
  ○ 답 :

다. C실(계산과정 및 답)
- 계산과정 :
- 답 :

라. D실(계산과정 및 답)
- 계산과정 :
- 답 :

TIP ▶ 조건에 주어진 실의 기본 약제량을 유의하여 풀이한다.

정답

가. 계산과정
① 소요 약제량 : $(6 \times 5 \times 5)\,[m^3] \times 0.33\,[kg/m^3] = 49.5\,[kg]$
② 용기 수 : $\dfrac{49.5\,[kg]}{50\,[kg/병]} = 0.99\,[병] ≒ 1\,[병]$
③ 방출량 : $\dfrac{50\,[kg/병] \times 1\,[병]}{1\,[개] \times 10\,[s]} = 5\,[kg/s]$

답 | 5 [kg/s]

나. 계산과정
① 소요 약제량 : $(12 \times 7 \times 5)\,[m^3] \times 0.52\,[kg/m^3] = 218.4\,[kg]$
② 용기 수 : $\dfrac{218.4\,[kg]}{50\,[kg/병]} = 4.37\,[병] ≒ 5\,[병]$
③ 방출량 : $\dfrac{50\,[kg/병] \times 5\,[병]}{4\,[개] \times 10\,[s]} = 6.25\,[kg/s]$

답 | 6.25 [kg/s]

다. 계산과정
① 소요 약제량 : $(6 \times 6 \times 5)\,[m^3] \times 0.33\,[kg/m^3] = 59.4\,[kg]$
② 용기 수 : $\dfrac{59.4\,[kg]}{50\,[kg/병]} = 1.19\,[병] ≒ 2\,[병]$
③ 방출량 : $\dfrac{50\,[kg/병] \times 2\,[병]}{1\,[개] \times 10\,[s]} = 10\,[kg/s]$

답 | 10 [kg/s]

라. 계산과정
① 소요 약제량 : $(10 \times 5 \times 5)\,[m^3] \times 0.52\,[kg/m^3] = 130\,[kg]$
② 용기 수 : $\dfrac{130\,[kg]}{50\,[kg/병]} = 2.6\,[병] ≒ 3\,[병]$
③ 방출량 : $\dfrac{50\,[kg/병] \times 3\,[병]}{2\,[개] \times 10\,[s]} = 7.5\,[kg/s]$

답 | 7.5 [kg/s]

06

득점 | 배점 9

도면은 어느 전기실(A실), 발전기실(B실), 방재반실(C실), 및 배터리실(D실)을 방호하기 위한 할론 1301설비의 배관평면도이다. 물음에 답하시오.

[조건]
(1) 약제 용기는 고압식이다.
(2) 하나의 용기 내에 저장되는 약제는 50 [kg]이며, 용기의 내용적은 68 [L]이다.
(3) 평면도상에 나타나 있는 각 실에 대한 배관(용기실 내의 입상관 포함)은 그 내용적이 다음과 같다.
  • A실에 대한 배관 내용적 : 198 [L]
  • B실에 대한 배관 내용적 : 78 [L]
  • C실에 대한 배관 내용적 : 28 [L]
  • D실에 대한 배관 내용적 : 10 [L]
(4) A실에 대한 할론 집합관의 내용적은 88 [L]이다.
(5) 할론 용기밸브와 집합관 간의 연결관에 대한 내용적은 무시한다.
(6) 설계 기준온도는 20 [℃]이다.
(7) 20 [℃]에서의 액화 할론 1301의 비중은 1.6이다.
(8) 각 실에 개구부의 존재는 없다고 가정한다.
(9) 소요 약제량 산출 시 각 실 내부의 기둥과 내용물의 체적은 무시한다.
(10) 각 실의 바닥으로부터 천장까지의 높이는 각각 다음과 같다.
  • A실 및 B실 : 5 [m]
  • C실 및 D실 : 3 [m]

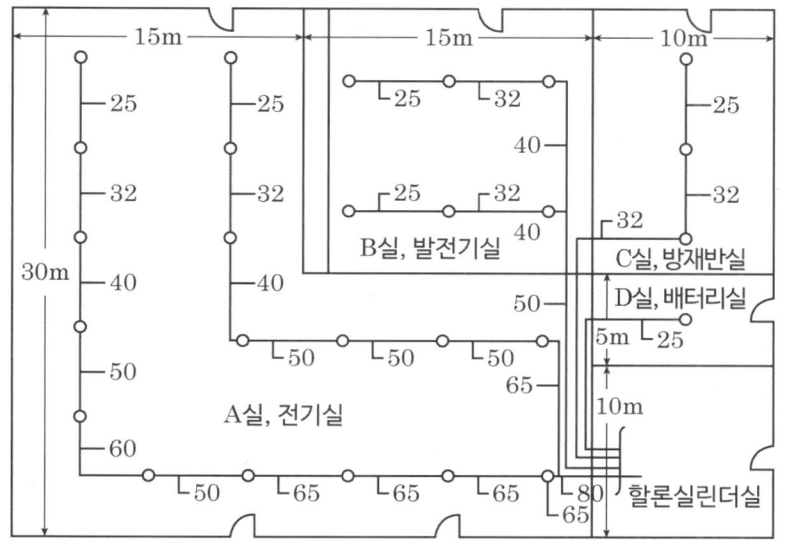

가. A실(전기실)에 들어갈 저장용기 수는?
　　○ 계산과정 :　　　　　　　　○ 답 :

나. B실(발전기실)에 들어갈 저장용기 수는?
　　○ 계산과정 :　　　　　　　　○ 답 :

다. C실(방재반실)에 들어갈 저장용기 수는?
　　○ 계산과정 :　　　　　　　　○ 답 :

라. D실(배터리실)에 들어가 저장용기 수는?
　　○ 계산과정 :　　　　　　　　○ 답 :

마. 저장하여야 할 약제 병수는 최소 몇 병인가?
　　○ 계산과정 :　　　　　　　　○ 답 :

정답

가. 계산과정

> **핵심이론** 할론소화설비(할론 1301) 전역방출방식 약제량 산정
>
> $W = (V \times \alpha) + (A \times \beta)$
>
> W : 약제량 [kg], V : 방호구역 체적 [m³]
> α : 방호구역 1 [m³]에 대한 소화약제의 양 [kg/m³]
> A : 개구부 면적 [m²], β : 개구부 가산량 [kg/m²]
> (개구부에 자동폐쇄장치 미설치 시 가산)

소방대상물 또는 그 부분	방호구역의 체적 1 [m³]당 소화약제의 양 [kg/m³] α	개구부 가산량 [kg/m²] β
• 차고·주차장·전기실·통신기기실·전산실 등 이와 유사한 전기설비가 설치되어 있는 부분 • 특수가연물(가연성 고체류, 가연성 액체류, 합성수지류)을 저장·취급하는 소방대상물 또는 그 부분	0.32 이상 0.64 이하	2.4
특수가연물(면화류, 나무껍질 및 대팻밥, 넝마 및 종이부스러기, 사류, 볏짚류, 목재가공품 및 나무부스러기)을 저장·취급하는 소방대상물 또는 그 부분	0.52 이상 0.64 이하	3.9

$W = (30 \times 30 - 15 \times 15)[m^2] \times 5[m] \times 0.32[kg/m^3] = 1080[kg]$

용기 수 $= \dfrac{1080[kg]}{50[kg/병]} = 21.6$ [병] ≒ 22 [병]

답 | 22 [병]

나. 계산과정

$$W = (15 \times 15 \times 5)[m^3] \times 0.32[kg/m^3] = 360[kg]$$

$$용기\ 수 = \frac{360[kg]}{50[kg/병]} = 7.2\ [병] ≒ 8\ [병]$$

답 | 8 [병]

다. 계산과정

$$W = (15 \times 10 \times 3)[m^3] \times 0.32[kg/m^3] = 144[kg]$$

$$용기\ 수 = \frac{144[kg]}{50[kg/병]} = 2.88\ [병] ≒ 3\ [병]$$

답 | 3 [병]

라. 계산과정

$$W = (10 \times 5 \times 3)[m^3] \times 0.32[kg/m^3] = 48[kg]$$

$$용기\ 수 = \frac{48[kg]}{50[kg/병]} = 0.96\ [병] ≒ 1\ [병]$$

답 | 1 [병]

마. 계산과정 : 하나의 구역을 담당하는 소화약제 저장용기의 소화약제량의 체적합계보다 그 소화약제 방출 시 방출경로가 되는 배관(집합관 포함)의 내용적이 1.5배 이상일 경우에는 해당 방호구역에 대한 설비는 별도 독립방식으로 해야 한다.

> **참고** 별도 독립방식
>
> $$\frac{배관\ 내용적}{약제량의\ 체적합계} \geq 1.5 일\ 경우\ 별도\ 독립방식$$

- 액화 할론 1301의 밀도 $\rho[kg/L]$ (조건 (7)에 의해)

$$\rho = S \times \rho_W = 1.6 \times 1000[kg/m^3] = 1600[kg/m^3]$$

$$= 1600[kg/m^3] \times \frac{1[m^3]}{1000[L]} = 1.6[kg/L]$$

- 약제량의 체적[L]

$$약제량의\ 체적[L] = \frac{소화약제의\ 질량[kg]}{소화약제의\ 밀도[kg/L]}$$

$$= \frac{병수[병] \times 저장용기\ 1병당\ 저장량[kg/병]}{소화약제의\ 밀도[kg/L]}$$

① A실

(a) $약제량의\ 체적[L] = \dfrac{소화약제의\ 질량[kg]}{소화약제의\ 밀도[kg/L]}$

$$= \frac{22[병] \times 50[kg/병]}{1.6[kg/L]} = 687.5[L]$$

(b) $\dfrac{배관\ 내용적[L]}{약제량의\ 체적[L]} = \dfrac{198[L] + 88[L]}{687.5[L]} = 0.416[배] \cdots\cdots 0.416 < 1.5$이므로 별도 독립방식 ×

TIP 조건에 주어진 비중을 이용하여 약제 밀도를 구하고, 약제 밀도를 통해 약제의 체적을 구한다.

② B실

(a) 약제량의 체적$[L]$ = $\dfrac{\text{소화약제의 질량}[kg]}{\text{소화약제의 밀도}[kg/L]}$ = $\dfrac{8[\text{병}] \times 50[kg/\text{병}]}{1.6[kg/L]}$ = $250[L]$

(b) $\dfrac{\text{배관 내용적}[L]}{\text{약제량의 체적}[L]}$ = $\dfrac{78[L]+88[L]}{250[L]}$ = $0.664[\text{배}]$ …… $0.664 < 1.5$이므로 별도 독립방식 ×

③ C실

(a) 약제량의 체적$[L]$ = $\dfrac{\text{소화약제의 질량}[kg]}{\text{소화약제의 밀도}[kg/L]}$

  = $\dfrac{3[\text{병}] \times 50[kg/\text{병}]}{1.6[kg/L]}$ = $93.75[L]$

(b) $\dfrac{\text{배관 내용적}[L]}{\text{약제량의 체적}[L]}$ = $\dfrac{28[L]+88[L]}{93.75[L]}$ = $1.237[\text{배}]$ …… $1.237 < 1.5$이므로 별도 독립방식 ×

④ D실

(a) 약제량의 체적$[L]$ = $\dfrac{\text{소화약제의 질량}[kg]}{\text{소화약제의 밀도}[kg/L]}$

  = $\dfrac{1[\text{병}] \times 50[kg/\text{병}]}{1.6[kg/L]}$ = $31.25[L]$

(b) $\dfrac{\text{배관 내용적}[L]}{\text{약제량의 체적}[L]}$ = $\dfrac{10[L]+88[L]}{31.25[L]}$ = $3.136[\text{배}]$ …… $3.136 > 1.5$이므로 별도 독립방식 ○

D실은 배관의 내용적이 약제 체적 합계의 1.5배 이상이므로 별도 독립방식으로 해야 한다.

∴ 최소 저장용기 수 = 22 [병] + 1 [병] = 23 [병]

답 | 23 [병]

CHAPTER 10

할로겐화합물 및 불활성기체소화설비

3회독	월	일
2회독	월	일
1회독	월	일

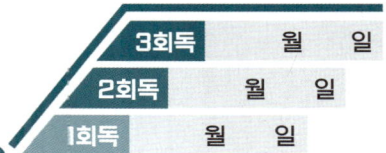

학습목표

1 할로겐화합물 및 불활성기체소화약제의 종류를 파악한다.
2 저장용기 설치장소의 기준과 저장용기 설치기준을 암기한다.
3 소화약제량 구하는 공식을 암기하고 문제에 적용한다.
4 배관의 설치기준을 파악하고 배관의 두께 구하는 공식을 암기한다.
5 분사헤드의 설치기준을 암기한다.

학습MAP

- 할로겐화합물 및 불활성기체 소화약제
  - 소화약제의 종류 및 최대허용 설계농도(NFTC 107A)
  - 소화약제의 구비조건
- 저장용기
  - 저장용기 설치장소의 기준
  - 저장용기의 설치기준
  - 안전장치 설치기준
- ★★★ 소화약제량의 산정
  - 할로겐화합물 소화약제
  - 불활성기체 소화약제
- 기동장치
  - 수동식 기동장치 설치기준
  - 자동식 기동장치 설치기준
  - 약제 방출 표시등
- 배관
- 분사헤드
- 설치제외
- 과압배출구

01 개요

할론소화약제의 소화효과는 우수하나 오존층파괴 등 환경의 영향성이 커서 국내의 경우 2010년부터 생산이 중단되었다. 현재는 할로겐화합물 및 불활성기체소화약제로 대체하는 추세이다.

02 용어의 정의

1. "할로겐화합물 및 불활성기체소화약제"란 할로겐화합물(할론 1301, 할론 2402, 할론 1211 제외) 및 불활성 기체로서 전기적으로 비전도성이며 휘발성이 있거나 증발 후 잔여물을 남기지 않는 소화약제를 말한다.
2. "할로겐화합물소화약제"란 불소, 염소, 브롬 또는 요오드 중 하나 이상의 원소를 포함하고 있는 유기화합물을 기본성분으로 하는 소화약제를 말한다.
3. "불활성기체소화약제"란 헬륨, 네온, 아르곤 또는 질소가스 중 하나 이상의 원소를 기본성분으로 하는 소화약제를 말한다.
4. "충전밀도"란 소화약제의 중량과 소화약제 저장용기의 내부 용적과의 비(중량/용적)를 말한다.
5. "최대허용 설계농도"란 사람이 상주하는 곳에 적용하는 소화약제의 설계농도로서, 인체의 안전에 영향을 미치지 않는 농도를 말한다.

> **선생님 TIP**
> 할로겐화합물소화약제와 불활성소화약제의 정의는 시험문제에 단독으로 출제된 바 있으니 키워드 중심으로 암기해봅시다.

03 할로겐화합물 및 불활성기체소화약제

1 소화약제의 종류 및 최대허용 설계농도(NFTC 107A)

계열	소화약제	분자식	최대허용 설계농도(%)
FC	FC-3-1-10	C_4F_{10}	40
	FK-5-1-12	$CF_3CF_2C(O)CF(CF_3)_2$	10
HFC	FIC-13I1	CF_3I	0.3
	HFC-23	CHF_3	30
	HFC-125	CHF_2CF_4	11.5
	HFC-236fa	$CF_3CH_2CF_3$	12.5
	HFC-227ea	CF_3CHFCF_3	10.5

계열	소화약제	분자식	최대허용 설계농도(%)
HCFC	HCFC BLEND A	HCFC-22($CHClF_2$) : 82 [%] HCFC-123($CHCl_2CF_3$) : 4.75 [%] HCFC-124($CHClFCF_3$) : 9.5 [%] $C_{10}H_{16}$: 3.75 [%]	10
	HCFC-124	$CHClFCF_3$	1.0
IG	IG-541	N_2 : 52 [%], Ar : 40 [%], CO_2 : 8 [%]	43
	IG-01	Ar : 100 [%]	
	IG-55	N_2 : 50 [%], Ar : 50 [%]	
	IG-100	N_2 : 100 [%]	

2 소화약제의 구비조건

(1) 소화성능 : 소화성능이 기존 할론약제와 유사해야 한다.
(2) 독성 : 독성이 낮아야 하며, 설계농도는 NOAEL(최대 무독성량) 이하이어야 한다.
(3) 환경영향성 : 오존층파괴지수(ODP), 지구온난화지수(GWP), 대기권잔존수명(ALT)이 낮아야 한다.
(4) 물성 : 소화 후 잔존물이 없고 전기적으로 비전도성이며, 냉각효과가 커야 한다.
(5) 안정성 : 저장 시 분해되지 않고 금속용기를 부식시키지 않아야 한다.
(6) 경제성 : 기존 할론약제보다 설치비용이 크게 높지 않아야 한다.

04 저장용기

1 저장용기 설치장소의 기준 ★★★

(1) 방호구역 외의 장소에 설치할 것. 방호구역 내에 설치할 경우에는 피난 및 조작이 용이하도록 피난구 부근에 설치해야 한다.
(2) 온도가 55 [℃] 이하이고, 온도의 변화가 작은 곳에 설치할 것
(3) 직사광선 및 빗물이 침투할 우려가 없는 곳에 설치할 것
(4) 저장용기를 방호구역 외에 설치한 경우에는 방화문으로 구획된 실에 설치할 것
(5) 용기의 설치장소에는 해당 용기가 설치된 곳임을 표시하는 표지를 할 것
(6) 용기 간의 간격은 점검에 지장이 없도록 3 [cm] 이상의 간격을 유지할 것

(7) 저장용기와 집합관을 연결하는 연결배관에는 체크밸브를 설치할 것. 다만 저장용기가 하나의 방호구역만을 담당하는 경우에는 그렇지 않다.

2 저장용기의 설치기준

(1) 저장용기의 충전밀도 및 충전압력은 별도의 기준에 따를 것
(2) 저장용기는 약제명, 저장용기의 자체중량과 총 중량, 충전일시, 충전압력 및 약제의 체적을 표시할 것
(3) 동일 집합관에 접속되는 저장용기는 동일한 내용적을 가진 것으로 충전량 및 충전압력이 같도록 할 것
(4) 저장용기에 충전량 및 충전압력을 확인할 수 있는 장치를 하는 경우에는 해당 소화약제에 적합한 구조로 할 것
(5) 저장용기 재충전 및 교체기준 ★★★
저장용기의 약제량 손실이 5 [%]를 초과하거나 압력손실이 10 [%]를 초과할 경우에는 재충전하거나 저장용기를 교체할 것. 다만 불활성기체소화약제 저장용기의 경우에는 압력손실이 5 [%]를 초과할 경우 재충전하거나 저장용기를 교체해야 한다.

3 안전장치 설치기준

할로겐화합물 및 불활성기체소화약제 저장용기와 선택밸브 또는 개폐밸브 사이에는 배관의 최소사용설계압력과 최대허용압력 사이의 압력에서 작동하는 안전장치를 설치해야 하며, 안전장치를 통하여 나온 소화가스는 전용의 배관 등을 통하여 건축물 외부로 배출될 수 있도록 해야 한다. 이 경우 안전장치로 용전식을 사용해서는 안 된다.

05 소화약제량의 산정 ★★★

1 할로겐화합물소화약제

> TIP ▶ 안전계수[A급 화재 1.2, B급 화재 1.3, C급 화재 1.35]를 반드시 암기한다.

$$W = \frac{V}{S} \times \left(\frac{C}{100-C}\right)$$

W : 소화약제의 무게 [kg]
V : 방호구역의 체적 [m³]
S : 소화약제별 선형상수
   $(K_1 + K_2 \times t)$ [m³/kg]
C : 체적에 따른 소화약제의 설계농도 [%]
   (설계농도는 소화농도(%)에 안전계수[A급 화재 1.2, B급 화재 1.3, C급 화재 1.35]를 곱한 값 이상으로 할 것)
t : 방호구역의 최소예상온도 [℃]

소화약제	K₁	K₂
HCFC BLEND A	0.2413	0.00088
HFC-227ea	0.1269	0.0005
HFC-23	0.3164	0.0012

2 불활성기체소화약제

$$X = 2.303 \times \frac{V_s}{S} \times \log_{10}\left(\frac{100}{100-C}\right) \times V$$

X : 소화약제의 부피 [m³]
S : 소화약제별 선형상수($K_1 + K_2 \times t$) [m³/kg]
C : 체적에 따른 소화약제의 설계농도 [%]
　(설계농도는 소화농도(%)에 안전계수[A급 화재 1.2, B급 화재 1.3, C급 화재 1.35]를 곱한 값 이상으로 할 것)
V_s : 20 [℃]에서 소화약제의 비체적 [m³/kg]
t : 방호구역의 최소예상온도 [℃]
V : 방호구역의 체적 [m³]

06 기동장치

1 수동식 기동장치 설치기준

이 경우 수동식 기동장치의 부근에는 소화약제의 방출을 지연시킬 수 있는 **방출지연스위치**(자동복귀형 스위치로서 수동식 기동장치의 타이머를 순간 정지시키는 기능의 스위치를 말한다)를 설치해야 한다.

(1) 방호구역마다 설치할 것
(2) 해당 방호구역의 출입구 부근 등 조작을 하는 자가 쉽게 피난할 수 있는 장소에 설치할 것
(3) 기동장치의 조작부는 바닥으로부터 0.8 [m] 이상 1.5 [m] 이하의 위치에 설치하고, 보호판 등에 따른 보호장치를 설치할 것
(4) 기동장치 인근의 보기 쉬운 곳에 "할로겐화합물 및 불활성기체소화설비 수동식 기동장치"라는 표지를 할 것
(5) 전기를 사용하는 기동장치에는 전원표시등을 설치할 것
(6) 기동장치의 방출용 스위치는 음향경보장치와 연동하여 조작될 수 있는 것으로 할 것

(7) 50 [N] 이하의 힘을 가하여 기동할 수 있는 구조로 할 것
(8) 기동장치에는 보호장치를 설치해야 하며, 보호장치를 개방하는 경우 기동장치에 설치된 부저 또는 벨 등에 의하여 경고음을 발할 것
(9) 기동장치를 옥외에 설치하는 경우 빗물 또는 외부 충격의 영향을 받지 아니하도록 설치할 것

2 자동식 기동장치 설치기준

자동화재탐지설비의 감지기의 작동과 연동하는 것으로서 다음의 기준에 따라 설치해야 한다.

(1) 자동식 기동장치에는 수동으로도 기동할 수 있는 구조로 할 것
(2) 전기식 기동장치로서 7병 이상의 저장용기를 동시에 개방하는 설비는 2병 이상의 저장용기에 전자 개방밸브를 부착할 것
(3) 가스압력식 기동장치는 다음의 기준에 따를 것
   ① 기동용 가스용기 및 해당 용기에 사용하는 밸브는 25 [MPa] 이상의 압력에 견딜 수 있는 것으로 할 것
   ② 기동용 가스용기에는 내압시험압력의 0.8배부터 내압시험압력 이하에서 작동하는 안전장치를 설치할 것
   ③ 기동용 가스용기의 체적은 5 [L] 이상으로 하고, 해당 용기에 저장하는 질소 등의 비활성 기체는 6.0 [MPa] 이상(21 [℃] 기준)의 압력으로 충전할 것
   ④ 질소 등의 비활성 기체 기동용 가스용기에는 충전 여부를 확인할 수 있는 압력게이지를 설치할 것
(4) 기계식 기동장치는 저장용기를 쉽게 개방할 수 있는 구조로 할 것

3 약제 방출 표시등

할로겐화합물 및 불활성기체소화설비가 설치된 부분의 출입구 등의 보기 쉬운 곳에 소화약제의 방출을 표시하는 표시등을 설치해야 한다.

07 배관

1. 배관은 전용으로 할 것
2. 배관·배관 부속 및 밸브류는 저장용기의 방출내압을 견딜 수 있어야 하며, 다음 기준에 적합할 것. 이 경우 설계내압은 별도의 기준에서 정한 최소사용 설계압력 이상으로 해야 한다.

(1) 강관을 사용하는 경우의 배관은 압력배관용 탄소강관(KS D 3562) 또는 이와 동등 이상의 강도를 가진 것으로서 아연도금 등에 따라 방식처리된 것을 사용할 것
(2) 동관을 사용하는 경우의 배관은 이음이 없는 동 및 동합금관(KS D 5301)의 것을 사용할 것
(3) 배관의 두께는 다음의 계산식에서 구한 값(t) 이상일 것. 다만 방출헤드 설치부는 제외한다.

$$t = \frac{PD}{2SE} + A \;\bigstar\bigstar\bigstar$$

P : 최대 허용압력 [kPa]
D : 배관의 바깥지름 [mm]
SE : 최대 허용응력 [kPa] (인장강도 1/4 값과 항복점의 2/3 값 중 작은 값 × 배관이음효율 × 1.2)
　※ 배관이음효율
　　• 이음매 없는 배관 : 1
　　• 전기저항 용접배관 : 0.85
　　• 가열맞대기 용접배관 : 0.6
A : 나사이음, 홈이음 등의 허용 값 [mm] (헤드의 설치부분은 제외)
　• 나사이음 : 나사의 높이
　• 절단홈이음 : 홈의 깊이
　• 용접이음 : 0

3. 배관 부속 및 밸브류는 강관 또는 동관과 동등 이상의 강도 및 내식성이 있는 것으로 할 것
4. 배관과 배관, 배관과 배관 부속 및 밸브류의 접속은 나사접합, 용접접합, 압축접합 또는 플랜지접합 등의 방법을 사용해야 한다.
5. 배관의 구경은 해당 방호구역에 할로겐화합물소화약제는 10초 이내에, 불활성기체소화약제는 A·C급 화재 2분, B급 화재 1분 이내에 방호구역 각 부분에 최소 설계농도의 95 [%] 이상 해당하는 약제량이 방출되도록 해야 한다. ★★★

※ 할로겐화합물, 불활성 기체 계열의 방출 시간을 제한하는 이유 ★★
→ 열분해 시 생성되는 유독가스(HF, HCl, HBr …)의 발생을 줄이기 위해

○ 배관의 구경은 해당 방호구역에 할로겐화합물소화약제는 10초 이내에, 불활성기체소화약제는 A·C급 화재 2분, B급 화재 1분 이내에 방호구역 각 부분에 최소 설계농도의 100 [%] 이상 해당하는 약제량이 방출되도록 해야 한다.
　X 최소 설계농도의 95 [%] 이상

08 분사헤드

1. 분사헤드의 설치높이는 방호구역의 바닥으로부터 최소 0.2 [m] 이상 최대 3.7 [m] 이하로 해야 하며 천장높이가 3.7 [m]를 초과할 경우에는 추가로 다른 열의 분사헤드를 설치할 것
2. 분사헤드에는 부식방지조치를 해야 하며 오리피스의 크기, 제조일자, 제조업체가 표시되도록 할 것
3. 분사헤드의 오리피스의 면적은 분사헤드가 연결되는 배관구경 면적의 70 [%] 이하가 되도록 할 것 ★

09 설치 제외

1. 사람이 상주하는 곳으로서 최대허용설계농도를 초과하는 장소
2. 제3류 위험물 및 제5류 위험물을 사용하는 장소. 다만 소화성능이 인정되는 위험물은 제외한다.

10 과압배출구

할로겐화합물 및 불활성기체소화설비의 방호구역에는 소화약제 방출 시 발생하는 과(부)압으로 인한 구조물 등의 손상을 방지하기 위해 1.부터 4.까지의 내용을 검토하여 과압배출구를 설치해야 한다. 다만 과(부)압이 발생해도 구조물 등에 손상이 생길 우려가 없음을 시험 또는 공학적인 자료로 입증하는 경우 설치하지 않을 수 있다.

1. 방호구역 누설면적
2. 방호구역의 최대허용압력
3. 소화약제 방출 시의 최고압력
4. 소화농도 유지시간

CHAPTER 10 연습문제

01 배점 6

어느 방호대상물에 할로겐화합물 및 불활성기체소화설비를 설치하고자 한다. [조건]을 참고하여 다음 각 물음에 답하시오.

조건
(1) 방출 헤드 1개의 유량이 초당 29.4 [kg]이다.
(2) 노즐 방출 압력에서의 방출률은 14.7 [kg/s·cm²]
(3) 분사헤드에 접속되는 배관의 구경은 65 [A]이다.
(4) 배관의 인장강도는 420 [MPa], 항복점은 250 [MPa]이다.
(5) 배관이음방법은 이음매 없는 배관으로 나사이음, 홈이음 등의 허용값[mm]은 무시한다.
(6) 적용되는 배관의 바깥지름은 114.3 [mm]이고 두께는 6.0 [mm]이다.
(7) 배관의 두께 계산 시 방출헤드 설치부는 제외한다.

가. 방출헤드의 오리피스 구경[mm]을 다음 표에서 정하시오.

| 오리피스 구경[mm] | 10 | 15 | 20 | 25 | 30 | 35 | 40 |

  ○ 계산과정 :
  ○ 답 :

나. 배관의 최대 허용압력[MPa]을 구하시오.
  ○ 계산과정 :
  ○ 답 :

정답

가. 계산과정

분구면적 $= \dfrac{29.4[kg/s.개]}{14.7[kg/s.cm^2.개]} = 2[cm^2] = 200[mm^2]$

오리피스 직경 : $200[mm^2] = \dfrac{\pi \times D^2}{4}$

∴ $D = 15.96[mm]$

보충 $1[cm^2] = 100[mm^2]$

답 | 20 [mm]

나. 계산과정

> **참고** 할로겐화합물 및 불활성기체소화설비의 배관 – 배관의 두께
>
> 배관의 두께는 다음의 식에서 구한 값(t) 이상일 것, 다만 방출헤드 설치부는 제외한다.
>
> $$배관의\ 두께(t) = \frac{PD}{2SE} + A$$
>
> P : 최대 허용압력 [kPa]
> D : 배관의 바깥지름 [mm]
> SE : 최대 허용응력 [kPa] (인장강도 1/4 값과 항복점의 2/3 값 중 작은 값 × 배관이음효율 × 1.2)
> ※ 배관이음효율
>   • 이음매 없는 배관 : 1
>   • 전기저항 용접배관 : 0.85
>   • 가열맞대기 용접배관 : 0.6
> A : 나사이음, 홈이음 등의 허용 값 [mm] (헤드의 설치부분은 제외)
>   • 나사이음 : 나사의 높이
>   • 절단홈이음 : 홈의 깊이
>   • 용접이음 : 0

① 최대 허용응력 SE

- 인장강도 1/4 값 Ⓐ : $420 \times \dfrac{1}{4} = 105\,[MPa]$

- 항복점의 2/3 값 Ⓑ : $250 \times \dfrac{2}{3} = 166.67\,[MPa]$

SE = Ⓐ, Ⓑ 중 작은 값 × 배관이음효율 × 1.2 (여기서 이음매 없는 배관의 이음효율 : 1)
   $= 105 \times 1 \times 1.2 = 126\,[MPa]$

② 최대 허용압력 P

$$t = \frac{PD}{2SE} + A$$

$$6\,[mm] = \frac{P \times 114.3\,[mm]}{2 \times 126\,[MPa]} + 0\,[mm]$$

∴ $P = 13.23\,[MPa]$

답 | 13.23 [MPa]

02

배점 8

다음의 [표]를 참조하여 화재안전기술기준에 따라 할로겐화합물 및 불활성기체소화설비를 설치하려고 할 때 다음을 구하시오.

[압력배관용 탄소강관 SPPS 380[KS D 3562(Sch 40)]의 규격]

호칭지름[A]	DN25	DN32	DN40	DN50	DN65	DN100
바깥지름[mm]	34.3	42.7	48.6	60.5	76.3	114.3
관두께[mm]	3.4	3.6	3.7	3.9	5.2	6.0

가. 호칭지름이 32 [A]인 압력배관용 탄소강관(Sch 40)에 분사헤드가 접속되어 있다. 이때 분사헤드 오리피스의 최대 구경[mm]을 구하시오.

  ○ 계산과정 :

  ○ 답 :

나. 호칭구경이 65 [A]인 압력배관용 탄소강관(Sch 40)을 사용하여 용접이음으로 배관을 접합할 경우 배관에 적용할 수 있는 최대 허용압력[MPa]을 구하시오. (단, 인장강도는 380 [MPa], 항복점은 220 [MPa]이며, 이 배관에 전기저항 용접배관을 함에 따라 배관이음효율은 0.85이다)

  ○ 계산과정 :

  ○ 답 :

정답

✓ 계산과정 : 할로겐화합물 및 불활성기체소화설비

가. ① 배관구경면적$[mm^2] = \dfrac{\pi \times (42.7 - 3.6 \times 2)^2}{4} = \dfrac{\pi \times 35.5^2}{4} = 989.798 [mm^2]$

② 오리피스의 최대 면적$[mm^2] = 989.798[mm^2] \times 0.7(70\%) = 692.859[mm^2]$

③ 오리피스 최대 구경 $D = \sqrt{\dfrac{4A}{\pi}} = \sqrt{\dfrac{4 \times 692.859}{\pi}} = 29.7[mm]$

참고 분사헤드의 오리피스면적(이산화탄소, 할론, 할로겐화합물 및 불활성기체소화설비)

분사헤드의 오리피스의 면적은 분사헤드가 연결되는 배관구경 면적의 70 [%] 이하가 되도록 할 것

TIP ▶ $A = \dfrac{\pi D^2}{4}$ 에서 D에 관해 정리한다.

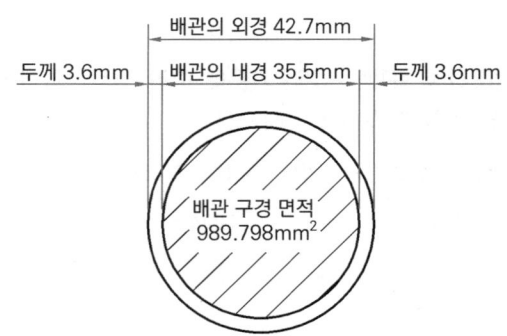

답 | 29.7 [mm]

나. ① 최대 허용응력 SE

- 인장강도 1/4 값 Ⓐ : $380 \times \dfrac{1}{4} = 95 [MPa]$

- 항복점의 2/3 값 Ⓑ : $220 \times \dfrac{2}{3} = 146.667 [MPa]$

SE = Ⓐ, Ⓑ 중 작은 값 × 배관이음효율 × 1.2 (여기서 전기저항 용접배관의 이음효율 : 0.85)
 $= 95 \times 0.85 \times 1.2 = 96.9 [MPa]$

② 최대 허용압력 P

최대 허용압력 $P = \dfrac{2SE \times (t-A)}{D} = \dfrac{2 \times 96.9 [MPa] \times (5.2[mm] - 0[mm])}{76.3[mm]}$
$= 13.21 [MPa]$

답 | 13.21 [MPa]

> **참고** 할로겐화합물 및 불활성기체소화설비의 배관 – 배관의 두께

배관의 두께는 다음의 식에서 구한 값(t) 이상일 것, 다만 방출헤드 설치부는 제외한다.

$$배관의 두께(t) = \dfrac{PD}{2SE} + A$$

P : 최대 허용압력 [kPa]

D : 배관의 바깥지름 [mm]

SE : 최대 허용응력 [kPa] (인장강도 1/4 값과 항복점의 2/3 값 중 작은 값 × 배관이음효율 × 1.2)

　※ 배관이음효율
　　• 이음매 없는 배관 : 1
　　• 전기저항 용접배관 : 0.85
　　• 가열맞대기 용접배관 : 0.6

A : 나사이음, 홈이음 등의 허용 값 [mm] (헤드의 설치부분은 제외)
　• 나사이음 : 나사의 높이
　• 절단홈이음 : 홈의 깊이
　• 용접이음 : 0

03

득점 □　배점 10

가로 20 [m] × 세로 8 [m] × 높이 3 [m]의 발전기실에 다음의 불활성기체소화설비를 설치하고자 한다. 다음의 조건과 화재안전기술기준을 참고하여 다음 물음에 답하시오.

조건

(1) IG-100의 충전 시 밀도는 1.5 [kg/m³]이며, 1병당 충전량은 100 [kg]이다.
(2) 방호구역의 최소 예상온도는 10 [℃]이다.
(3) IG-100의 소화농도는 35.85 [%]이며, 발전기실의 화재는 전기화재로 가정한다.
(4) 소화약제량 산정 시 선형상수를 이용하도록 한다.

약제	K_1	K_2
IG-100	0.7997	0.00293

가. IG-100의 최소 필요약제량[m³]을 구하시오.
　○ 계산과정 :
　○ 답 :

나. 소화약제 저장용기의 1병당 충전량[m³]을 구하시오.
　○ 계산과정 :
　○ 답 :

다. IG-100의 저장용기 최소 병 수를 산정하시오.
　○ 계산과정 :
　○ 답 :

라. 배관구경 산정조건에 따라 IG-100의 약제량 방출 시 유량은 몇 [m³/s]인가?
　○ 계산과정 :
　○ 답 :

TIP 배관의 구경은 해당 방호구역에 불활성기체소화약제는 A·C급 화재 2분, B급 화재 1분 이내에 방호구역 각 부분에 최소 설계농도의 95 [%] 이상에 해당하는 약제량이 방출되도록 해야 함을 유의하여 풀이한다.

정답

가. 📌 **핵심이론** 불활성기체소화설비의 소화약제량 산정

$$X[m^3] = 2.303 \times \frac{V_s[m^3/kg]}{S[m^3/kg]} \times \log\left[\frac{100}{100-C[\%]}\right] \times V[m^3]$$

여기서 X : 소화약제의 부피 [m^3]
V_s : 20 [℃]에서 소화약제의 비체적[m^3/kg]
S : 소화약제별 선형상수($K_1 + K_2 \times t$)[m^3/kg]
t : 방호구역의 최소예상온도[℃], V : 방호구역의 체적 [m^3]
C : 체적에 따른 소화약제의 설계농도 [%]
⇒ 설계농도는 소화농도(%)에
안전계수[A급 화재 1.2, B급 화재 1.3, C급 화재 1.35]를 곱한 값 이상으로 할 것

☑ 계산과정

$V_S = K_1 + K_2 \times 20[℃] = 0.7997 + (0.00293 \times 20) = 0.8583 [m^3/kg]$

$S = K_1 + K_2 \times t[℃] = 0.7997 + (0.00293 \times 10) = 0.829 [m^3/kg]$

$C = $ 소화농도 × 안전계수 $= 35.85 \times 1.35 ≒ 48.4$ [%]
 (안전계수 : C급 화재는 1.35)

$V = 20[m] \times 8[m] \times 3[m] = 480[m^3]$

$\therefore X = 2.303 \times \left(\frac{0.8583}{0.829}\right) \times \log_{10}\left[\frac{100}{100-48.4}\right] \times 480 = 328.88[m^3]$

답 | 328.88 [m³]

나. 계산과정

충전량 $[m^3] = \frac{100[kg]}{1.5[kg/m^3]} = 66.67[m^3]$

답 | 66.67 [m³]

다. 계산과정

병 수 $= \frac{328.88[m^3]}{66.67[m^3/병]} = 4.93 ≒ 5[병]$

답 | 5 [병]

라. 계산과정

① 설계농도의 95 [%]에 해당하는 약제량

$X[m^3] = 2.303 \times \frac{V_S[m^3/kg]}{S[m^3/kg]} \times \log_{10}\left[\frac{100}{100-C[\%] \times 0.95}\right] \times V[m^3]$

$= 2.303 \times \left(\frac{0.8583}{0.829}\right) \times \log_{10}\left[\frac{100}{100-48.4 \times 0.95}\right] \times 480 = 306.09[m^3]$

② 방출 시 유량 $= \frac{X[m^3]}{T[s]} = \frac{306.09[m^3]}{120[s]} = 2.55[m^3/s]$

답 | 2.55 [m³/s]

> **할로겐화합물 및 불활성기체소화설비의 화재안전기술기준(NFTC 107A)**
> 2.7.3 배관의 구경은 해당 방호구역에 할로겐화합물소화약제는 10초 이내에, 불활성기체소화약제는 A·C급 화재 2분, B급 화재 1분 이내에 방호구역 각 부분에 최소 설계농도의 95 [%] 이상에 해당하는 약제량이 방출되도록 해야 한다.

CHAPTER

11 분말소화설비

3회독 월 일
2회독 월 일
1회독 월 일

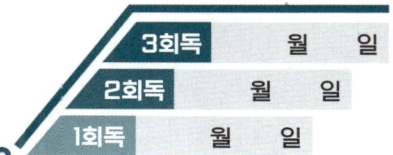

학습목표

1 분말소화설비의 계통도를 이해한다.
2 분말소화약제의 종류를 파악한다.
3 저장용기 설치장소의 기준과 저장용기 및 가압용 가스용기에 대한 설치기준을 암기한다.
4 소화약제량 구하는 공식을 암기하고 문제에 적용한다.
5 가압용 가스 또는 축압용 가스의 필요량을 구할 줄 안다.
6 기동장치에 따른 설치기준, 배관의 설치기준, 분사헤드의 설치기준을 암기한다.

학습MAP

- 분말소화약제
  - 분말소화약제의 종류
  - 분말소화약제의 소화효과
  - 분말소화약제의 화학반응식 ★
  - 제1종 분말소화약제의 비누화현상(Saponification Phenomenon)
- 소화약제 저장용기
  - 분말소화약제 저장용기 설치장소의 기준 ★★
  - 분말소화약제 저장용기의 기준
  - 가압용 가스용기
- 소화약제
  - 전역방출방식의 소화약제량 ★★★
  - 국소방출방식의 소화약제량 ★
  - 차고 또는 주차장에 설치하는 분말소화설비
- 기동장치
  - 수동식 기동장치 설치기준
  - 자동식 기동장치 설치기준
  - 약제 방출 표시등
- 배관
- 분사헤드
  - 전역방출방식의 분말소화설비의 분사헤드
  - 국소방출방식의 분말소화설비의 분사헤드
  - 호스릴설비의 설치 가능 장소(이산화탄소, 할론, 분말소화설비 동일)
  - 호스릴분말소화설비의 설치기준
- 자동폐쇄장치 설치기준

01 개요

분말소화설비는 유류화재, 전기화재에 적응성이 있고 신속한 소화가 가능하여 화재의 확대 및 급속한 인화성 액체의 소화에 적합하다. 다른 소화약제에 비해 변질이 적어 반영구적으로 사용이 가능하다.

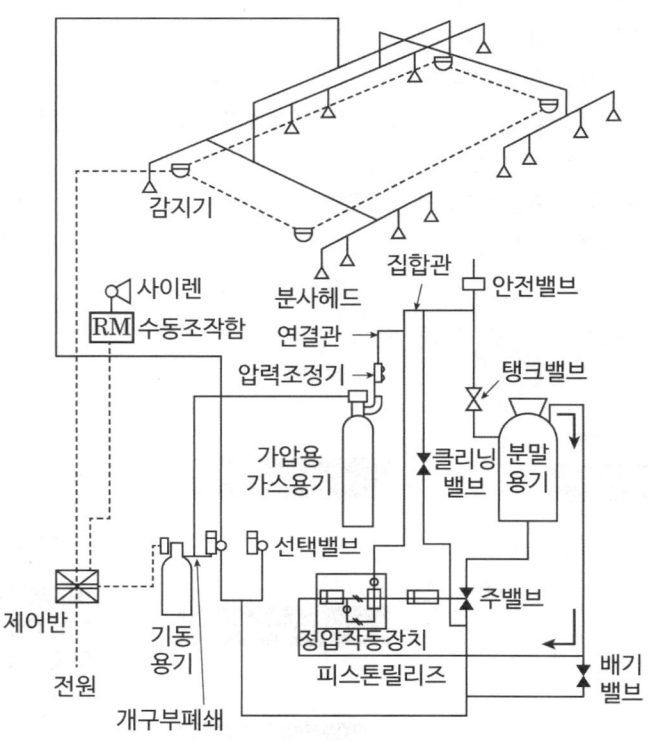

02 분말소화약제

1 분말소화약제의 종류 ★★★

암기 ▶ 백담사 홍어회

종별	소화약제	약제색	적응화재
제1종	탄산수소나트륨 $NaHCO_3$	백색	BC급
제2종	탄산수소칼륨 $KHCO_3$	담자색(담회색)	BC급
제3종	제1인산암모늄 $NH_4H_2PO_4$	담홍색	ABC급
제4종	탄산수소칼륨 + 요소 $KHCO_3 + CO(NH_2)_2$	회(백)색	BC급

2 분말소화약제의 소화효과 ★★

소화효과	내용
질식효과	열분해 시 생성되는 불연성 기체(CO_2, H_2O)에 의해 공기 중 산소농도 저하
냉각효과	열분해 시 생성되는 수증기의 흡열반응
부촉매효과	열분해 시 유리된 K, Na, NH_4가 연쇄반응을 일으키는 활성기(H*, OH*)를 포착하여 연쇄반응을 차단하는 화학적 효과
복사열 차단	분말의 운무에 의한 복사열 차단
방진효과	열분해 시 생성되는 메타인산(HPO_3)이 피막을 형성하여 산소와의 접촉을 차단
탈수효과	탈수를 통해 연쇄반응 억제

☑ 운무
안개와 비슷하게 보이는, 매우 작은 물방울이 공기 중에 떠 있는 현상

☑ 메타인산의 성상
유리질(Glassy) 고체 또는 무정형(Amorphous) 물질이다. 유리질 고체란 유리처럼 단단하지만 결정구조가 없는 고체를 말한다.

3 분말소화약제의 화학반응식

종별	소화약제	화학 반응식
제1종	탄산수소나트륨 $NaHCO_3$	$2NaHCO_3$ → $Na_2CO_3 + CO_2 + H_2O$
제2종	탄산수소칼륨 $KHCO_3$	$2KHCO_3$ → $K_2CO_3 + CO_2 + H_2O$
제3종	제1인산암모늄 $NH_4H_2PO_4$	$NH_4H_2PO_4$ → $HPO_3 + NH_3 + H_2O$
제4종	탄산수소칼륨 + 요소 $KHCO_3 + CO(NH_2)_2$	$2KHCO_3 + CO(NH_2)_2$ → $K_2CO_3 + 2NH_3 + 2CO_2$

4 제1종 분말소화약제의 비누화현상(Saponification Phenomenon) ★

(1) 정의 : 동·식물성 기름인 유지와 알칼리가 반응하여 비누와 글리세린으로 변하는 반응으로 주방화재 시 조리용 기름이나 지방질 기름에 분말이 방출되면 기름과 분말약제가 반응하여 비누상태의 물질이 생성되는 현상이다. 이로 인해 가연성 액체류의 표면을 뒤덮어 산소를 차단하고 재발화가 되지 않도록 한다.

(2) 반응식

트리글리세리드 + 3NaOH + H₂O → 글리세롤 + 3지방산나트륨(비누)

(3) 적용 : 식용유화재(K급 화재)

03 소화약제 저장용기

1 분말소화약제 저장용기 설치장소의 기준 ★★★

(1) 방호구역 외의 장소에 설치할 것. 다만 방호구역 내에 설치할 경우에는 피난 및 조작이 용이하도록 피난구 부근에 설치할 것
(2) 온도가 40 [℃] 이하이고, 온도 변화가 적은 곳에 설치할 것
(3) 직사광선 및 빗물이 침투할 우려가 없는 곳에 설치할 것
(4) 방화문으로 구획된 실에 설치할 것
(5) 용기의 설치장소에는 해당 용기가 설치된 곳임을 표시하는 표지를 할 것
(6) 용기 간의 간격은 점검에 지장이 없도록 3 [cm] 이상의 간격을 유지할 것
(7) 저장용기와 집합관을 연결하는 연결배관에는 체크밸브를 설치할 것. 다만 저장용기가 하나의 방호구역만을 담당하는 경우에는 그렇지 않다.

2 분말소화약제 저장용기의 기준

(1) 저장용기의 내용적 ★★★

소화약제의 종별	소화약제 1 [kg]당 저장용기 내용적
제1종 분말	0.8 [L]
제2종 분말, 제3종 분말	1 [L]
제4종 분말	1.25 [L]

> **선생님 TIP**
> 저장용기의 내용적 표는 필수 암기 사항입니다. 시험에 계산문제 형태로 많이 나옵니다.

(2) 저장용기에 설치하는 안전밸브 ★★★

가압식	최고사용압력의 1.8배 이하의 압력에서 작동
축압식	용기의 내압시험압력의 0.8배 이하의 압력에서 작동

(3) 저장용기에는 저장용기의 내부압력이 설정압력으로 되었을 때 주밸브를 개방하는 정압작동장치를 설치할 것 ★★★

(4) 저장용기의 충전비는 0.8 이상으로 할 것 ★★★

(5) 저장용기 및 배관에는 잔류 소화약제를 처리할 수 있는 청소장치를 설치할 것

(6) 축압식의 분말소화설비는 사용압력의 범위를 표시한 지시압력계를 설치할 것

핵심이론 정압작동장치 ★

1. 설치목적 : 저장용기의 내부압력이 설정압력에 도달하면 작동하여 주밸브를 개방시키는 장치
2. 종류

종류	주밸브 개방방식	구조
압력 스위치식 (가스압력식)	탱크 내의 압력이 설정 압력에 도달 시 압력스위치의 작동으로 솔레노이드밸브가 작동하여 주밸브 개방	(그림: 전원, 솔레노이드밸브, 가압용가스관, 압력스위치, 방출밸브, 약제저장탱크, 압력조정기, 가압용기)
기계식	탱크 내의 압력이 설정 압력에 도달 시 가스압력의 힘으로 밸브의 레버를 당겨 주밸브 개방	(그림: 작동압 조정스프링, 밸브, 실린더, 정압작동레버, 도판 접속부)
시한 릴레이식 (전기식)	탱크 내의 압력이 설정 압력에 도달 시 미리 시간을 시한릴레이에 입력하여 작동하면 솔레노이드밸브가 작동되어 주밸브 개방	(그림: 전원, 솔레노이드밸브, 릴레이, 한시제전기, 가압용가스관, 방출밸브, 약제저장탱크, 압력조정기, 가압용기)

3 가압용 가스용기

(1) 분말소화약제의 가스용기는 분말소화약제의 저장용기에 접속하여 설치해야 한다.
(2) 가압용 가스용기를 3병 이상 설치한 경우에는 2개 이상의 용기에 전자개방밸브를 부착할 것
(3) 가압용 가스용기에는 2.5 [MPa] 이하의 압력에서 조정이 가능한 압력조정기를 설치해야 한다. ★
(4) 가압용 가스 또는 축압용 가스는 질소가스 또는 이산화탄소로 할 것(35 [℃]에서 1기압의 압력상태로 환산한 것) ★★★

가압용 가스	• 질소가스는 소화약제 1 [kg]마다 40 [L] 이상 • 이산화탄소는 소화약제 1 [kg]에 대하여 20 [g] 이상	+	배관 청소에 필요한 양 (이산화탄소만 해당)
축압용 가스	• 질소가스는 소화약제 1 [kg]에 대하여 10 [L] 이상 • 이산화탄소는 소화약제 1 [kg]에 대하여 20 [g] 이상	+	배관 청소에 필요한 양 (이산화탄소만 해당)

* 저장용기 및 배관의 청소에 필요한 양의 가스는 별도의 용기에 저장할 것

04 소화약제 ★★★

1 전역방출방식의 소화약제량

$$W = (V \times \alpha) + (A \times \beta)$$

W : 약제량 [kg]
V : 방호구역 체적 [m³]
α : 방호구역 1 [m³]에 대한 소화약제의 양 [kg/m³]
A : 개구부 면적 [m²]
β : 개구부 가산량 [kg/m²](개구부에 자동폐쇄장치 미설치 시 적용)

※ 방호구역의 체적 1 [m³]에 대한 소화약제량[kg/m³] 및 개구부 가산량 [kg/m²]

소화약제의 종류	방호구역의 체적 1 [m³]에 대한 소화약제량[kg] α	개구부의 면적 1 [m²]에 대한 소화약제량[kg] β
제1종 분말	0.60 [kg/m³]	4.5 [kg/m²]
제2종 또는 제3종 분말	0.36 [kg/m³]	2.7 [kg/m²]
제4종 분말	0.24 [kg/m³]	1.8 [kg/m²]

2 국소방출방식의 소화약제량

$$W[kg] = V[m^3] \times \left(X - Y\frac{a}{A}\right)[kg/m^3] \times 1.1$$

W : 약제량 [kg]
V : 방호공간의 체적 [m³](방호대상물의 각 부분으로부터 0.6 [m]의 거리에 따라 둘러싸인 공간)
a : 방호대상물 주위에 설치된 벽면적의 합계 [m²]
A : 방호공간의 벽면적의 합계 [m²](벽이 없는 경우 : 벽이 있는 것으로 가정한 당해 부분의 면적)

[X 및 Y : 다음 표의 수치]

소화약제 종별	X수치	Y수치
제1종 분말	5.2	3.9
제2종 또는 제3종 분말	3.2	2.4
제4종 분말	2.0	1.5

3 차고 또는 주차장에 설치하는 분말소화설비

분말소화설비에 사용하는 소화약제는 제1종 분말·제2종 분말·제3종 분말 또는 제4종 분말로 해야 한다. 다만 차고 또는 주차장에 설치하는 분말소화설비의 소화약제는 제3종 분말로 해야 한다.

○─ 차고 또는 주차장에 설치하는 분말소화설비의 소화약제는 제4종 분말로 해야 한다. ✗ 제3종 분말

05 기동장치

1 수동식 기동장치 설치기준

이 경우 수동식 기동장치의 부근에는 소화약제의 방출을 지연시킬 수 있는 방출지연스위치(자동복귀형 스위치로서 수동식 기동장치의 타이머를 순간 정지시키는 기능의 스위치를 말한다)를 설치해야 한다.

(1) 전역방출방식은 방호구역마다, 국소방출방식은 방호대상물마다 설치할 것
(2) 해당 방호구역의 출입구 부근 등 조작을 하는 자가 쉽게 피난할 수 있는 장소에 설치할 것
(3) 기동장치의 조작부는 바닥으로부터 0.8 [m] 이상 1.5 [m] 이하의 위치에 설치하고, 보호판 등에 따른 보호장치를 설치할 것
(4) 기동장치 인근의 보기 쉬운 곳에 "분말소화설비 수동식 기동장치"라는 표지를 할 것
(5) 전기를 사용하는 기동장치에는 전원표시등을 설치할 것
(6) 기동장치의 방출용 스위치는 음향경보장치와 연동하여 조작될 수 있는 것으로 할 것

2 자동식 기동장치 설치기준

자동화재탐지설비의 감지기의 작동과 연동하는 것으로서 다음 기준에 따라 설치해야 한다.
(1) 자동식 기동장치에는 수동으로도 기동할 수 있는 구조로 할 것
(2) 전기식 기동장치로서 7병 이상의 저장용기를 동시에 개방하는 설비는 2병 이상의 저장용기에 전자 개방밸브를 부착할 것
(3) 가스압력식 기동장치는 다음의 기준에 따를 것
　① 기동용 가스용기 및 해당 용기에 사용하는 밸브는 25 [MPa] 이상의 압력에 견딜 수 있는 것으로 할 것
　② 기동용 가스용기에는 내압시험압력의 0.8배부터 내압시험압력 이하에서 작동하는 안전장치를 설치할 것
　③ 기동용 가스용기의 체적은 5 [L] 이상으로 하고, 해당 용기에 저장하는 질소 등의 비활성 기체는 6.0 [MPa] 이상(21 [℃] 기준)의 압력으로 충전할 것. 다만 기동용 가스용기의 체적을 1 [L] 이상으로 하고, 해당 용기에 저장하는 이산화탄소의 양은 0.6 [kg] 이상으로 하며, 충전비는 1.5 이상 1.9 이하의 기동용 가스용기로 할 수 있다.
(4) 기계식 기동장치는 저장용기를 쉽게 개방할 수 있는 구조로 할 것

3 약제 방출 표시등

분말소화설비가 설치된 부분의 출입구 등의 보기 쉬운 곳에 소화약제의 방출을 표시하는 표시등을 설치해야 한다.

06 배관

1. 배관은 전용으로 할 것
2. 강관을 사용하는 경우의 배관은 **아연도금에 따른 배관용 탄소강관**(KS D 3507)이나 이와 동등 이상의 강도·내식성 및 내열성을 가진 것으로 할 것. 다만 축압식 분말소화설비에 사용하는 것 중 20[℃]에서 압력이 2.5 [MPa] 이상 4.2 [MPa] 이하인 것은 압력배관용 탄소강관(KS D 3562) 중 이음이 없는 스케줄 40 이상의 것 또는 이와 동등 이상의 강도를 가진 것으로서 아연도금으로 방식 처리된 것을 사용해야 한다.
3. **동관**을 사용하는 경우의 배관은 **고정압력 또는 최고사용압력의 1.5배 이상의 압력에 견딜 수 있는 것**을 사용할 것 ★
4. 밸브류는 개폐위치 또는 개폐방향을 표시한 것으로 할 것
5. 배관의 관 부속 및 밸브류는 배관과 동등 이상의 강도 및 내식성이 있는 것으로 할 것

> 동관을 사용하는 경우의 배관은 고정압력 또는 최고사용압력의 1.3배 이상의 압력에 견딜 수 있는 것을 사용할 것 ✗ 1.5배 이상의 압력

07 분사헤드

1 전역방출방식의 분말소화설비의 분사헤드
(1) 방출된 소화약제가 방호구역의 전역에 균일하고 신속하게 확산할 수 있도록 할 것
(2) 소화약제 저장량을 **30초 이내**에 방출할 수 있는 것으로 할 것 ★

2 국소방출방식의 분말소화설비의 분사헤드
(1) 소화약제의 방출에 따라 가연물이 비산하지 아니하는 장소에 설치할 것
(2) 소화약제 저장량을 **30초 이내**에 방출할 수 있는 것으로 할 것 ★

3 호스릴설비의 설치 가능 장소(이산화탄소, 할론, 분말소화설비 동일)
화재 시 현저하게 연기가 찰 우려가 없는 장소로서 다음의 어느 하나에 해당하는 장소에는 호스릴분말소화설비를 설치할 수 있다.
(1) 지상 1층 및 피난층에 있는 부분으로서 지상에서 수동 또는 원격조작에 따라 개방할 수 있는 개구부의 유효면적의 합계가 바닥면적의 15[%] 이상이 되는 부분

(2) 전기설비가 설치되어 있는 부분 또는 다량의 화기를 사용하는 부분(해당 설비의 주위 5 [m] 이내의 부분을 포함한다)의 바닥면적이 해당 설비가 설치되어 있는 구획의 바닥면적의 5분의 1 미만이 되는 부분

4 호스릴분말소화설비의 설치기준

(1) 방호대상물의 각 부분으로부터 하나의 호스접결구까지의 **수평거리가 15 [m] 이하**가 되도록 할 것
(2) 소화약제의 저장용기의 개방밸브는 호스릴의 설치장소에서 수동으로 개폐할 수 있는 것으로 할 것
(3) 소화약제의 저장용기는 호스릴을 설치하는 장소마다 설치할 것
(4) 노즐은 하나의 노즐마다 1분당 다음 표에 따른 소화약제를 방출할 수 있는 것으로 할 것

소화약제의 종별	약제 저장량[kg]	1분당 방출하는 소화약제 양[kg/min]
제1종 분말	50 [kg]	45 [kg/min]
제2종 분말 또는 제3종 분말	30 [kg]	27 [kg/min]
제4종 분말	20 [kg]	18 [kg/min]

(5) 저장용기 가깝거나 보기 쉬운 곳에 적색의 표시등을 설치하고, 이동식 분말소화설비가 있다는 뜻을 표시한 표지를 할 것

08 자동폐쇄장치 설치기준

전역방출방식의 분말소화설비를 설치한 특정소방대상물 또는 그 부분에 대하여는 다음의 기준에 따라 자동폐쇄장치를 설치해야 한다.

1. 환기장치를 설치한 것은 분말이 방출되기 전에 해당 환기장치가 정지할 수 있도록 할 것
2. 개구부가 있거나 천장으로부터 1 [m] 이상의 아래 부분 또는 바닥으로부터 해당 층의 높이의 3분의 2 이내의 부분에 통기구가 있어 분말의 유출에 따라 소화효과를 감소시킬 우려가 있는 것은 분말이 방출되기 전에 해당 개구부 및 통기구를 폐쇄할 수 있도록 할 것
3. 자동폐쇄장치는 방호구역 또는 방호대상물이 있는 구획의 밖에서 복구할 수 있는 구조로 하고, 그 위치를 표시하는 표지를 할 것

CHAPTER 11 연습문제

01

| 득점 | | 배점 | 12 |

전기실에 제1종 분말소화약제를 사용한 분말소화설비를 전역방출방식의 가압식으로 설치하려고 한다. 다음 [조건]을 참조하여 각 물음에 답하시오.

조건
(1) 실의 크기는 가로 20 [m], 세로 10 [m], 높이 3.5 [m]이고 개구부는 없다. 단, 이 실에 체적 100 [m³]인 불연성 물질이 있다.
(2) 분말 분사헤드의 사양은 1.5 [kg/s], 방출시간은 30초 기준이다.
(3) 헤드배치는 정방형으로 하고 헤드와 벽 사이의 간격은 헤드간격의 1/2 이하로 한다.
(4) 배관은 최단거리 토너먼트 배관으로 구성한다.
(5) 소화약제량 산정 시 불연재료나 내열성의 재료로 밀폐된 구조물이 있는 경우에는 방호구역의 체적에서 그 구조물의 체적을 제외할 수 있다.

TIP ▶ 조건 (5)를 유의하여 방호구역의 체적을 산정한다.

가. 소화약제의 최소 소요량[kg]을 구하시오.
 ○ 계산과정 :   ○ 답 :

나. 가압용 가스로 질소가스를 사용하는 경우 가압용 가스(질소)의 양[L]을 구하시오. (단, 35 [℃], 1기압으로 환산한 값을 구할 것)
 ○ 계산과정 :   ○ 답 :

다. 분사헤드의 최소개수는?
 ○ 계산과정 :   ○ 답 :

라. 다음 도면에 헤드를 그려 넣으시오. (단, 눈금 한 칸당 1 [m]씩 한다)

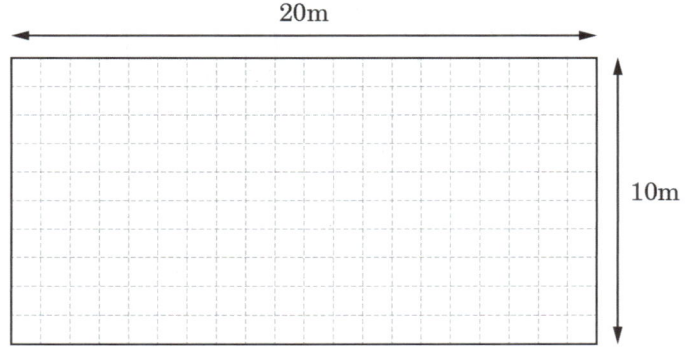

정답

가. 계산과정

분말소화설비 전역방출방식의 약제량 $W[kg] = (V \times \alpha) + (A \times \beta)$

V : 방호구역 체적 $[m^3]$
α : 방호구역 1 $[m^3]$에 대한 소화약제의 양 $[kg/m^3]$
A : 개구부 면적 $[m^2]$, β : 개구부 가산량 $[kg/m^2]$

소화약제의 종별	방호구역 체적 1 $[m^3]$에 대한 소화약제량[kg]	개구부 면적 1 $[m^2]$에 대한 소화약제량[kg]
제1종 분말	0.60 [kg]	4.5 [kg]
제2종 · 제3종 분말	0.36 [kg]	2.7 [kg]
제4종 분말	0.24 [kg]	1.8 [kg]

약제량 $W = \{(20 \times 10 \times 3.5)\,[m^3] - 100\,[m^3]\} \times 0.6\,[kg/m^3] = 360\,[kg]$

답 | 360 [kg]

나. 계산과정

가압용 가스	· 질소가스는 소화약제 1 [kg]마다 40 [L] 이상 · 이산화탄소는 소화약제 1 [kg]에 대하여 20 [g] 이상	+	배관 청소에 필요한 양 (이산화탄소만 해당)
축압용 가스	· 질소가스는 소화약제 1 [kg]에 대하여 10 [L] 이상 · 이산화탄소는 소화약제 1 [kg]에 대하여 20 [g] 이상	+	배관 청소에 필요한 양 (이산화탄소만 해당)

※ 배관의 청소에 필요한 양의 가스는 별도의 용기에 저장할 것

가압용 가스(질소) 양 = 360 [kg] × 40 [L/kg] = 14400 [L]

답 | 14400 [L]

다. 계산과정

$$\frac{360\,[kg]}{1.5\,[kg/s \cdot 개] \times 30\,[s]} = 8\,[개]$$

답 | 8 [개]

라.

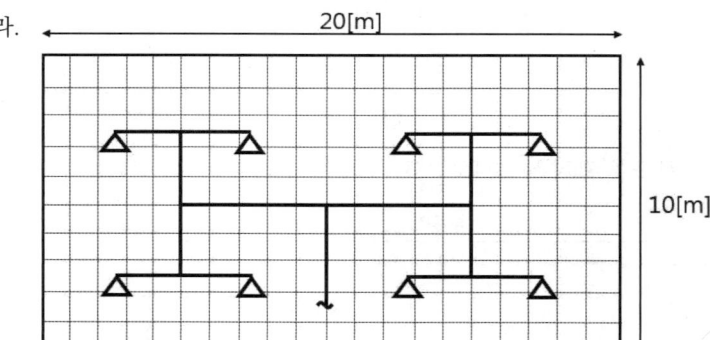

02

배점 5

분말소화설비의 전역방출방식에 있어서 방호구역의 체적이 400 [m³]일 때 설치되는 최소 분사헤드 수는 몇 개인가? (단, 분말은 제3종이며 분사헤드 1개의 방출량은 10 [kg/min]이다)

○ 계산과정 :

○ 답 :

정답

☑ 계산과정

분말소화설비 전역방출방식의 약제량 $W[kg] = (V \times \alpha) + (A \times \beta)$

V : 방호구역 체적 [m³]

α : 방호구역 1 [m³]에 대한 소화약제의 양 [kg/m³]

A : 개구부 면적 [m²], β : 개구부 가산량 [kg/m²]

소화약제의 종별	방호구역 체적 1 [m³]에 대한 소화약제량[kg]	개구부 면적 1 [m²]에 대한 소화약제량[kg]
제1종 분말	0.60 [kg]	4.5 [kg]
제2종 · 제3종 분말	0.36 [kg]	2.7 [kg]
제4종 분말	0.24 [kg]	1.8 [kg]

① 약제량$[kg] = V \times \alpha = 400[m^3] \times 0.36[kg/m^3] = 144[kg]$

② 전체유량$[kg/min] = \dfrac{144[kg]}{30[s]} = 4.8[kg/s] = 288[kg/min]$

③ 분사헤드 수$[개] = \dfrac{288[kg/min]}{10[kg/min \cdot 개]} = 28.8 ≒ 29 [개]$

답 | 29개

보충 ▶ 분말소화설비의 전역방출방식에 있어서 소화약제 저장량을 30초 이내에 방출할 수 있어야 하므로 전체유량 산출 시, 필요약제량[kg]을 30초로 나눈다.

03

전기실에 제1종 분말소화약제를 사용한 분말소화설비를 전역방출방식의 가압식으로 설치하려고 한다. 다음 [조건]을 참조하여 각 물음에 답하시오.

조건

(1) 특정소방대상물의 크기는 가로 11 [m], 세로 9 [m], 높이 4.5 [m]인 내화구조로 되어 있다.
(2) 특정소방대상물의 중앙에 가로 1 [m], 세로 1 [m]의 기둥이 있고, 기둥을 중심으로 가로, 세로 보가 교차되어 있으며, 보는 천장으로부터 0.6 [m], 너비 0.4 [m]의 크기이고, 보와 기둥은 내열성 재료이다.
(3) 전기실에는 0.7 [m] × 1 [m], 1.2 [m] × 0.8 [m]인 개구부가 각각 1개씩 설치되어 있으며, 1.2 [m] × 0.8 [m]인 개구부에는 자동폐쇄장치가 설치되어 있다.
(4) 소화약제량 산정 시 불연재료나 내열성의 재료로 밀폐된 구조물이 있는 경우에는 방호구역의 체적에서 그 구조물의 체적을 제외할 수 있다.
(5) 분사헤드의 방출률은 7.82 [kg/mm^2·min·개]이다.
(6) 약제저장용기 1개의 내용적은 50 [L]이다.
(7) 방출헤드 1개의 오리피스(방출구) 면적은 0.45 [cm^2]이다.
(8) 소화약제 산정기준 및 기타 필요한 사항은 국가화재안전기술기준에 준한다.

가. 저장해야 하는 분말소화약제의 최소량[kg]은?
  ○ 계산과정 :
  ○ 답 :

나. 저장해야 하는 약제저장용기의 병수는?
  ○ 계산과정 :
  ○ 답 :

다. 설치에 필요한 분사헤드의 최소개수는?
  ○ 계산과정 :
  ○ 답 :

라. 설치에 필요한 전체 분사헤드의 오리피스 면적[mm^2]을 구하시오.
  ○ 계산과정 :
  ○ 답 :

마. 분사헤드 1개의 방출량[kg/min]은?
  ○ 계산과정 :
  ○ 답 :

바. '나'에서 산출한 저장용기수의 소화약제가 전부 다 방출되어 모두 열분해 시 발생한 CO_2의 양은 몇 [kg]이며, 이때 CO_2의 부피는 몇 [m^3]인가? (단, 방호구역 내의 압력은 120 [kPa], 주위온도는 500 [℃]이고, 제1종 분말소화약제 주성분에 대한 각 원소의 원자량은 다음과 같으며, 이상기체 상태방정식을 따른다고 한다)

원소기호	Na	H	C	O
원자량	23	1	12	16

○ 계산과정 :

○ 답 :

정답

가. 계산과정 : 분말소화설비 전역방출방식 약제량[kg]= $(V \times \alpha) + (A \times \beta)$

V : 방호구역 체적 [m^3]

α : 방호구역 1 [m^3]에 대한 소화약제의 양 [kg/m^3]

A : 개구부 면적 [m^2], β : 개구부 가산량 [kg/m^2]

소화약제의 종별	체적 1 [m^3]에 대한 소화약제량[kg]	면적 1 [m^2]에 대한 소화약제량[kg]
제1종 분말	0.60 [kg]	4.5 [kg]
제2종, 제3종 분말	0.36 [kg]	2.7 [kg]
제4종 분말	0.24 [kg]	1.8 [kg]

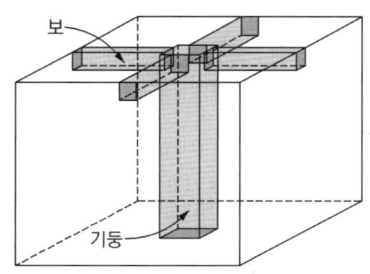

① 실의 체적 : $11 \times 9 \times 4.5 = 445.5 [m^3]$

② 기둥 체적 : $1 \times 1 \times 4.5 = 4.5 [m^3]$

③ 보의 체적
- 가로 보의 체적(0.6 × 0.4 × 5 × 2) = 2.4 [m^3]
- 세로 보의 체적(0.6 × 0.4 × 4 × 2) = 1.92 [m^3]

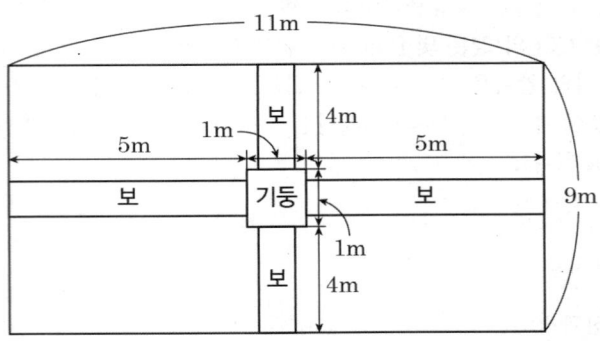

[보 및 기둥의 배치]

∴ 약제량
= {(V - 기둥 - 가로 보 - 세로 보) × α} + (A × β)
= {(445.5 - 4.5 - 2.4 - 1.92) [m³] × 0.6 [kg/m³]} + (0.7 × 1 [m²] × 4.5 [kg/m²])= 265.16 [kg]

답 | 265.16 [kg]

나. 계산과정 : 1개의 내용적이 50 [L], 제1종 분말소화약제의 충전비가 0.8이므로 병당 약제량은

$0.8 = \dfrac{50[L]}{x[kg]}$　　∴ 한 병당 약제량 $x = 62.5[kg]$

병 수 : $\dfrac{265.16[kg]}{62.5[kg/병]}$ = 4.24 [병] ≒ 5 [병]

답 | 5 [병]

다. 계산과정 : 분사헤드 1개의 방출률 7.82 [kg/mm²·min·개]

$= \dfrac{5[병] \times 62.5[kg/병]}{45[mm^2] \times 0.5[min] \times N[개]}$

N = 1.78 [개] ≒ 2 [개]

답 | 2 [개]

라. 계산과정 : 분사헤드 분구면적 = 2 [개] × 0.45 [cm²] = 0.9 [cm²] = 90 [mm²]

답 | 90 [mm²]

마. 계산과정 : $\dfrac{5[병] \times 62.5[kg/병]}{2[개] \times 0.5[min]} = 312.5[kg/min]$

답 | 312.5 [kg/min]

바. 계산과정
① 이산화탄소의 약제량[kg]

$\boxed{2NaHCO_3} \rightarrow Na_2CO_3 + \boxed{CO_2} + H_2O$

제1종 분말소화약제($NaHCO_3$) 2 [kmol]이 완전 연소했을 때, 생성되는 이산화탄소(CO_2)는 1 [kmol]이다. 따라서 아래와 같은 비례식을 세울 수 있다.

㉠ $NaHCO_3$ 2 [kmol]의 질량 : ㉡ CO_2 1 [kmol]의 질량 =
㉢ 약제가 방출될 때 $NaHCO_3$의 질량 : ㉣ 약제가 열분해 시 발생한 CO_2의 질량

㉠ $NaHCO_3$ 2 [kmol]에 대한 질량 : 2 × (23 + 1 + 12 + 16×3) = 168 [kg]
㉡ CO_2 1 [kmol]에 대한 질량 : 12 + 16 × 2 = 44 [kg]
㉢ 저장용기수의 소화약제가 전부 다 방출될 때 약제의 질량 :
   62.5[kg/병] × 5[병] = 312.5[kg]
㉣ 저장용기수의 소화약제가 모두 열분해 시 발생한 CO_2의 질량 : x [kg]

$168[kg] : 44[kg] = 312.5[kg] : x[kg]$ ∴ $x = 81.85[kg]$

② 이산화탄소의 부피[m³]

$$PV = \frac{W}{M}RT$$

∴ $V = \dfrac{81.85[kg] \times 8.314[kJ/kmol \cdot K] \times (273+500)[K]}{120[kPa] \times 44[kg/kmol]} = 99.63[m^3]$

답 | ① 이산화탄소의 약제량 81.85 [kg], ② 이산화탄소 부피 99.63 [m³]

보충 ▶ $V = \dfrac{WRT}{PM}$

04

배점 5

분말소화설비가 설치된 장소이다. 다음 도면을 완성시키시오.

정답

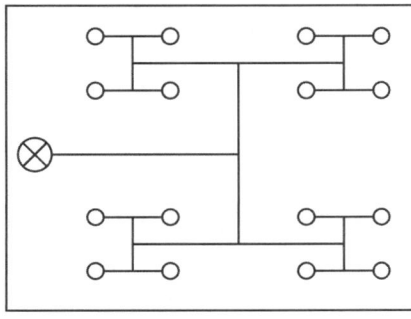

⊗ 선택밸브
○ 헤드
— 배관

05

TIP ▶ 방호대상물의 벽 주변에는 동일한 크기의 벽이 설치되어 있다는 조건을 유의한다.

위험물을 보관하는 5[m] × 6[m] × 4[m]의 저장용기에 제4종 분말소화약제를 사용하는 국소방출방식의 분말소화설비를 설치하려고 한다. 분말소화설비에 필요한 소화약제의 양[kg]을 구하시오.

조건

(1) 소화약제량을 산출하기 위한 X 및 Y의 값을 다음 표에 따른다.

소화약제의 종별	X	Y
제1종	5.2	3.9
제2종, 제3종	3.2	2.4
제4종	2.0	1.5

(2) 방호대상물의 벽 주변에는 동일한 크기의 벽이 설치되어 있으며, 바닥면적을 제외하고 4면을 기준으로 계산한다.

○ 계산과정 :   ○ 답 :

정답

☑ 계산과정 : 분말소화설비 국소방출방식 약제량 산정

$$W[kg] = V[m^3] \times \left(X - Y\frac{a}{A}\right)[kg/m^3] \times 1.1$$

V : 방호공간의 체적 [m³]
(방호대상물의 각 부분으로부터 0.6[m]의 거리에 따라 둘러싸인 공간)
a : 방호대상물 주위에 설치된 벽면적의 합계 [m²]
A : 방호공간의 벽면적의 합계 [m²]
(벽이 없는 경우 : 벽이 있는 것으로 가정한 당해 부분의 면적)

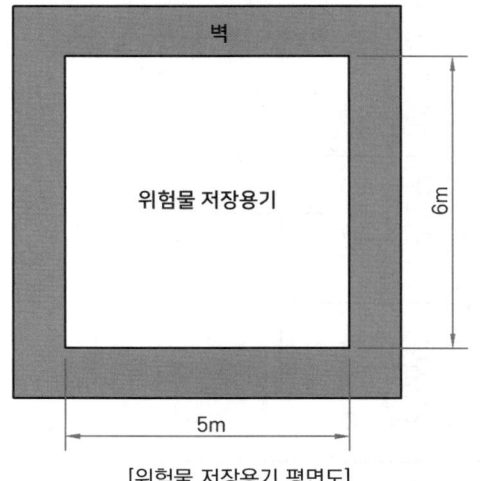

[위험물 저장용기 평면도]

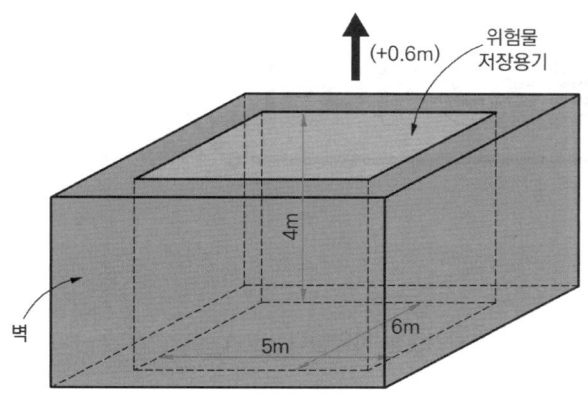

[위험물 저장용기 입체도]

$V = 5 \times 6 \times (4+0.6) = 138 [m^3]$

$a = (5 \times 4 \times 2) + (6 \times 4 \times 2) = 88 [m^2]$

$A = (5 \times 4.6 \times 2) + (6 \times 4.6 \times 2) = 101.2 [m^2]$

$\therefore W = 138 \times \left(2 - 1.5 \times \dfrac{88}{101.2}\right) \times 1.1 = 105.6 [kg]$

답 | 105.6 [kg]

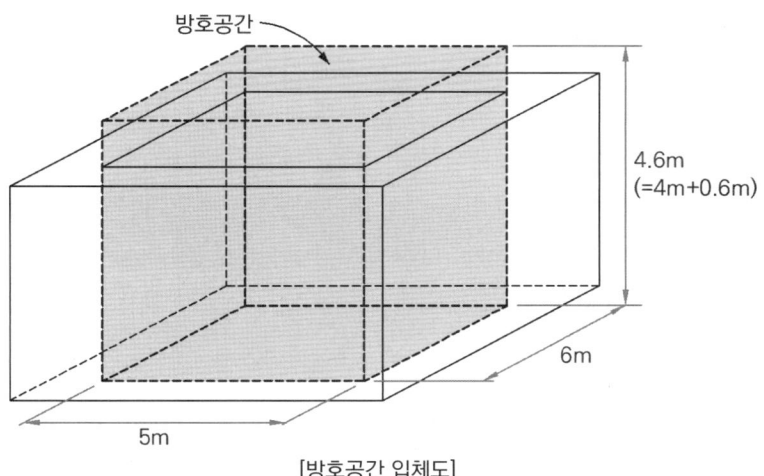

[방호공간 입체도]

CHAPTER 12 고체에어로졸소화설비

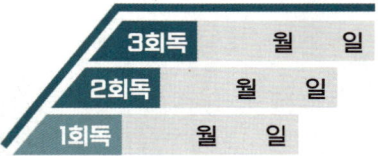

학습목표

1 고체에어로졸소화설비의 용어를 익힌다.
2 고체에어로졸소화설비의 설치 제외 및 고체에어로졸발생기의 설치기준을 파악한다.

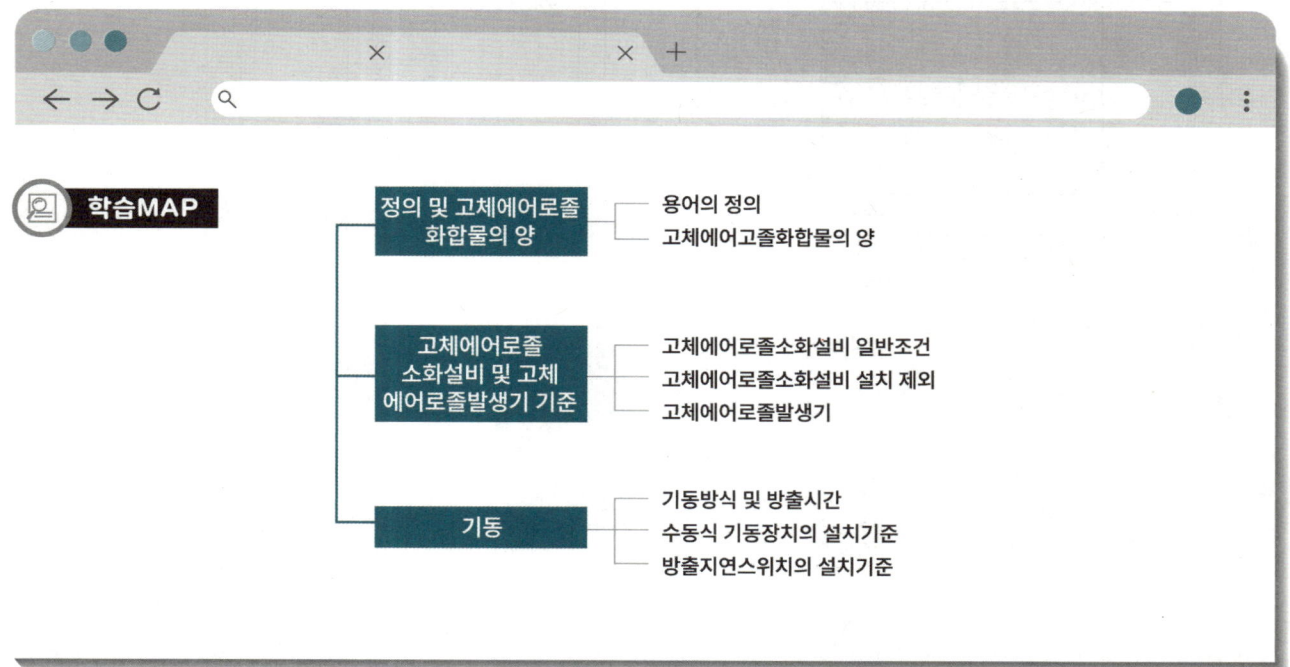

01 정의 및 고체에어로졸화합물의 양

1 용어의 정의

1. **고체에어로졸소화설비** : 설계밀도 이상의 고체에어로졸을 방호구역 전체에 균일하게 방출하는 설비로서 분산(Dispersed)방식이 아닌 압축(Condensed)방식
2. **고체에어로졸화합물** : 화재를 소화하는 비전도성의 미세입자인 에어로졸을 만드는 고체화합물(과산화물질, 가연성 물질 등의 혼합물)
3. **고체에어로졸** : 고체에어로졸화합물의 연소과정에 의해 생성된 물질로 직경 10 [μm] 이하의 고체 입자와 기체상태의 물질로 구성된 혼합물
4. **고체에어로졸발생기**
   (1) 에어로졸을 발생시키는 장치
   (2) 고체에어로졸화합물, 냉각장치, 작동장치, 방출구, 저장용기로 구성
5. **소화밀도** : 방호공간 내 규정된 시험조건의 화재를 소화하는 데 필요한 단위체적(m^3)당 고체에어로졸화합물의 질량(g)

2 고체에어고졸화합물의 양

필수 소화약제량 $m = d \times V$

m : 필수 소화약제량 [g]
d : 설계밀도 [g/m^3]
  = 소화밀도 [g/m^3]
  × 1.3(안전계수)
  ※ 소화밀도 : 형식승인 받은 제조사의 설계 매뉴얼에 제시된 소화밀도
V : 방호체적 [m^3]

02 고체에어로졸소화설비 및 고체에어로졸발생기 기준

1 고체에어로졸소화설비 일반조건

(1) 고체에어로졸은 전기 전도성이 없을 것
(2) 약제 방출 후 최소 10분간 소화밀도를 유지할 것
(3) 고체에어로졸소화설비는 비상주장소에 한하여 설치할 것. 다만 고체에어로졸소화설비 약제의 성분이 인체에 무해함을 국내·외 국가 공인 시험기관에서 인증 받고, 과학적으로 입증된 최대허용설계밀도를 초과하지 않는 양으로 설계하는 경우 상주장소에 설치할 수 있다.

○ 약제 방출 후 최소 10초간 소화밀도를 유지할 것 ❌ 10분간

(4) 고체에어로졸소화설비의 소화성능이 발휘될 수 있도록 방호구역 내부의 밀폐성을 확보할 것
(5) 방호구역 출입구 인근에 고체에어로졸 방출 시 주의사항에 관한 내용의 표지를 설치할 것

2 고체에어로졸소화설비 설치 제외

고체에어로졸소화설비는 다음의 물질을 포함한 화재 또는 장소에는 사용할 수 없다.
(1) 니트로셀룰로오스, 화약 등의 산화성 물질
(2) 리튬, 나트륨, 칼륨, 마그네슘 및 플루토늄과 같은 자기반응성 금속
(3) 금속 수소화물
(4) 유기 과산화수소, 히드라진 등 자동 열분해를 하는 화학물질
(5) 가연성 증기 또는 분진 등 폭발성 물질이 대기에 존재할 가능성이 있는 장소

3 고체에어로졸발생기

(1) 밀폐성이 보장된 방호구역 내에 설치하거나, 밀폐성능을 인정할 수 있는 별도의 조치를 취할 것
(2) 천장이나 벽면 상부에 설치하되, 균일하게 방출되도록 설치할 것
(3) 직사광선 및 빗물이 침투할 우려가 없는 곳에 설치할 것
(4) 열 안전이격거리를 준수하여 설치할 것
 ① 인체와의 최소 이격거리 : 약제 방출 시 75 [℃]를 초과하는 온도가 인체에 영향을 미치지 아니하는 거리
 ② 가연물과의 최소 이격거리 : 약제 방출 시 200 [℃]를 초과하는 온도가 가연물에 영향을 미치지 아니하는 거리
(5) 하나의 방호구역에는 동일 제품군 및 동일한 크기의 고체에어로졸발생기를 설치할 것
(6) 방호구역의 높이 : 형식승인 받은 고체에어로졸발생기의 최대 설치높이 이하로 할 것

03 기동

1 기동방식 및 방출시간
(1) 고체에어로졸소화설비는 화재감지기 및 수동식 기동장치의 작동과 연동하여 기계적 또는 전기적 방식으로 작동해야 한다.
(2) 고체에어로졸소화설비의 기동 시에는 1분 이내에 고체에어로졸 설계밀도의 95 [%] 이상을 방호구역에 균일하게 방출해야 한다.

2 수동식 기동장치의 설치기준
(1) 제어반마다 설치할 것
(2) 방호구역의 출입구마다 설치하되 출입구 인근에 사람이 쉽게 조작할 수 있는 위치에 설치할 것
(3) 기동장치의 조작부는 바닥으로부터 0.8 [m] 이상 1.5 [m] 이하의 위치에 설치할 것
(4) 기동장치의 조작부에 보호판 등의 보호장치를 부착할 것
(5) 기동장치 인근의 보기 쉬운 곳에 "고체에어로졸소화설비 수동식 기동장치"라고 표시한 표지를 부착할 것
(6) 전기를 사용하는 기동장치에는 전원표시등 설치할 것
(7) 방출용 스위치의 작동을 명시하는 표시등 설치할 것
(8) 50 [N] 이하의 힘으로 방출용 스위치를 기동할 수 있도록 할 것

3 방출지연스위치의 설치기준
(1) 수동으로 작동하는 방식으로 설치하되 방출지연스위치를 누르고 있는 동안만 지연되도록 할 것
(2) 방호구역의 출입구마다 설치하되 피난이 용이한 출입구 인근에 사람이 쉽게 조작할 수 있는 위치에 설치할 것
(3) 방출지연스위치 작동 시에는 음향경보를 발할 것
(4) 방출지연스위치 작동 중 수동식 기동장치가 작동되면 수동식 기동장치의 기능이 우선될 것

> 고체에어로졸소화설비의 기동 시에는 1분 이내에 고체에어로졸 설계밀도의 100 [%] 이상을 방호구역에 균일하게 방출해야 한다.
> ✗ 95 [%] 이상

PART 03

소화활동설비

CHAPTER 01	제연설비
CHAPTER 02	연결송수관설비
CHAPTER 03	연결살수설비
CHAPTER 04	연소방지설비

격차를 뛰어넘어 압도적인 격차를 만들다

○ 학습전략

소화활동설비 중 제연설비는 실기시험에 빠지지 않고 출제되는 설비이다. 거실제연설비에서 배출량을 산정하는 것과 특별피난계단의 계단실 및 부속실 제연설비에서 누설틈새면적의 합계를 구하는 것은 확실하게 학습해야 한다. 또한 연결송수관설비, 연결살수설비, 연소방지설비는 계산문제보다는 주로 단답형 문제로 출제되기 때문에 키워드 위주의 암기가 필요하다.

CHAPTER

01 제연설비

3회독 월 일
2회독 월 일
1회독 월 일

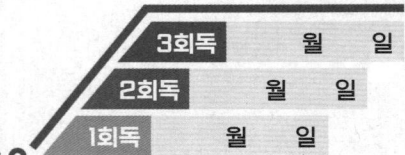

학습목표

1 제연설비의 용어를 익힌다.
2 거실제연설비에서 제연구역의 구획기준을 암기하고, 배출량 산정하는 내용을 학습한다.
3 배출구, 공기 유입구, 배출기 및 배출풍도, 배출풍도·유입풍도의 풍속 등을 암기한다.
4 특별피난계단의 계단실 및 부속실 제연에서 제연구역의 선정, 차압 관련 기준, 방연풍속에 대한 수치 값을 암기한다.
5 유입공기의 배출방식을 파악하고, 수직풍도 관통부에 설치하는 배출댐퍼 설치기준을 암기한다.

학습MAP

- 거실제연
  - 제연구역의 구획 기준 ★★
  - 배출량 ★★★
    - 거실의 바닥면적이 400[m^2] 미만
    - 거실의 바닥면적이 400[m^2] 이상
  - 배출구 설치기준 ★
  - 공기유입방식 및 유입구 ★
  - 배출기 및 배출풍도
    - 배출기
    - 배출풍도
  - 유입풍도 등
  - 댐퍼
  - 제연설비의 기동
  - 성능확인
  - 설치 제외
  - 송풍기의 동력
- 특별피난계단의 계단실 및 부속실 제연
  - 제연구역의 선정 ★★★
  - 차압 등 ★★★
  - 급기량, 누설량, 보충량 등 ★★
  - 과압방지조치
  - 유입공기의 배출 ★
    - 수직풍도에 따른 배출
    - 배출구에 따른 배출
    - 제연설비에 따른 배출
  - 급기, 급기구, 급기풍도 및 급기송풍기
  - 수동기동장치
  - 성능확인

01 개요

1 거실제연설비
화재발생 시 화재발생장소의 연기를 거실 또는 통로에서 배출시키고 거실의 하부나 인접실에서 신선한 공기를 공급하여 재실자를 신속히 피난시킴과 동시에 소방대원의 소화활동을 원활하게 하기 위한 설비이다.

2 특별피난계단의 계단실 및 부속실 제연설비
특별피난계단의 계단실 및 부속실에 급기 가압하여 화재실 또는 계단실 및 비상용 승강기의 수직관통부로의 연기유입을 차단하는 설비이다.

특별피난계단의 계단실 및 부속실 제연설비의 화재안전성능기준 및 기술기준은 특별피난계단의 계단실(이하 "계단실"이라 한다) 및 부속실(비상용 승강기의 승강장과 겸용하는 것 또는 비상용 승강기·피난용 승강기의 승강장을 포함한다. 이하 "부속실"이라 한다) 제연설비의 설치 및 관리에 대해 적용한다.

02 거실제연설비

1 용어의 정의
(1) "제연설비"란 화재가 발생한 거실의 연기를 배출함과 동시에 옥외의 신선한 공기를 공급하여 거주자들이 안전하게 피난하고, 소방대가 원활한 소화활동을 할 수 있도록 연기를 제어하는 설비를 말한다.
(2) "제연구역"이란 제연경계(제연경계가 면한 천장 또는 반자를 포함한다)에 의해 구획된 건물 내의 공간을 말한다.
(3) "제연경계"란 연기를 예상제연구역 내에 가두거나 이동을 억제하기 위한 보 또는 제연경계벽 등을 말한다.
(4) "제연경계벽"이란 제연경계가 되는 가동형 또는 고정형의 벽을 말한다.
(5) "제연경계의 폭"이란 제연경계가 면한 천장 또는 반자로부터 그 제연경계의 수직하단 끝부분까지의 거리를 말한다.
(6) "수직거리"란 제연경계의 하단 끝으로부터 그 수직한 하부 바닥면까지의 거리를 말한다.
(7) "예상제연구역"이란 화재 시 연기의 제어가 요구되는 제연구역을 말한다.
(8) "공동예상제연구역"이란 2개 이상의 예상제연구역을 동시에 제연하는 구역을 말한다.

(9) "통로배출방식"이란 거실 내 연기를 직접 옥외로 배출하지 않고 거실에 면한 통로의 연기를 옥외로 배출하는 방식을 말한다.
(10) "보행중심선"이란 통로 폭의 한 가운데 지점을 연장한 선을 말한다.
(11) "방화문"이란「건축법 시행령」제64조의 규정에 따른 60분+ 방화문, 60분 방화문 또는 30분 방화문으로써 언제나 닫힌 상태를 유지하거나 화재로 인한 연기의 발생 또는 온도의 상승에 따라 자동적으로 닫히는 구조를 말한다.
(12) "유입풍도"란 예상제연구역으로 공기를 유입하도록 하는 풍도를 말한다.
(13) "배출풍도"란 예상제연구역의 공기를 외부로 배출하도록 하는 풍도를 말한다.
(14) "불연재료"란「건축법 시행령」제2조 제10호에 따른 기준에 적합한 재료로서, 불에 타지 않는 성질을 가진 재료를 말한다.
(15) "난연재료"란「건축법 시행령」제2조 제9호에 따른 기준에 적합한 재료로서, 불에 잘 타지 않는 성능을 가진 재료를 말한다.
(16) "댐퍼"란 풍도 내부의 연기 또는 공기의 흐름을 조절하기 위해 설치하는 장치를 말한다.
(17) "풍량조절댐퍼"란 송풍기(또는 공기조화기) 토출 측에 설치하여 유입풍도로 공급되는 공기의 유량을 조절하는 장치를 말한다.

2 제연설비의 설치장소에 대한 제연구역의 구획기준 ★★★

(1) 하나의 제연구역의 면적은 1000 [m²] 이내로 할 것
(2) 거실과 통로(복도를 포함한다. 이하 같다)는 각각 제연구획할 것
(3) 통로상의 제연구역은 보행중심선의 길이가 60 [m]를 초과하지 않을 것
(4) 하나의 제연구역은 직경 60 [m] 원 내에 들어갈 수 있을 것
(5) 하나의 제연구역은 2 이상 층에 미치지 않도록 할 것. 다만 층의 구분이 불분명한 부분은 그 부분을 다른 부분과 별도로 제연구획해야 한다.

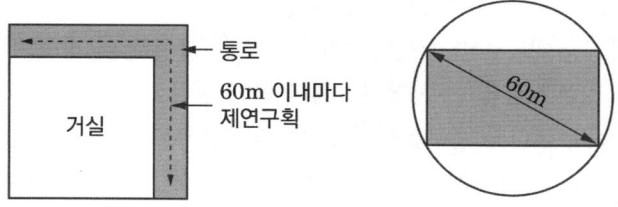

3 제연구역의 구획 시 설치기준

제연구역의 구획은 보·제연경계벽(이하 "제연경계"라 한다) 및 벽(화재 시 자동으로 구획되는 가동벽·방화셔터·방화문을 포함한다. 이하 같다)으로 하되, 다음 기준에 적합해야 한다.

(1) 재질은 내화재료, 불연재료 또는 제연경계벽으로 성능을 인정받은 것으로서 화재 시 쉽게 변형·파괴되지 아니하고 연기가 누설되지 않는 기밀성 있는 재료로 할 것

(2) 제연경계는 제연경계의 폭이 0.6 [m] 이상이고, 수직거리는 2 [m] 이내이어야 한다. 다만 구조상 불가피한 경우는 2 [m]를 초과할 수 있다. ★

○ 제연경계는 제연경계의 폭이 0.6 [m] 이하이고, 수직거리는 2 [m] 이상이어야 한다.
　　 X 폭이 0.6 [m] 이상, 수직거리는 2 [m] 이내

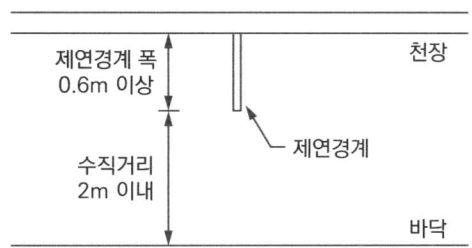

(3) 제연경계벽은 배연 시 기류에 따라 그 하단이 쉽게 흔들리지 않고 가동식의 경우에는 급속히 하강하여 인명에 위해를 주지 않는 구조일 것

4 배출량 및 배출방식

(1) 예상제연구역의 거실 바닥면적이 400 [m²] 미만인 경우 ★★★
   ① 배출량 : 바닥면적 1 [m²]당 1 [m³/min] 이상(최소배출량은 5000 [m³/hr] 이상)

$$Q[m^3/h] = 바닥면적\ A[m^2] \times 1[m^3/min \cdot m^2] \times \frac{60\ [min]}{1\ [hr]}$$

여기서 Q : 배출량 [m³/hr] (최소배출량은 5000 [m³/hr] 이상)

(2) 예상제연구역의 거실 바닥면적이 400 [m²] 이상인 경우 ★★★
   ① 예상제연구역이 직경 40 [m]인 원의 범위 안에 있을 경우 : 배출량 40000 [m³/hr] 이상(다만 예상제연구역이 제연경계로 구획된 경우에는 그 수직거리에 따라 배출량은 아래 표에 따른다)

수직거리	배출량
2 [m] 이하	40000 [m³/hr] 이상
2 [m] 초과 2.5 [m] 이하	45000 [m³/hr] 이상
2.5 [m] 초과 3 [m] 이하	50000 [m³/hr] 이상
3 [m] 초과	60000 [m³/hr] 이상

② 예상제연구역이 직경 40 [m]인 원의 범위를 초과할 경우 : 배출량 45000 [m³/hr] 이상(다만 예상제연구역이 제연경계로 구획된 경우에는 그 수직거리에 따라 배출량은 아래 표에 따른다)

수직거리	배출량
2 [m] 이하	45000 [m³/hr] 이상
2 [m] 초과 2.5 [m] 이하	50000 [m³/hr] 이상
2.5 [m] 초과 3 [m] 이하	55000 [m³/hr] 이상
3 [m] 초과	65000 [m³/hr] 이상

(3) 예상제연구역이 통로인 경우의 배출량은 45000 [m³/hr] 이상으로 할 것. 다만 예상제연구역이 제연경계로 구획된 경우에는 그 수직거리에 따라 배출량은 (2) ②의 표에 따른다.

(4) 배출은 각 예상제연구역별로 위에 따른 배출량 이상을 배출하되, 2 이상의 예상제연구역이 설치된 특정소방대상물에서 각 예상제연구역별로 구분하지 아니하고 공동예상제연구역을 동시에 배출하고자 할 때의 배출량은 다음의 기준에 따라야 한다. 다만 거실과 통로는 공동예상제연구역으로 할 수 없다.

① 공동예상제연구역 안에 설치된 예상제연구역이 각각 벽으로 구획된 경우에는 각 예상제연구역의 배출량을 합한 것 이상으로 할 것. 다만 예상제연구역의 바닥면적이 400 [m²] 미만인 경우 배출량은 바닥면적 1 [m²]당 1 [m³/min] 이상으로 하고 공동예상구역 전체배출량은 5000 [m³/hr] 이상으로 할 것

② 공동예상제연구역 안에 설치된 예상제연구역이 각각 제연경계로 구획된 경우에 배출량은 각 예상제연구역의 배출량 중 최대의 것으로 할 것. 이 경우 공동제연예상구역이 거실일 때에는 그 바닥면적이 1000 [m²] 이하이며, 직경 40 [m] 원 안에 들어가야 하고, 공동제연예상구역이 통로일 때에는 보행중심선의 길이를 40 [m] 이하로 해야 한다.

(5) 수직거리가 구획 부분에 따라 다른 경우는 수직거리가 긴 것을 기준으로 한다.

5 배출구

(1) 예상제연구역에 대한 배출구의 설치는 다음의 기준에 따라야 한다.

① 바닥면적이 400 [m²] 미만인 예상제연구역(통로인 예상제연구역을 제외한다)에 대한 배출구의 설치는 다음의 기준에 적합할 것

가) 예상제연구역이 벽으로 구획되어 있는 경우의 배출구는 천장 또는 반자와 바닥 사이의 중간 윗부분에 설치할 것

나) 예상제연구역 중 어느 한부분이 제연경계로 구획되어 있는 경우에는 천장·반자 또는 이에 가까운 벽의 부분에 설치할 것. 다만 배출구를 벽에 설치하는 경우에는 배출구의 하단이 해당 예상제연구역에서 제연경계의 폭이 가장 짧은 제연경계의 하단보다 높이 되도록 해야 한다.

② 통로인 예상제연구역과 바닥면적이 400 [m²] 이상인 통로 외의 예상제연구역에 대한 배출구의 위치는 다음의 기준에 적합해야 한다.

가) 예상제연구역이 벽으로 구획되어 있는 경우의 배출구는 천장·반자 또는 이에 가까운 벽의 부분에 설치할 것. 다만 배출구를 벽에 설치한 경우에는 배출구의 하단과 바닥 간의 최단거리가 2 [m] 이상이어야 한다.

나) 예상제연구역 중 어느 한부분이 제연경계로 구획되어 있을 경우에는 천장·반자 또는 이에 가까운 벽의 부분(제연경계를 포함한다)에 설치할 것. 다만 배출구를 벽 또는 제연경계에 설치하는 경우에는 배출구의 하단이 해당 예상제연구역에서 제연경계의 폭이 가장 짧은 제연경계의 하단보다 높이 되도록 설치해야 한다.

(2) 예상제연구역의 각 부분으로부터 하나의 배출구까지의 수평거리는 10 [m] 이내가 되도록 해야 한다. ★

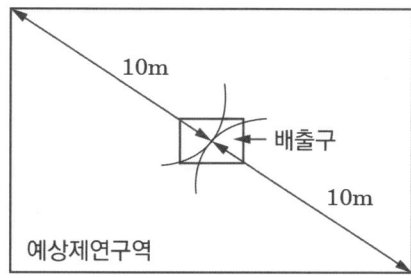

[배출구까지의 수평거리]

○— 예상제연구역의 각 부분으로부터 하나의 배출구까지의 수평거리는 15 [m] 이내가 되도록 해야 한다.
　　X 10 [m] 이내

6 공기유입방식 및 유입구

(1) 예상제연구역에 대한 공기유입은 유입풍도를 경유한 강제유입 또는 자연유입방식으로 하거나, 인접한 제연구역 또는 통로에 유입되는 공기(가압의 결과를 일으키는 경우를 포함한다. 이하 같다)가 해당구역으로 유입되는 방식으로 할 수 있다.

(2) 예상제연구역에 설치되는 공기유입구는 아래 기준에 적합해야 한다. ★★

① 바닥면적 400 [m²] 미만의 거실인 예상제연구역(제연경계에 따른 구획을 제외한다. 다만 거실과 통로와의 구획은 그렇지 않다)에 대해서는 공기유입구와 배출구간의 직선거리는 5 [m] 이상 또는 구획된 실의 장변의 2분의 1 이상으로 할 것. 다만 공연장·집회장·위락시설의 용도로 사용되는 부분의 바닥면적이 200 [m²]를 초과하는 경우의 공기유입구는 (2) ②의 기준에 따른다.

② 바닥면적이 400 [m²] 이상의 거실인 예상제연구역(제연경계에 따른 구획을 제외한다. 다만 거실과 통로와의 구획은 그렇지 않다)에 대하여는 바닥으로부터 1.5 [m] 이하의 높이에 설치하고 그 주변은 공기의 유입에 장애가 없도록 할 것

(3) 공동예상제연구역 안에 설치된 각 예상제연구역이 벽으로 구획되어 있을 때에는 각 예상제연구역의 바닥면적에 따라 (2) ① 및 (2) ②에 따라 설치할 것

(4) 예상제연구역에 공기가 유입되는 순간의 풍속은 5 [m/s] 이하가 되도록 하고, 유입구의 구조는 유입공기를 상향으로 분출하지 않도록 설치해야 한다. 다만 유입구가 바닥에 설치되는 경우에는 상향으로 분출이 가능하며 이때의 풍속은 1 [m/s] 이하가 되도록 해야 한다.

(5) 예상제연구역에 대한 공기유입구의 크기는 해당 예상제연구역 배출량 1 [m³/min]에 대하여 35 [cm²] 이상으로 해야 한다. ★

(6) 예상제연구역에 대한 공기유입량은 배출량의 배출에 지장이 없는 양으로 해야 한다.

7 배출기 및 배출풍도

(1) 배출기

① 배출기의 배출능력은 규정에 따른 배출량 이상이 되도록 할 것

② 배출기와 배출풍도의 접속부분에 사용하는 캔버스는 내열성(석면재료는 제외)이 있는 것으로 할 것

③ 배출기의 전동기부분과 배풍기 부분은 분리하여 설치, 배풍기 부분은 유효한 내열처리를 할 것

(2) 배출풍도

① 배출풍도는 아연도금강판 또는 이와 동등 이상의 내식성·내열성이 있는 것으로 하며, 불연재료(석면재료를 제외한다)인 단열재로 풍도 외부에 유효한 단열 처리를 할 것

② 배출기의 흡입 측 풍도 안의 풍속은 15 [m/s] 이하, 배출 측 풍속은 20 [m/s] 이하로 할 것 ★★★

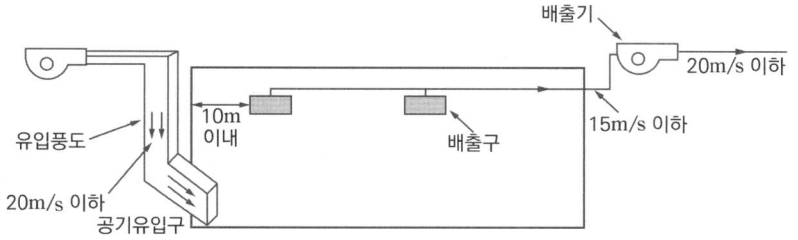

○― 배출기의 흡입 측 풍도 안의 풍속은 20 [m/s] 이하, 배출 측 풍속은 15 [m/s] 이하로 할 것
  ㉆ 흡입 측 풍도 안의 풍속은 15 [m/s] 이하, 배출 측 풍속은 20 [m/s] 이하

③ 배출풍도 강판의 두께 ★

풍도단면의 긴 변 또는 직경의 크기	450 [mm] 이하	450 [mm] 초과 750 [mm] 이하	750 [mm] 초과 1500 [mm] 이하	1500 [mm] 초과 2250 [mm] 이하	2250 [mm] 초과
강판 두께	0.5 [mm]	0.6 [mm]	0.8 [mm]	1.0 [mm]	1.2 [mm]

8 유입풍도 등

(1) 유입풍도는 아연도금강판 또는 이와 동등 이상의 내식성·내열성이 있는 것으로 하며, 풍도 안의 풍속은 20 [m/s] 이하로 하고 풍도의 강판 두께는 '배출풍도 강판의 두께' 기준에 따라 설치해야 한다. ★

(2) 옥외에 면하는 배출구 및 공기유입구는 비 또는 눈 등이 들어가지 아니하도록 하고, 배출된 연기가 공기유입구로 순환유입 되지 않도록 해야 한다.

9 댐퍼

제연설비에 설치되는 댐퍼는 다음의 기준에 따라 설치해야 한다.

(1) 제연설비의 풍도에 댐퍼를 설치하는 경우 댐퍼를 확인, 정비할 수 있는 점검구를 풍도에 설치할 것. 이 경우 댐퍼가 반자 내부에 설치되는 때에는 댐퍼 직근의 반자에도 점검구(지름 60 [cm] 이상의 원이 내접할 수 있는 크기)를 설치하고 제연설비용 점검구임을 표시해야 한다.

(2) 제연설비 댐퍼의 설정된 개방 및 폐쇄상태를 제어반에서 상시 확인할 수 있도록 할 것

(3) 제연설비가 기준에 따라 공기조화설비와 겸용으로 설치되는 경우 풍량조절댐퍼는 각 설비별 기능에 따른 작동 시 각각의 풍량을 충족하는 개구율로 자동 조절될 수 있는 기능이 있어야 할 것

🔟 제연설비의 기동

(1) 제연설비의 작동은 해당 제연구역에 설치된 화재감지기와 연동되어야 하며, 예상제연구역(또는 인접장소)마다 설치된 수동기동장치 및 제어반에서 수동으로 기동이 가능하도록 해야 한다.

(2) (1)에 따른 제연설비의 작동에는 다음의 사항이 포함되어야 하며, 예상제연구역(또는 인접장소)마다 설치되는 수동기동장치는 바닥으로부터 0.8 [m] 이상 1.5 [m] 이하의 높이에 문 개방 등으로 인한 위치 확인에 장애가 없고 접근이 쉬운 위치에 설치해야 한다.
① 해당 제연구역의 구획을 위한 <u>제연경계벽 및 벽의 작동</u>
② 해당 제연구역의 <u>공기유입 및 연기배출 관련 댐퍼의 작동</u>
③ <u>공기유입송풍기 및 배출송풍기의 작동</u>

> 예상제연구역(또는 인접장소)마다 설치되는 수동기동장치는 바닥으로부터 0.5 [m] 이상 1 [m] 이하의 높이에 문 개방 등으로 인한 위치 확인에 장애가 없고 접근이 쉬운 위치에 설치해야 한다.
> ✗ 0.8 [m] 이상 1.5 [m] 이하

1️⃣1️⃣ 성능확인

(1) 제연설비는 설계목적에 적합한지 검토하고 제연설비의 성능과 관련된 건물의 모든 부분(건축설비를 포함한다)이 완성되는 시점에 맞추어 시험·측정 및 조정(이하 "시험 등"이라 한다)을 해야 한다.

(2) 제연설비의 시험 등은 다음의 기준에 따라 실시해야 한다.
① 송풍기 풍량 및 송풍기 모터의 전류, 전압을 측정할 것
② 제연설비시험 시에는 제연구역에 설치된 화재감지기(수동기동장치를 포함한다)를 동작시켜 해당 제연설비가 정상적으로 작동되는지 확인할 것
③ 제연구역의 공기유입량 및 유입풍속, 배출량은 모든 유입구 및 배출구에서 측정할 것
④ 제연구역의 출입문, 방화셔터, 공기조화설비 등이 제연설비와 연동된 상태에서 측정할 것

(3) 제연설비시험 등의 평가는 이 기준에서 정하는 성능 및 다음의 기준에 따른다.
① 배출구별 배출량은 배출구별 설계 배출량의 60 [%] 이상이어야 하며, 제연구역별 배출구의 배출량 합계는 기준에 따른 설계배출량 이상일 것

② 유입구별 공기유입량은 유입구별 설계 유입량의 60 [%] 이상이어야 하며, 제연구역별 유입구의 공기유입량 합계는 기준에 따른 설계유입량을 충족할 것
③ 제연구역의 구획이 설계조건과 동일한 조건에서 (3) ①에 따라 측정한 배출량이 설계배출량 이상인 경우에는 (3) ②에 따라 측정한 공기유입량이 설계유입량에 일부 미달되더라도 적합한 성능으로 볼 것

12 설치 제외

제연설비를 설치해야 할 특정소방대상물 중 화장실·목욕실·주차장·발코니를 설치한 숙박시설(가족호텔 및 휴양콘도미니엄에 한한다)의 객실과 사람이 상주하지 않는 기계실·전기실·공조실·50 [m²] 미만의 창고 등으로 사용되는 부분에 대하여는 배출구·공기유입구의 설치 및 배출량 산정에서 이를 제외할 수 있다.

13 송풍기의 동력 ★★★

(1) 전압(풍압)의 단위가 [mmAq]일 때

$$\text{동력 } P[kW] = \frac{P_t \times Q}{102 \times \eta} \times K$$

P_t : 전압(풍압) [mmAq]
Q : 풍량 [m³/s]
η : 효율
K : 전달계수

(2) 전압(풍압)의 단위가 [kPa]일 때

$$\text{동력 } P[kW] = \frac{P_t \times Q}{\eta} \times K$$

P_t : 전압(풍압) [kPa]
Q : 풍량 [m³/s]
η : 효율
K : 전달계수

03 특별피난계단의 계단실 및 부속실 제연설비

1 용어의 정의

(1) "제연구역"이란 제연 하고자 하는 계단실 또는 부속실을 말한다.
(2) "급기량"이란 제연구역에 공급해야 할 공기의 양을 말한다.
(3) "누설량"이란 틈새를 통하여 제연구역으로부터 흘러나가는 공기량을 말한다.

⑷ "보충량"이란 방연풍속을 유지하기 위하여 제연구역에 보충해야 할 공기량을 말한다.
⑸ "누설틈새면적"이란 가압 또는 감압된 공간과 인접한 사이에 공기의 흐름이 가능한 틈새의 면적을 말한다.
⑹ "유입공기"란 제연구역으로부터 옥내로 유입하는 공기로서 차압에 따라 누설하는 것과 출입문의 개방에 따라 유입하는 것 등을 말한다.
⑺ "방연풍속"이란 옥내로부터 제연구역 내로 연기의 유입을 유효하게 방지할 수 있는 풍속을 말한다.
⑻ "거실제연설비"란 「제연설비의 화재안전기술기준(NFTC 501)」에 따른 옥내의 제연설비를 말한다.
⑼ "과압방지장치"란 제연구역의 압력이 설정압력을 초과하는 경우 자동으로 압력을 조절하여 과압을 방지하는 장치를 말한다.
⑽ "플랩댐퍼"란 제연구역의 압력이 설정압력범위를 초과하는 경우 제연구역의 압력을 배출하여 설정압력 범위를 유지하게 하는 과압방지장치를 말한다.
⑾ "자동차압급기댐퍼"란 제연구역과 옥내 사이의 차압을 압력센서 등으로 감지하여 제연구역에 공급되는 풍량의 조절로 제연구역의 차압 유지를 자동으로 제어할 수 있는 댐퍼를 말한다.
⑿ "자동폐쇄장치"란 제연구역의 출입문 등에 설치하는 것으로서 화재 시 화재감지기의 작동과 연동하여 출입문을 자동으로 닫히게 하는 장치를 말한다.
⒀ "굴뚝효과"란 건물 내부와 외부 또는 두 내부 공간 상하 간의 온도 차이에 의한 밀도 차이로 발생하는 건물 내부의 수직 기류를 말한다.
⒁ "기밀상태"란 일정한 공간에 있는 유체가 누설되지 않는 밀폐상태를 말한다.
⒂ "송풍기"란 공기의 흐름을 발생시키는 기기를 말한다.
⒃ "수직풍도"란 건축물의 층간에 수직으로 설치된 풍도를 말한다.
⒄ "외기취입구"란 옥외로부터 옥내로 외기를 취입하는 개구부를 말한다.
⒅ "제어반"이란 각종 기기의 작동 여부 확인과 자동 또는 수동 기동 등이 가능한 장치를 말한다.

2 제연방식

⑴ 제연구역에 옥외의 신선한 공기를 공급하여 제연구역의 기압을 제연구역 이외의 옥내보다 높게 하되 일정한 기압의 차이(차압)를 유지하게 함으로써 옥내로부터 제연구역 내로 연기가 침투하지 못하도록 할 것

(2) 피난을 위해 제연구역의 출입문이 일시적으로 개방되는 경우 방연풍속을 유지하도록 옥외의 공기를 제연구역 내로 보충·공급하도록 할 것

(3) 출입문이 닫히는 경우 제연구역의 과압을 방지할 수 있는 유효한 조치를 하여 차압을 유지할 것

3 제연구역의 선정 ★★★

제연구역은 다음의 어느 하나에 따라야 한다.

(1) 계단실 및 그 부속실을 동시에 제연하는 것
(2) 부속실을 단독으로 제연하는 것
(3) 계단실을 단독 제연하는 것

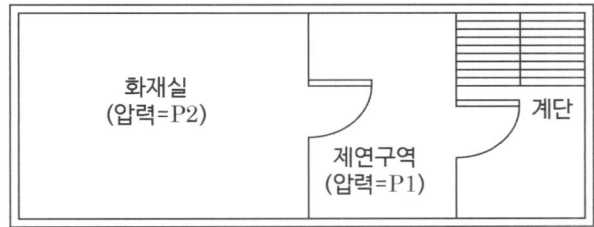

보충 ▶ 부속실 : 비상용 승강기의 승강장과 겸용하는 것 또는 비상용 승강기·피난용 승강기의 승강장을 포함

4 차압 등 ★★★

(1) 제연구역과 옥내와의 사이에 유지해야 하는 최소차압은 40 [Pa](옥내에 스프링클러설비가 설치된 경우에는 12.5 [Pa]) 이상으로 해야 한다.

(2) 제연설비가 가동되었을 경우 출입문의 개방에 필요한 힘은 110 [N] 이하로 해야 한다.

(3) 출입문이 일시적으로 개방되는 경우 개방되지 아니하는 제연구역과 옥내와의 차압은 (1)의 기준에 따른 차압의 70 [%] 이상이어야 한다.

(4) 계단실과 부속실을 동시에 제연하는 경우 부속실의 기압은 계단실과 같게 하거나 계단실의 기압보다 낮게 할 경우에는 부속실과 계단실의 압력 차이는 5 [Pa] 이하가 되도록 해야 한다.

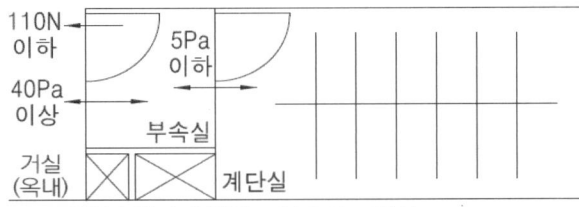

※ 비상용승강기 승강장 = 부속실 = 전실

> **참고** 문을 개방하는 데 필요한 힘 F ★★★

$$F = F_{dc} + F_P = F_{dc} + K_d \cdot \Delta P \cdot A \cdot \frac{W}{2(W-d)}$$

여기서 F_{dc} : 도어체크의 저항력 [N]
 F_P : 차압이 작용할 때 방화문을 개방하기 위한 힘 [N]
 $(F_P = K_d \cdot \Delta P \cdot A \cdot \frac{W}{2(W-d)})$
 K_d : 출입문의 마찰계수(상수)
 ΔP : 제연구역과 비제연구역의 차압 [Pa]
 A : 방화문 면적 [m²], W : 문의 폭 [m]
 d : 손잡이에서 문의 끝까지의 거리[m]

5 급기량, 누설량, 보충량 등

(1) 급기량 : 누설량 + 보충량
(2) 누설량 : 제연구역의 누설량을 합한 양으로 한다. 이 경우 출입문이 둘 이상인 경우에는 각 출입문의 누설틈새면적을 합한 것으로 한다.
(3) 보충량 : 부속실(또는 승강장)의 수가 20개 이하는 1개 층 이상, 20개를 초과하는 경우에는 2개 층 이상의 보충량으로 한다.
(4) 방연풍속 ★★★

제연구역		방연풍속
계단실 및 그 부속실을 동시에 제연하는 것 또는 계단실만 단독으로 제연하는 것		0.5 [m/s] 이상
부속실만 단독으로 제연하는 것	부속실이 면하는 옥내가 거실인 경우	0.7 [m/s] 이상
	부속실이 면하는 옥내가 복도로서 그 구조가 방화구조(내화시간이 30분 이상인 구조를 포함)인 것	0.5 [m/s] 이상

(5) 누설량 계산방법 ★★★

$$Q = 0.827 \times A \times P^{\frac{1}{N}}$$

Q : 누설량 [m³/s], A : 틈새면적 [m²]
P : 문을 경계로 한 실내의 기압차
 [N/m² = Pa]
N : 누설 면적 상수
 (일반출입문 = 2, 창문 = 1.6)

① 병렬상태인 경우의 누설틈새면적 합계[m²]

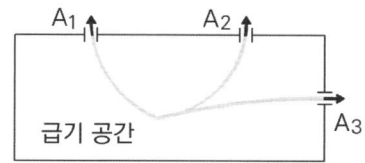

누설틈새면적 합계 $A_T[m^2] = A_1 + A_2 + A_3$

② 직렬상태인 경우의 누설틈새면적 합계[m²]

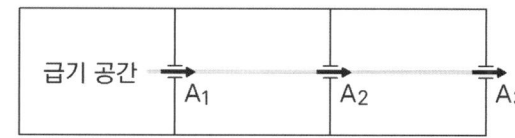

누설틈새면적 합계

$$A_T[m^2] = \frac{1}{\sqrt{\frac{1}{A_1^2} + \frac{1}{A_2^2} + \frac{1}{A_3^2}}} = \left(\frac{1}{A_1^2} + \frac{1}{A_2^2} + \frac{1}{A_3^2}\right)^{-\frac{1}{2}}$$

6 과압방지조치

제연구역에서 발생하는 과압을 해소하기 위해 과압방지장치를 설치하는 등의 과압방지조치를 해야 한다. 다만 제연구역 내에 과압 발생의 우려가 없다는 것을 시험 또는 공학적인 자료로 입증하는 경우에는 과압방지조치를 하지 않을 수 있다.

7 유입공기의 배출 ★★

유입공기는 화재 층의 제연구역과 면하는 옥내로부터 옥외로 배출되도록 해야 한다. 다만 직통계단식 공동주택의 경우에는 그렇지 않다.

(1) 수직풍도에 따른 배출 : 옥상으로 직통하는 전용의 배출용 수직풍도로 배출하는 것
  ① 자연배출식 : 굴뚝효과에 따라 배출하는 것
  ② 기계배출식 : 수직풍도 상부에 전용의 배출용 송풍기를 설치하여 강제 배출하는 것
(2) 배출구에 따른 배출 : 건물의 옥내와 면하는 외벽마다 옥외와 통하는 배출구를 설치하여 배출하는 것
(3) 제연설비에 따른 배출 : 거실제연설비가 설치되어 있고 당해 옥내로부터 옥외로 배출해야 하는 유입공기의 양을 거실제연설비의 배출량에 합하여 배출하는 경우 유입 공기의 배출은 당해 거실제연설비에 따른 배출로 갈음할 수 있음

> 보충 ▶ 유입공기 : 제연구역으로부터 옥내로 유입하는 공기로서 차압에 따라 누설하는 것과 출입문의 개방에 따라 유입하는 것 등을 말한다.

> **참고** 유입공기의 배출 관련 공식

(1) 수직풍도에 따른 배출
  ① 자연배출식

  $$A_P = \frac{Q_N}{2}$$

  $A_P[m^2]$: 수직풍도의 내부단면적
  $Q_N[m^3/s]$: 수직풍도가 담당하는 1개 층의 제연구역의 출입문(옥내와 면하는 출입문을 말한다) 1개의 면적(m^2)과 방연풍속(m/s)를 곱한 값
  ※ 다만 수직풍도의 길이가 100 [m]를 초과하는 경우에는 산출수치의 1.2배 이상의 수치를 기준으로 해야 한다.

  ② 기계배출식
  송풍기의 풍량은 1)의 기준에 따른 Q_N에 여유량을 더한 양을 기준으로 할 것

(2) 배출구에 따른 배출 ★

  $$A_0 = \frac{Q_N}{2.5}$$

  $A_0[m^2]$: 개폐기의 개구면적
  $Q_N[m^3/s]$: 수직풍도가 담당하는 1개 층의 제연구역의 출입문(옥내와 면하는 출입문을 말한다) 1개의 면적 (m^2)과 방연풍속(m/s)를 곱한 값

8 급기

제연구역에 대한 급기는 다음의 기준에 따라야 한다.
(1) 부속실만을 제연하는 경우 동일 수직선상의 모든 부속실은 하나의 전용수직풍도를 통해 동시에 급기할 것
(2) 계단실 및 부속실을 동시에 제연하는 경우 계단실에 대하여는 그 부속실의 수직풍도를 통해 급기할 수 있다.
(3) 계단실만을 제연하는 경우에는 전용수직풍도를 설치하거나 계단실에 급기풍도 또는 급기송풍기를 직접 연결하여 급기하는 방식으로 할 것
(4) 하나의 수직풍도마다 전용의 송풍기로 급기할 것
(5) 비상용 승강기 또는 피난용 승강기의 승강장을 제연하는 경우에는 해당 승강기의 승강로를 급기풍도로 사용할 수 있다.

9 급기구

제연구역에 설치하는 급기구는 다음의 기준에 적합해야 한다.
(1) 급기용 수직풍도와 직접 면하는 벽체 또는 천장(당해 수직풍도와 천장 급기구 사이의 풍도를 포함한다)에 고정하되, 급기되는 기류 흐름이 출입문으로 인하여 차단되거나 방해받지 않도록 <u>옥내와 면하는 출입문으로부터 가능한 먼 위치에 설치할 것</u>

(2) 계단실과 그 부속실을 동시에 제연하거나 또는 계단실만을 제연하는 경우 급기구는 계단실 매 3개 층 이하의 높이마다 설치할 것

10 급기풍도

(1) 수직풍도는 ① 및 ②의 기준을 준용할 것

여기서

① 수직풍도는 내화구조로 하되 「건축물의 피난·방화 구조 등의 기준에 관한 규칙」 제3조 제1호 또는 제2호의 기준 이상의 성능으로 할 것

② 수직풍도의 내부면은 두께 0.5 [mm] 이상의 아연도금강판 또는 동등 이상의 내식성·내열성이 있는 것으로 마감하되, 접합부에 대하여는 통기성이 없도록 조치할 것

(2) 수직풍도 이외의 풍도로서 금속판으로 설치하는 풍도는 다음 기준에 적합할 것

① 풍도는 아연도금강판 또는 이와 동등 이상의 내식성·내열성이 있는 것으로 하며, 「건축법 시행령」 제2조에 따른 불연재료(석면재료를 제외)인 단열재로 풍도 외부에 유효한 단열처리를 하고, 강판의 두께는 풍도의 크기에 따라 다음 표에 따른 기준 이상으로 할 것. 다만 방화구획이 되는 전용실에 급기송풍기와 연결되는 풍도는 단열이 필요 없다.

[급기풍도 강판의 두께]

풍도단면의 긴 변 또는 직경의 크기	450 [mm] 이하	450 [mm] 초과 750 [mm] 이하	750 [mm] 초과 1500 [mm] 이하	1500 [mm] 초과 2250 [mm] 이하	2250 [mm] 초과
강판 두께	0.5 [mm]	0.6 [mm]	0.8 [mm]	1.0 [mm]	1.2 [mm]

② 풍도에서의 누설량은 공기의 누설로 인한 압력 손실을 최소화하도록 할 것

(3) 풍도는 정기적으로 풍도 내부를 청소할 수 있는 구조로 할 것

(4) 풍도 내의 풍속은 15 [m/s] 이하로 할 것

11 급기송풍기

급기송풍기의 설치는 다음의 기준에 적합해야 한다.

(1) 송풍기의 송풍능력은 송풍기가 담당하는 제연구역에 대한 급기량의 1.15배 이상으로 할 것. 다만 풍도에서의 누설을 실측하여 조정하는 경우에는 그렇지 않다.

○— 급기 풍도 내의 풍속은 20 [m/s] 이하로 할 것 **X** 15 [m/s] 이하

(2) 송풍기에는 풍량조절장치를 설치하여 풍량조절을 할 수 있도록 할 것
(3) 송풍기에는 풍량을 실측할 수 있는 유효한 조치를 할 것
(4) 송풍기는 인접 장소의 화재로부터 영향을 받지 않고 접근 및 점검이 용이한 장소에 설치할 것
(5) 송풍기는 옥내의 화재감지기의 동작에 따라 작동하도록 할 것
(6) 송풍기와 연결되는 캔버스는 내열성(석면재료를 제외한다)이 있는 것으로 할 것

12 제연구역 및 옥내의 출입문

(1) 제연구역의 출입문기준
① 제연구역의 출입문(창문을 포함한다)은 언제나 닫힌 상태를 유지하거나 자동폐쇄장치에 의해 자동으로 닫히는 구조로 할 것. 다만 아파트인 경우 제연구역과 계단실 사이의 출입문은 자동폐쇄장치에 의하여 자동으로 닫히는 구조로 해야 한다.
② 제연구역의 출입문에 설치하는 자동폐쇄장치는 제연구역의 기압에도 불구하고 출입문을 용이하게 닫을 수 있는 충분한 폐쇄력이 있을 것
③ 제연구역의 출입문 등에 자동폐쇄장치를 사용하는 경우에는 「자동폐쇄장치의 성능인증 및 제품검사의 기술기준」에 적합한 것으로 설치할 것

(2) 옥내의 출입문(방화구조의 복도와 거실 사이의 출입문)기준
① 출입문은 언제나 닫힌 상태를 유지하거나 자동폐쇄장치에 의해 자동으로 닫히는 구조로 할 것
② 거실 쪽으로 열리는 구조의 출입문에 자동폐쇄장치를 설치하는 경우에는 출입문의 개방 시 유입공기의 압력에도 불구하고 출입문을 용이하게 닫을 수 있는 충분한 폐쇄력이 있는 것으로 할 것

13 수동기동장치

(1) 배출댐퍼 및 개폐기의 직근 또는 제연구역에는 다음의 기준에 따른 장치의 작동을 위하여 수동기동장치를 설치하고 스위치는 바닥으로부터 0.8[m] 이상 1.5[m] 이하의 높이에 설치해야 한다. 다만 계단실 및 그 부속실을 동시에 제연하는 제연구역에는 그 부속실에만 설치할 수 있다.
① 전 층의 제연구역에 설치된 급기댐퍼의 개방
② 당해 층의 배출댐퍼 또는 개폐기의 개방
③ 급기송풍기 및 유입공기의 배출용 송풍기(설치한 경우에 한한다)의 작동

④ 개방·고정된 모든 출입문(제연구역과 옥내 사이의 출입문에 한한다)의 개폐장치의 작동

(2) (1)의 기준에 따른 장치는 옥내에 설치된 수동발신기의 조작에 따라서도 작동할 수 있도록 해야 한다.

14 성능확인

(1) 제연설비는 설계목적에 적합한지 검토하고 제연설비의 성능과 관련된 건물의 모든 부분(건축설비를 포함한다)이 완성되는 시점에 맞추어 시험·측정 및 조정(이하 "시험 등"이라 한다)을 해야 한다.

(2) 제연설비의 시험 등은 다음의 기준에 따라 실시해야 한다.

① 제연구역의 모든 출입문 등의 크기와 열리는 방향이 설계 시와 동일한지 여부를 확인하고, 동일하지 아니한 경우 급기량과 보충량 등을 다시 산출하여 조정가능 여부 또는 재설계·개수의 여부를 결정할 것

② 제연구역의 출입문 및 복도와 거실(옥내가 복도와 거실로 되어 있는 경우에 한한다) 사이의 출입문마다 제연설비가 작동하고 있지 아니한 상태에서 그 폐쇄력을 측정할 것

③ 층별로 화재감지기(수동기동장치를 포함한다)를 동작시켜 제연설비가 작동하는지 여부를 확인할 것

④ ③의 기준에 따라 제연설비가 작동하는 경우 다음의 기준에 따른 시험 등을 실시할 것

　가) 부속실과 면하는 옥내 및 계단실의 출입문을 동시에 개방할 경우 유입공기의 풍속이 규정에 따른 방연풍속에 적합한지 여부를 확인

　나) 가)에 따른 시험 등의 과정에서 출입문을 개방하지 않은 제연구역의 실제 차압이 기준에 적합한지 여부를 출입문 등에 차압측정공을 설치하고 이를 통하여 차압측정기구로 실측하여 확인·조정할 것

　다) 제연구역의 출입문이 모두 닫혀 있는 상태에서 제연설비를 가동시킨 후 출입문의 개방에 필요한 힘을 측정하여 규정에 따른 개방력에 적합한지 여부를 확인

　라) 가)에 따른 시험 등의 과정에서 부속실의 개방된 출입문이 자동으로 완전히 닫히는지 여부를 확인하고, 닫힌 상태를 유지할 수 있도록 조정할 것

> 제연구역의 출입문 및 복도와 거실(옥내가 복도와 거실로 되어 있는 경우에 한한다) 사이의 출입문마다 제연설비가 작동하고 있는 상태에서 그 폐쇄력을 측정할 것
> ⓧ 제연설비가 작동하고 있지 아니한 상태에서

CHAPTER 01 연습문제

01   배점 5

A실을 급기가압하고자 할 때 문의 총 틈새면적합계[m²]는 얼마인가? (단, 문의 개구면적은 각각 $A_1, A_2, A_3, A_4, A_5, A_6 : 0.01\ [m^2]$이다)

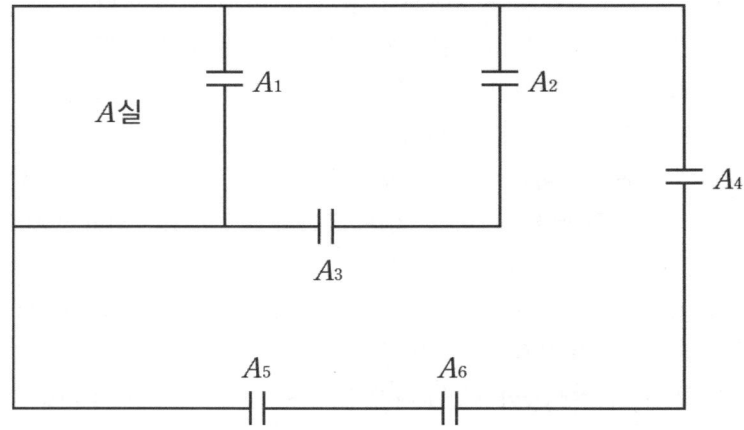

○ 계산과정 :

○ 답 :

정답

✓ 계산과정

틈새면적[m²]의 합계 구하는 공식

1. 병렬상태인 경우 : $A_T[m^2] = A_1 + A_2 + \cdots + A_n$
2. 직렬상태인 경우 :

$$A_T[m^2] = \frac{1}{\sqrt{\dfrac{1}{A_1^2} + \dfrac{1}{A_2^2} + \cdots + \dfrac{1}{A_n^2}}} = \left(\dfrac{1}{A_1^2} + \dfrac{1}{A_2^2} + \cdots + \dfrac{1}{A_n^2}\right)^{-\frac{1}{2}}$$

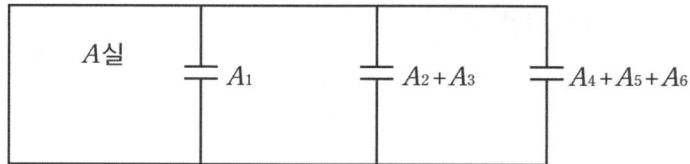

① A_4, A_5, A_6은 병렬 : $A_{4-6} = 0.01 + 0.01 + 0.01 = 0.03 [m^2]$

② A_2, A_3은 병렬 : $A_{2-3} = 0.01 + 0.01 = 0.02 [m^2]$

③ A_1, A_{2-3}, A_{4-6}은 직렬 :

$$A_{1-6} = \left(\frac{1}{0.01^2} + \frac{1}{0.02^2} + \frac{1}{0.03^2} \right)^{-\frac{1}{2}}$$
$$= 8.5714 \times 10^{-3} = 0.008 \ [m^2] = 0.01 \ [m^2]$$

답 | 0.01 [m²]

02

득점 　　 배점 7

다음은 어느 실들의 평면도이다. 이 중 A실을 급기가압하고자 할 때 주어진 [조건]을 이용하여 다음을 구하시오.

보충 ▶ 실 외부와 A실 사이의 기압차는 곧 '문을 경계로 한 기압차'이다.

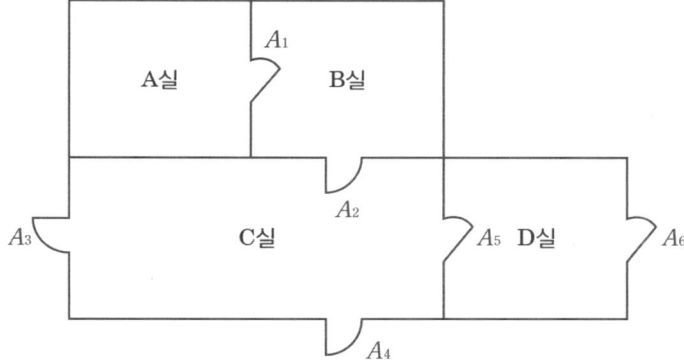

조건

(1) 실 외부대기의 기압은 101300 [Pa]로서 일정하다.
(2) A실에 유지하고자 하는 기압은 101500 [Pa]이다.
(3) 각 실의 문들의 틈새면적은 0.01 [m²]이다.
(4) 어느 실을 급기가압할 때 그 실의 문 틈새를 통하여 누출되는 공기의 양은 다음의 식에 따른다.

$$Q = 0.827 \times A \times P^{\frac{1}{2}}$$

여기서 Q : 누출되는 공기의 양 [m³/s]
　　　 A : 문의 전체 누설틈새면적 [m²]
　　　 P : 문을 경계로 한 기압차 [Pa]

가. A실의 전체 누설틈새면적 [m^2]을 구하시오. (단, 소수점 아래 여섯째 자리에서 반올림하여 소수점 아래 다섯째 자리까지 나타내시오)

○ 계산과정 :

○ 답 :

나. A실에 유입해야 할 풍량[m^3/s]을 구하시오.

○ 계산과정 :

○ 답 :

정답

가. 계산과정

틈새면적[m^2]의 합계 구하는 공식

1. 병렬상태인 경우 : $A_T[m^2] = A_1 + A_2 + \cdots + A_n$
2. 직렬상태인 경우 :

$$A_T[m^2] = \frac{1}{\sqrt{\frac{1}{A_1^2} + \frac{1}{A_2^2} + \cdots + \frac{1}{A_n^2}}} = \left(\frac{1}{A_1^2} + \frac{1}{A_2^2} + \cdots + \frac{1}{A_n^2}\right)^{-\frac{1}{2}}$$

① A_5, A_6은 직렬 : $A_5 \sim A_6 = \left(\frac{1}{0.01^2} + \frac{1}{0.01^2}\right)^{-\frac{1}{2}} = 0.00707[m^2]$

② $A_3, A_4, A_{5\sim6}$은 병렬 : $A_3 \sim A_6 = 0.01 + 0.01 + 0.00707 = 0.02707[m^2]$

③ $A_1, A_2, A_{3\sim6}$은

직렬 : $A_1 \sim A_6 = \left(\frac{1}{0.01^2} + \frac{1}{0.01^2} + \frac{1}{0.02707^2}\right)^{-\frac{1}{2}} = 0.00684[m^2]$

답 | 0.00684 [m^2]

나. 계산과정 : P = 101500 - 101300 = 200 [Pa]

$Q = 0.827 \times A \times \sqrt{P}$

$= 0.827 \times 0.00684[m^2] \times \sqrt{200[Pa]} = 0.08[m^3/s]$

답 | 0.08 [m^3/s]

03

| 득점 | 배점 | 6 |

다음은 거실제연설비를 설치한 어느 건물의 도면을 나타낸 것이다. 각 실은 공동제연구역으로 별도의 칸막이로 구획되어 있다. (단, 각 실의 크기는 가로 9 [m], 세로 10 [m]로 동일하고, 실의 높이는 2.5 [m]이다)

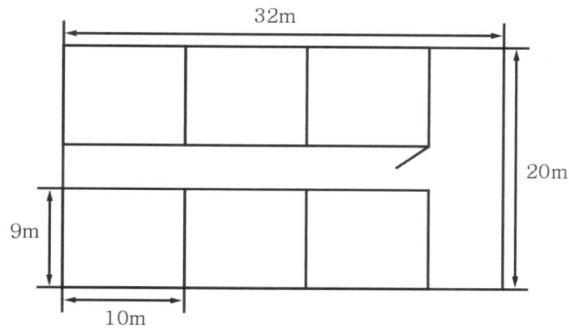

가. 거실제연, 통로급기방식에서 공동제연 시 소요 배출량의 합계[m³/h]는?
   ○ 계산과정 :
   ○ 답 :

나. 배출기의 흡입 측 주덕트의 최소 면적[m²]을 구하시오.
   ○ 계산과정 :
   ○ 답 :

다. 배출기의 배출 측 주덕트의 최소 면적[m²]을 구하시오.
   ○ 계산과정 :
   ○ 답 :

보충▶ 배출기 흡입 측 최대 풍속 : 15 [m/s]

보충▶ 배출기 배출 측 최대 풍속 : 20 [m/s]

정답

가. 계산과정
   ① 각 실의 소요 배출량[m³/h]
      90 [m²](소규모 거실) × 1 [CMM/m²] = 90 [CMM] = 5400 [CMH]
   ② 총 소요 배출량[m³/h]
      5400 [CMH] × 6구역 = 32400 [CMH]   답 | 32400 [m³/h]

나. 계산과정 : 흡입 측 주덕트 최소 면적[m²] (배출기 흡입 측 최대 풍속 : 15 [m/s])

$$A = \frac{Q}{V} = \frac{\frac{32400}{3600}[m^3/s]}{15[m/s]} = 0.6[m^2]$$

답 | 0.6 [m²]

다. 계산과정 : 배출 측 주덕트 최소 면적[m²] (배출기 배출 측 최대 풍속 : 20 [m/s])

$$A = \frac{Q}{V} = \frac{\frac{32400}{3600}[m^3/s]}{20[m/s]} = 0.45[m^2]$$

답 | 0.45 [m²]

04   배점 7

다음은 제연설비에 대한 설명이다. 다음 물음에 답하시오.

가. 화재실의 바닥면적이 350 [m²], FAN의 효율은 65 [%]이고, 전압이 75 [mmAq]일 때 필요한 동력[kW]을 구하시오. (단, 동력의 여유율은 10 [%]로 한다)

   ○ 계산과정 :   ○ 답 :

나. 유입공기의 배출방식 3가지를 쓰시오.

   ○ 답 :

다. 다음은 옥내로부터 제연구역 내로 연기의 유입을 유효하게 방지할 수 있는 풍속인 방연풍속의 기준표이다. 빈칸을 채우시오.

제연구역		방연풍속
계단실 및 그 부속실을 동시에 제연하는 것 또는 계단실만 단독으로 제연하는 것		(①) [m/s] 이상
부속실만 단독으로 제연하는 것	부속실 또는 승강장이 면하는 옥내가 거실인 경우	(②) [m/s] 이상
	부속실이 면하는 옥내가 복도로서 그 구조가 방화구조(내화시간이 30분 이상인 구조를 포함한다)인 것	(③) [m/s] 이상

> 보충▶ "방연풍속"이란 옥내로부터 제연구역 내로 연기의 유입을 유효하게 방지할 수 있는 풍속을 말한다.

정답

가. 계산과정 : $P[kW] = \frac{P_t[mmAq] \times Q[m^3/s]}{102\eta} \times K$

$Q = 350[m^2](소규모거실) \times 1[CMM/m^2] = 350[CMM]$

$\therefore P = \frac{75[mmAq] \times \frac{350}{60}[m^3/s]}{102 \times 0.65} \times 1.1 = 7.26[kW]$

답 | 7.26 [kW]

나. 수직풍도에 따른 배출, 배출구에 따른 배출, 제연설비에 따른 배출

다. ① 0.5, ② 0.7, ③ 0.5

05 배점 12

특별피난계단의 부속실에 설치하는 제연설비에 관한 다음 물음에 답하시오.

가. 옥내의 절대압력이 740 [mmHg]일 때 화재 시 부속실에 유지하여야 할 최소 압력은 절대압력으로 몇 [kPa]인지를 구하시오. (단, 옥내에 스프링클러가 설치되지 아니한 경우이다)

○ 계산과정 :   ○ 답 :

나. 부속실만 단독으로 제연하는 방식이며 부속실이 면하는 옥내가 복도로서 그 구조가 방화구조이다. 제연구역에는 옥내와 면하는 2개의 출입문이 있으며 각 출입문의 크기는 가로 1 [m], 세로 2 [m]이다. 이때 유입공기의 배출을 배출구에 따른 배출방식으로 할 경우 개폐기의 개구면적은 최소 몇 [m²]인지 구하시오.

○ 계산과정 :   ○ 답 :

정답

가. 계산과정

스프링클러설비가 설치되지 않은 경우
부속실에 유지하여야 할 최소 압력 = 옥내의 압력 + 40 [Pa]

① 옥내의 절대압력

$$740[mmHg] \times \frac{101325[Pa]}{760[mmHg]} = 98658.552 ≒ 98658.55[Pa]$$

② 부속실에 유지하여야 할 최소 압력

$$98658.55[Pa] + 40[Pa] = 98698.55[Pa] = 98.69855[kPa] ≒ 98.7[kPa]$$

특별피난계단의 계단실 및 부속실 제연설비의 화재안전기술기준(NFTC 501A)

2.3 차압 등

2.3.1 2.1.1.1의 기준에 따라 제연구역과 옥내와의 사이에 유지해야 하는 최소 차압은 40 [Pa](옥내에 스프링클러설비가 설치된 경우에는 12.5 [Pa]) 이상으로 해야 한다.

2.3.2 제연설비가 가동되었을 경우 출입문의 개방에 필요한 힘은 110 [N] 이하로 해야 한다.

2.3.3 2.1.1.2의 기준에 따라 출입문이 일시적으로 개방되는 경우 개방되지 않은 제연구역과 옥내와의 차압은 2.3.1의 기준에도 불구하고 2.3.1의 기준에 따른 차압의 70 [%] 이상이어야 한다.

2.3.4 계단실과 부속실을 동시에 제연하는 경우 부속실의 기압은 계단실과 같게 하거나 계단실의 기압보다 낮게 할 경우에는 부속실과 계단실의 압력 차이는 5 [Pa] 이하가 되도록 해야 한다.

답 | 98.7 [kPa]

나. 계산과정

> **핵심이론** 개폐기의 개구면적
>
> 개폐기의 개구면적은 다음 식에 따라 산출한 수치 이상으로 할 것
>
> $$A_0 = \frac{Q_N}{2.5}$$
>
> A_0 [m²] : 개폐기의 개구면적
> Q_N [m³/s] : 수직풍도가 담당하는 1개 층의 제연구역의 출입문 1개의 면적(m²)과 방연풍속(m/s)을 곱한 값(여기서 출입문은 옥내와 면하는 출입문을 말한다)

① Q_N = 출입문 1개의 면적[m²] × 방연풍속[m/s]
- 출입문 1개의 면적 : 1 × 2 [m²]
- 방연풍속(부속실이 면하는 옥내가 복도로서 그 구조가 방화구조인 것) : 0.5 [m/s]

∴ Q_N = (1 × 2) [m²] × 0.5 [m/s] = 1 [m³/s]

② $A_0 = \dfrac{Q_N}{2.5} = \dfrac{1}{2.5} = 0.4$ [m²] **답 | 0.4 [m²]**

> **핵심이론** 방연풍속[m/s] : 연기유입을 방지할 수 있는 풍속

제연구역		방연풍속
계단실 및 그 부속실을 동시에 제연하는 것 또는 계단실만 단독으로 제연하는 것		0.5 [m/s] 이상
부속실만 단독으로 제연하는 것	부속실 또는 승강장이 면하는 옥내가 거실인 경우	0.7 [m/s] 이상
	부속실이 면하는 옥내가 복도로서 그 구조가 방화구조(내화시간이 30분 이상인 구조를 포함)인 것	0.5 [m/s] 이상

06

지상 200 [m] 높이의 고층건축물에서 1층 부분에 발생하는 압력차는 몇 [Pa]인지 계산하시오. (단, 겨울철의 외기온도는 0 [℃], 실내온도는 22 [℃]이다. 중성대는 건물의 높이 중앙에 있다)

○ 계산과정 :

○ 답 :

정답

☑ 계산과정

중성대의 높이를 이용한 압력차 $\triangle P$

$$\triangle P = 3460\left(\frac{1}{T_1} - \frac{1}{T_2}\right)h$$

여기서 $\triangle P$: 굴뚝효과에 따른 압력차 [Pa](= 부력에 의한 상승력)
T_1 : 외기절대온도 [K], T_2 : 실내절대온도 [K](= 화재실 화염의 온도)
h : 중성대로부터 건물(또는 실)의 높이 [m]

$$\triangle P = 3460 \times \left(\frac{1}{273+0} - \frac{1}{273+22}\right) \times \frac{200}{2} = 94.52 [Pa]$$

답 | 94.52 [Pa]

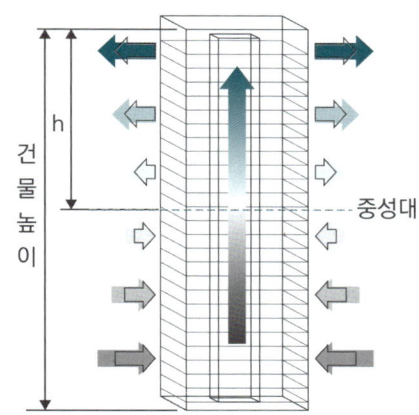

보충 ▶ 중성대 : 실내와 실외의 정압이 같아지는 경계면

07

다음 제연설비 관련 도면을 보고 각 물음에 답하시오.

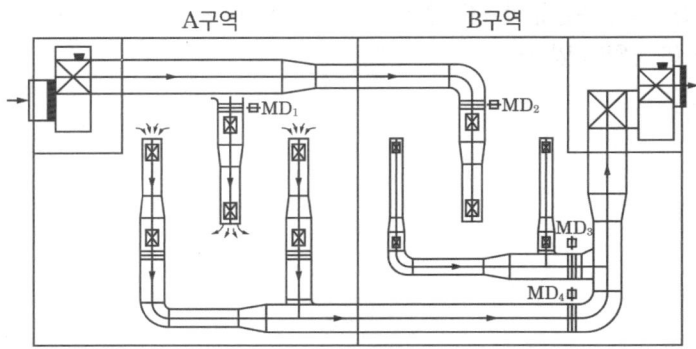

[A구역 화재 시]

조건
(1) 그림에서 $MD_1 \sim MD_4$는 모터로 구동되는 댐퍼이다.
(2) 그림의 왼쪽은 급기설비, 오른쪽은 배기설비를 나타낸다.

가. 동일실 제연방식이란 무엇인가?
  ○ 답:

나. 인접구역 상호제연방식이란 무엇인가?
  ○ 답:

다. 다음 제연방식을 택할 경우 댐퍼의 상태를 OPEN, CLOSE로 표시하시오.
  1) 동일실 제연방식을 택할 경우

구분	급기	배기
A실 화재 시	MD_1 :	MD_4 :
	MD_2 :	MD_3 :
B실 화재 시	MD_2 :	MD_3 :
	MD_1 :	MD_4 :

  2) 인접구역 상호제연방식을 택할 경우

구분	급기	배기
A실 화재 시	MD_2 :	MD_4 :
	MD_1 :	MD_3 :
B실 화재 시	MD_1 :	MD_3 :
	MD_2 :	MD_4 :

정답

가. 화재구역에서 급기와 배기를 동시에 하는 방식
나. 화재구역에서 배기하고 인접구역에서 급기가압하는 방식
다. 1) 동일실 제연방식을 택할 경우

구분	급기	배기
A실 화재 시	MD_1 : OPEN	MD_4 : OPEN
	MD_2 : CLOSE	MD_3 : CLOSE
B실 화재 시	MD_2 : OPEN	MD_3 : OPEN
	MD_1 : CLOSE	MD_4 : CLOSE

2) 인접구역 상호제연방식을 택할 경우

구분	급기	배기
A실 화재 시	MD_2 : OPEN	MD_4 : OPEN
	MD_1 : CLOSE	MD_3 : CLOSE
B실 화재 시	MD_1 : OPEN	MD_3 : OPEN
	MD_2 : CLOSE	MD_4 : CLOSE

08

득점 ___ 배점 8

제연설비 중 연기배출 풍도와 배출 FAN의 평면도이다. 각 실의 크기는 각각 A실 : 5 [m] × 6 [m], B실 : 10 [m] × 6 [m], C실 : 25 [m] × 6 [m], D실 : 4 [m] × 5 [m], E실 : 15 [m] × 15 [m], F실 : 30 [m] × 15 [m]이다. 다음 물음에 답하시오.

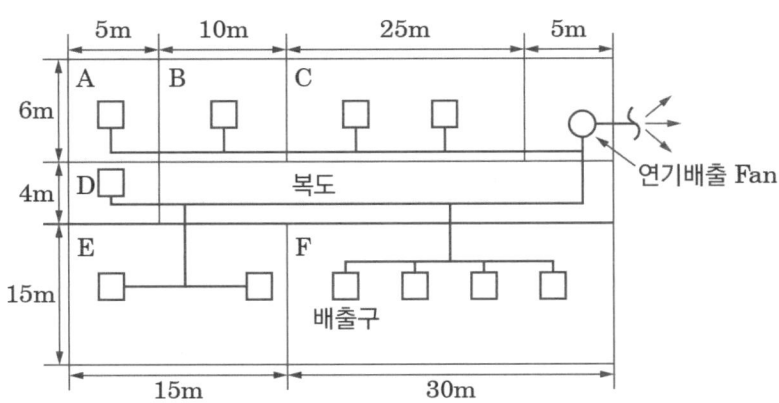

가. 제어댐퍼의 설치를 문제의 그림에 표시하고 번호(예시 : A_1, A_2, B_1, B_2 …)를 부여하시오. (단, 댐퍼의 표기는 " ⊘ " 기호를 사용한다)

TIP ▶ 실의 바닥면적에 유의하면서 최소 소요배출량을 산정한다.

나. 각 실의 최소 소요배출량[m³/h]을 계산하시오.

1) A실
   ○ 계산과정 :　　　　　　　　　○ 답 :

2) B실
   ○ 계산과정 :　　　　　　　　　○ 답 :

3) C실
   ○ 계산과정 :　　　　　　　　　○ 답 :

4) D실
   ○ 계산과정 :　　　　　　　　　○ 답 :

5) E실
   ○ 계산과정 :　　　　　　　　　○ 답 :

6) F실
   ○ 계산과정 :　　　　　　　　　○ 답 :

다. 배출 FAN의 최소 배출량[CMH]은? (단, CMH는 [m³/h]를 의미한다)
   ○ 답 :

라. C실에서 화재발생 시 제어댐퍼의 작동 상황(개폐 여부)에 대하여 답하시오.
(단, '가'에서 부여한 댐퍼 번호를 이용한다)

1) 폐쇄댐퍼(번호기록) :

2) 개방댐퍼(번호기록) :

보충 ▶ CMS : [m³/s]
CMM : [m³/min]
CMH : [m³/h]

정답

가.

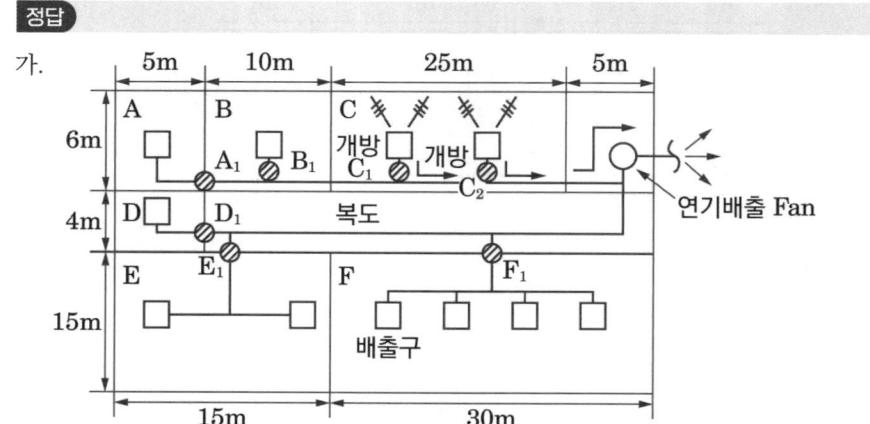

나. 계산과정

1) A실

   (1) 바닥면적 : $5 \times 6 = 30 [m^2]$ → 바닥면적이 400 [m²] 미만

   (2) 배출량

   $30[m^2] \times 1[CMM/m^2] = 30[CMM]$

   → 최소 배출량 $5000[CMH](=83.33[CMM])$보다 작으므로 배출량은 $5000[m^3/h]$이다.

   답 | A실 $5000[CMH]$

2) B실

   (1) 바닥면적 : $10 \times 6 = 60[m^2]$ → 바닥면적이 400 [m²] 미만

   (2) 배출량

   $60[m^2] \times 1[CMM/m^2] = 60[CMM]$

   → 최소 배출량 $5000[CMH](=83.33[CMM])$보다 작으므로 배출량은 $5000[m^3/h]$이다.

   답 | B실 $5000[CMH]$

3) C실

   (1) 바닥면적 : $25 \times 6 = 150[m^2]$ → 바닥면적이 400 [m²] 미만

   (2) 배출량

   $150[m^2] \times 1[CMM/m^2] = 150[CMM]$

   → 최소 배출량 $5000[CMH](=83.33[CMM])$보다 크므로 배출량은 $150[m^3/min]$이다.

   $\therefore 150[m^3/min] \times \dfrac{60[\min]}{1[hr]} = 9000[m^3/h]$

   답 | C실 $9000[CMH]$

4) D실

   (1) 바닥면적 : $4 \times 5 = 20[m^2]$ → 바닥면적이 400 [m²] 미만

   (2) 배출량

   $20[m^2] \times 1[CMM/m^2] = 20[CMM]$

   → 최소 배출량 $5000[CMH](=83.33[CMM])$보다 작으므로 배출량은 $5000[m^3/h]$이다.

   답 | D실 $5000[CMH]$

5) E실

   (1) 바닥면적 : $15 \times 15 = 225[m^2]$ → 바닥면적이 400 [m²] 미만

   (2) 배출량

   $225[m^2] \times 1[CMM/m^2] = 225[CMM]$

   → 최소 배출량 $5000[CMH](=83.33[CMM])$보다 크므로 배출량은 $225[m^3/min]$이다.

   $\therefore 225[m^3/min] \times \dfrac{60[\min]}{1[hr]} = 13500[m^3/h]$

   답 | E실 $13500[CMH]$

6) F실
   (1) 바닥면적 : $30 \times 15 = 450[m^2]$ → 바닥면적이 400 [m²] 이상
      따라서 예상제연구역이 직경 40 [m]인 원의 범위 안에 들어오는지 확인한다.
   (2) 실의 대각선 길이 : $\sqrt{30^2 + 15^2} = 33.54[m]$
      예상제연구역이 직경 40 [m]인 원의 범위 안에 있으므로
   (3) 배출량 : 40000 [m³/h]

답 | F실 40000[CMH]

다.

답 | 40000[CMH]

라. 1) 폐쇄댐퍼 : A_1, B_1, D_1, E_1, F_1
   2) 개방댐퍼 : C_1, C_2

09   배점 5

실의 크기가 가로 20 [m] × 세로 15 [m] × 높이 5 [m]인 공간에서 큰 화염의 화재가 발생하여 t초 시간 후의 청결층 높이 y [m]의 값이 1.8 [m]가 되었을 때 다음 [조건]을 이용하여 각 물음에 답하시오.

조건

(1) $Q = \dfrac{A(H-y)}{t}$

(Q : 연기 발생량 [m³/s], A : 화재실의 면적 [m²], H : 화재실의 높이 [m])

(2) 위 식에서 시간 t초는 다음의 Hinkley식을 만족한다.

$$t = \dfrac{20A}{P \times \sqrt{g}} \times \left(\dfrac{1}{\sqrt{y}} - \dfrac{1}{\sqrt{H}} \right)$$

(단, g는 중력가속도는 9.81 [m/s²]이고 P는 화재경계의 길이[m]로서 큰 화염의 경우 12 [m], 중간화염의 경우 6 [m], 작은 화염의 경우 4 [m]를 적용한다)

(3) 연기 생성률(M [kg/s])에 관한 식은 다음과 같다.

$$M = 0.188 \times P \times y^{\frac{3}{2}}$$

가. 상부의 배연구로부터 얼마의 연기를 배출[m³/min]하여야 청결층의 높이가 유지되는지 구하시오.

○ 계산과정 :

○ 답 :

나. 연기 생성률[kg/s]을 구하시오.

○ 계산과정 :

○ 답 :

TIP ▶ 문제만 잘 읽어도 풀 수 있는 문제이다.

정답

가. 계산과정 : $Q = \dfrac{A(H-y)}{t}$

① 시간 t초

$$t = \dfrac{20A}{P \times \sqrt{g}} \times \left(\dfrac{1}{\sqrt{y}} - \dfrac{1}{\sqrt{H}}\right) = \dfrac{20 \times (20 \times 15)}{12 \times \sqrt{9.81}} \times \left(\dfrac{1}{\sqrt{1.8}} - \dfrac{1}{\sqrt{5}}\right)$$
$$= 47.595 [s]$$

② 연기 발생량 Q [m³/s]

$$Q = \dfrac{A(H-y)}{t} = \dfrac{(20 \times 15)[m^2] \times (5[m] - 1.8[m])}{47.595[s]} = 20.17 [m^3/s]$$
$$= 1210.2 [m^3/min]$$

답 | 1210.2 [m³/min]

나. 계산과정 : $M = 0.188 \times P \times y^{\frac{3}{2}} = 0.188 \times 12 [m] \times (1.8[m])^{\frac{3}{2}} = 5.45 [kg/s]$

답 | 5.45 [kg/s]

10

득점 ___ 배점 6

특별피난계단의 계단실 및 부속실 제연설비이다. 주어진 [조건]을 참고하여 각 물음에 답하시오.

조건
(1) 거실과 부속실의 출입문 개방에 필요한 힘 $F_1 = 60[N]$이다.
(2) 화재 시 거실과 부속실의 출입문 개방에 필요한 힘 $F_2 = 110[N]$이다.
(3) 출입문 폭(W) = 1 [m], 높이(h) = 2.1 [m]
(4) 손잡이는 출입문 끝에 달렸다고 가정한다.
(5) 스프링클러설비는 설치되어 있지 않다.

가. 제연구역 선정기준 3가지를 쓰시오.

　○답
　　1)　　　　　　2)　　　　　　3)

나. 제시된 조건을 이용하여 부속실과 거실 사이의 차압[Pa]을 구하고 국가화재안전기술기준에 의한 최소 차압기준을 비교하여 적합 여부를 설명하시오.

　○ 계산과정 :

　○ 답 :

정답

가. 1) 계단실 및 그 부속실을 동시에 제연하는 것
2) 부속실을 단독으로 제연하는 것
3) 계단실을 단독으로 제연하는 것

나.

> **문을 개방하는 데 필요한 힘**
> $$F = F_{dc} + F_P = F_{dc} + K_d \cdot \Delta P \cdot A \cdot \frac{W}{2(W-d)}$$

여기서 F_{dc} : 도어체크의 저항력 [N]
F_P : 차압이 작용할 때 방화문을 개방하기 위한 힘 [N] ($F_P = K_d \cdot \Delta P \cdot A \cdot \frac{W}{2(W-d)}$)
K_d : 출입문의 마찰계수
ΔP : 제연구역과 비제연구역의 차압 [Pa]
A : 방화문 면적 [m²], W : 문의 폭 [m]
d : 손잡이에서 문의 끝까지의 거리 [m]

☑ **계산과정**

$$F = F_{dc} + \Delta P \cdot A \cdot \frac{W}{2(W-d)}$$

$$110[N] = 60[N] + \Delta P[Pa] \cdot (1[m] \times 2.1[m]) \cdot \frac{1[m]}{2(1[m] - 0[m])}$$

$$\therefore \Delta P = 47.62[Pa]$$

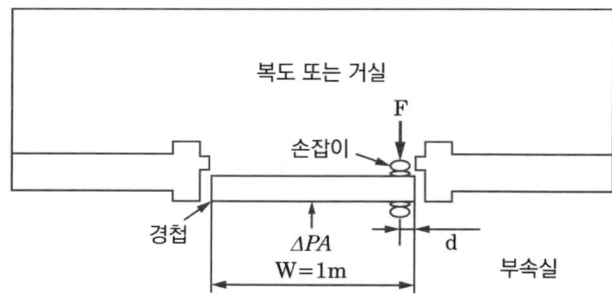

답ㅣ• 부속실과 거실 사이의 차압 [Pa] : 47.62 [Pa]
• 계산 결과 차압이 47.62 [Pa]로서 화재안전기술기준에 의한 최소차압 40 [Pa]보다 크기 때문에 적합하다.

CHAPTER 02 연결송수관설비

학습목표
1 연결송수관설비의 건식과 습식 특징을 파악하고, 송수구 부근에 자동배수밸브 및 체크밸브 설치 순서를 학습한다.
2 배관 설치기준을 암기한다.
3 가압송수장치의 토출량을 기준에 따라 구할 수 있도록 학습한다.

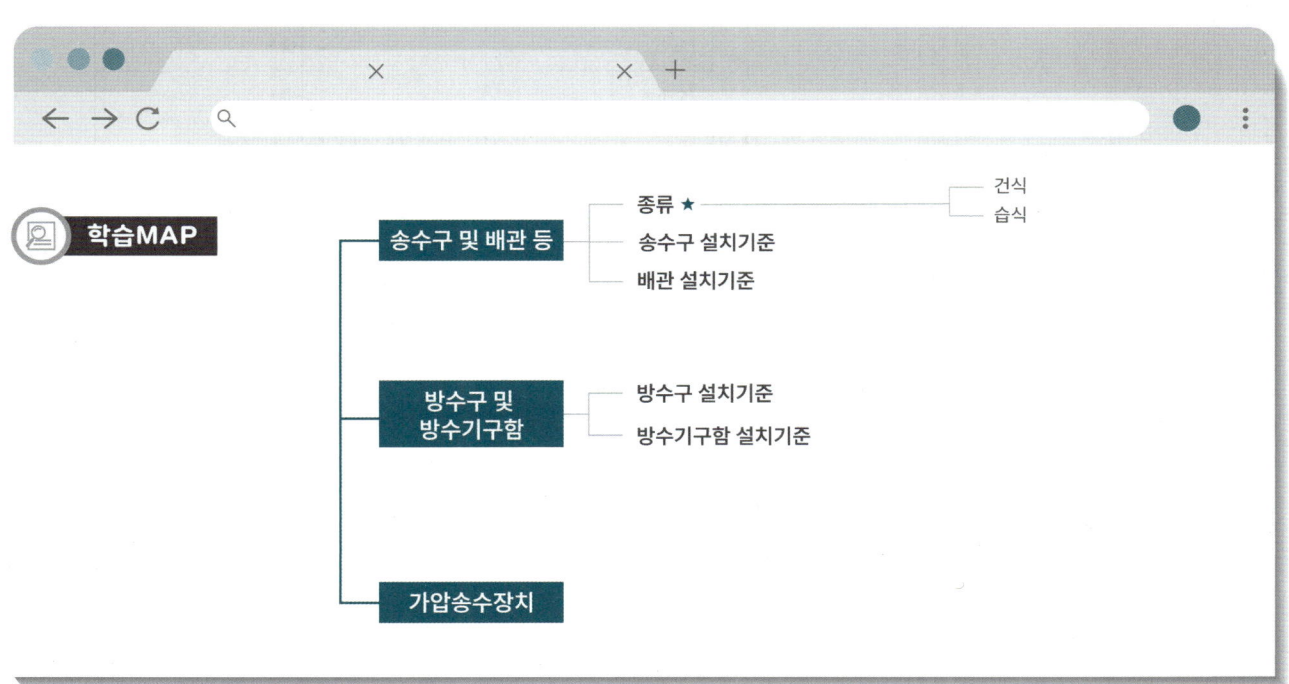

01 개요

소방관이 소화활동을 행할 때 소방펌프차 내에서 방수 소화가 되지 않는 고층 건축물에 설치함. 건축물의 옥외에 설치된 송수구에 소방차로부터 가압수를 송수하고 소방관이 건축물 내에 설치된 방수기구함에 비치된 호스를 방수구에 연결하여 화재를 진압하는 소화활동설비

(1) 건식 : 송수관 내 물을 채워 두지 않고 소방차에 의해 물을 공급받음(별도의 배수필요)
(2) 습식 : 고가수조에 의해 물이 항상 채워져 있음

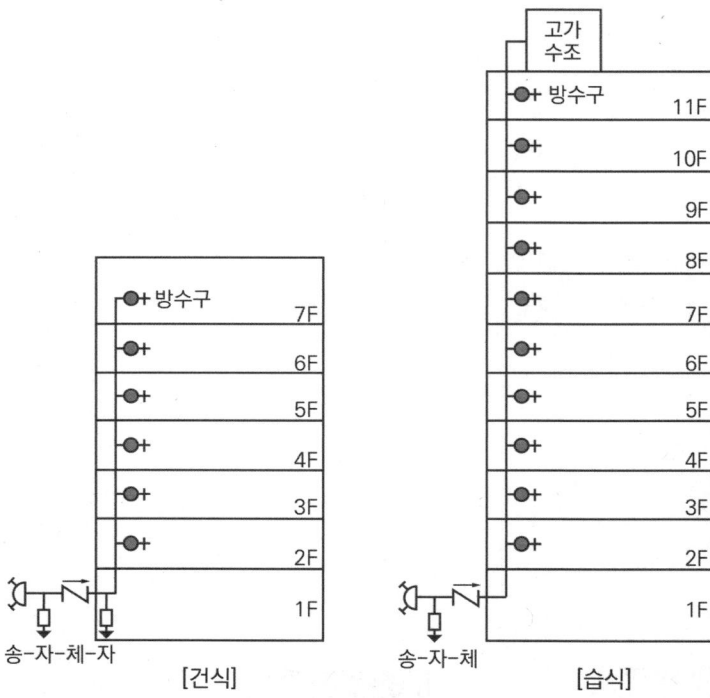

02 기술기준

1 송수구

(1) 소방차가 쉽게 접근할 수 있고 잘 보이는 장소에 설치할 것
(2) 지면으로부터 높이가 0.5 [m] 이상 1 [m] 이하의 위치에 설치할 것
(3) 송수구는 화재층으로부터 지면으로 떨어지는 유리창 등이 송수 및 그 밖의 소화작업에 지장을 주지 않는 장소에 설치할 것
(4) 송수구로부터 연결송수관설비의 주배관에 이르는 연결배관에 개폐밸브를 설치한 때에는 그 개폐상태를 쉽게 확인 및 조작할 수 있는 옥외 또는 기계실 등의 장소에 설치할 것
(5) 구경 65 [mm]의 쌍구형으로 할 것
(6) 송수구에는 그 가까운 곳의 보기 쉬운 곳에 송수압력범위를 표시한 표지를 할 것
(7) 송수구는 연결송수관의 수직배관마다 1개 이상을 설치할 것
(8) 송수구의 부근에는 자동배수밸브 및 체크밸브를 다음의 기준에 따라 설치할 것. 이 경우 자동배수밸브는 배관안의 물이 잘빠질 수 있는 위치에 설치하되, 배수로 인하여 다른 물건이나 장소에 피해를 주지 않아야 한다.
  ① 습식의 경우 : 송수구·자동배수밸브·체크밸브의 순으로 설치할 것 ★★★
  ② 건식의 경우 : 송수구·자동배수밸브·체크밸브·자동배수밸브의 순으로 설치할 것 ★★★
(9) 송수구에는 가까운 곳의 보기 쉬운 곳에 "연결송수관설비송수구"라고 표시한 표지를 설치할 것
(10) 송수구에는 이물질을 막기 위한 마개를 씌울 것

> 암기 ▶ (습식) 송자체, (건식) 송자체자

2 배관 등 ★★★

(1) 주배관은 구경 100 [mm] 이상의 전용배관으로 할 것. 다만 주배관의 구경이 100 [mm] 이상인 옥내소화전설비의 배관과는 겸용할 수 있다.
(2) 지면으로부터의 높이가 31 [m] 이상인 특정소방대상물 또는 지상 11층 이상인 특정소방대상물 : 습식설비로 할 것

3 방수구

(1) 연결송수관 방수구는 층마다 설치. 다만 다음 해당하는 층에는 설치하지 않는다. ★
   ① 아파트 1층 및 2층
   ② 소방차의 접근이 가능하고 소방대원이 소방차로부터 각 부분에 쉽게 도달할 수 있는 피난층
   ③ 송수구가 부설된 옥내소화전을 설치한 특정소방대상물(집회장·관람장·백화점·도매시장·소매시장·판매시설·공장·창고시설 또는 지하가를 제외)로서 다음의 어느 하나에 해당하는 층
      가) 지하층을 제외한 층수가 4층 이하이고 연면적 6000 [m^2] 미만인 특정소방대상물의 지상층
      나) 지하층의 층수가 2 이하인 특정소방대상물의 지하층

(2) 특정소방대상물의 층마다 설치하는 방수구는 다음의 기준에 따를 것
   ① 아파트 또는 바닥면적이 1000 [m^2] 미만인 층 : 계단으로부터 5 [m] 이내에 설치할 것
   ② 바닥면적 1000 [m^2] 이상인 층(아파트 제외) : 각 계단으로부터 5 [m] 이내에 설치할 것

(3) 11층 이상의 층에는 방수구는 쌍구형으로 할 것 ★
   다만 다음의 어느 하나에 해당하는 층에는 단구형으로 설치할 수 있다.
   ① 아파트 용도로 사용되는 층
   ② 스프링클러설비가 유효하게 설치되어 있고 방수구가 2개소 이상 설치된 층

(4) 방수구의 호스접결구는 바닥으로부터 높이 0.5 [m] 이상 1 [m] 이하의 위치에 설치할 것

4 방수기구함

(1) 방수기구함은 피난층과 가장 가까운 층을 기준으로 3개 층마다 설치하되, 그 층의 방수구마다 보행거리 5 [m] 이내에 설치할 것
(2) 방수기구함에는 길이 15 [m]의 호스와 방사형 관창을 기준에 따라 비치할 것

5 가압송수장치

(1) 지표면에서 최상층 방수구의 높이가 70 [m] 이상의 특정소방대상물에는 연결송수관설비의 가압송수장치를 설치해야 한다. ★★

(2) 펌프의 토출량은 기본 2400 [L/min](계단식 아파트 1200 [L/min]) 이상이 되는 것으로 할 것. 다만 해당 층에 설치된 방수구가 3개를 초과(방수구가 5개 이상인 경우에는 5개)하는 것에 있어서는 1개마다 800 [L/min](계단식 아파트 400 [L/min])를 가산한 양이 되는 것으로 할 것 ★★

구분 \ 층당 방수구	1 ~ 3개 이하	4개	5개 이상
일반건축물	2400 [L/min] 이상	3200 [L/min] 이상	4000 [L/min] 이상
계단식 아파트	1200 [L/min] 이상	1600 [L/min] 이상	2000 [L/min] 이상

(3) 펌프의 양정은 최상층에 설치된 노즐선단의 압력이 0.35 [MPa] 이상의 압력이 되도록 할 것

(4) 펌프의 성능
  ① 체절운전 시 정격토출압력의 140 [%]를 초과하지 않고, 정격토출량의 150 [%]로 운전 시 정격토출압력의 65 [%] 이상이 되어야 하며, 펌프의 성능을 시험할 수 있는 성능시험배관을 설치할 것
  ② 펌프의 성능시험을 위한 전용의 수조를 설치할 것
  ③ 수조의 유효수량은 펌프 정격토출량의 150 [%]로 5분 이상 시험할 수 있는 양 이상이 되도록 할 것
  ④ 펌프의 성능시험 시 방수되는 물로 침수피해가 발생하지 않도록 배수설비가 되어 있을 것

지표면에서 최상층 방수구의 높이가 100 [m] 이상의 특정소방대상물에는 연결송수관설비의 가압송수장치를 설치해야 한다.
　　　　　　　　X 70 [m] 이상

CHAPTER 02 연습문제

01
배점 5

다음 연결송수관설비의 계통도 일부를 참조하여 각 물음에 답하시오.

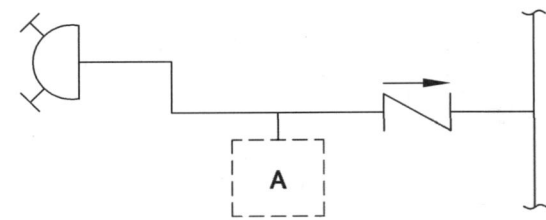

가. 위 연결송수관설비는 습식인지 건식인지 쓰시오.
  ○답 :

나. "A"의 명칭을 쓰고 도시기호를 그리시오.

명칭	도시기호

다. "A"의 설치목적을 쓰시오.
  ○답 :

정답

가. 습식

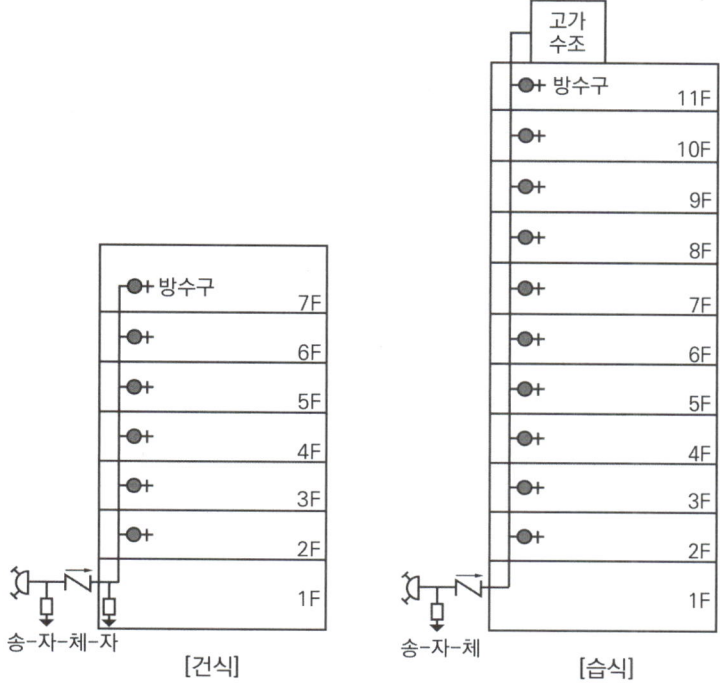

연결송수관설비의 화재안전기술기준(NFTC 502)
2.1.1.8 송수구의 부근에는 자동배수밸브 및 체크밸브를 다음의 기준에 따라 설치할 것. 이 경우 자동배수밸브는 배관 안의 물이 잘빠질 수 있는 위치에 설치하되, 배수로 인하여 다른 물건이나 장소에 피해를 주지 않아야 한다.
2.1.1.8.1 습식의 경우에는 송수구·자동배수밸브·체크밸브의 순으로 설치할 것
2.1.1.8.2 건식의 경우에는 송수구·자동배수밸브·체크밸브·자동배수밸브의 순으로 설치할 것

암기 ▶ (습식) 송자체, (건식) 송자체자

나.

명칭	도시기호
자동배수밸브	⬇

다. 연결송수구와 체크밸브 사이 배관 내에 고인 물을 자동으로 배수시켜 배관의 동파 및 부식을 방지하기 위해

02
배점 10

연결송수관설비의 송수구 설치기준에 관한 다음 ( ) 안을 완성하시오.

가. 지면으로부터 높이가 (①) [m] 이상 (②) [m] 이하의 위치에 설치할 것

나. 송수구의 부근에는 자동배수밸브 및 체크밸브를 설치하되 건식의 경우에는 송수구·(③)·(④)·(⑤)의 순으로 설치할 것

다. 구경 (⑥) [mm]의 (⑦)형으로 할 것

라. 송수구는 연결송수관의 수직배관마다 (⑧)개 이상을 설치할 것. 다만 하나의 건축물에 설치된 각 수직배관이 중간에 (⑨)밸브가 설치되지 아니한 배관으로 상호 연결되어 있는 경우에는 건축물마다 (⑩)개씩 설치할 수 있다.

①	②	③	④	⑤	⑥	⑦	⑧	⑨	⑩

> 암기 ▶ (습식) 송자체, (건식) 송자체자

정답

①	②	③	④	⑤	⑥	⑦	⑧	⑨	⑩
0.5	1	자동배수밸브	체크밸브	자동배수밸브	65	쌍구	1	개폐	1

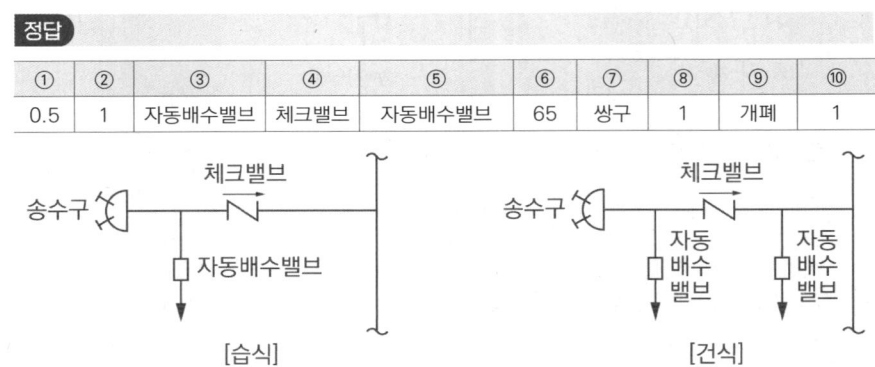

03
배점 8

다음은 연결송수관설비에 관한 설명이다. 다음 물음에 답하시오.

가. 가압송수장치를 설치하는 경우 건물의 높이와 가압송수장치를 설치하는 이유를 설명하시오.
  ○ 답 :

나. 연결송수관설비 방수구가 층당 6개 설치된 경우 펌프 토출량[L/min]을 구하라. (단, 계단식 아파트의 경우가 아니다)

　　◯ 계산과정 :　　　　　　　◯ 답 :

다. 연결송수관설비 방수구가 층당 2개 설치된 경우 펌프 토출량[L/min]을 구하라. (단, 계단식 아파트의 경우이다)

　　◯ 계산과정 :　　　　　　　◯ 답 :

라. 소방펌프의 흡입 측에 연성계 또는 진공계를 설치하지 않을 수 있는 2가지를 쓰시오.

　　◯ 답 :

마. 최상층 노즐선단의 방수압력[MPa]은 얼마 이상인가?

　　◯ 답 :

바. 11층 이상의 건물에 방수구를 단구형으로 설치하는 경우 2가지를 서술하시오.

　　◯ 답 :

정답

가. ① 건물 높이 : 지표면에서 최상층 방수구의 높이가 70 [m] 이상인 경우
　② 설치 이유 : 건물 높이가 높은 경우 소방차의 수압만으로는 규정 방사압력(0.35 [MPa] 이상)을 유지하기 어려우므로 가압송수장치를 설치해야 한다.

나. 계산과정 : 2400 + (800 × 2) = 4000 [L/min]　　　답 | 4000 [L/min]

다. 계산과정 : 1200 [L/min] (해당 층에 설치된 방수구가 3개 이하인 경우)
　　　　　　　　　　　　　　　　　　　　　　　　　답 | 1200 [L/min]

라. ① 수원의 수위가 펌프의 위치보다 높은 경우
　② 수직회전축펌프 설치하는 경우

마. 0.35 [MPa]

바. ① 아파트의 용도로 사용되는 층
　② 스프링클러설비가 유효하게 설치되어 있고 방수구가 2개소 이상 설치된 층

참고 연결송수관설비 펌프의 토출량

펌프의 토출량은 2400 [L/min](계단식 아파트의 경우에는 1200 [L/min]) 이상이 되는 것으로 할 것. 다만 해당 층에 설치된 방수구가 3개를 초과(방수구가 5개 이상인 경우에는 5개)하는 것에 있어서는 1개마다 800 [L/min](계단식 아파트의 경우에는 400 [L/min])를 가산한 양이 되는 것으로 할 것(펌프의 양정은 최상층에 설치된 노즐선단의 압력이 0.35 [MPa] 이상의 압력이 되도록 할 것)

CHAPTER 03 연결살수설비

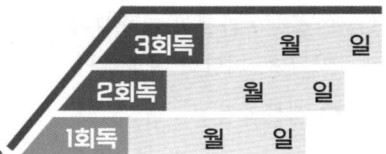

학습목표
1 송수구의 설치기준을 파악한다.
2 배관 및 헤드의 설치기준을 암기한다.

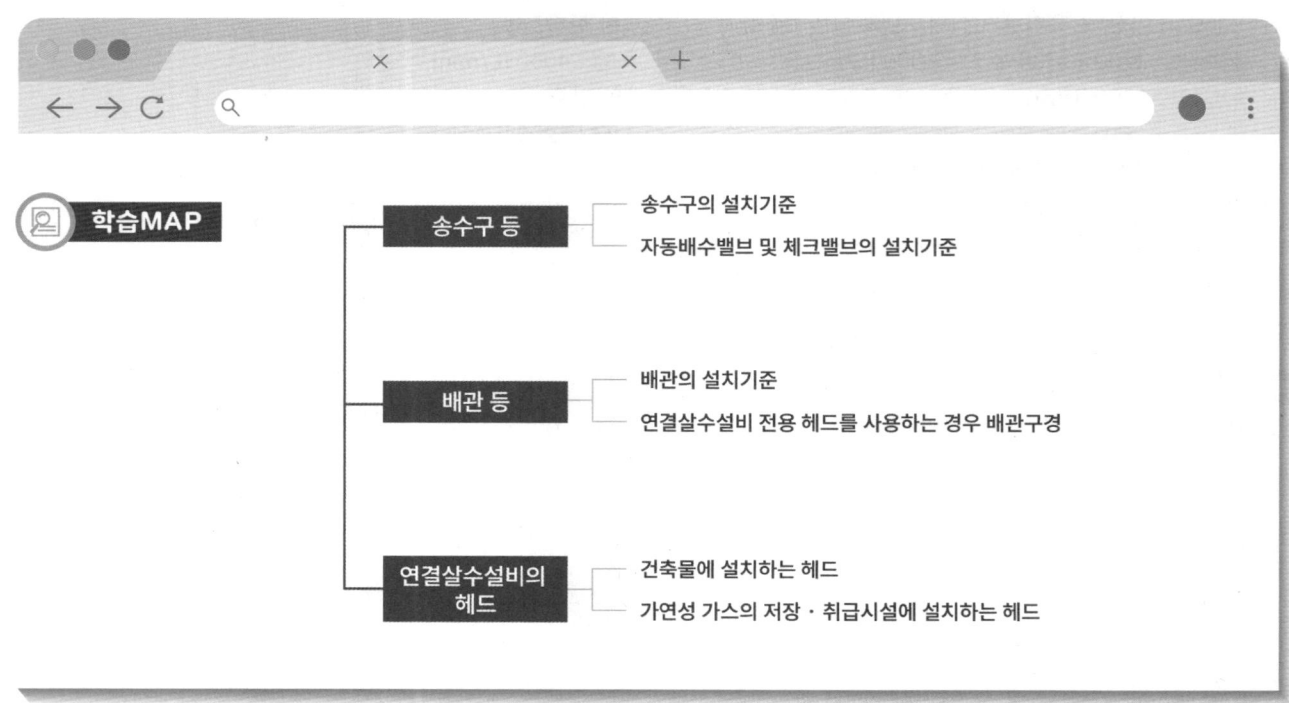

1 개요
지하가나 건축물의 지하층 등 화재가 발생하였을 때 연기가 충만하여 소방대원이 진입할 수 없어 소화 활동이 곤란하다고 예상되는 부분에 살수헤드를 설치하여 소화하는 설비이다.

2 송수구
(1) 소방차가 쉽게 접근 가능하고 노출된 장소에 설치할 것
(2) 가연성 가스탱크의 경우 송수구는 방호대상물로부터 20 [m] 이상의 거리를 두거나 높이 1.5 [m] 이상, 폭 2.5 [m] 이상의 철근 콘크리트 벽으로 가려진 장소에 설치해야 함
(3) 송수구는 65 [mm] 쌍구형으로 설치할 것. 다만 하나의 송수구역에 부착하는 살수헤드의 수가 10개 이하인 것은 단구형인 것으로 할 수 있다.
(4) 소방관의 호스연결 등 소화작업에 용이하도록 지면으로부터 0.5 [m] 이상 1 [m] 이하 설치

3 배관
(1) 연결살수설비 전용헤드를 사용하는 경우 다음 표에 따른 구경 이상으로 할 것 ★

전용헤드의 수	1개	2개	3개	4개 또는 5개	6개 이상 10개 이하
배관구경[mm]	32	40	50	65	80

(2) 스프링클러헤드를 사용하는 경우에는 「스프링클러설비의 화재안전기술기준(NFTC 103)」 2.5.3.3의 표 2.5.3.3에 따를 것
(3) 개방형 헤드를 사용하는 연결살수설비의 수평주행배관은 헤드를 향하여 상향으로 100분의 1 이상의 기울기로 설치한다.

4 헤드
(1) 헤드는 연결살수설비 전용헤드 또는 스프링클러헤드로 설치해야 한다.
(2) 건축물에 설치하는 연결살수설비의 헤드 수평거리(천장 또는 반자의 각 부분으로부터 하나의 살수헤드까지의 수평거리)
- 연결살수설비 전용헤드의 경우 3.7 [m] 이하
- 스프링클러헤드의 경우 2.3 [m] 이하
(다만 살수헤드의 부착면과 바닥과의 높이가 2.1 [m] 이하인 부분은 살수헤드의 살수분포에 따른 거리로 할 수 있다)
(3) 가연성 가스의 저장·취급시설에 설치하는 연결살수설비의 헤드 설치기준
- 연결살수설비 전용의 개방형 헤드를 설치할 것
- 헤드 상호 간의 거리는 3.7 [m] 이하로 할 것

CHAPTER 03 연습문제

01

지하층으로 가로 20 [m], 세로 10 [m]인 장소에 연결살수설비를 설치하고자 한다. 연결살수설비 전용헤드를 정방형으로 설치하는 경우 다음 각 물음에 답하시오.

가. 헤드의 최소 소요 개수를 산정하시오.
- 계산과정 :
- 답 :

나. 급수배관의 최소 구경[mm]을 구하시오.
- 계산과정 :
- 답 :

정답

가. 계산과정

R(수평거리) = 3.7 [m]

① S(헤드 간 거리) $= 2R\cos 45° = 2 \times 3.7 \times \cos 45° = 5.232 [m]$

② 가로열에 설치할 헤드 수 : $\dfrac{20[m]}{5.232[m/개]} = 3.822$ [개] ≒ 4 [개]

③ 세로열에 설치할 헤드 수 : $\dfrac{10[m]}{5.232[m/개]} = 1.911$ [개] ≒ 2 [개]

④ 헤드 최소 소요 개수 = 4 × 2 = 8 [개]

답 | 8 [개]

나. 계산과정

배관의 구경은 "연결살수설비 전용헤드 수별 급수관의 구경" 표에 따라 선정한다. 이때 하나의 배관에 부착하는 연결살수설비 전용헤드의 개수가 8개이므로 표에서 "6개 이상 10개 이하"에 해당하는 배관의 최소 구경 "80 [mm]"로 선정한다.

답 | 80 [mm]

참고 연결살수설비 전용헤드 수별 급수관의 구경

하나의 배관에 부착하는 연결살수설비 전용헤드의 개수	1개	2개	3개	4개 또는 5개	6개 이상 10개 이하
배관의 구경[mm]	32	40	50	65	80

CHAPTER 04 연소방지설비

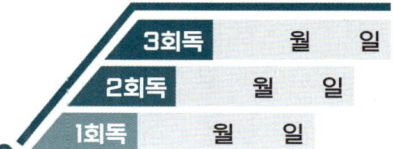

1 지하구의 연소방지설비에 대한 설치기준을 암기한다.

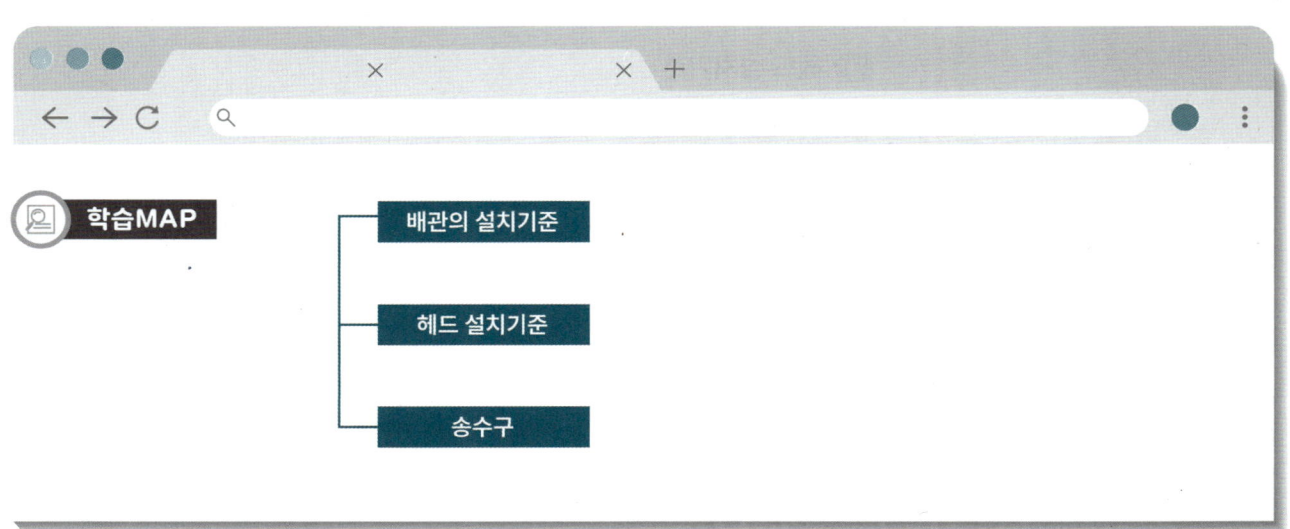

1 개요

지하구(전력 또는 통신사업용인 것만 해당)의 연소방지를 위한 것으로 연소방지 전용헤드나 스프링클러헤드를 천장 또는 벽면에 설치하여 지하구의 화재를 방지하는 설비이다.

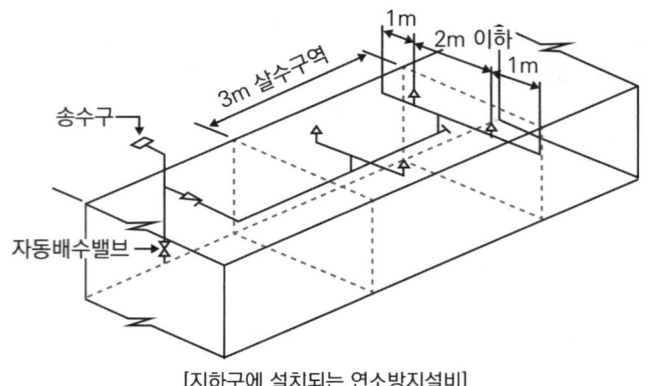

[지하구에 설치되는 연소방지설비]

2 배관의 설치기준

(1) 연소방지설비 전용헤드를 사용하는 경우에는 다음 표에 따른 구경 이상으로 할 것

하나의 배관에 부착하는 연소방지설비 전용헤드의 개수	1개	2개	3개	4개 또는 5개	6개 이상
배관구경[mm]	32	40	50	65	80

(2) 개방형 스프링클러헤드를 사용하는 경우에는 「스프링클러설비의 화재안전기술기준(NFTC 103)」 2.5.3.3의 표 2.5.3.3에 따를 것

(3) 교차배관은 가지배관과 수평으로 설치하거나 또는 가지배관 밑에 설치하고, 최소 구경이 40 [mm] 이상이 되도록 할 것

3 헤드 설치기준

(1) 천장 또는 벽면에 설치할 것 ★

(2) 헤드 간의 수평거리는 연소방지설비 전용헤드의 경우 2 [m] 이하, 개방형 스프링클러헤드의 경우 1.5 [m] 이하로 할 것 ★★★

(3) 소방대원의 출입이 가능한 환기구·작업구마다 지하구의 양쪽 방향으로 살수헤드를 설정하되, 한쪽 방향의 살수구역의 길이는 3 [m] 이상으로 할 것. 다만 환기구 사이의 간격이 700 [m]를 초과할 경우에는 700 [m] 이내마다 살수구역을 설정하되, 지하구의 구조를 고려하여 방화벽을 설치한 경우에는 그렇지 않다. ★★★

(4) 연소방지설비 전용헤드를 설치할 경우에는 「소화설비용 헤드의 성능인증 및 제품검사의 기술기준」에 적합한 '살수헤드'를 설치할 것

헤드 간의 수평거리는 연소방지설비 전용헤드의 경우 2 [m] 이하, 개방형 스프링클러헤드의 경우 2.5 [m] 이하로 할 것
X 개방형 스프링클러헤드의 경우 1.5 [m] 이하

❹ 송수구

(1) 소방차가 쉽게 접근할 수 있는 노출된 장소에 설치하되, 눈에 띄기 쉬운 보도 또는 차도에 설치할 것
(2) 송수구는 구경 65 [mm]의 쌍구형으로 할 것
(3) 송수구로부터 1 [m] 이내에 살수구역 안내표지를 설치할 것
(4) 지면으로부터 높이가 0.5 [m] 이상 1 [m] 이하의 위치에 설치할 것
(5) 송수구의 가까운 부분에 자동배수밸브(또는 직경 5 [mm]의 배수공)를 설치할 것. 이 경우 자동배수밸브는 배관 안의 물이 잘 빠질 수 있는 위치에 설치하되, 배수로 인하여 다른 물건 또는 장소에 피해를 주지 않아야 한다.
(6) 송수구로부터 주배관에 이르는 연결배관에는 개폐밸브를 설치하지 않을 것
(7) 송수구에는 이물질을 막기 위한 마개를 씌울 것

> **참고** 지하구
>
> 1. 전력·통신용의 전선이나 가스·냉난방용의 배관 또는 이와 비슷한 것을 집합수용하기 위하여 설치한 지하 인공구조물로서 사람이 점검 또는 보수를 하기 위하여 출입이 가능한 것 중 다음의 어느 하나에 해당하는 것
>   1) 전력 또는 통신사업용 지하 인공구조물로서 전력구(케이블 접속부가 없는 경우는 제외한다) 또는 통신구방식으로 설치된 것
>   2) 1) 외의 지하 인공구조물로서 폭이 1.8 [m] 이상이고 높이가 2 [m] 이상이며 길이가 50 [m] 이상인 것 ★
> 2. 「국토의 계획 및 이용에 관한 법률」 제2조 제9호에 따른 공동구

CHAPTER 04 연습문제

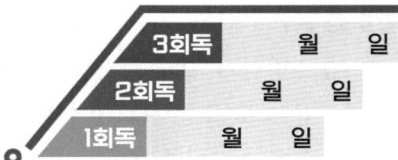

01
배점 5

다음 연소방지설비의 빈칸을 채우시오.

가. 연소방지설비의 전용헤드 사용 시 살수헤드의 수가 4개 또는 5개일 경우 배관의 구경은 (㉠)[mm]로 할 것

나. 헤드 간의 수평거리는 연소방지설비 전용헤드의 경우 (㉡)[m] 이하, 개방형 스프링클러헤드의 경우 (㉢)[m] 이하로 할 것

다. 소방대원의 출입이 가능한 환기구·작업구마다 지하구의 양쪽 방향으로 살수헤드를 설정하되, 한쪽 방향의 살수구역의 길이는 (㉣)[m] 이상으로 할 것. 다만 환기구 사이의 간격이 (㉤)[m]를 초과할 경우에는 (㉤)[m] 이내마다 살수구역을 설정하되, 지하구의 구조를 고려하여 방화벽을 설치한 경우에는 그렇지 않다.

정답

㉠ 65, ㉡ 2, ㉢ 1.5, ㉣ 3, ㉤ 700

모아바 www.moa-ba.com
모아소방전기학원 www.moate.co.kr

PART 04
피난구조설비

CHAPTER 01	피난기구
CHAPTER 02	인명구조기구

격차를 뛰어넘어 압도적인 격차를 만들다

○ 학습전략

피난구조설비는 실기시험에서 출제비중이 높지 않다. 단답형 기출문제의 경우 설치장소별 피난기구의 적응성과 관련한 파트에서 주로 출제되었다. 하지만 최근 출제 트렌드로는 계산문제의 비중이 더 높아졌기 때문에 피난기구의 개수를 산정하는 계산문제가 출제될 가능성이 다소 높아졌다.

CHAPTER 01 피난기구

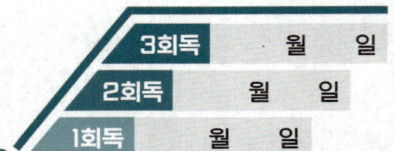

학습목표
1 피난기구의 종류를 파악하고, 설치장소별 적응성이 있는 피난기구를 암기한다.
2 피난기구 설치기준을 익힌다.

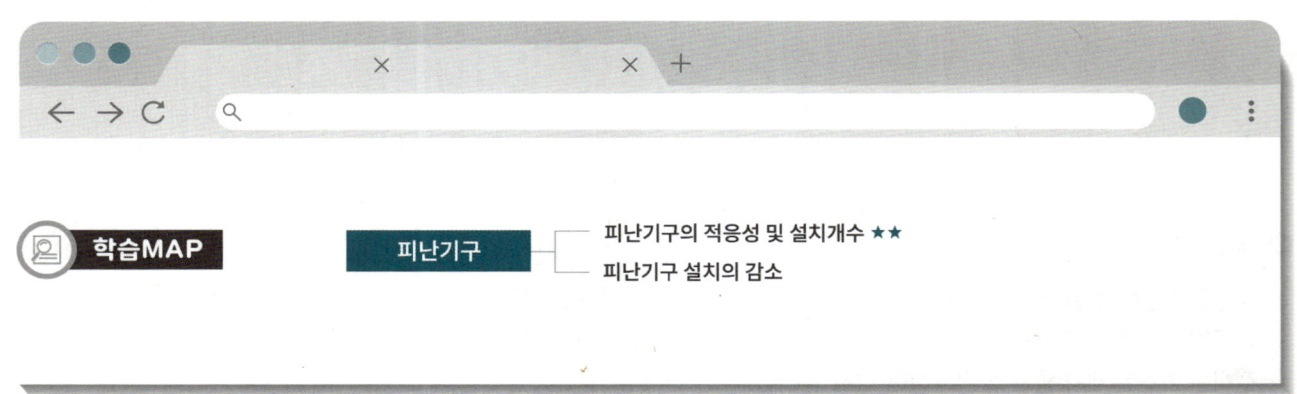

학습MAP — 피난기구
- 피난기구의 적응성 및 설치개수 ★★
- 피난기구 설치의 감소

01 적응성 및 설치개수 등

1 설치장소별 피난기구의 적응성 ★★★

장소별 \ 층별	1층	2층	3층	4층 이상 10층 이하
1. 노유자 시설	• 미끄럼대 • 구조대 • 다수인피난장비 • 승강식 피난기 • 피난교	• 미끄럼대 • 구조대 • 다수인피난장비 • 승강식 피난기 • 피난교	• 미끄럼대 • 구조대 • 다수인피난장비 • 승강식 피난기 • 피난교	• 구조대[1] • 다수인피난장비 • 승강식 피난기 • 피난교
2. 의료시설·근린생활시설 중 입원실이 있는 의원·접골원·조산원	-	-	• 미끄럼대 • 구조대 • 다수인피난장비 • 승강식 피난기 • 피난교 • 피난용 트랩	• 구조대 • 다수인피난장비 • 승강식 피난기 • 피난교 • 피난용 트랩
3. 다중이용업소로서 영업장의 위치가 4층 이하인 다중이용업소	-	• 미끄럼대 • 구조대 • 다수인피난장비 • 승강식 피난기 • 완강기 • 피난사다리	• 미끄럼대 • 구조대 • 다수인피난장비 • 승강식 피난기 • 완강기 • 피난사다리	• 미끄럼대 • 구조대 • 다수인피난장비 • 승강식 피난기 • 완강기 • 피난사다리
4. 그 밖의 것	-	-	• 미끄럼대 • 구조대 • 다수인피난장비 • 승강식 피난기 • 완강기 • 간이완강기[2] • 공기안전매트 • 피난교 • 피난사다리 • 피난용 트랩	• 구조대 • 다수인피난장비 • 승강식 피난기 • 완강기 • 간이완강기[2] • 공기안전매트 • 피난교 • 피난사다리

[비고]
1) 구조대의 적응성은 장애인 관련 시설로서 주된 사용자 중 스스로 피난이 불가한 자가 있는 경우 추가로 설치하는 경우에 한한다.
2) 간이완강기의 적응성은 숙박시설의 3층 이상에 있는 객실에 추가로 설치하는 경우에 한한다.

2 피난기구의 설치개수

(1) 층마다 설치할 것
(2) 층별 용도에 따른 피난기구의 설치개수 ★★★

용도	피난기구 설치개수
숙박시설·노유자시설·의료시설	바닥면적 500 [m²]마다 1개 이상
위락시설·문화 및 집회시설·운동시설·판매시설 또는 복합용도의 층	바닥면적 800 [m²]마다 1개 이상
그 밖의 용도의 층	바닥면적 1000 [m²]마다 1개 이상
계단실형 아파트	각 세대마다

> 암기 숙노의 500

(3) 숙박시설(휴양콘도미니엄 제외)
  추가로 객실마다 완강기 또는 둘 이상의 간이완강기를 설치할 것
(4) 공동주택(공동주택의 화재안전성능기준(NFPC 608)-2.9.1.3)
  하나의 관리주체가 관리하는 공동주택구역마다 공기안전매트 1개 이상을 **추가로** 설치할 것. 다만 옥상으로 피난이 가능하거나 수평 또는 수직 방향의 인접세대로 피난할 수 있는 구조인 경우에는 추가로 설치하지 않을 수 있다.
(5) 4층 이상의 층에 설치된 노유자시설(장애인 관련 시설로서 주된 사용자 중 스스로 피난이 불가한 자가 있는 경우)
  층마다 구조대를 1개 이상 **추가로** 설치

02 피난기구 설치의 감소

1 피난기구의 2분의 1을 감소

피난기구를 설치하여야 할 특정소방대상물 중 다음의 기준에 적합한 층에는 피난기구의 2분의 1을 감소할 수 있다. 이 경우 피난기구의 수에 있어서 소수점 이하의 수는 1로 한다.
(1) 주요구조부가 내화구조로 되어 있을 것
(2) 직통계단인 피난계단 또는 특별피난계단이 2 이상 설치되어 있을 것

2 피난기구의 수 − 해당 건널 복도의 수 × 2배

피난기구를 설치해야 할 소방대상물 중 주요구조부가 내화구조이고 다음의 기준에 적합한 건널 복도가 설치되어 있는 층에는 피난기구의 수에서 해당 건널 복도의 수의 2배의 수를 뺀 수로 한다.

(1) 내화구조 또는 철골조로 되어 있을 것
(2) 건널 복도 양단의 출입구에 자동폐쇄장치를 한 60분+ 방화문 또는 60분 방화문(방화셔터 제외)이 설치되어 있을 것
(3) 피난·통행 또는 운반의 전용 용도일 것

CHAPTER 01 연습문제

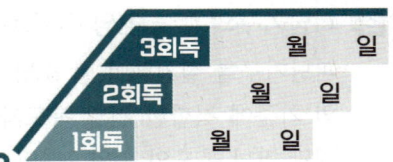

01

피난기구에 대한 다음 각 물음에 답하시오.

가. 3층 및 4층 이상 10층 이하의 의료시설에 설치하여야 할 피난기구를 쓰시오.
　① 3층 :
　② 4층 이상 10층 이하 :

나. 피난 또는 소화 활동상 유효한 개구부의 기준에 대한 설명이다. 다음 괄호를 완성하시오.

―――――[보기]―――――
가로 (㉠) [m] 이상 세로 (㉡) [m] 이상인 것을 말한다. 이 경우 개구부 하단이 바닥에서 (㉢) [m] 이상이면 발판 등을 설치하여야 하고, 밀폐된 창문은 쉽게 파괴할 수 있는 파괴장치를 비치해야 한다.

> **정답**
>
> 가. ① 3층 : 미끄럼대, 구조대, 다수인피난장비, 승강식 피난기, 피난교, 피난용 트랩
> 　② 4층 이상 10층 이하 : 구조대, 다수인피난장비, 승강식 피난기, 피난교, 피난용 트랩
>
> 나. 가로 (㉠ 0.5) [m] 이상 세로 (㉡ 1) [m] 이상인 것을 말한다. 이 경우 개구부 하단이 바닥에서 (㉢ 1.2) [m] 이상이면 발판 등을 설치하여야 하고, 밀폐된 창문은 쉽게 파괴할 수 있는 파괴장치를 비치해야 한다.

02

득점 □ 배점 6

다음 각 특정소방대상물의 해당 층에 피난기구를 설치하고자 한다. 다음 물음에 답하시오.

[조건]

(1) 각 특정소방대상물의 용도 및 구조는 다음과 같다.
  Ⓐ 바닥면적은 1200 [m²]이며, 주요구조부가 내화구조이고 거실의 각 부분으로 직접 복도로 피난할 수 있는 강의실 용도의 학교(4층)
  Ⓑ 바닥면적은 800 [m²]이며, 옥상층으로서 객실 수 6개인 숙박시설(5층)
  Ⓒ 바닥면적은 1000 [m²]이며, 주요구조부가 내화구조이고 피난계단이 2개소 설치된 병원(8층)
(2) 피난기구는 완강기를 설치하며, 간이완강기는 설치하지 않는 것으로 가정한다.
(3) 만약 피난기구를 설치하지 않아도 되는 경우에는 계산과정을 적지 아니하고 답란에 0을 적는다.
(4) 기타 조건 이외의 감소되거나 면제되는 조건은 없다.

가. 특정소방대상물의 각 층(Ⓐ, Ⓑ, Ⓒ)에 설치하여야 할 피난기구의 개수를 각각 구하시오.

  1) Ⓐ에 설치하여야 할 피난기구의 개수
    ○ 계산과정 :
    ○ 답 :

  2) Ⓑ에 설치하여야 할 피난기구의 개수
    ○ 계산과정 :
    ○ 답 :

  3) Ⓒ에 설치하여야 할 피난기구의 개수
    ○ 계산과정 :
    ○ 답 :

나. Ⓑ의 경우 적응성 있는 피난기구 3가지를 쓰시오. (단, 완강기와 간이완강기는 제외하고 답할 것)

  ○ 답 :

정답

가. 계산과정

1) Ⓐ : 바닥면적은 1200 [m²]이며, 주요구조부가 내화구조이고 거실의 각 부분으로 직접 복도로 피난 할 수 있는 강의실 용도의 학교(4층)는 피난기구의 설치 제외 장소이므로 0개

답 | 설치개수 0개

2) Ⓑ : 바닥면적은 800 [m²]이며, 옥상 층으로서 객실 수 6개인 숙박시설(5층)

용도	피난기구 설치개수
숙박시설 · 노유자시설 · 의료시설	그 층의 바닥면적 500 [m²]마다 1개 이상
위락시설 · 문화집회 및 운동시설 · 판매시설로 사용되는 층 또는 복합용도의 층	그 층의 바닥면적 800 [m²]마다 1개 이상
그 밖의 용도의 층	그 층의 바닥면적 1000 [m²]마다 1개 이상
계단실형 아파트	각 세대마다

※ **숙박시설(휴양콘도미니엄 제외)의 경우**
기준에 따라 설치한 피난기구 외에 추가로 객실마다 완강기 또는 2 이상의 간이완강기 설치할 것

[암기] 숙노의 500

따라서 총 설치해야 할 피난기구의 개수 = 기본 설치개수(㉠) + 객실마다 추가 완강기(㉡)

㉠ 기본 설치개수 = $\dfrac{바닥면적[m^2]}{500[m^2/개]} = \dfrac{800[m^2]}{500[m^2/개]} = 1.6개 ≒ 2개$

㉡ 객실마다 추가할 완강기 개수 = 6개(객실 수 6개, 조건에 따라 간이완강기 설치 불가)

∴ 총 설치해야 할 피난기구의 개수 = 2개 + 6개 = 8개

답 | 설치개수 8개

3) Ⓒ : 바닥면적은 1000 [m²]이며, 주요구조부가 내화구조이고 피난계단이 2개소 설치된 병원(8층)

기본 설치개수 = $\dfrac{바닥면적[m^2]}{500[m^2/개]} = \dfrac{1000[m^2]}{500[m^2/개]} = 2개$

설치감소 조건에 적합하므로 $2개 \times \dfrac{1}{2}$ ➜ 설치개수 = 1개

참고 피난기구의 설치 감소

피난기구를 설치하여야 할 소방대상물 중 다음의 기준에 적합한 층에는 피난기구의 2분의 1을 감소할 수 있다. 이 경우 설치하여야 할 피난기구의 수에 있어서 소수점 이하의 수는 1로 한다.
1. 주요구조부가 내화구조로 되어 있을 것
2. 직통계단인 피난계단 또는 특별피난계단이 2 이상 설치되어 있을 것

답 | 설치개수 1개

나. ⒷⒷ : 4층 이상 10층 이하 숙박시설의 경우 적응성 있는 피난기구
(문제 조건에 따라 완강기, 간이완강기 제외)
답 | 구조대, 다수인피난장비, 승강식 피난기, 피난교, 피난사다리 중 3가지 기술할 것

> **참고** 피난기구의 설치 제외
>
> 피난구조설비의 설치 면제 요건의 규정에 따라 다음의 어느 하나에 해당하는 특정소방대상물 또는 그 부분에는 피난기구를 설치하지 않을 수 있다. 다만 숙박시설(휴양콘도미니엄을 제외한다)에 설치되는 완강기 및 간이완강기의 경우에는 그렇지 않다.
> 1. 다음의 기준에 적합한 층
>   (1) 주요구조부가 내화구조로 되어 있어야 할 것
>   (2) 실내의 면하는 부분의 마감이 불연재료·준불연재료 또는 난연재료로 되어 있고 방화구획이 적합하게 구획되어 있어야 할 것
>   (3) 거실의 각 부분으로부터 직접 복도로 쉽게 통할 수 있어야 할 것
>   (4) 복도에 2 이상의 피난계단 또는 특별피난계단이 적합하게 설치되어 있어야 할 것
>   (5) 복도의 어느 부분에서도 2 이상의 방향으로 각각 다른 계단에 도달할 수 있어야 할 것
> 2. 다음의 기준에 적합한 특정소방대상물 중 그 옥상의 직하층 또는 최상층(문화 및 집회시설, 운동시설 또는 판매시설을 제외한다)
>   ‥‥‥
> 5. 주요구조부가 내화구조로서 거실의 각 부분으로 직접 복도로 피난할 수 있는 학교(강의실 용도로 사용되는 층에 한한다)
>   ‥‥‥

CHAPTER 02 인명구조기구

학습목표
1 인명구조기구의 종류를 파악하고, 용도 및 장소별 설치기준을 암기한다.

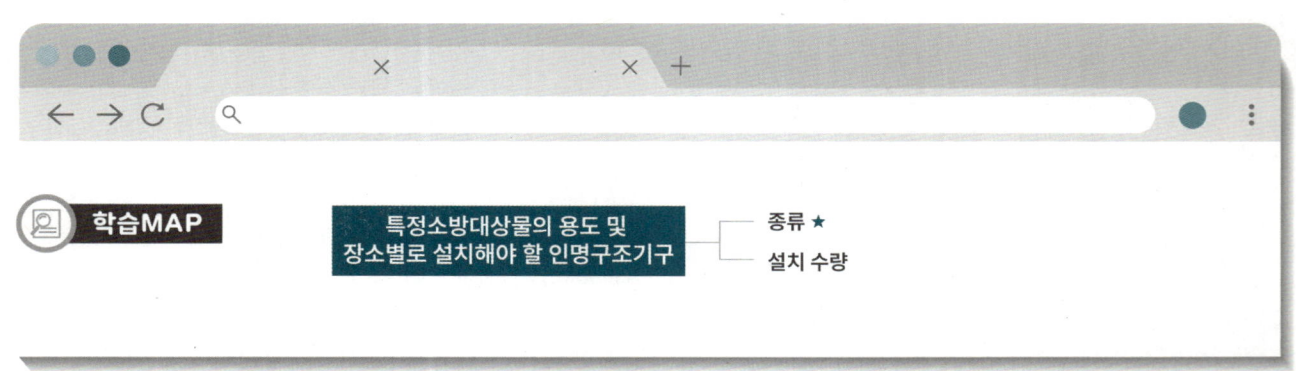

01 특정소방대상물의 용도 및 장소별로 설치해야 할 인명구조기구 ★

특정소방대상물	인명구조기구	설치 수량
지하층을 포함하는 층수가 7층 이상인 관광호텔 및 5층 이상인 병원	• 방열복 또는 방화복(안전모, 보호장갑 및 안전화 포함) • 공기호흡기 • 인공소생기	각 2개 이상 비치할 것 (단, 병원의 경우에는 인공소생기를 설치하지 않을 수 있다)
• 문화 및 집회시설 중 수용인원 100명 이상의 영화상영관 • 판매시설 중 대규모 점포 • 운수시설 중 지하역사 • 지하가 중 지하상가	• 공기호흡기	층마다 2개 이상 비치할 것 (단, 각 층마다 갖추어 두어야 할 공기호흡기 중 일부를 직원이 상주하는 인근 사무실에 갖추어 둘 수 있다)
• 물분무등소화설비 중 이산화탄소소화설비를 설치해야 하는 특정소방대상물	• 공기호흡기	이산화탄소소화설비가 설치된 장소의 출입구 외부 인근에 1개 이상 비치할 것

[방열복]

[방화복]

[공기호흡기]

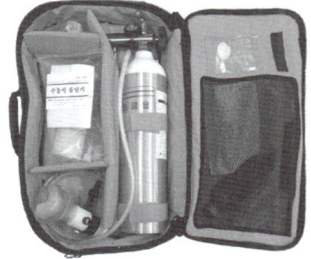
[인공소생기]

CHAPTER 02 연습문제

01
배점 6

피난구조설비 중 인명구조기구 종류 3가지만 쓰시오.

① ② ③

정답

① 방열복 또는 방화복(안전모, 보호장갑 및 안전화 포함)
② 공기호흡기
③ 인공소생기

02
배점 6

특정소방대상물의 용도 및 장소별로 설치해야 할 인명구조기구이다. ( )에 알맞은 답을 쓰시오.

특정소방대상물	종류	설치수량
지하층을 포함하는 층수가 7층 이상인 (㉠) 및 5층 이상인 병원	방열복 또는 방화복(안전모, 보호장갑 및 안전화를 포함한다) (㉡) (㉢)	각 (㉣)개 이상 비치할 것 다만 병원의 경우에는 (㉢)를 설치하지 않을 수 있다.
• 문화 및 집회시설 중 수용인원 (㉤)명 이상의 영화상영관 • 판매시설 중 대규모 점포 • 운수시설 중 지하역사 • 지하가 중 지하상가	(㉡)	층마다 (㉥)개 이상 비치할 것 다만 각 층마다 갖추어 두어야 할 (㉡) 중 일부를 직원이 상주하는 인근 사무실에 갖추어 둘 수 있다.

정답

㉠ 관광호텔, ㉡ 공기호흡기, ㉢ 인공소생기, ㉣ 2, ㉤ 100, ㉥ 2

03 소화용수설비 및 기타

모아바 www.moa-ba.com
모아소방전기학원 www.moate.co.kr

PART 05

소화용수설비 및 기타

CHAPTER 01	소화용수설비
CHAPTER 02	공동주택의 화재안전기준
CHAPTER 03	창고시설의 화재안전기준

격차를 뛰어넘어 압도적인 격차를 만들다

학습전략

소화용수설비에서 소화수조 및 저수조의 저수량을 구하는 문제와 그에 따른 채수구의 개수, 흡수관투입구의 개수를 묻는 문제가 주로 출제된다. 또한 이 파트에서는 최근 신설 제정된 화재안전성능·기술기준을 수록하여, 출제 예상되는 문제까지 대비할 수 있도록 하였다.

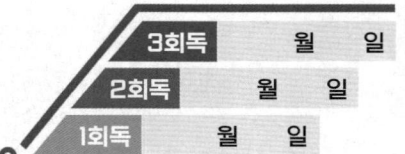

CHAPTER 01 소화용수설비

학습목표

1 상수도소화용수설비의 설치기준을 학습한다.
2 소화수조 및 저수조의 수원량을 계산한다.
3 흡수관투입구과 채수구의 설치기준을 암기한다.
4 가압송수장치를 설치해야 하는 경우를 학습한다.

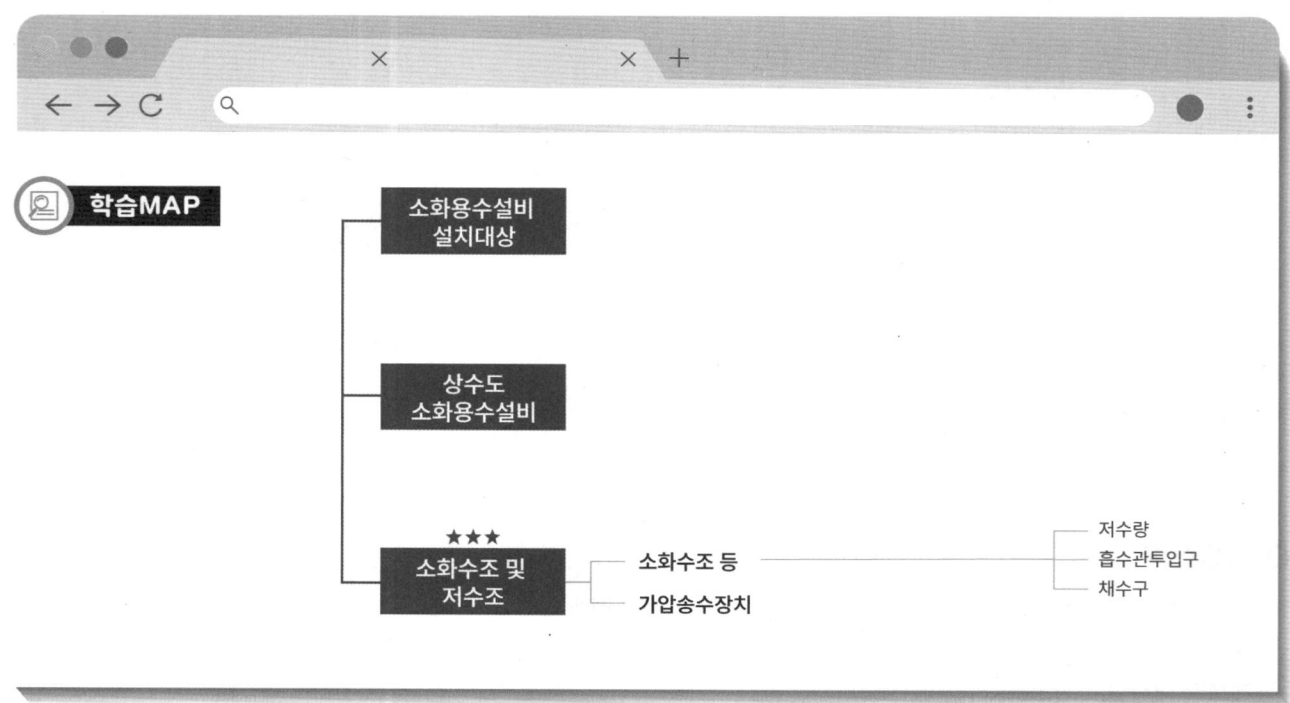

01 개요

규모가 큰 건축물 또는 고층건물에 대하여는 화재발생 시 소화용수의 부족으로 소화작업에 차질이 생기는 경우가 있다. 이와 같은 공설 소방용수의 부족을 채워주기 위한 방법으로 소화수조 또는 상수도 소화용수설비를 설치한다.

02 설치대상

상수도소화용수설비를 설치해야 하는 특정소방대상물은 다음 어느 하나에 해당하는 것으로 한다. 다만 상수도소화용수설비를 설치해야 하는 특정소방대상물의 대지 경계선으로부터 180 [m] 이내에 지름 75 [mm] 이상인 상수도용 배수관이 설치되지 않은 지역의 경우에는 화재안전기준에 따른 소화수조 또는 저수조를 설치해야 한다.

1. 연면적 5000 [m^2] 이상인 것. 다만 위험물 저장 및 처리 시설 중 가스시설, 지하가 중 터널 또는 지하구의 경우에는 제외한다.
2. 가스시설로서 지상에 노출된 탱크의 저장용량의 합계가 100톤 이상인 것
3. 자원순환 관련 시설 중 폐기물재활용시설 및 폐기물처분시설

03 상수도소화용수설비

1. 호칭지름 75 [mm] 이상의 수도배관에 호칭지름 100 [mm] 이상의 소화전을 접속할 것
2. 소화전은 특정소방대상물의 수평투영면의 각 부분으로부터 140 [m] 이하가 되도록 설치할 것

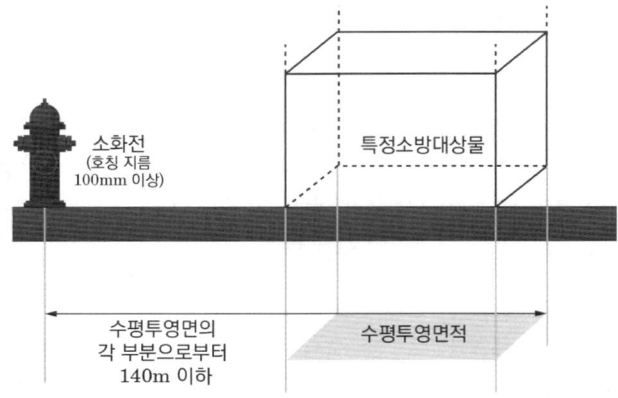

[상수도소화용수설비 설치기준]

04 소화수조 및 저수조

1 저수량 ★★★

소화수조 또는 저수조의 저수량은 소방대상물의 연면적을 기준 면적으로 나누어 얻은 수(소수점 이하의 수는 1로 본다)에 20 [m³]을 곱한 양 이상이 되도록 해야 한다.

소방대상물의 구분	기준 면적
1층 2층 바닥면적 합계가 15000 [m²] 이상인 소방대상물	7500 [m²]
그 외	12500 [m²]

$$저수량[m^3] = \frac{연면적}{기준면적}(소수점\ 이하\ 절상) \times 20[m^3]$$

2 가압송수장치 ★

소화수조 또는 저수조가 지표면으로부터의 깊이(수조 내부바닥까지의 길이를 말한다)가 4.5 [m] 이상인 지하에 있는 경우 가압송수장치를 설치해야 한다.

소화수조 또는 저수조가 지표면으로부터의 깊이가 4 [m] 이상인 지하에 있는 경우 가압송수장치를 설치해야 한다. ✗ 4.5 [m] 이상

[소요수량에 따른 가압송수장치의 1분당 양수량]

소요수량	20 [m³] 이상 40 [m³] 미만	40 [m³] 이상 100 [m³] 미만	100 [m³] 이상
양수량	1100 [L/min] 이상	2200 [L/min] 이상	3300 [L/min] 이상

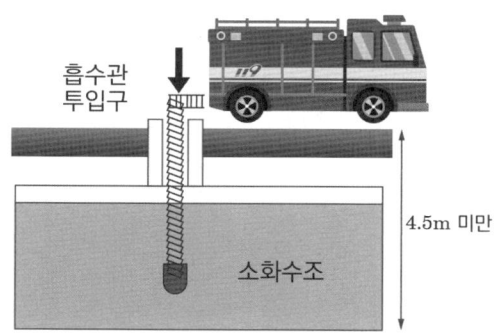

[소화수조 또는 저수조가 지표면으로부터
깊이 4.5 [m] 미만인 경우]

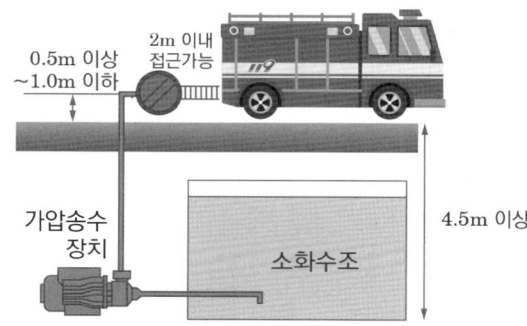

[소화수조 또는 저수조가 지표면으로부터
깊이 4.5 [m] 이상인 경우]

3 소화수조 등 부속설비

(1) 소화수조 및 저수조의 채수구 또는 흡수관투입구는 소방차가 2 [m] 이내의 지점까지 접근할 수 있는 위치에 설치해야 한다.

[소요수량에 따른 채수구의 수] ★★★

소요수량	20 [m³] 이상 40 [m³] 미만	40 [m³] 이상 100 [m³] 미만	100 [m³] 이상
채수구의 수	1개	2개	3개

※ 채수구는 지면으로부터의 높이가 0.5 [m] 이상 1 [m] 이하의 위치에 설치할 것

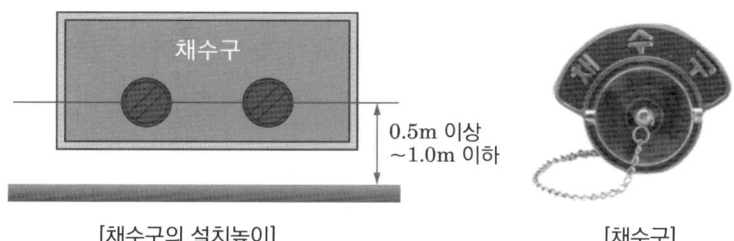

[채수구의 설치높이]   [채수구]

(2) 흡수관투입구는 그 한 변이 0.6 [m] 이상이거나 직경은 0.6 [m] 이상으로 하고 흡수관투입구는 수조의 저수량이 80 [m³] 미만이면 1개, 80 [m³] 이상인 것은 2개 이상을 설치한다. ★★★

한 변이 0.6 m 이상	직경이 0.6 m 이상
0.6m 이상, 0.6m 이상	0.6m 이상

소화용수설비를 설치하여야 할 소방대상물에 있어서 유수의 양이 1분당 1.8 [m³] 이상인 유수를 사용할 수 있을 때 소화수조를 설치하지 않을 수 있다.
☒ 1분당 0.8 [m³] 이상

(3) 소화용수설비를 설치하여야 할 소방대상물에 있어서 유수의 양이 1분당 0.8 [m³] 이상인 유수를 사용할 수 있을 때 소화수조를 설치하지 않을 수 있다.

CHAPTER 01 연습문제

01

배점 6

소화용수설비를 설치하는 지하 2층, 지상 3층의 특정소방대상물의 연면적이 32500 [m²]이고, 각 층의 바닥면적이 다음과 같을 때 물음에 답하시오.

층수	지하 2층	지하 1층	지상 1층	지상 2층	지상 3층
바닥면적	2500 [m²]	2500 [m²]	13500 [m²]	13500 [m²]	500 [m²]

가. 소화수조의 저수량[m³]을 구하시오.
- 계산과정 :
- 답 :

나. 저수조에 설치하여야 할 흡수관투입구, 채수구의 최소 설치수량을 구하시오.
- 답
  - 흡수관투입구의 개수 :
  - 채수구의 개수 :

다. 저수조에 설치하는 가압송수장치의 송수량[L/min]은?
- 답 :

정답

가. 계산과정 : 지상 1, 2층의 바닥면적의 합계가 15000 [m²] 이상
→ 기준면적 7500 [m²]

$$\frac{연면적}{기준면적} = \frac{32500[m^2]}{7500[m^2]} = 4.33 ≒ 5(소수점 이하 절상)$$

$5 \times 20[m^3] = 100[m^3]$

답 | 100 [m³]

나. 흡수관투입구의 개수 : 2개, 채수구의 개수 : 3개
다. 3300 [L/min]

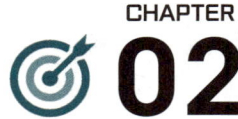

CHAPTER

02 공동주택의 화재안전기준

3회독	월	일
2회독	월	일
1회독	월	일

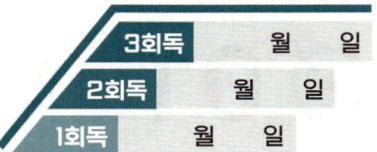

학습목표

1 공동주택에 설치하는 소화설비의 설치기준을 파악한다.

2 공동주택에 설치하는 옥내소화전설비의 수원의 양과 스프링클러설비의 수원의 양을 구한다.

학습MAP

- 용어의 정의
- 다른 법령과의 관계
- 소화기구 및 자동소화장치
- ★ 옥내소화전설비
- ★★ 스프링클러설비
- 물분무소화설비
- 포소화설비
- 옥외소화전설비
- 피난기구
- 연결송수관설비

1 용어의 정의

(1) 공동주택 : 아파트등, 연립주택, 다세대주택, 기숙사
(2) 아파트등 : 주택으로 쓰는 층수가 5층 이상인 주택

2 다른 법령과의 관계

공동주택에 설치하는 소방시설 등의 설치기준 중 이 기준에서 규정하지 않은 것은 개별 화재안전기준에 따라야 한다.

3 소화기구 및 자동소화장치

(1) 소화기는 다음의 기준에 따라 설치해야 한다.
  ① 바닥면적 100 [m^2]마다 1단위 이상의 능력단위를 기준으로 설치할 것
  ② 아파트등의 경우 각 세대 및 공용부(승강장, 복도 등)마다 설치할 것
  ③ 아파트등의 세대 내에 설치된 보일러실이 방화구획되거나, 스프링클러설비·간이스프링클러설비·물분무등소화설비 중 하나가 설치된 경우에는 「소화기구 및 자동소화장치의 화재안전기술기준(NFTC 101)」 [표 2.1.1.3] 제1호 및 제5호를 적용하지 않을 수 있다.
  ④ 아파트등의 경우 「소화기구 및 자동소화장치의 화재안전기술기준(NFTC 101)」 2.2에 따른 소화기의 감소 규정을 적용하지 않을 것
(2) 주거용 주방자동소화장치는 아파트등의 주방에 열원(가스 또는 전기)의 종류에 적합한 것으로 설치하고, 열원을 차단할 수 있는 차단장치를 설치해야 한다.

4 옥내소화전설비

옥내소화전설비는 다음의 기준에 따라 설치해야 한다.
(1) 호스릴(Hose Reel)방식으로 설치할 것
(2) 복층형 구조인 경우에는 출입구가 없는 층에 방수구를 설치하지 아니할 수 있다.
(3) 감시제어반 전용실은 피난층 또는 지하 1층에 설치할 것. 다만 상시 사람이 근무하는 장소 또는 관계인이 쉽게 접근할 수 있고 관리가 용이한 장소에 감시제어반 전용실을 설치할 경우에는 지상 2층 또는 지하 2층에 설치할 수 있다.

5 스프링클러설비

스프링클러설비는 다음의 기준에 따라 설치해야 한다.

(1) 폐쇄형 스프링클러헤드를 사용하는 아파트등은 기준개수 10개(스프링클러헤드의 설치개수가 가장 많은 세대에 설치된 스프링클러헤드의 개수가 기준개수보다 작은 경우에는 그 설치개수를 말한다)에 1.6 [m³]를 곱한 양 이상의 수원이 확보되도록 할 것. 다만 아파트등의 각 동이 주차장으로 서로 연결된 구조인 경우 해당 주차장 부분의 기준개수는 30개로 할 것 ★★★

> **수원의 양**
> $Q\ [m^3] = N \times 1.6\ [m^3]$
> $(Q\ [L] = N \times 80\ [L/min] \times 20\ [min])$
>
> ※ N : 기준개수

(2) 아파트등의 경우 화장실 반자 내부에는 「소방용 합성수지배관의 성능인증 및 제품검사의 기술기준」에 적합한 소방용 합성수지배관으로 배관을 설치할 수 있다. 다만 소방용 합성수지배관 내부에 항상 소화수가 채워진 상태를 유지할 것

(3) 하나의 방호구역은 2개 층에 미치지 아니하도록 할 것. 다만 복층형 구조의 공동주택에는 3개 층 이내로 할 수 있다.

(4) 아파트등의 세대 내 스프링클러헤드를 설치하는 경우 천장·반자·천장과 반자 사이·덕트·선반 등의 각 부분으로부터 하나의 스프링클러헤드까지의 수평거리는 2.6 [m] 이하로 할 것 ★★★

(5) 외벽에 설치된 창문에서 0.6 [m] 이내에 스프링클러헤드를 배치하고, 배치된 헤드의 수평거리 이내에 창문이 모두 포함되도록 할 것. 다만 다음의 기준에 어느 하나에 해당하는 경우에는 그렇지 않다
  ① 창문에 드렌처설비가 설치된 경우
  ② 창문과 창문 사이의 수직부분이 내화구조로 90 [cm] 이상 이격되어 있거나, 「발코니 등의 구조변경절차 및 설치기준」 제4조 제1항부터 제5항까지에서 정하는 구조와 성능의 방화판 또는 방화유리창을 설치한 경우
  ③ 발코니가 설치된 부분

(6) 거실에는 조기반응형 스프링클러헤드를 설치할 것

(7) 감시제어반 전용실은 피난층 또는 지하 1층에 설치할 것. 다만 상시 사람이 근무하는 장소 또는 관계인이 쉽게 접근할 수 있고 관리가 용이한 장소에 감시제어반 전용실을 설치할 경우에는 지상 2층 또는 지하 2층에 설치할 수 있다.

아파트등의 세대 내 스프링클러헤드를 설치하는 경우 천장·반자·천장과 반자 사이·덕트·선반 등의 각 부분으로부터 하나의 스프링클러헤드까지의 수평거리는 2.8 [m] 이하로 할 것
   Ⓧ 수평거리는 2.6 [m] 이하

⑻ 대피공간에는 헤드를 설치하지 않을 수 있다.
⑼ 세대 내 실외기실 등 소규모 공간에서 해당 공간 여건상 헤드와 장애물 사이에 60 [cm] 반경을 확보하지 못하거나 장애물 폭의 3배를 확보하지 못하는 경우에는 살수방해가 최소화되는 위치에 설치할 수 있다.

6 물분무소화설비

물분무소화설비의 감시제어반 전용실은 피난층 또는 지하 1층에 설치해야 한다. 다만 상시 사람이 근무하는 장소 또는 관계인이 쉽게 접근할 수 있고 관리가 용이한 장소에 감시제어반 전용실을 설치할 경우에는 지상 2층 또는 지하 2층에 설치할 수 있다.

7 포소화설비

포소화설비의 감시제어반 전용실은 피난층 또는 지하 1층에 설치해야 한다. 다만 상시 사람이 근무하는 장소 또는 관계인이 쉽게 접근할 수 있고 관리가 용이한 장소에 감시제어반 전용실을 설치할 경우에는 지상 2층 또는 지하 2층에 설치할 수 있다.

8 옥외소화전설비

옥외소화전설비는 다음의 기준에 따라 설치해야 한다.
⑴ 기동장치는 기동용 수압개폐장치 또는 이와 동등 이상의 성능이 있는 것을 설치할 것
⑵ 감시제어반 전용실은 피난층 또는 지하 1층에 설치할 것. 다만 상시 사람이 근무하는 장소 또는 관계인이 쉽게 접근할 수 있고 관리가 용이한 장소에 감시제어반 전용실을 설치할 경우에는 지상 2층 또는 지하 2층에 설치할 수 있다.

9 피난기구

⑴ 피난기구는 다음의 기준에 따라 설치해야 한다.
① 아파트등의 경우 각 세대마다 설치할 것
② 피난장애가 발생하지 않도록 하기 위하여 피난기구를 설치하는 개구부는 동일 직선상이 아닌 위치에 있을 것. 다만 수직 피난방향으로 동일 직선상인 세대별 개구부에 피난기구를 엇갈리게 설치하여 피난장애가 발생하지 않는 경우에는 그렇지 않다.
③ "의무관리대상 공동주택"의 경우에는 하나의 관리주체가 관리하는 공동주택구역마다 공기안전매트 1개 이상을 추가로 설치할 것. 다만 옥상으로 피난이 가능하거나 수평 또는 수직 방향의 인접세대로 피난할 수 있는 구조인 경우에는 추가로 설치하지 않을 수 있다.

(2) 갓복도식 공동주택 또는 「건축법」 시행령 제46조 제5항에 해당하는 구조 또는 시설을 설치하여 수평 또는 수직 방향의 인접세대로 피난할 수 있는 아파트는 피난기구를 설치하지 않을 수 있다.

(3) 승강식 피난기 및 하향식 피난구용 내림식 사다리가 방화구획된 장소(세대 내부)에 설치될 경우에는 해당 방화구획된 장소를 대피실로 간주하고, 대피실의 면적규정과 외기에 접하는 구조로 대피실을 설치하는 규정을 적용하지 않을 수 있다.

10 연결송수관설비

(1) 방수구는 다음의 기준에 따라 설치해야 한다.
   ① 층마다 설치할 것. 다만 아파트등의 1층과 2층(또는 피난층과 그 직상층)에는 설치하지 않을 수 있다.
   ② 아파트등의 경우 계단의 출입구(계단의 부속실을 포함하며 계단이 2 이상 있는 경우에는 그중 1개의 계단을 말한다)로부터 5 [m] 이내에 방수구를 설치하되, 그 방수구로부터 해당 층의 각 부분까지의 수평거리가 50 [m]를 초과하는 경우에는 방수구를 추가로 설치할 것
   ③ 쌍구형으로 할 것. 다만 아파트등의 용도로 사용되는 층에는 단구형으로 설치할 수 있다.
   ④ 송수구는 동별로 설치하되, 소방차량의 접근 및 통행이 용이하고 잘 보이는 장소에 설치할 것

(2) 펌프의 토출량은 분당 2400 [L] 이상(계단식 아파트의 경우에는 분당 1200 [L] 이상)으로 하고, 방수구 개수가 3개를 초과(방수구가 5개 이상인 경우에는 5개)하는 경우에는 1개마다 분당 800 [L](계단식 아파트의 경우에는 분당 400 [L] 이상)를 가산해야 한다.

CHAPTER 02 연습문제

01

득점 / 배점 10

지상 15층짜리 아파트에 스프링클러설비를 설치하고자 한다. 다음 조건을 참조하여 각 물음에 답하시오.

조 건
(1) 실양정은 65 [m]로 한다.
(2) 배관, 관 부속품의 총 마찰손실수두는 25 [m]이다.
(3) 배관 내 유속은 2 [m/s]이다.
(4) 펌프의 효율은 60 [%]이다.
(5) 전달계수는 1.1이다.
(6) 해당 아파트의 각 동이 주차장으로 서로 연결된 구조가 아니다.

가. 이 설비의 펌프의 토출량[L/min]을 구하시오. (단, 헤드의 기준개수는 화재안전기술기준상 최대치를 적용한다)
  ○ 계산과정 :
  ○ 답 :

나. 이 설비가 확보하여야 할 수원의 양[m^3]을 구하시오. (단, 옥상수조는 고려하지 않는다)
  ○ 계산과정 :
  ○ 답 :

다. 가압송수장치의 축동력[kW]을 구하시오.
  ○ 계산과정 :
  ○ 답 :

라. 고가수조방식으로 설치되어 있는 가압송수장치를 철거할 경우 교체할 수 있는 가압송수장치 3가지를 쓰시오.
  ①
  ②
  ③

보충 ▶ 폐쇄형 스프링클러헤드를 사용하는 아파트등은 기준개수 10개에 1.6 [m^3]를 곱한 양 이상의 수원이 확보되도록 할 것. 다만 아파트등의 각 동이 주차장으로 서로 연결된 구조인 경우 해당 주차장 부분의 기준개수는 30개로 할 것

정답

가. 계산과정

각 동이 주차장으로 서로 연결된 구조가 아닐 때 아파트의 기준개수 : 10 [개]

10 [개] × 80 [L/min] = 800 [L/min]

답 | 800 [L/min]

나. 계산과정 : 10 [개] × 1.6 [m³] = 16 [m³]

답 | 16 [m³]

다. 계산과정

① 전양정 H = 실양정 + 마찰손실수두 + 방사압환산수두
$$= 65 + 25 + 10 = 100 \, [m]$$

② 축동력 $P[kW] = \dfrac{\gamma[kN/m^3] \times Q[m^3/s] \times H[m]}{\eta}$

$$P = \dfrac{9.8[kN/m^3] \times \dfrac{0.8}{60}[m^3/s] \times 100[m]}{0.6} = 21.78[kW]$$

답 | 21.78 [kW]

라. 펌프, 압력수조, 가압수조

> **참고** 공동주택의 화재안전기술기준(NFTC 608) – 2.3 스프링클러설비 [시행 2024.1.1.]
>
> ...
>
> 2.3 스프링클러설비
> 2.3.1 스프링클러설비는 다음의 기준에 따라 설치해야 한다.
> 2.3.1.1 폐쇄형 스프링클러헤드를 사용하는 아파트등은 <u>기준개수 10개</u>(스프링클러헤드의 설치개수가 가장 많은 세대에 설치된 스프링클러헤드의 개수가 기준개수보다 작은 경우에는 그 설치개수를 말한다)에 <u>1.6 [m³]</u>를 곱한 양 이상의 수원이 확보되도록 할 것. 다만 <u>아파트등의 각 동이 주차장으로 서로 연결된 구조인 경우 해당 주차장 부분의 기준개수는 30개</u>로 할 것
> 2.3.1.2 아파트등의 경우 화장실 반자 내부에는 「소방용 합성수지배관의 성능인증 및 제품검사의 기술기준」에 적합한 소방용 합성수지배관으로 배관을 설치할 수 있다. 다만 소방용 합성수지배관 내부에 항상 소화수가 채워진 상태를 유지할 것
> 2.3.1.3 하나의 방호구역은 2개 층에 미치지 아니하도록 할 것. 다만 복층형 구조의 공동주택에는 3개 층 이내로 할 수 있다.
> 2.3.1.4 아파트등의 세대 내 스프링클러헤드를 설치하는 천장·반자·천장과 반자 사이·덕트·선반 등의 각 부분으로부터 하나의 스프링클러헤드까지의 <u>수평거리는 2.6 [m] 이하</u>로 할 것
>
> ...

02

득점 / 배점 10

2개의 동(A동, B동)으로 구성된 지상 18층짜리 아파트에 수원과 펌프를 겸용하여 스프링클러설비를 설치하려고 할 때 조건을 보고 다음 각 물음에 답하시오.

조건
(1) 실양정은 65 [m]이다.
(2) 배관, 관 부속품의 총 마찰손실수두는 25 [m]이다.
(3) 아파트의 각 동이 주차장으로 서로 연결된 구조이다.
(4) A동과 B동은 완전구획하지 않고 하나의 소방대상물로 보며, 소방시설은 각각 별개 시설로 구성한다.
(5) 주어진 조건 외에는 고려하지 않는다.

가. 이 설비의 펌프의 토출량[L/min]은 얼마인가? (단, 헤드의 기준개수는 최대치를 적용한다)
  ○ 계산과정 :
  ○ 답 :

나. 이 설비가 확보하여야 할 유효수량[m³]은 얼마인가? (단, 옥상수조는 고려하지 않는다)
  ○ 계산과정 :
  ○ 답 :

정답

✓ 계산과정
  가. 펌프의 토출량[L/min]
  $Q = N \times 80[L/min] = 30 \times 80[L/min] = 2400[L/min]$

  답 | 2400 [L/min]

  나. 유효수량[m³]
  $V = N \times 80[L/min] \times 20[min]$
  $\quad = 30 \times 80[L/min] \times 20[min] = 48000[L/min] = 48[m^3]$

  답 | 48 [m³]

보충 ▶ 아파트등의 각 동이 주차장으로 서로 연결된 구조인 경우 해당 주차장 부분의 기준개수는 30개로 할 것

CHAPTER 03 창고시설의 화재안전기준

학습목표
1 창고시설에 설치하는 소화설비의 설치기준을 파악한다.
2 창고시설에 설치하는 옥내소화전설비의 수원의 양과 스프링클러설비의 수원의 양을 구한다.

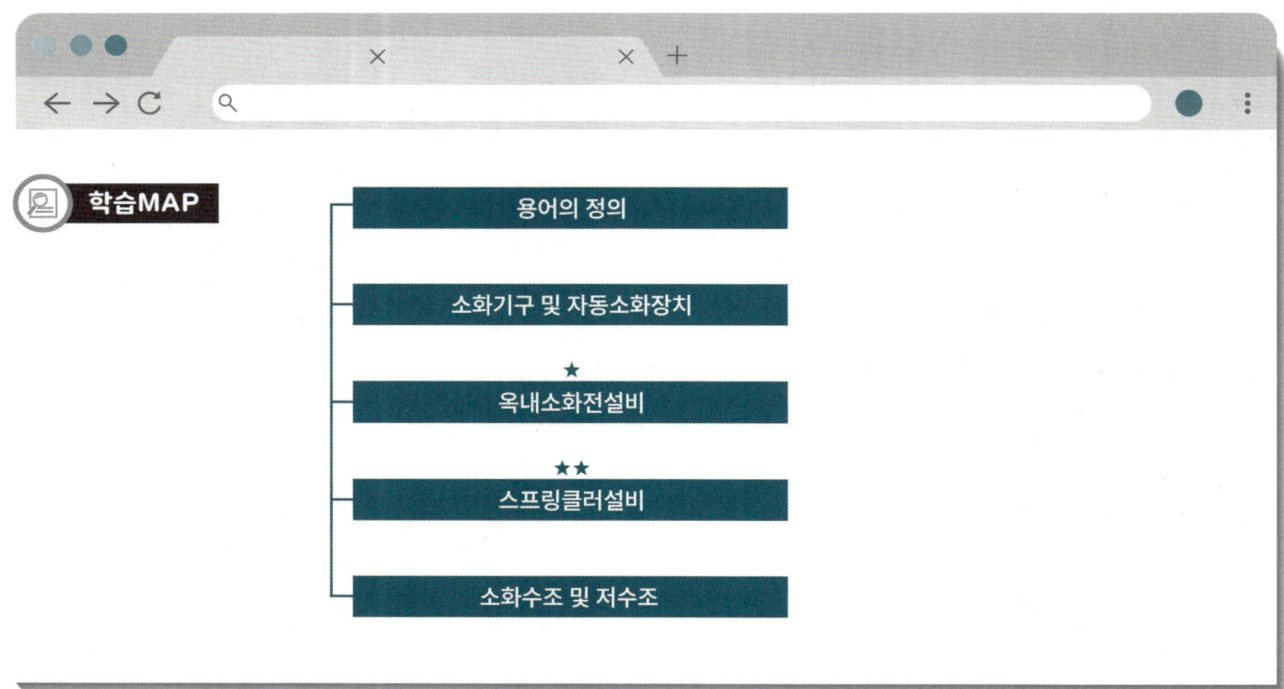

1 용어의 정의

(1) "창고시설"이란 다음을 말한다(위험물 저장 및 처리 시설 또는 그 부속 용도에 해당하는 것은 제외한다).
  ① 창고(물품저장시설로서 냉장·냉동 창고를 포함한다)
  ② 하역장
  ③ 「물류시설의 개발 및 운영에 관한 법률」에 따른 물류터미널
  ④ 「유통산업발전법」 제2조 제15호에 따른 집배송시설
(2) "랙식 창고"란 물품 보관용 랙을 설치하는 창고시설을 말한다.
(3) "적층식 랙"이란 선반을 다층식으로 겹쳐 쌓는 랙을 말한다.
(4) "라지드롭형(Large-Drop Type) 스프링클러헤드"란 동일 조건의 수압력에서 큰 물방울을 방출하여 화염의 전파속도가 빠르고 발열량이 큰 저장창고 등에서 발생하는 대형화재를 진압할 수 있는 헤드를 말한다.
(5) "송기공간"이란 랙을 일렬로 나란하게 맞대어 설치하는 경우 랙 사이에 형성되는 공간(사람이나 장비가 이동하는 통로는 제외함)을 말한다.

송기공간

2 소화기구 및 자동소화장치

창고시설 내 배전반 및 분전반마다 가스자동소화장치·분말자동소화장치·고체에어로졸자동소화장치 또는 소공간용 소화용구를 설치해야 한다.

3 옥내소화전설비

(1) 수원의 저수량은 옥내소화전의 설치개수가 가장 많은 층의 설치개수(2개 이상 설치된 경우에는 2개)에 5.2 [m³](호스릴옥내소화전설비를 포함한다)를 곱한 양 이상이 되도록 해야 한다.

> **수원의 저수량 ★★★**
> $Q [m^3] = N \times 5.2 [m^3]$
> $(Q [L] = N \times 130 [L/min] \times 40 [min])$
> ※ N : 옥내소화전의 설치개수가 가장 많은 층의 설치개수

(2) 사람이 상시 근무하는 물류창고 등 동결의 우려가 없는 경우에는 「옥내소화전설비의 화재안전기술기준(NFTC 102)」 2.2.1.9의 단서를 적용하지 않는다.
(3) 비상전원은 자가발전설비, 축전지설비(내연기관에 따른 펌프를 사용하는 경우에는 내연기관의 기동 및 제어용 축전지를 말한다) 또는 전기저장장치(외부 전기에너지를 저장해두었다가 필요한 때 전기를 공급하는 장치)로서 옥내소화전설비를 유효하게 40분 이상 작동할 수 있어야 한다.

> 창고시설에 설치하는 스프링클러설비는 라지드롭형 스프링클러헤드를 건식으로 설치할 것   ✗ 습식

4 스프링클러설비

(1) 스프링클러설비의 설치방식 ★★★

① 창고시설에 설치하는 스프링클러설비는 라지드롭형 스프링클러헤드를 습식으로 설치할 것. 다만 다음 어느 하나에 해당하는 경우에는 건식 스프링클러설비로 설치할 수 있다.
  가) 냉동창고 또는 영하의 온도로 저장하는 냉장창고
  나) 창고시설 내에 상시 근무자가 없어 난방을 하지 않는 창고시설

② 랙식 창고의 경우에는 (1) ①에 따라 설치하는 것 외에 라지드롭형 스프링클러헤드를 랙 높이 3 [m] 이하마다 설치할 것. 이 경우 수평거리 15 [cm] 이상의 송기공간이 있는 랙식 창고에는 랙 높이 3 [m] 이하마다 설치하는 스프링클러헤드를 송기공간에 설치할 수 있다.

③ 창고시설에 적층식 랙을 설치하는 경우 적층식 랙의 각 단 바닥면적을 방호구역 면적으로 포함할 것

④ 천장 높이가 13.7 [m] 이하인 랙식 창고에는 「화재조기진압용 스프링클러설비의 화재안전기술기준(NFTC 103B)」에 따른 화재조기진압용 스프링클러설비를 설치할 수 있다.

(2) 수원의 저수량은 다음의 기준에 적합해야 한다. ★★★

① 라지드롭형 스프링클러헤드의 설치개수가 가장 많은 방호구역의 설치개수(30개 이상 설치된 경우에는 30개)에 3.2 [m^3](랙식 창고의 경우에는 9.6 [m^3])를 곱한 양 이상이 되도록 할 것

② 화재조기진압용 스프링클러설비를 설치하는 경우 「화재조기진압용 스프링클러설비의 화재안전기술기준(NFTC 103B)」 2.2.1에 따를 것

> **수원의 저수량**
> ㉠ 일반 창고 : $Q[m^3] = N \times 3.2 \,[m^3]$
>   ($Q[L] = N \times 160\,[L/min] \times 20\,[min]$)
> ㉡ 랙식 창고 : $Q[m^3] = N \times 9.6 \,[m^3]$
>   ($Q[L] = N \times 160\,[L/min] \times 60\,[min]$)
>   N : 헤드의 설치개수가 가장 많은 방호구역의 설치개수
>   (30개 이상 설치된 경우 30개)

(3) 가압송수장치의 송수량은 다음 각 호의 기준에 적합해야 한다.

① 가압송수장치의 송수량은 0.1 [MPa]의 방수압력기준으로 분당 160 [L] 이상의 방수성능을 가진 기준 개수의 모든 헤드로부터의 방수량을 충족시킬 수 있는 양 이상인 것으로 할 것. 이 경우 속도수두는 계산에 포함하지 않을 수 있다. ★★★

② 화재조기진압용 스프링클러설비를 설치하는 경우 「화재조기진압용 스프링클러설비의 화재안전기술기준(NFTC 103B)」 2.3.1.10에 따를 것

(4) 교차배관에서 분기되는 지점을 기점으로 한쪽 가지배관에 설치되는 헤드의 개수(반자 아래와 반자 속의 헤드를 하나의 가지배관 상에 병설하는 경우에는 반자 아래에 설치하는 헤드의 개수)는 4개 이하로 해야 한다. 다만 화재조기진압용 스프링클러설비를 설치하는 경우에는 그렇지 않다.

(5) 스프링클러헤드는 다음 각 호의 기준에 적합해야 한다.

① 라지드롭형 스프링클러헤드를 설치하는 천장·반자·천장과 반자 사이·덕트·선반 등의 각 부분으로부터 하나의 스프링클러헤드까지의 수평거리는 특수가연물을 저장 또는 취급하는 창고는 1.7 [m] 이하, 그 외의 창고는 2.1 [m](내화구조로 된 경우에는 2.3 [m]를 말한다) 이하로 할 것 ★★★

소방대상물	수평거리
특수가연물을 저장 또는 취급하는 창고	1.7 [m] 이하
창고	2.1 [m] 이하
내화구조로 된 창고	2.3 [m] 이하

② 화재조기진압용 스프링클러헤드는 「화재조기진압용 스프링클러설비의 화재안전기술기준(NFTC 103B)」 2.7.1에 따라 설치할 것

(6) 물품의 운반 등에 필요한 고정식 대형기기 설비의 설치를 위해 「건축법」 시행령 제46조 제2항에 따라 방화구획이 적용되지 아니하거나 완화 적용되어 연소할 우려가 있는 개구부에는 「스프링클러설비의 화재안전기술기준(NFTC 103)」 2.7.7.6에 따른 방법으로 드렌처설비를 설치해야 한다.

(7) 비상전원은 자가발전설비, 축전지설비(내연기관에 따른 펌프를 사용하는 경우에는 내연기관의 기동 및 제어용 축전지를 말한다) 또는 전기저장장치(외부 전기에너지를 저장해두었다가 필요한 때 전기를 공급하는 장치를 말한다. 이하 같다)로서 스프링클러설비를 유효하게 20분(랙식 창고의 경우 60분을 말한다) 이상 작동할 수 있어야 한다.

5 소화수조 및 저수조

소화수조 또는 저수조의 저수량은 특정소방대상물의 연면적을 5000 [m²]로 나누어 얻은 수(소수점 이하의 수는 1로 본다)에 20 [m³]를 곱한 양 이상이 되도록 해야 한다.

$$저수량[m^3] = \frac{연면적}{5000[m^2]}(소수점\ 이하\ 절상) \times 20[m^3]$$

CHAPTER 03 연습문제

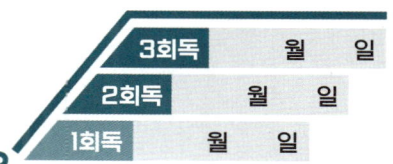

01
배점 5

한 개의 방호구역으로 구성된 가로 15 [m], 세로 26 [m], 높이 7 [m]인 랙식 창고에 특수가연물을 저장하고 있고 라지드롭형 스프링클러헤드를 정방형으로 설치하려고 한다. 해당 창고에 설치되는 스프링클러헤드의 총 개수를 구하시오. (단, 건축구조는 비내화구조이며 주어진 조건 외의 것은 고려하지 않는다)

O 계산과정 :

O 답 :

정답

☑ 계산과정

※ 라지드롭형 스프링클러헤드를 설치하는 천장·반자·천장과 반자 사이·덕트·선반 등의 각 부분으로부터 하나의 스프링클러헤드까지의 수평거리 R

소방대상물	수평거리
특수가연물을 저장 또는 취급하는 창고	1.7 [m] 이하
창고	2.1 [m] 이하
내화구조로 된 창고	2.3 [m] 이하

R(수평거리) = 1.7 [m] 이하

① S(헤드 간 거리) $= 2R\cos 45° = 2 \times 1.7 \times \cos 45° = 2.404 [m]$

② 가로 변에 설치할 헤드 수 : $\dfrac{15[m]}{2.404[m/개]} = 6.24 [개] ≒ 7 [개]$

③ 세로 변에 설치할 헤드 수 : $\dfrac{26[m]}{2.404[m/개]} = 10.82 [개] ≒ 11 [개]$

④ 랙 높이에 따른 열 수 : $\dfrac{7[m]}{3[m/열]} = 2.33 \Rightarrow 3열$

⑤ 설치할 총 헤드 수 : 7 [개] × 11 [개] × 3 [열] = 231 [개]

답 | 231 [개]

보충 ▶ 랙식 창고의 경우에는 라지드롭형 스프링클러헤드를 랙 높이 3 [m] 이하마다 설치할 것

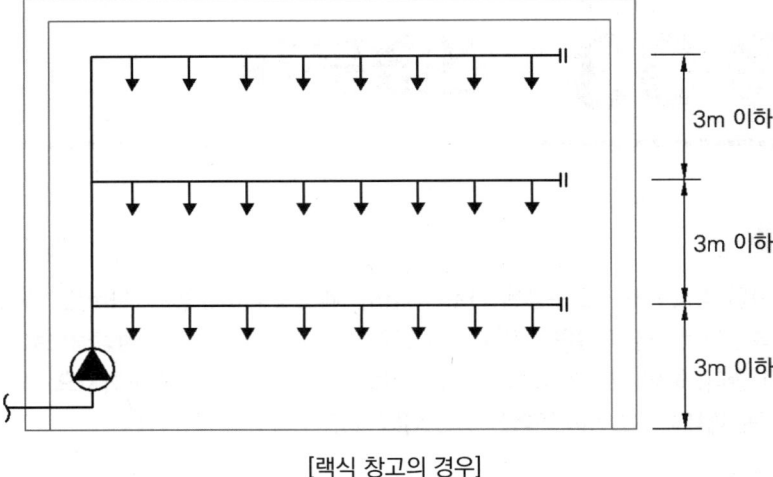

[랙식 창고의 경우]

모아바 www.moa-ba.com
모아소방전기학원 www.moate.co.kr

PART 06

밸브 및 관 부속류와 소방시설 도시기호

CHAPTER 01 　 배관 및 관 부속류

CHAPTER 02 　 소방시설 도시기호

격차를 뛰어넘어 압도적인 격차를 만들다

○ 학습전략

실기시험에서는 밸브 및 관 부속류에 관하여 묻는 단답형 문제가 종종 출제된다. 또한 도시기호를 그리거나 도시기호에 해당하는 명칭을 쓰는 문제도 출제되므로 주요 기호는 반드시 학습해야 한다.

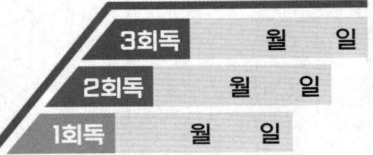

CHAPTER 01 배관 및 관 부속류

학습목표
1 밸브의 종류와 쓰임새를 익힌다.
2 관 부속류의 종류와 쓰임새를 익힌다.

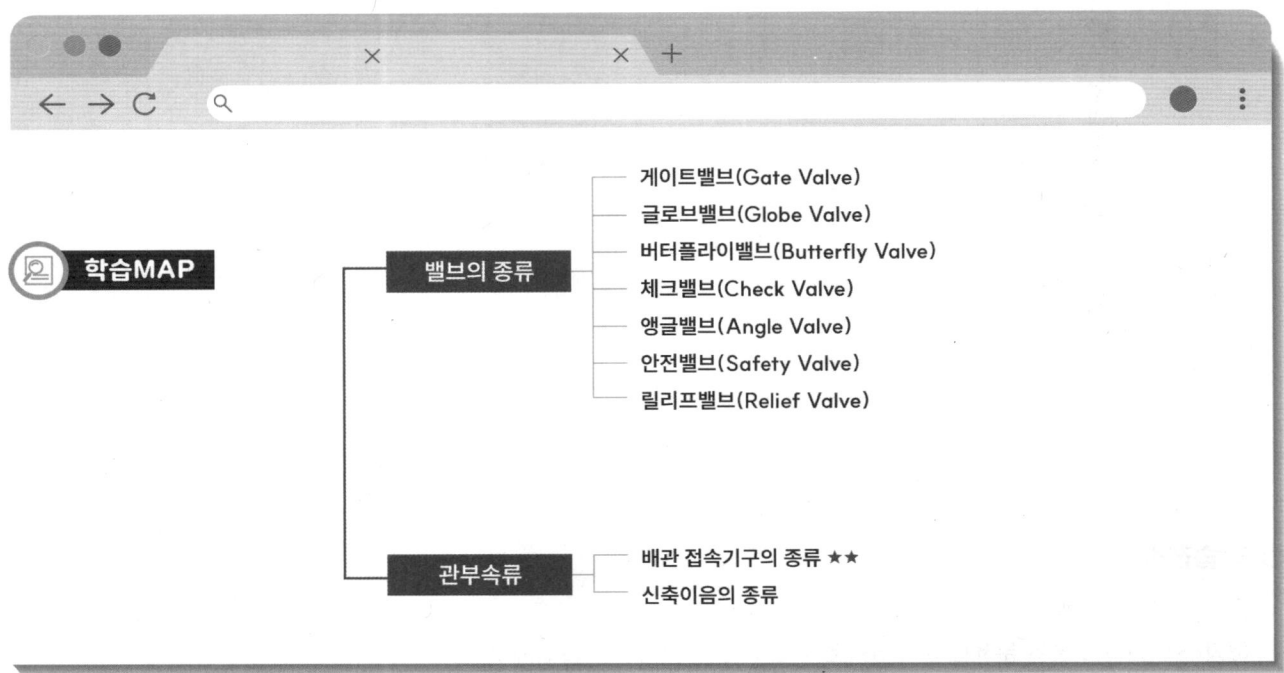

01 밸브의 종류

1 게이트밸브(Gate Valve)

유체의 흐름을 완전히 차단 또는 조정하는 밸브이다. 완전히 개방되었을 때에는 배관의 지름과 같으므로 압력손실이 적다.

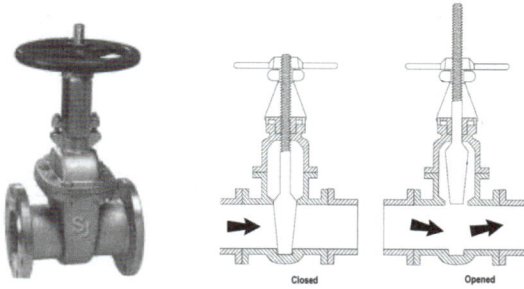

2 글로브밸브(Globe Valve)

유량조절이 가능한 유량조절밸브이다. 유체의 흐름이 S자 모양이기 때문에 마찰손실이 크다.

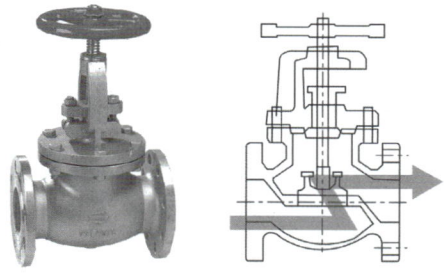

3 버터플라이밸브(Butterfly Valve)

밸브 몸체 속에 축을 기준으로 디스크(평판)가 회전함으로써 개폐되는 밸브이다.

완전 개방 시에도 유로상에 디스크(평판)가 존재하므로 마찰저항이 커서 소화펌프의 흡입 측 배관에는 사용할 수 없는 밸브이다.

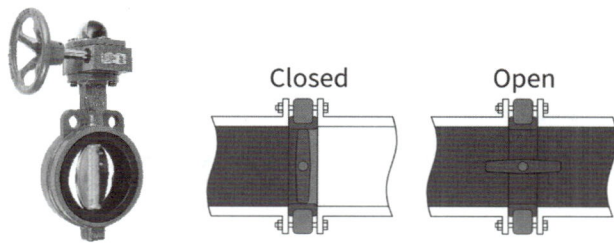

보충 ▶ 스윙체크밸브는 수직 배관에도 설치는 가능하나, 유체가 정지하거나 유량이 적은 경우 디스크가 갑자기 닫히면서 워터해머(물망치) 같은 충격이 발생할 수 있으므로 권장되지 않는다.

4 체크밸브(Check Valve)

역류방지의 목적으로 사용되는 밸브이다(유체의 흐름방향이 한쪽 방향으로만 흐르도록 하는 밸브).

(1) 스윙체크밸브(Swing Check Valve) : 힌지 핀을 중심으로 디스크가 유체의 흐름량(유속)에 따라 디스크가 열림으로 밸브가 개방되고, 유체가 정지함에 따라 밸브 출구의 압력과 디스크의 무게에 의해 닫히는 구조이다. 마찰손실은 리프트형보다 작지만 디스크와 시트 사이에 이물질이 있을 때 신뢰성이 낮아지며, 수평배관 및 수직배관에 적용이 가능하다.

(2) 리프트체크밸브(Lift Check Valve) : 유체의 압력에 의해 디스크가 상하로 수직운동을 하여 개폐되는 구조이다. 수평배관에 주로 사용한다.

(3) 스모렌스키체크밸브 : 리프트체크밸브의 일종으로 해머리스 체크밸브라 한다. 스프링으로 자동폐쇄시켜 수격 작용을 방지하는 구조이다. 바이패스밸브가 부착되어 있어 필요 시 바이패스밸브를 개방하면 2차 측 물을 1차 측으로 보낼 수 있다.

스윙형 체크밸브	리프트형 체크밸브	스모렌스키체크밸브

[앵글밸브]

5 앵글밸브(Angle Valve)

유체의 흐름을 직각으로 변환시킬 때 사용되는 밸브이다.

6 안전밸브(Safety Valve)

배관 및 고압용기에 설치하여 압력이 상승하여 이상 압력이 되면 자동으로 개방되어 유체를 대기 중으로 방출하여 고압으로부터 안전한 상태를 유지시켜 주는 밸브이다.

• 종류 : 스프링식, 중추식, 가용전식, 파열판식 등(스프링식 안전밸브가 가장 널리 사용됨)

7 릴리프밸브(Relief Valve)

수계소화설비의 순환배관에 설치하는 안전밸브의 일종이다.

02 관 부속류

1 배관 접속기구의 종류

구분	종류
(1) 관의 방향을 바꿀 때	[엘보(Elbow)]
(2) 2개의 관을 연결할 때	[유니온(Union)] [플랜지(Flange)] [니플(Nipple)]
(3) 관의 지름을 바꿀 때	[레듀서(Reducer)]
(4) 관의 끝을 막을 때	[플러그(Plug)] [캡(Cap)]
(5) 관을 도중에 분기할 때	[티(Tee)] [와이(Y)] [크로스(Cross)]

2 신축이음의 종류

배관의 팽창 및 신축을 흡수하는 이음을 말한다.

배관이 온도 변화에 의해 팽창 또는 수축되면 관 접합부 및 기타 기기가 파손이 생길 우려가 있으므로 관 접합부 등에 설치하여 설비의 파손을 방지하는 역할을 한다.

(1) **루프형**(Loop Type) : 신축곡관이라고도 하며, 강관 또는 동관 등을 루프(Loop) 모양으로 구부려서 그 휨에 의하여 신축을 흡수하는 것이다.

(2) **슬리브형**(Sleeve Type) : 본체와 슬리브 파이프로 구성되고, 관의 신축은 본체 속 슬리브 관에 의해 흡수되며, 슬리브와 본체 사이에 패킹을 넣어 누설을 방지한다.

(3) 벨로우즈형(Bellows Type) : 일반적으로 급수, 냉난방 배관에서 많이 사용되는 신축이음이다. 일명 팩리스(Packless) 신축이음이라고도 하며, 벨로즈를 주름잡아 신축을 흡수하는 형태이다.

(4) 스위블형(Swivel Type) : 2개 이상의 엘보를 연결하여 한쪽이 팽창하면 비틀림을 일으켜 팽창을 흡수한다. 신축량이 큰 경우 배관의 나사이음부가 헐거워져 누설의 우려가 있다.

(5) 볼조인트형(Ball Joint) : 관 끝에 볼 부분을 만들고, 케이싱으로 감싸되 그 사이를 가스켓으로 밀봉한다. 이음을 2 ~ 3개 사용하면 관절 작용으로 관의 신축을 흡수할 수 있다.

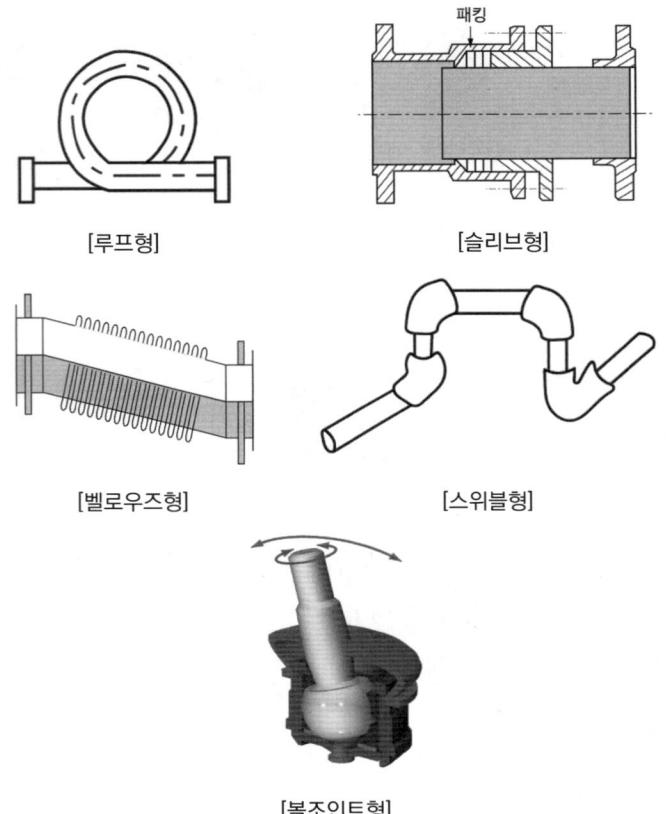

[루프형]   [슬리브형]

[벨로우즈형]   [스위블형]

[볼조인트형]

 CHAPTER 02 소방시설 도시기호

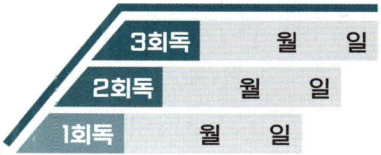

 학습목표

1 각 도시기호의 명칭을 익히고 그릴 수 있어야 한다.

★ : 과년도 기출	
☆ : 출제 예상	

분류	명칭	도시기호	분류	명칭	도시기호
배관	일반배관	———	관이음쇠	★후렌지	—╢╟—
	☆옥내·외소화전	——H——		★유니온	—╢│╟—
	☆스프링클러	——SP——		★플러그	—◁—
	★물분무	——WS——		★90°엘보	┗╮
	☆포소화	——F——		★티	┼
	배수관	——D——		☆크로스	┼
				★맹후렌지	——╢
				★캡	——┫

CHAPTER 02 | 소방시설 도시기호 **415**

분류	명칭	도시기호	분류	명칭	도시기호
헤드류	스프링클러헤드 폐쇄형 상향식(평면도)		밸브류	★체크밸브	
	스프링클러헤드 폐쇄형 하향식(평면도)			★가스체크밸브	
	스프링클러헤드 개방형 상향식(평면도)			게이트밸브 (상시개방)	
	스프링클러헤드 개방형 하향식(평면도)			게이트밸브 (상시폐쇄)	
	스프링클러헤드 폐쇄형 상향식(입면도)			★선택밸브	
	스프링클러헤드 폐쇄형 하향식(입면도)			★경보밸브(습식)	
	스프링클러헤드 상향형(입면도)			☆경보밸브(건식)	
	스프링클러헤드 하향형(입면도)			☆프리액션밸브	
	★분말·탄산가스 ·할로겐헤드			☆경보델류지밸브	
	☆연결살수헤드			★플렉시블조인트	
	☆물분무헤드 (평면도, 입면도)			☆솔레노이드밸브	
	★포헤드 (평면도, 입면도)			★모터밸브	

분류	명칭	도시기호	분류	명칭	도시기호
밸브류	☆릴리프밸브 (이산화탄소용)		소화전	☆포말소화전	
	★릴리프밸브 (일반)			★송수구	
	앵글밸브		스트레이너	★Y형	
	★FOOT밸브			U형	
	볼밸브		저장탱크류	☆고가수조 (물올림장치)	
	배수밸브			압력챔버	
	★자동배수밸브			포말원액탱크	(수직) (수평)
계기류	★압력계		레듀셔	★편심레듀셔, 원심레듀셔	
	★연성계		혼합장치류	☆프레셔 프로포셔너	
	★유량계			★라인 프로포셔너	
소화전	★옥내소화전함			☆프레셔사이드 프로포셔너	
	★옥외소화전			기타	

분류	명칭	도시기호	분류	명칭	도시기호
펌프류	일반펌프		스위치류	☆압력스위치	PS
	펌프모터(수평)	M		☆탬퍼스위치	TS
	펌프모터(수직)	M	소화기류	☆ABC소화기	소
저장 용기류	분말약제 저장용기	P.D		☆자동확산 소화기	자
	저장용기			자동식 소화기	소
제연 설비 (배풍기)	일반배풍기			☆이산화탄소 소화기	C
	관로배풍기			할로겐화합물 소화기	△
제연 설비 (댐퍼)	화재댐퍼		경보 설비 기기류	제어반	
	연기댐퍼			수신기	
피뢰침	★피뢰부 (평면도)	●		★감지선	●—

418 PART 06 | 밸브 및 관 부속류와 소방시설 도시기호

모아바 www.moa-ba.com
모아소방전기학원 www.moate.co.kr

2026 초격차 소방설비기사·산업기사 실기 기계

발행일	2026년 1월 1일 개정판 1쇄
지은이	황모아, 이지원
발행인	황모아
발행처	(주)모아교육그룹
주 소	서울특별시 영등포구 영신로 32길 29 세화빌딩 2층
전 화	02-2068-2393(출판, 주문)
등 록	제2015-000006호 (2015.1.16.)
이메일	moagbooks@naver.com
ISBN	979-11-6804-515-6 (13500)

이 책의 가격은 뒤표지에 있습니다.

Copyright ⓒ (주)모아교육그룹 Co., Ltd. All Rights Reserved.
이 책은 저작권법에 의해 보호를 받는 저작물이므로 저자와 출판사의 서면 허락 없이 내용의 전부 또는 일부를 이용하는 것을 금합니다.

> " 지금 **초격차**와 함께하는
> 당신의 **다짐**을 적어보세요! "

나는
_____년 제 _____회
소방설비(산업)기사 자격 시험에
최선을 다해 합격할 것입니다.

_____년 _____월 _____일

여러분의 합격은

모아의 보람입니다.

MOAG

정오표 안내

틀린 부분을 바로잡는 것은 모아의 책임입니다!
더 정확한 교재를 만들기 위해 항상 노력하겠습니다!

QR로 확인하실 경우

교재 뒤표지에 있는 **QR코드** 스캔

⌄

정오표를 확인하실 수 있습니다.

PC로 확인하실 경우

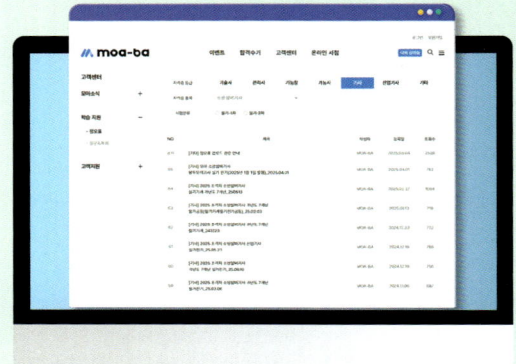

모아바(moa-ba.com) 접속

⌄

온라인서점

⌄

정오표로 이동

⌄

자격증 등급에서 **기사** 선택

⌄

자격증 종목에서 **소방설비기사** 선택

⌄

정오표를 확인하실 수 있습니다.

*모바일도 동일합니다.